굴착기
운전기능사 필기 총정리문제

건설기계교육아카데미 편저

도서출판 **책과 상상**
www.SangSangbooks.co.kr

머리말 preface...

굴착기는 주로 도로, 주택, 댐, 간척, 항만, 농지정리, 준설 등의 각종 건설공사나 광산 작업 등에 활용되는 건설기계입니다. 이에 해당 장비를 다룸에 있어 특수한 기술을 요하며, 또한 안전운행과 기계수명 연장 및 작업능률 제고 등을 위해 숙련기능인력이 필요합니다.

이 책은 한국산업인력공단이 주관 및 시행하고 있는 굴착기운전기능사 자격시험을 준비하고자 하는 분들을 위해 최근 개정된 법령 및 한국산업인력공단의 출제기준, 그간의 기출문제를 면밀히 분석하여 과목별 핵심이론과 함께 다음의 사항을 중심으로 집필하였습니다.

1. 국가직무능력표준(NCS)에 기반하여 현장직무 중심으로 개편된 새로운 출제기준에 따라 본문을 구성함으로써 필기시험 기본 학습서로써의 역할을 충실히 하고자 하였습니다.

2. 이론 내용의 학습 정도를 바로바로 평가하고 그 내용을 좀 더 명확하게 이해할 수 있도록 하기 위하여 소단원 단위로 출제예상문제를 상세한 해설과 함께 수록하였습니다.

3. 제4부에서는 한국산업인력공단이 주관하여 시행한 기출문제와 함께 CBT 시험에 출제되었던 문제를 복원하여 재구성한 7회분의 CBT 복원문제를 상세한 해설과 함께 수록하였습니다. 이는 문제은행 방식의 자격시험에서 기출문제 풀이는 여전히 효과적인 학습방법이기 때문입니다.

국가에서 요구하는 기술인으로서의 국위선양에 일익을 담당할 여러분에게 영광이 있기를 빌며 본의 아니게 잘못된 내용은 앞으로 철저히 수정 보완하여 나가기로 약속드리며, 이 책의 출판에 적극 힘써 주신 도서출판 책과상상 임직원 및 편집부 담당자들에게 감사의 인사를 전합니다.

저자 일동

출제기준표

- 자격종목: 굴착기운전기능사
- 검정방법: 굴착기 조종, 정비 및 안전관리
- 시험시간: (필기·실기) 100문항 작업형으로 약어 60분 이상
- 적용기간: 객관식(전과목 혼합, 60문항), 필기: 자격증
- 직무내용: 건설현장의 토목 공사를 위하여 장비를 조종하여 터파기, 쌓기, 깎기, 상차, 쓸기, 메우기 등의 직업을 수행하는 직무
- 수행준거: 굴착기운전기능사
- 직무분야: 건설

필기과목명: 굴착기 조종, 점검 및 안전관리

주요항목	세부항목	세세항목
1. 점검	1. 운전 전·후 점검	1. 외관 점검 2. 누유·누수 점검 3. 계기판 점검
	2. 장비 시운전	1. 엔진 시동 2. 구동부 작동
	3. 작업상황 파악	1. 작업공정 파악 2. 작업상황 파악 3. 작업관계자간 의사소통
2. 주행 및 작업	1. 주행	1. 주행성능 장치 확인 2. 작업장 내·외 주행
	2. 작업	1. 깎기 2. 쌓기 3. 메우기 4. 선택장치 연결
	3. 전·후진 주행장치	1. 조향장치 및 현가장치 구조와 기능 2. 변속장치 구조와 기능 3. 동력전달장치 구조와 기능 4. 제동장치 구조와 기능 5. 주행장치 구조와 기능 6. 타이어
3. 구조 및 기능	1. 일반사항	1. 개요 및 구조 2. 종류 및 용도
	2. 작업장치	1. 암, 붐 구조 및 작동 2. 버켓 종류 및 기능
	3. 작업용 연결장치	1. 연결장치 구조 및 기능
	4. 상부회전체	1. 선회장치 2. 선회고정장치 3. 카운터웨이트
	5. 하부회전체	1. 센터조인트 2. 주행모터 3. 주행감속기어
4. 안전관리	1. 안전보호구 착용 및 안전장치 확인	1. 안전보호구 2. 안전장치
	2. 위험요소 확인	1. 안전표시 2. 안전수칙 3. 위험요소
	3. 안전운반 작업	1. 장비사용설명서 2. 안전운반 3. 장비 안전관리
	4. 장비 안전관리	1. 장비안전관리 2. 일상점검표 3. 작업요청서 4. 장비안전관리 교육 5. 기계·기구 및 공구에 관한 사항
	5. 가스 및 전기 안전관리	1. 가스배관 2. 손상방지 3. 전기시설물 작업주의사항 4. 습한 환경, 지상시설물(지지시설물)
5. 건설기계관리법 및 도로교통법	1. 건설기계관리법	1. 건설기계 등록 및 검사 2. 면허·벌칙·사업
	2. 도로교통법	1. 도로통행방법에 관한 사항 2. 도로교통법 관련 벌칙
6. 장비구조	1. 엔진구조	1. 엔진본체 구조와 기능 2. 윤활장치 구조와 기능 3. 연료장치 구조와 기능 4. 흡배기장치 구조와 기능 5. 냉각장치 구조와 기능
	2. 전기장치	1. 시동장치 구조와 기능 2. 충전장치 구조와 기능 3. 등화 및 계기장치 구조와 기능 4. 퓨즈 및 계기장치 구조와 기능
	3. 유압장치	1. 유압유 2. 유압장치 유지·보수 3. 유압기호 및 회로 4. 기타 부속장치

NCS(국가직무능력표준) 안내

▶▶▶ NCS(국가직무능력표준)와 NCS 학습모듈

- 국가직무능력표준(NCS, National Competency Standards)이란 산업현장에서 직무를 수행하기 위해 요구되는 지식·기술·소양 등의 내용을 국가가 산업부문별·수준별로 체계화한 것으로 국가적 차원에서 표준화한 것을 의미합니다.

- NCS 학습모듈은 NCS 능력단위를 교육 및 직업훈련 시 활용할 수 있도록 구성한 교수·학습자료입니다. 즉, NCS 학습모듈은 학습자의 직무능력 제고를 위해 요구되는 학습 요소(학습 내용)를 NCS에서 규정한 업무 프로세스나 세부 지식, 기술을 토대로 재구성한 것입니다.

▶▶▶ NCS 학습모듈의 특징

- NCS 학습모듈은 산업계에서 요구하는 직무능력을 교육훈련 현장에 활용할 수 있도록 성취목표와 학습의 방향을 명확히 제시하는 가이드라인의 역할을 합니다.

- NCS 학습모듈은 특성화고, 마이스터고, 전문대학, 4년제 대학교의 교육기관 및 훈련기관, 직장교육기관 등에서 표준교재로 활용할 수 있으며 교육과정 개편 시에도 유용하게 참고할 수 있습니다.

▶▶▶ NCS 개념도

▶▶▶ NCS와 NCS 학습모듈의 연결 체제

▶▶▶ NCS의 활용영역

구분		활용 콘텐츠
산업현장	근로자	평생경력개발경로, 자가진단도구
	기업	현장수요 기반의 인력채용 및 인사관리기준, 직무기술서
교육훈련기관		직업교육 훈련과정 개발, 교수계획 및 매체·교재개발, 훈련기준 개발
자격시험기관		자격종목설계, 출제기준, 시험문항, 시험방법

과정평가형 자격취득 안내

▷▷▶ NCS(국가직무능력표준)와 NCS 학습모듈

과정평가형 자격은 국가기술자격법에 근거하여 국가직무능력표준(NCS)에 따라 설계된 교육·훈련과정을 체계적으로 이수한 교육·훈련생에게 내·외부 평가를 통해 국가기술자격증을 부여하는 새로운 개념의 국가기술자격 취득 제도로서 2015년부터 시행되고 있다.

▷▷▶ 과정평가형 자격 운영 절차

```
                        자격증 발급
                           ▲
                        외부 평가
                           ▲
  교육·훈련 기관  →   교육·훈련 과정 모니터링
  • 교육·훈련 실시       (종목별 평가단 활용)
  • 능력단위별 내부평가       ◀
                           ▲
                    교육·훈련 과정 심사
                  (1차 : 서류심사, 2차 : 현장조사)
                    • 인적·물적 요건
                    • 교육·훈련 내용 및 방법
                    • 평가체계 등
                           ▲
                    적용대상기관 모집공고
                           ▲
  교육·훈련 기관   ◀---  종목별 편성기준 개발
  • NCS기반 교육·훈련
    과정 개발       ◀---   적용대상종목 선정
                           ▲
                  국가직무능력표준(NCS) 표준
                        산업현장(일)
```

▷▷▶ 시행 대상

국가기술자격법의 과정평가형 자격 신청자격에 충족한 기관 중 공모를 통하여 지정된 교육·훈련기관의 단위과정별 교육·훈련을 이수하고 내부평가에 합격한 자

▷▷▶ 교육·훈련생 평가

① 내부평가(지정 교육·훈련기관)
　㉮ 평가대상 : 능력단위별 교육·훈련과정의 75% 이상 출석한 교육·훈련생
　㉯ 평가방법
　　㉠ 지정받은 교육·훈련과정의 능력단위별로 평가
　　㉡ 능력단위별 내부평가 계획에 따라 자체 시설·장비를 활용하여 실시
　㉰ 평가시기
　　㉠ 해당 능력단위에 대한 교육·훈련이 종료된 시점에서 실시하고 공정성과 투명성이 확보되어야 함
　　㉡ 내부평가 결과 평가점수가 일정수준(40%) 미만인 경우에는 교육·훈련기관 자체적으로 재교육 후 능력단위별 1회에 한해 재평가 실시
② 외부평가(한국산업인력공단)
　㉮ 평가대상 : 단위과정별 모든 능력단위의 내부평가 합격자
　㉯ 평가방법 : 1차·2차 시험으로 구분 실시
　　㉠ 1차 시험 : 지필평가(주관식 및 객관식 시험)
　　㉡ 2차 시험 : 실무평가(작업형 및 면접 등)

▷▷▶ 합격자 결정 및 자격증 교부

① 합격자 결정 기준
　내부평가 및 외부평가 결과를 각각 100점을 만점으로 하여 평균 80점 이상 득점한 자
② 자격증 교부
　기업 등 산업현장에서 필요로 하는 능력보유 여부를 판단할 수 있도록 교육·훈련 기관명·기간·시간 및 NCS 능력단위 등을 기재하여 발급

> NCS 및 과정평가형 자격에 대한 내용은 NCS국가직무능력표준 홈페이지(www.ncs.go.kr)에서 보다 자세하게 살펴볼 수 있습니다.

CBT 필기시험제도 안내

▶▶▶ 변경된 제도 개요

기능사 CBT(컴퓨터 기반 시험) 필기시험제도는 한국산업인력공단 상설시험장과 외부기관의 시설 및 장비를 임차하여 시행하기 때문에 시험장 사정에 따라 시험일자가 달라질 수 있으며, 수험생들이 선호하는 시험장은 조기 마감될 수 있으므로 주의하여야 합니다.

▶▶▶ 원서접수 기간 및 접수처

- 한국산업인력공단이 주관 및 시행하는 기능사 정기 CBT 필기시험 및 상시 CBT 필기시험과 관련한 정보는 큐넷 홈페이지(http://www.q-net.or.kr)를 방문하여 확인합니다.
- 기능사 필기시험의 원서접수는 인터넷으로만 가능하며 정기 및 상시시험 모두 큐넷 홈페이지(http://www.q-net.or.kr)에서 접수할 수 있습니다.
- 기능사 상시시험 종목 : 한식조리기능사, 양식조리기능사, 일식조리기능사, 중식조리기능사, 제과기능사, 제빵기능사, 미용사(일반), 미용사(피부), 미용사(네일), 미용사(메이크업), 굴착기운전기능사, 지게차운전기능사, 건축도장기능사, 방수기능사 [14종목]
  ※ 건축도장기능사, 방수기능사 2종목은 정기검정과 병행 시행

▶▶▶ CBT 부별 시험시간 안내

구분	입실시간	시험시간	비고
1부	09:30	09:50 ~ 10:50	
2부	10:00	10:20 ~ 11:20	
3부	11:00	11:20 ~ 12:20	
4부	11:30	11:50 ~ 12:50	
5부	13:00	13:20 ~ 14:20	시험실 입실 시간은
6부	13:30	13:50 ~ 14:50	시험 시작 20분 전
7부	14:30	14:50 ~ 15:50	
8부	15:00	15:20 ~ 16:20	
9부	16:00	16:20 ~ 17:20	
10부	16:30	16:50 ~ 17:50	

※ 시행지역별 접수인원에 따라 일일 시행횟수는 변동될 수 있으며, 지역에 따라 원거리 시험장으로 이동할 수 있습니다.

▶▶▶ 합격자 발표

종이 시험과 달리 CBT 필기시험은 시험이 종료된 후 시험점수와 함께 합격 여부를 확인할 수 있으며, 이 결과는 시험일정 상의 합격자 발표일에 최종 확인할 수 있습니다.

CBT 필기시험 체험하기

 CBT 필기시험 응시를 위해 지정된 좌석에 앉으면 해당 컴퓨터 단말기가 시험감독관 서버에 연결되었음을 알리는 연결 성공 메시지가 나타납니다.

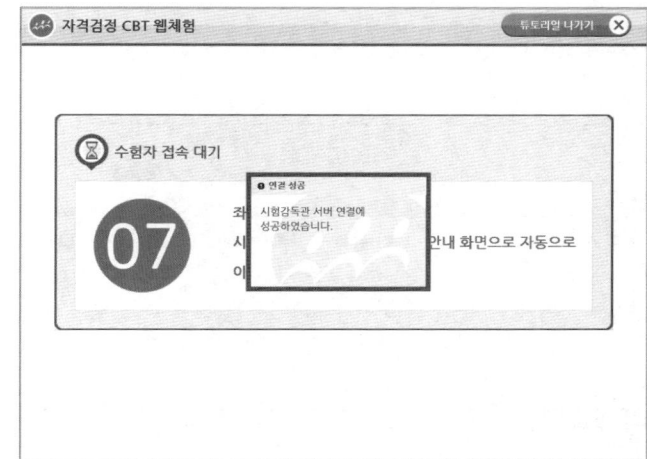

02 수험자 접속 대기 화면에서 좌석번호를 확인합니다. 좌석번호 확인이 끝나면 시험감독관의 지시에 따라 시험 안내 화면으로 자동으로 이동합니다.

03 수험자 정보를 확인합니다. 감독관의 신분 확인 절차가 진행됩니다. 신분 확인이 모두 끝나면 시험을 시작할 수 있습니다.

04 CBT 필기시험에 대한 안내사항이 나타납니다. 화면은 예제이며, 실제 기능사 필기시험은 총 60문제로 구성되며, 60분간 진행됩니다.

05 다음 항목에서 시험과 관련된 유의사항을 확인합니다. 특히, 시험과 관련한 부정행위 적발 시 퇴실과 함께 해당 시험은 무효처리되어 불합격 될 뿐만 아니라, 이후 3년간 국가기술자격검정에 응시할 수 있는 자격이 정지되므로 부정행위로 인정되는 내용을 꼼꼼히 확인하도록 합니다.

06 메뉴설명 항목에서는 문제풀이와 관련된 메뉴에 대한 설명을 확인할 수 있습니다. CBT 화면에서는 글자 크기를 크게 하거나 작게 할 수 있을 뿐 아니라, 화면 배치를 1단 또는 2단 화면 보기 혹은 한 문제씩 보기로 선택할 수 있습니다.

07 문제풀이 연습 항목에서는 실제 문제를 풀어보는 과정을 연습할 수 있습니다. 실제 시험에서 실수하지 않도록 하기 위해 [자격검정 CBT 문제풀이 연습] 버튼을 클릭합니다.

08 보기의 연습 문제는 국가기술자격시험의 정부 위탁기관인 한국산업인력공단의 본부 청사 소재지를 묻는 것입니다. 현재 한국산업인력공단 본부는 울산광역시에 소재하고 있습니다. 문제 아래의 보기에서 번호 항목을 클릭하거나 답안 표기란의 번호 항목에서 해당 답안을 클릭하여 답안을 체크합니다.

09 문제 아래의 보기를 클릭하거나 오른쪽 답안 표기란의 답안 항목을 클릭하면 화면과 같이 선택한 답안이 OMR 카드에 색칠한 것과 같이 색이 채워집니다.

> 답안을 수정할 때는 마찬가지 방법으로 수정하고자 하는 문제의 보기 항목이나 답안 표기란의 보기 항목에서 수정하고자 하는 답안을 클릭합니다.

10 문제를 풀고 나면 다음 문제를 풀기 위해 화면 하단의 [다음] 버튼을 클릭하여 문제를 계속 풀어나가면 됩니다. 참고로 하단 버튼 중 [계산기]를 클릭하면 간단한 공학용 계산기를 사용하여 계산 문제를 푸는 데 도움을 받을 수 있습니다.

> 계산이 끝나고 계산기를 화면에서 사라지게 하려면 계산기 창의 오른쪽 상단에 있는 닫기 ⊠ 버튼을 클릭합니다.

11 문제 풀이 연습이 끝나면 하단의 [답안 제출] 버튼을 클릭하여 답안을 제출합니다.

> 어려운 문제의 경우 하단의 [다음] 버튼을 클릭하여 다음 문제를 풀 수도 있습니다. 단, 이러한 경우 답안을 제출하기 전에 하단의 [안 푼 문제] 버튼을 클릭하여 혹시 풀지 않은 문제가 있는지 최종적으로 확인하도록 합니다.

12 답안 제출을 클릭하면 나타나는 화면입니다. 수험생들이 실수로 답안을 모두 체크하지 않고 제출할 수 있는 실수를 방지하기 위해 2회에 걸쳐 주의 화면이 나타납니다. 답안을 제출하려면 [예] 버튼을 누릅니다.

13 문제풀이 연습을 모두 마치면 나타나는 화면에서 [시험 준비 완료] 버튼을 클릭합니다. 이후 시험 시간이 되면 시험감독관의 지시에 따라 시험이 자동으로 시작됩니다.

14 본 시험이 시작되면 첫 번째 문제가 화면에 나타납니다. 앞서 문제풀이 연습 때와 마찬가지 방법으로 문제의 보기에서 정답을 클릭하거나 답안 표기란에 해당 문제의 정답 항목을 클릭하여 답을 선택합니다.

15 화면 하단의 [다음] 버튼을 클릭하면 다음 문제를 풀 수 있습니다. 앞서와 마찬가지 방법으로 답안에 체크하고 모든 문제를 풀었다면 [답안 제출] 버튼을 클릭합니다.

> 화면의 상단 오른쪽에 제한 시간과 남은 시간이 표시됩니다. 본 예제는 체험을 위한 것으로 실제 시험시간은 60분이며, 이에 따라 남은 시간도 표시됩니다.

16 수험생의 실수를 방지하기 위해 2회에 걸쳐 주의 문구가 출력됩니다. 모든 문제를 이상없이 풀고 답안에 체크했다면 [예] 버튼을 클릭하여 답안을 제출하고 시험을 마무리합니다.

> 문제 화면으로 다시 돌아가고자 한다면 [아니오] 버튼을 클릭하여 이미 푼 문제들을 다시 확인하고 필요한 경우 답안을 수정할 수 있습니다.

17 답안 제출 화면이 나타납니다. 잠시 기다립니다.

18 CBT 필기시험을 모두 끝내고 답안을 제출하면 곧바로 합격, 불합격 여부를 화면과 같이 확인할 수 있습니다. 독자분들은 꼭 화면과 같은 합격 축하 문구를 볼 수 있기를 기원합니다.

19 앞서의 합격 여부 화면에서 [확인 완료] 버튼을 클릭하면 CBT 필기시험이 종료됩니다. 고생하셨습니다.

본 도서에 수록된 CBT 필기시험 체험하기 내용은 한국산업인력공단의 CBT 체험하기 과정을 인용하여 구성 및 정리한 것입니다. 직접 한국산업인력공단에서 제공하는 CBT 필기시험을 체험하고자 하는 독자께서는 한국산업인력공단이 운영하는 큐넷 홈페이지(www.q-net.or.kr)를 방문하시기 바랍니다.

Contents _ 차례

INTRO 00

머리말
출제기준표
NCS(국가직무능력표준) 안내
CBT 필기시험제도 안내

PART 01 굴착기 장비구조 및 기능

CHAPTER 01 엔진구조
- 01 엔진본체 구조와 기능 ·· 16
- 02 윤활장치 구조와 기능 ·· 18
- 03 연료장치 구조와 기능 ·· 19
- 04 흡배기장치 구조와 기능 ······································ 20
- 05 냉각장치 구조와 기능 ·· 21
- ◉ 출제 예상문제 ··· 23

CHAPTER 02 전기장치
- 01 시동장치 구조와 기능 ·· 37
- 02 충전장치 구조와 기능 ·· 38
- 03 등화 및 계기장치 구조와 기능 ····························· 39
- ◉ 출제 예상문제 ··· 41

CHAPTER 03 유압일반
- 01 유압의 기초 ·· 48
- 02 유압 탱크와 유압 펌프 ······································· 48
- 03 유압 모터와 유압 실린더 ···································· 50
- 04 기타 부속장치 ··· 51
- 05 유압유 및 제어(컨트롤) 밸브 ······························· 51
- ◉ 출제 예상문제 ··· 53

CHAPTER 04 굴착기 구조 및 기능
- 01 일반사항 ·· 64
- 02 상부회전체와 하부주행체 ···································· 67
- ◉ 출제 예상문제 ··· 70

PART 02
굴착기 점검 및 작업

CHAPTER 01 **점검**
01 운전 전 · 후 점검 76
02 장비 시운전 77
03 작업상황 파악 79
◉ 출제 예상문제 82

CHAPTER 02 **주행 및 작업**
01 주행 84
02 작업 85
03 전 · 후진 주행장치 88
◉ 출제 예상문제 91

PART 03
법규 및 안전관리

CHAPTER 01 **건설기계 관련 법규**
01 건설기계관리법 98
02 도로교통법 101
◉ 출제 예상문제 105

CHAPTER 02 **안전관리**
01 안전보호구 착용 및 안전장치 확인 113
02 위험요소 확인 115
03 안전운반 작업 116
04 장비 안전관리 117
05 가스 및 전기 안전관리 121
◉ 출제 예상문제 124

PART 04
기출문제 및 CBT 복원문제

01회 ㅣ 2016년 1회 기출문제 134
02회 ㅣ 2016년 2회 기출문제 139
03회 ㅣ 2016년 3회 기출문제 144
04회 ㅣ CBT 복원문제 1회 149
05회 ㅣ CBT 복원문제 2회 155
06회 ㅣ CBT 복원문제 3회 161
07회 ㅣ CBT 복원문제 4회 167
08회 ㅣ CBT 복원문제 5회 172
09회 ㅣ CBT 복원문제 6회 177
10회 ㅣ CBT 복원문제 7회 183

PART 01

굴착기 장비구조 및 기능

Craftsman Excavating Machine Operator

Chapter 01. 엔진구조
Chapter 02. 전기장치
Chapter 03. 유압일반
Chapter 04. 굴착기 구조 및 기능

엔진구조 익히기

Craftsman Excavating Machine Operator

Lesson 01 엔진본체 구조와 기능

1 엔진의 정의 및 분류

1) 엔진의 정의

① 열에너지(힘)를 기계적인 에너지로 변화시키는 기계장치로 열기관이라고도 한다.

② 내연기관과 외연기관

㉮ 내연기관 : 실린더 내부에서 연소물질을 연소시켜 동력을 발생 (가솔린, 디젤, 가스, 제트 기관 등)

㉯ 외연기관 : 실린더 외부에서 연소물질을 연소시켜 동력을 발생 (증기 기관 등)

2) 엔진의 분류

① **기관 배열에 따른 분류** : 직렬형, 수평형, 수평 대향형, V형, 성형, 도립형, X형, W형 등이 있다.

② **사용 연료에 따른 분류** : 사용 연료에 따라 가솔린, 디젤, 석유, 가스 기관 등으로 분류되며 국내 건설기계는 디젤기관이다.

③ **점화 방법에 따른 분류**

㉮ 전기 점화 기관 : 혼합가스에 전기적인 불꽃으로 점화

㉯ 압축 착화 기관 : 연료를 분사하면 압축열에 의하여 착화

④ **열역학적 사이클에 의한 분류**

㉮ 정적 사이클(오토 사이클) : 일정한 용적 하에서 연소되는 가솔린 기관

㉯ 정압 사이클(디젤 사이클) : 일정한 압력 하에서 연소되는 저속 디젤 기관

㉰ 사바테 사이클(합성 사이클) : 일정한 압력과 용적 하에서 연소되는 고속 디젤 기관

⑤ **기계학적 사이클에 의한 분류**

㉮ 2행정 사이클 엔진

㉠ 흡입 및 배기를 위한 독립된 행정없이 압축, 폭발의 2단계 과정을 통해 작동되는 엔진

㉡ 1회 연소 시 피스톤 1회 왕복, 크랭크축 1회전

㉯ 4행정 사이클 엔진

㉠ 흡입, 압축, 폭발, 배기행정의 순으로 작동되는 엔진

㉡ 크랭크축이 2회전하고, 피스톤은 4행정을 하여 1사이클을 완성(1사이클 당 크랭크축 2회전, 캠축 1회전)

■ 2행정과 4행정 사이클 엔진의 비교

비교 항목 ＼ 행정	4행정 사이클 기관	2행정 사이클 기관
출력(평균 유효압력 및 회전속도가 같을 때)	적다.	크다.(1.7배)
구조	복잡하다.	간단하다.
회전속도	저속운전이 가능하다.	저속운전이 불가능하다.
열효율	열효율이 좋다.	열효율이 나쁘다.
사용 용도	모든 자동차 및 건설기계	일부 건설기계 및 이륜차

[4실린더 직렬형 디젤 엔진의 일반적인 구조]

2 엔진의 구성

1) 실린더 헤드(cylinder head)
① 실린더 블록의 윗부분에 위치하며 실린더와 함께 연소실을 형성하고 흡입·배기 통로를 개폐하는 밸브 기구가 있는 부품이다.
② 냉각수를 순환시켜 냉각되도록 하는 냉각수 통로인 워터 재킷, 연소실에 불꽃을 튀기는 스파크 플러그도 부착되어 있다.
③ 재질은 내열 내압성이 요구되기 때문에 최근에는 알루미늄 합금제가 많이 쓰이고 있다.

2) 실린더 헤드 개스킷(cylinder head gasket)
① 실린더 헤드와 실린더 블록 사이에 설치되어 있다.
② 압축과 폭발 시 가스의 기밀을 유지하고 냉각수와 엔진오일이 새는 것을 방지하기 위해 고온 고압에 견딜 수 있어야 한다.

3) 실린더 블록(cylinder head)
① 엔진 실린더 블록은 엔진의 본체를 구성하는 기본적인 부품으로 주철 및 알루미늄의 주물로 만들어지며, 피스톤이 왕복운동하는 원통형 실린더와 냉각수를 순환시키는 워터 재킷으로 되어 있다.
② 실린더 블록의 역할
  ㉮ 피스톤이 왕복운동을 할 수 있는 가이드이다.
  ㉯ 냉각수 순환으로 실린더를 냉각시킨다.
  ㉰ 크랭크 샤프트를 견고히 지지한다.

4) 피스톤(piston)
① 실린더 내에서 왕복운동을 하면서 연소실과 크랭크실 사이의 기밀을 유지한다.
② 동력 행정 중 발생, 작용하는 가스의 폭발압력을 커넥팅로드를 통해 크랭크축에 전달, 크랭크축이 회전운동을 하도록 한다.
③ 연소가스로부터 피스톤헤드에 전달된 열의 대부분을 빠르게 실린더 벽에 전달한다.
④ 2행정 기관에서는 가스 교환을 제어한다.

5) 피스톤 링(piston ring)
① 피스톤 링의 구성 및 역할
  ㉮ 압축링(기밀유지 및 전열작용) : 피스톤과 실린더 벽 사이에 밀착되어 기밀(氣密)을 유지하고 동시에 피스톤으로부터 열을 전달받아 이 열을 실린더 벽으로 전달(냉각작용)하는 역할을 한다.
  ㉯ 오일링(오일 제어작용) : 압축링 아래에 설치되며 피스톤의 마찰 표면과 실린더 벽을 윤활하는 윤활유 중 여분의 윤활유를 긁어내려 오일팬으로 복귀시키는 기능을 한다.
② 피스톤 링의 구비조건
  ㉮ 내열성 및 내마멸성이 양호해야 한다.
  ㉯ 제작이 용이해야 한다.
  ㉰ 실린더에 일정한 면압을 줄 수 있어야 한다.
  ㉱ 실린더 벽보다 약한 재질이어야 한다.(피스톤 링의 재질이 실린더 벽보다 너무 강하면 실린더 벽의 마모가 쉽게 일어난다.)

6) 피스톤 핀(piston pin)
① 피스톤 핀의 구성 및 역할
  ㉮ 피스톤과 커넥팅로드를 연결하며, 피스톤과 함께 실린더 내를 고속으로 왕복운동한다.
  ㉯ 피스톤에 작용하는 폭발압력을 커넥팅로드에 전달한다.
② 피스톤 핀의 구비조건
  ㉮ 경량이어야 한다.
  ㉯ 기계적 강도가 높아야 한다.
  ㉰ 표면은 내마멸성이 좋아야 한다.
  ㉱ 제작이 용이하고 값이 싸야 한다.

7) 커넥팅로드(connecting rod)
① 커넥팅로드의 구조
  ㉮ 소단부 : 피스톤 핀이 설치되는 곳이다.
  ㉯ 생크(shank) : 소단부와 대단부를 연결하는 부분으로 휨이나 비틀림, 그리고 인장하중과 압축하중에 견딜 수 있도록 단면을 H-형으로 하는 경우가 대부분이다.
  ㉰ 대단부 : 커넥팅로드 캡과 함께 크랭크핀 베어링의 설치면을 형성한다.
② 커넥팅로드의 기능
  ㉮ 피스톤과 크랭크축을 연결한다.
  ㉯ 피스톤의 직선운동을 크랭크축의 회전운동으로 변환시킨다.
  ㉰ 피스톤에 작용하는 힘을 크랭크축에 전달하여 크랭크축에 회전 토크가 발생되도록 한다.
③ 커넥팅로드의 구비조건
  ㉮ 폭발압력에 따른 휨 등에 대응하기 위해 기계적 강도가 커야 한다.
  ㉯ 관성력을 줄이기 위해 가능한 한 가벼워야 한다.

8) 크랭크축(crack shaft)
① 크랭크축의 기능
  ㉮ 커넥팅로드로부터 전달되는 힘을 회전토크로 변환시킨다.
  ㉯ 회전 토크의 대부분을 플라이휠(flywheel)을 통하여 클러치에 전달한다.
  ㉰ 동력행정 이외의 행정에서는 역으로 피스톤에 운동을 전달한다.
  ㉱ 회전토크의 일부를 이용하여 밸브기구, 오일 펌프, 배전기, 발전기, 그리고 형식에 따라서 연료 공급장치와 냉각펌프 등을 구동시킨다.
② 크랭크축의 구비조건
  ㉮ 내피로성과 내마멸성이 있어야 한다.
  ㉯ 가혹한 부하조건을 감당하기 위해 충분한 기계적 강도와 탄성이 있어야 한다.

9) 기타 구성 부품
① 플라이휠(fly wheel)
  ㉮ 클러치 압력판 및 디스크와 커버 등이 부착되는 마찰면과 기동 모터 피니언 기어, 물리는 링 기어로 구성된다.
  ㉯ 크기와 무게가 실린더 수와 회전수에 반비례하며 엔진 회전력의 맥동을 방지하여 회전속도를 고르게 한다.
② 크랭크축 풀리 : 크랭크축의 끝에 부착되어 있는 풀리(pulley)로 여기에 벨트를 걸고 발전기 등의 보조 기계를 구동한다.
③ 밸브 개폐기구 : 엔진 작동 시 흡입, 압축, 폭발, 배기를 원활히 수행할 수 있도록 알맞은 시기에 여닫는 장치로 밸브 설치 위치에 따라 L형, F형, T형, I형(overhead valve)으로 구분된다.

[피스톤의 구조]

[커넥팅로드의 구조]

Lesson 02 윤활장치 구조와 기능

1 윤활 일반

1) 윤활장치의 개요

① **구성요소** : 디젤엔진의 윤활장치는 오일 팬, 오일 스트레이너, 오일 펌프, 릴리프 밸브 및 오일 압력스위치 등으로 구성되어 있다.

② **윤활경로** : 오일 팬 → 오일 스트레이너 → 오일 펌프 → 릴리프 밸브(압력조절) → 오일 필터 → 메인 오일 통로 → 메인 오일 통로(오일 압력 스위치) → 크랭크축 → 커넥팅로드 → 실린더 및 피스톤 → 실린더 헤드 → 로커암 축 → 로커암 → 캠 및 밸브 → 캠축(저널)

[윤활장치]

2) 4행정 사이클 기관의 윤활 방식

① **비산식** : 커넥팅로드의 베어링 캡에 오일디퍼(비말자)가 오일을 퍼 올려서 뿌려준다.

② **압송식** : 오일 펌프로 각 윤활 부분에 공급시키며 최근에 많이 사용되고 있다.

③ **비산압송식** : 비산식과 압송식 함께 사용하며, 오일 펌프와 오일 디퍼 가 모두 있다.
   ㉮ 크랭크축 베어링, 캠축 베어링, 로커암 축 등에는 펌프를 이용해 압송한다.
   ㉯ 피스톤 핀과 실린더 벽에는 비산식으로 윤활한다.

3) 여과 방식의 분류

① **분류식** : 오일 펌프에서 나온 오일의 일부를 여과하고 나머지는 윤활 부로 그냥 보낸다.

② **전류식** : 오일 펌프에서 나온 오일의 전부가 여과기를 거쳐 여과 된 다음 윤활부로 보내지게 된다.

③ **샨트식** : 펌프에 보내지는 오일의 일부만을 여과하지만 여과된 오일 이 오일 팬으로 돌아오지 않고 윤활부에 공급된다.

2 윤활유

1) 윤활유의 특성

① **점도**
   ㉮ 오일의 끈적끈적한 정도를 나타내는 것으로 유체의 이동 저항 에 해당된다.
   ㉯ 점도가 높으면 끈적끈적하여 유동성이 저하되고, 낮으면 오일 이 묽어 유동성이 좋다.

② **점도 지수**
   ㉮ 온도에 따른 점도 변화를 나타내는 수치이다.
   ㉯ 점도 지수가 크면 온도 변화에 따른 점도의 변화가 작고, 점도 지수가 작으면 온도 변화에 따라 점도의 변화가 크다.

> **오일 혼합 금지**
> 점도가 다른 두 종류를 혼합하거나 제작사가 다른 오일을 혼합하여 사용하면 안 된다.

2) 윤활유의 작용

① **감마 작용** : 유막을 형성하여 각 섭동 부분의 마찰 및 마멸을 방지 한다.

② **냉각 작용** : 마찰로 인해 생긴 열을 흡수하여 냉각시킨다.

③ **세척 작용** : 먼지, 오물을 흡수하여 여과기로 보낸다.

④ **밀폐 작용** : 유막을 형성, 압축·폭발 가스 누설을 방지한다.

⑤ **부식 방지 작용** : 유막으로 녹이 스는 것과 부식을 방지한다.

⑥ **소음 완화 작용** : 오일 간격 등의 소음을 흡수한다.

⑦ **응력 분산 작용** : 국부적인 압력을 분산시켜 응력을 최소화시킨다.

3) 윤활유의 구비조건

① 인화점, 발화점이 높아야 한다.

② 점도와 온도의 관계가 좋아야 한다.

③ 열전도가 양호해야 한다.
④ 산화에 대한 저항이 커야 한다.
⑤ 카본 생성이 적어야 한다.
⑥ 강인한 유막을 형성할 수 있어야 한다.
⑦ 비중이 적당해야 한다.

오일 상태 판정
- 검정색에 가까운 경우 : 심하게 오염(불순물 오염)
- 붉은색에 가까운 경우 : 가솔린 유입
- 우유색에 가까운 경우 : 냉각수가 섞여 있음

3. 윤활장치의 구성

1) 오일 팬
① 실린더 블록 하단부에 개스킷을 두고 조립되어 엔진에 사용하는 오일을 저장 및 냉각을 한다.
② 자동차가 출발 또는 제동 시에 오일의 유동을 방지하기 위하여 칸막이가 설치되어 있으며, 자동차가 등판 주행 시에 기관의 오일이 충분히 고이도록 하기 위하여 섬프(sump)가 설치되어 충분한 오일이 공급되도록 한다.

2) 오일 스트레이너
① 오일 팬 내 오일을 펌프에 유도한다.
② 오일에 포함된 비교적 큰 입자의 불순물을 제거하기 위해 펌프로 들어가는 쪽에 여과망이 설치되어 있다.

3) 오일 펌프
① 오일 팬 내의 오일을 흡입 및 가입하여 각 윤활부에 보내는 일을 한다.
② 오일 펌프는 실린더 블록 하부에 설치되어 있으며 크랭크축에 의하여 구동되며, 오일의 과도한 송출이나 높은 압력은 유압조절기(릴리프 밸브)로 조절한다.

4) 오일 필터
① 윤활 회로 내에 설치되어 오일에 혼입된 먼지, 카본, 금속 분말, 산화 생성물 등을 제거하는 역할을 하며 보통 5,000~10,000km 주행 시마다 엔진오일과 함께 교환한다.
② 오일 필터는 케이스, 엘리먼트, 바이패스 밸브 등으로 구성되어 있으며, 필터 내의 바이패스 밸브는 엘리먼트가 막혔을 때 열리도록 되어 있어 오일이 항상 순환되도록 오일을 공급하는 역할을 한다.

5) 유압조절 밸브(유압 조정기)
① 윤활 회로 내의 유압이 과도하게 올라가는 것을 방지하여 유압을 일정하게 유지시키는 기능을 한다.
② 유압 조절 압력은 장비에 따라 다소 차이가 있으나 대체로 3~5kgf/cm^{2}로 유지시켜 준다.

6) 유면표시기 및 유압경고등
① 일반적으로 엔진은 엔진의 오일 양을 확인할 수 있도록 엔진 측면 또는 앞쪽에 오일의 양이 정상인가를 확인할 수 있도록 되어 있다.
② 이 밖에 차량의 운행 중에 엔진오일 압력의 정상 여부를 확인할 수 있도록 운전석 계기판에 유압계가 있으며, 오일압력 경고등은 오일 회로 내 오일 압력이 떨어졌을 때 경고등이 켜지도록 되어 있다.

7) 오일 쿨러
① 과열된 오일의 온도를 단계적으로 냉각시키는 장치로 주로 오일 용량이 큰 대형 엔진에 설치되어 있다.
② 오일 필터를 통해 송출된 엔진오일은 오일 쿨러 엘리먼트에 의해 냉각되거나 가열되어 오일 주요 저장 통로로 송출된다.

Lesson 03 연료장치 구조와 기능

1. 디젤기관의 연소

1) 디젤기관 연소실의 종류 및 장·단점

종류	장점	단점
직접 분사식	• 열효율이 높고 시동이 쉽다. • 냉각에 의한 열손실이 적고 열변형이 적다.	• 분사압력이 높아 분사펌프와 노즐 등의 수명이 짧다. • 분사노즐의 상태와 연료의 질에 민감하다. • 노크가 일어나기 쉽다.
예비 연소실식	• 분사압력이 낮아 연료장치의 고장이 적다. • 연료 성질 변화에 둔감하고 선택 범위가 넓다.	• 연소실 표면이 커서 냉각손실이 크다. • 시동보조장치인 예열 플러그가 필요하다. • 연료 소비율이 약간 많고 구조가 복잡하다.
와류실식	• 기관의 회전속도 범위가 넓고 회전속도를 높일 수 있다. • 예비연소실에 비해 연료 소비율이 적다. • 평균유효압력이 높으며 분사압력이 비교적 낮다.	• 시동 시 예열 플러그가 필요하고 구조가 복잡하다. • 열효율이 낮고 저속에서 노크가 일어나기 쉽다.
공기실식	• 시동이 쉬워 예열 플러그를 사용하지 않는 기관이 많다. • 연료 연소압력이 가장 낮다.	• 후적이 잘 일어나며 배기온도가 높다. • 연료 소비량이 많다. • 분사시기에 따라 엔진 작동에 영향을 준다.

[직접분사식]   [예비연소실식]   [와류실식의 단면]   [공기실식 연소실]

2) 연소와 노크

① 연소실의 구비조건
㉮ 평균 유효 압력이 높고 연소시간이 짧아야 한다.
㉯ 연료 소비가 적고 연소 상태가 좋아야 한다.
㉰ 와류가 잘 되어 공기와 연료의 혼합이 잘 되어야 한다.
㉱ 시동이 쉽고 노크가 적어야 한다.

② 이상 연소와 노크 방지(착화지연 기간을 짧게 하는 방법)
㉮ 압축비를 높인다.
㉯ 흡기 온도를 높인다.
㉰ 실린더 벽의 온도를 높인다.
㉱ 착화성이 좋은 연료(세탄가가 높은 연료)를 사용한다.
㉲ 와류가 일어나게 한다.

2 ▰ 연료장치의 구성

1) 연료탱크
① 연료를 저장하는 곳으로, 운행 중 연료의 출렁임을 방지하기 위한 세퍼레이터(separator)가 있고, 연료량을 운전석 계기판에 표시하여 알려 주는 연료 센서가 있다.
② 연료탱크 내부는 부식 방지를 위하여 아연 도금이 되어 있으며, 탱크 내에 대기압을 형성하기 위한 대기압 호스가 있다.

2) 연료계
① 자동차 연료탱크 속의 잔존 연료의 양을 표시하는 계기로써, 센서 부분에 상당하는 센터 유닛과 센서로부터의 신호를 받아 표시하는 리시버 유닛으로 되어 있다.
② 일반적으로 연료 액면에 띄운 플로트의 위치를 바이메탈 접점의 단속전류의 크기나 슬라이드 저항기의 값을 이용하여 구하고 있다.
③ 연료액면은 자동차의 움직임에 의해서 요동하기 때문에 센서에는 어느 정도의 시간 지연을 갖게 하여 일정한 시간의 평균치를 표시하도록 하고 있다.

3) 연료파이프
① 연소실로 연료를 공급하는 관을 말한다.
② 지름 5~8mm인 구리 또는 강제(鋼製) 파이프로 연료 계통의 부품을 서로 연결하며, 연결부는 구형 및 플레어로 하고 피팅으로 조인다.

4) 연료공급펌프
① 연료공급펌프는 일반적으로 고압 분사펌프에 직접 설치되며, 고압 분사펌프의 캠축에 가공되어 있는 편심-캠에 의해 기계적으로 작동된다.
② 연료공급펌프의 최소 공급능력은 대부분 최대 분사량의 1.3~1.5배 정도로, 공급 압력은 약 1~1.5bar로 설계된다.
③ 고압 분사펌프를 통과하면서 윤활 및 냉각에 사용된 연료는 오버플로우(overflow) 밸브를 거쳐서 다시 연료탱크로 복귀하게 된다.

5) 연료여과기
① 연료에 포함된 불순물과 물을 분리하여, 이들을 분사펌프와 분사 노즐로부터 격리시키는 역할을 한다.
② 고압 분사장치에서는 여과 정밀도가 높은 여과기를 필요로 한다.

6) 분사펌프
① 디젤기관에 있어서 연료를 분사 순서에 따라 각 실린더의 연료 분사 밸브에 압송하는 장치이다.
② 일반적으로 플런저 펌프가 이용되며 각 실린더마다 1개씩 설치한다.

> **■ 분사 노즐의 구비조건**
> • 연료를 미세한 안개형태(무화)로 분사하여 쉽게 착화되게 할 것
> • 연소실 구석구석까지 고르게 분사할 것
> • 후적(분사 완료 후 노즐 팁에 연료 방울이 생겨 연소실에 떨어지는 것)이 없을 것
> • 내구성이 클 것

Lesson 04 흡배기장치 구조와 기능 ≪≪

1 ▰ 배출가스

1) 블로바이(blow by) 가스
① 실린더와 피스톤 사이에 틈새를 지나 크랭크 케이스와 환기 기구를 통하여 대기로 방출되는 가스로 그 성분의 70~95%는 미연소된 연료(HC)이며 나머지는 연소와 부분적으로 산화된 혼합가스이다.
② 현재는 유해물질인 HC의 배출 비율이 크기 때문에 이것을 다시 연소시켜 방출하는 장치를 부착하도록 되어 있다.

2) 배기가스
① 연료가 기관 내부에서 연소된 다음 배기장치를 통하여 대기 중으로 방출되는 가스를 말한다.
② 가장 심각한 대기오염 물질인 질소산화물은 연소과정에서 공기 중의 질소 분자나 연료 중의 질소 성분이 고온의 화염에 산화되어 발생한다.
③ 배기가스의 유해성 여부
㉮ 인체에 해가 없는 것 : 수증기(H_2O), 질소(N_2) 탄산가스(CO_2)
㉯ 유해 물질 : 탄화수소(HC), 질소산화물(NOx), 일산화탄소(CO) 등

> **■ 연소 상태에 따른 배출가스의 색**
> • 정상 연소 : 무색 또는 담청색
> • 윤활유 연소 : 백색
> • 농후한(이론 혼합비보다 연료의 비율이 많은) 혼합비 : 검은 연기
> • 장비의 노후 연료의 질 불량 : 검은 연기
> • 희박한(이론 혼합비보다 연료의 비율이 적은) 혼합비 : 볏짚색
> • 노킹이 생길 때 : 황색에서 시작되어 검은 연기 발생

2 ▰ 흡배기장치의 구성

1) 공기청정기
① 공기청정기는 흡입되는 공기 속의 먼지를 제거함과 동시에 흡입 시 흡입계통에서 발생하는 강한 소음을 없애는 역할을 하는 장치이다.
② 종류로는 건식 공기청정기와 습식 공기청정기가 있다.

2) 흡기다기관

① 공기나 혼합기를 각 실린더에 균등히 배분시켜 주는 장치를 말하며 재질은 알루미늄합금 또는 특수 플라스틱을 사용하고 있다.

② 흡기다기관은 공기의 흐름이 양호하면서 흡기맥동이나 유체의 관성 등을 충분히 고려하여 기관의 전 회전속도 범위에서 높은 충전효율을 얻도록 설계되어야 한다. 또한, 흡기다기관의 직경, 단면의 형상, 휨부의 곡률반경(가능한 한 크게) 등을 충분히 고려하여야 한다.

3) 과급기

① 기관의 작동 중 흡입에 의한 충전 효율을 높여서 회전력, 연료 소비율, 기관의 출력 등을 향상시키기 위하여 흡입되는 가스에 압력을 가하는 일종의 공기 펌프이다

② **터보차저(Turbo Charger)**
- ㉮ 배기가스 압력에 의해 작동된다.
- ㉯ 10,000~15,000rpm 정도의 속도로 고속 회전한다.
- ㉰ 기관 전체 중량은 10~15%가 무거워지지만, 출력은 35~45% 증대된다.

③ **블로어(Blower)**
- ㉮ 루트 블로어는 하우징 내부에 2개의 로터가 양단에 베어링으로 지지된다.
- ㉯ 베어링이나 로터 기어의 윤활용 오일이 새는 것을 방지하기 위해 기름막이 장치로 라비린스(Lavyrinth) 링이 부착되어 있다.

4) 배기다기관

① 배기다기관은 다실린더 기관의 각 실린더로부터 배출되는 배기가스를 한 곳으로 모아서 배출시키는 장치이다.

② 연소가스가 실린더 내에 잔류하여 체적효율이 저하하지 않도록 배기 저항을 최대한 줄이는 구조가 되어야 한다.

5) 소음기

① 고온·고압 배기가스를 바로 대기로 배출시키면 가스의 급격한 팽창으로 인하여 큰 폭발음이 발생하는데 소음기는 이 배기가스의 온도와 압력을 저하시켜 배기소음을 줄여주는 장치이다.

② 소음 효과를 증대시키기 위하여 소음기의 저항을 너무 크게 하면 소음은 작아지나 배압(back pressure)이 높아져 기관의 출력이 저하한다. 따라서 소음기는 가능한 한 배압을 높이지 않고 출력 손실 없이 소음을 줄이는 구조로 설계됨이 바람직하다.

Lesson 05 냉각장치 구조와 기능

1 냉각장치의 개요

1) 냉각장치의 분류

① **공랭식 냉각장치** : 실린더 벽의 바깥 둘레에 냉각 팬을 설치하여 공기의 접촉 면적을 크게 하여 냉각시키는 방식
- ㉮ 자연통풍식 : 냉각 팬이 없어 주행 중에 받는 공기로 냉각하며 오토바이에 사용
- ㉯ 강제통풍식 : 냉각 팬과 슈라우드를 설치한 강제냉각방식으로 자동차 및 건설기계 등에 사용

② **수랭식 냉각장치** : 냉각수(정수 또는 연수)를 사용하여 엔진을 냉각시키는 방식
- ㉮ 자연순환식 : 물의 대류작용으로 순환되는 방식
- ㉯ 강제순환식 : 물 펌프로 강제 순환되는 방식
- ㉰ 압력순환식 : 냉각수를 가압하여 비등점을 높이는 방식
- ㉱ 밀봉압력식 : 냉각수 팽창 크기의 저장 탱크를 두는 방식

2) 과열과 과랭의 영향

① **과열의 영향**
- ㉮ 윤활유 연소로 유막의 손실 및 윤활유 부족 현상 발생
- ㉯ 조기 점화 또는 노킹(실린더 내에서의 이상연소에 의해 망치로 두드리는 것과 같은 소리가 나는 현상) 등의 발생으로 출력 저하
- ㉰ 과열로 인한 부품 변형 발생

② **과랭의 영향**
- ㉮ 혼합기체의 기화 불충분으로 출력 저하
- ㉯ 오일 희석으로 인한 베어링부의 마멸 증대
- ㉰ 연료 소비율 증가

> **엔진 과열의 원인**
> - 냉각수 부족
> - 냉각수 펌프 불량
> - 수온조절기(thermostat, 정온기)가 닫힌 채로 고장
> - 물재킷 등 냉각 통로의 막힘
> - 라디에이터 코어의 파손 혹은 20% 이상의 막힘

2 냉각장치의 구성

1) 물 재킷

① 수랭식(水冷式) 기관에서 실린더 및 실린더 헤드의 고온부(高溫部) 바깥쪽에 냉각용 물을 저장하거나 냉각수를 순환시키는 부분을 말한다.

② 냉각수 재킷이라고도 한다.

2) 물 펌프

① 물 펌프로는 래디얼 펌프(radial pump)나 볼류트 펌프(volute pump)와 같은 원심식 펌프가 주로 사용된다.

② 구동방식은 벨트식이 대부분이지만 전기모터 또는 직접 크랭크축에 의해서도 구동된다.

3) 냉각 팬

① 냉각 팬은 차량이 서행 중이거나 정차 시와 같이 주행풍이 충분하지 않을 경우 방열기와 기관실을 냉각시키기에 충분한 양의 공기를 공급해야 한다.

② 오늘날은 대부분의 장비에 전기 또는 비스코-커플링을 이용하는 가변 구동식 냉각 팬을 사용하고 있다.

4) 팬 벨트

① 크랭크축의 회전을 워터펌프 풀리와 발전기 풀리에 전달함으로써 냉각 팬을 회전시키게 하는 벨트를 말하며, 일반적으로 팬 벨트는 이음이 없는 V벨트를 사용한다.

② 팬 벨트의 장력 점검은 기관이 정지된 상태에서 벨트의 중심을 엄지손가락으로 10kgf 정도의 힘으로 눌러서 시행하며, 이때 처짐이 13~20mm 정도라면 정상이다.

㉮ 장력이 너무 클 경우(팽팽한 경우) : 각 풀리 베어링의 마모가 촉진되고, 기관 과랭

㉯ 장력이 너무 작을 경우(헐거운 경우) : 냉각수 순환 불량으로 기관 과열

5) 라디에이터

① 라디에이터는 냉각수에 전달된 기관의 열을 일정 수준 대기 중으로 방출하는 기능을 한다.

② 라디에이터 코어의 막힘률이 20% 이상이면 교환하여야 하며, 청소할 때는 탄산소다(탄산나트륨)를 세척제로 사용한다.

③ **라디에이터의 구비조건**

㉮ 냉각수 흐름에 대한 저항이 적어야 한다.

㉯ 공기저항이 적어야 한다.

㉰ 가볍고 작아야 한다.

㉱ 강도가 커야 한다.

㉲ 단위 면적당 방열량이 커야 한다.

E 라이에이터 코어의 막힘률

$$막힘률 = \frac{신품용량 - 구품용량}{신품용량} \times 100(\%)$$

6) 라디에이터 캡

① 냉각장치 내의 압력을 0.2~0.9kg/cm² 정도로 유지하여 비등점을 112℃로 상승시킨다.

② **냉각장치 내부 압력과 라디에이터 캡의 작동**

㉮ 내부 압력이 높아지면 : 압력 밸브가 열려 냉각수를 보조탱크로 보낸다.

㉯ 내부 압력이 낮아지면 : 진공 밸브가 열려 보조탱크의 냉각수가 라디에이터로 복귀한다.

7) 수온조절기(thermostat, 정온기)

① 실린더 헤드와 라디에이터 상부 사이에 설치된다.

② 냉각수의 온도를 일정하게 유지할 수 있도록 하는 일종의 온도 조절 장치로 65℃에서 열리기 시작하여 85℃가 되면 완전히 열린다.

③ 수온조절기가 닫힌 채로 고장나면 엔진이 과열되고, 열린 채로 고장나면 엔진 과랭의 원인이 된다.

④ **종류** : 바이메탈형, 벨로즈형, 펠릿형

memo

01 출제 예상문제

CHECK POINT QUESTION

CHAPTER 01 | 엔진구조 익히기

Lesson 01 엔진본체 구조와 기능

01 다음 중 열 에너지를 기계적 에너지로 변화시켜 주는 장치는?
① 펌프　　② 모터
③ 엔진　　④ 밸브

> 엔진은 열에너지를 기계적 에너지로 바꾸는 장치로, 기계적인 동력을 발생시키기 위해 연료를 연소시킨다.

02 공기만을 실린더 내로 흡입하여 고압축비로 압축한 다음 압축열에 의해 연료를 분사하는 디젤기관은?
① 압축 착화 기관
② 전기 점화 기관
③ 외연 기관
④ 제트 기관

> • 전기 점화 기관 : 혼합가스에 전기적인 불꽃으로 점화시키는 기관
> • 압축 착화 기관 : 연료를 분사하면 압축열에 의하여 착화되는 기관

03 4행정 사이클 엔진의 4행정을 바르게 표시한 것은?
① 흡기, 압축, 팽창, 점화
② 흡기, 압축, 동력, 배기
③ 흡기, 찹축, 팽창, 동력
④ 흡기, 점화, 동력, 배기

> 4행정 사이클 엔진의 4행정 : 흡입(흡기) 행정, 압축 행정, 폭발(동력) 행정, 배기 행정

04 내연기관에서 1사이클 중 열 손실이 가장 큰 것은 다음 중 어떤 행정인가?
① 압축 행정　　② 배기 행정
③ 폭발 행정　　④ 흡입 행정

> 배기 행정은 동력(폭발) 행정의 다음 행정으로 배기가스를 외기로 몰아내기 때문에 열손실이 가장 크다.

05 기관의 실린더 수가 많은 경우의 장점이 아닌 것은?
① 기관의 진동이 적다.
② 저속 회전이 용이하고 큰 동력을 얻을 수 있다.
③ 연료 소비가 적고 큰 동력을 얻을 수 있다.
④ 가속이 원활하고 신속하다.

> 실린더 수가 많으면 배기량이 많아지고 출력도 좋아지지만, 연료 소비 또한 많아진다.

06 기관에서 피스톤의 행정이란?
① 상사점과 하사점과의 길이
② 피스톤의 길이
③ 상사점과 하사점과의 총면적
④ 실린더 벽의 상하 길이

> 행정(stroke)이란 상사점(TDC)과 하사점(BDC)의 거리 즉, 피스톤이 이동하는 거리를 말한다.

07 개스킷의 구비조건으로 적당치 않은 것은?
① 복원성이 있을 것
② 적당한 강도가 있을 것
③ 오일이 잘 배며 융통성이 좋을 것
④ 내열성이 좋을 것

> 개스킷은 기밀 유지 성능이 커야 하며, 냉각수 및 엔진오일이 새지 않아야 한다.

08 디젤기관의 압축 압력에 대해 맞는 것은?
① 엔진의 크기에 따라 다르다.
② 압축비에 따라 다르다.
③ 배기량에 따라 다르다.
④ 일정하다.

> 디젤기관은 공기만을 압축한 다음 분사노즐을 통하여 연료가 분사되면 압축 시 발생된 열에 의해 자기착화되어 혼합기가 연소되며, 압축 압력은 압축비에 따라 다르다.

09 실린더 헤드 개스킷이 손상되었을 때 일어나는 현상은?
① 피스톤이 가벼워진다.
② 엔진오일의 압력이 높아진다.
③ 압축 압력과 폭발 압력이 낮아진다.
④ 피스톤 링의 작용이 좋아진다.

> 헤드 개스킷이 손상되면 기밀성이 떨어져 압축 압력과 폭발 압력이 낮아진다.

10 기관에서 실린더 마모가 가장 큰 부분은?
① 실린더 아래 부분　　② 실린더 윗 부분
③ 실린더 중간 부분　　④ 일정하지 않다.

> 실린더 벽의 마멸은 실린더 윗부분(상사점 부근)이 가장 크며, 아랫부분(하사점 부근)이 가장 적다.

11 실린더 마멸의 원인으로 다음 중 가장 적당치 않은 것은?
① 피스톤과 실린더의 마찰
② 피스톤 랜드의 마찰
③ 연소 생성물에 의한 부식
④ 흡입되는 먼지와 이물질

> 실린더 벽의 마멸 원인
> • 실린더와 피스톤 링의 접촉에 의한 마멸
> • 흡입가스 중의 먼지와 이물질에 의한 마멸
> • 연소 생성물에 의한 부식
> • 연소 생성물인 카본에 의한 마멸
> • 기동 시 지나치게 농후한 혼합가스에 의한 윤활유 희석

12 기관의 총배기량이란?
① 연소실 체적과 실린더 체적의 합이다.
② 각 실린더 행정 체적의 합이다.
③ 행정 체적과 실린더 체적의 합이다.
④ 실린더 행정 체적과 연소실 체적의 곱이다.

> 총배기량은 각 실린더 행정 체적의 합이며, "행정체적 × 실린더 수"로 구할 수 있다.

정답 [1. 엔진본체 구조와 기능] 01 ③　02 ①　03 ②　04 ②　05 ③　06 ①

정답 07 ③　08 ②　09 ③　10 ②　11 ②　12 ②

13 피스톤의 구비조건으로 틀린 것은?

① 고온·고압에 견딜 것
② 열전도가 잘 될 것
③ 열팽창률이 적을 것
④ 피스톤 중량이 클 것

🔍 피스톤은 무게가 가벼워야 하며, 연소실 내의 연소가스가 엔진 크랭크 케이스 내로 유출되는 블로 바이(blow-by) 현상이 없어야 한다.

14 피스톤과 실린더와의 간극이 클 때 일어나는 현상 중 틀린 것은 어느 것인가?

① 피스톤 슬랩 현상이 생긴다.
② 압축 압력이 저하된다.
③ 오일이 연소실로 올라간다.
④ 피스톤과 실린더의 소결이 일어난다.

🔍 피스톤 간극이 크면 피스톤이 운동의 방향을 바꿀 때 피스톤이 경사지게 됨에 따라 스커트부가 실린더 벽에 부딪쳐 소음을 발생시키는 피스톤 슬랩(piston slap)이 일어난다. 또한, 피스톤과 실린더 벽 사이의 열전도율이 저하되고, 윤활유의 소비량이 많아지며 혼합기 및 배기가스가 누설되어 윤활유를 열화시키기 쉽다.

15 실린더와 피스톤의 간극이 작을 때 일어나는 현상은?

① 피스톤 슬랩 현상이 일어난다.
② 피스톤 측압이 커진다.
③ 심한 피스톤 잡음이 일어난다.
④ 피스톤의 고착 현상이 일어난다.

🔍 피스톤 간극이 크면 커넥팅로드 대단부와 소단부(small end)의 편마모가 심해진다. 반대로 간극이 너무 적으면 기관 작동 중 피스톤이 실린더 벽과 접촉에 의한 마찰열 때문에 고착되기 쉽다.

16 기관의 피스톤이 고착되는 원인으로 맞지 않는 것은?

① 기관 오일이 너무 많았을 때
② 피스톤 간극이 작을 때
③ 기관 오일이 부족하였을 때
④ 기관이 과열되었을 때

🔍 피스톤의 고착은 피스톤 간극이 너무 적거나 과열 및 오일 부족 등에 의해 생길 수 있으며 오일이 너무 많다고 고착상태가 되지는 않는다.

17 피스톤 링의 작용과 가장 관계가 먼 것은?

① 기밀 작용
② 오일 제어 작용
③ 불완전 연소 억제 작용
④ 열전도 작용

🔍 피스톤 링의 3대 작용
• 기밀 유지 작용(밀봉)
• 오일 제어 작용(실린더 벽의 오일 긁어내리기)
• 열전도 작용(냉각)

18 기관에 사용되는 피스톤 링의 구비조건으로 틀린 것은?

① 내열성 및 내마멸성이 양호해야 한다.
② 제작이 용이해야 한다.
③ 실린더에 일정한 면압을 줄 수 있어야 한다.
④ 실린더 벽보다 강한 재질이어야 한다.

🔍 피스톤 링의 재질이 실린더 벽보다 너무 강하면 실린더 벽의 마모가 쉽게 일어나기 때문에 피스톤 링은 실린더 벽보다 약한 재질이어야 한다.

19 오일과 오일 링의 작용 중 오일의 작용에 해당하지 않는 것은?

① 방청 작용
② 냉각 작용
③ 응력 분산 작용
④ 오일 제어 작용

🔍 오일 제어 작용은 오일 링의 작용에 해당된다.

20 기관의 커넥팅로드가 부러질 경우 직접 영향을 받는 곳은?

① 오일 팬
② 밸브
③ 실린더
④ 실린더 헤드

🔍 커넥팅로드는 피스톤의 왕복운동을 크랭크축으로 전달하는 일을 하는 것으로 부러질 경우 실린더가 직접 영향을 받는다.

21 커넥팅로드(connecting rod)의 대단부와 연결되는 크랭크축의 부분 명칭은?

① 메인 베어링 저널
② 크랭크 핀
③ 크랭크 암
④ 크랭크축 스프로킷

🔍 커넥팅로드는 피스톤 핀과 크랭크축을 연결하는 막대로 소단부는 피스톤 핀에 연결되고 대단부는 크랭크 핀에 결합되어 있다.

22 내연기관의 동력 전달은?

① 피스톤 → 커넥팅로드 → 클러치 → 크랭크축
② 피스톤 → 클러치 → 크랭크축 → 커넥팅로드
③ 피스톤 → 크랭크축 → 커넥팅로드 → 클러치
④ 피스톤 → 커넥팅로드 → 크랭크축 → 클러치

23 크랭크축에 제일 많이 사용되는 베어링은?

① 테이퍼 베어링
② 롤러 베어링
③ 플레인 베어링
④ 볼 베어링

🔍 크랭크축에는 주로 분할형의 플레인(평면) 베어링이 사용된다.

24 크랭크축에서 베어링의 바깥 둘레와 하우징 둘레와의 차이를 무엇이라 하는가?

① 베어링 크러시
② 베어링 두께
③ 베어링 스프레드
④ 베어링 날개

🔍 베어링 크러시는 베어링을 끼웠을 때 베어링 바깥 둘레와 하우징 둘레와의 높이 차이를 말하며, 베어링 스프레드는 베어링을 끼우지 않았을 때 베어링 바깥지름(외경)과 하우징 안지름(내경)과의 차이를 말한다.

25 타이밍 기어(timing gear)란?

① 배전기 구동기어와 캠 축 기어
② 헬리컬 기어와 피니언 기어
③ 크랭크축 기어와 캠 축 기어
④ 오일 펌프 기어와 헬리컬 기어

🔍 타이밍 기어란 크랭크축의 회전운동을 이용하여 밸브를 움직이는 캠 축 구동용 기어로 밸브의 작동 시기를 적절하게 조정한다.

26 타이밍 기어의 백래시가 클 때 일어나는 사항은?

① 밸브 개폐시기 등이 틀려진다.
② 윤활장치의 유압이 높아진다.
③ 기관의 공전속도가 빨라진다.
④ 점화전압이 낮아진다.

정답 13 ④ 14 ④ 15 ④ 16 ① 17 ③ 18 ④

정답 19 ④ 20 ③ 21 ② 22 ④ 23 ③ 24 ① 25 ③ 26 ①

🔍 타이밍 기어는 밸브의 개폐시기를 조절하는 기어이다.

27 캠 축의 기능이 아닌 것은?
① 밸브의 개폐를 돕는다.
② 크랭크축에 구동력을 전달한다.
③ 오일 펌프와 연료 펌프를 작동시킨다.
④ 배전기를 작동시킨다.

🔍 캠축의 주된 기능은 흡·배기 밸브의 개폐이며 부수적으로 오일 펌프, 연료 펌프, 배전기 등을 구동시키기도 한다.

28 플라이휠에 관한 설명 중 옳은 것은?
① 플라이휠의 크기는 기통수에 비례한다.
② 저속에서 고속 또는 고속에서 저속으로의 속도 변화를 용이하게 한다.
③ 속도 변화가 큰 중장비일수록 무겁게 한다.
④ 외부 원주에서는 링 기어가 열박음으로 설치되어 있다.

🔍 플라이휠(flywheel)은 크기와 무게가 실린더 수와 회전수에 반비례하며 엔진 회전력의 맥동을 방지하여 회전속도를 고르게 한다.

29 4사이클 기관에서 캠 축의 캠의 수는 무엇과 같은가?
① 기관 밸브의 수
② 실린더 수
③ 피스톤의 수
④ 크랭크 핀의 수

🔍 엔진의 밸브 수와 동일한 캠이 배열되어 있다.

30 캠의 양정(lift)이란?
① 리프터와 태핏과의 거리이다.
② 기초원과 노즈와의 거리이다.
③ 밸브 페이스의 크기이다.
④ 백래시를 말한다.

🔍 캠의 양정이란 기초원(base circle)과 노즈(nose) 사이의 거리이다.

31 다음에 열거한 부품 중 점화(착화) 시기를 필요로 하지 않는 것은?
① 크랭크축 기어
② 캠 축 기어
③ 연료분사 펌프 구동기어
④ 오일 펌프 구동기어

🔍 보기 중 오일 펌프 구동기어는 윤활장치에 해당된다.

32 플라이휠 크기는 다음 중 어느 것과 가장 관계가 있는가?
① 크랭크축의 길이
② 클러치판의 크기
③ 피스톤의 크기
④ 회전속도와 실린더 수

🔍 플라이휠의 크기와 무게는 실린더 수와 회전수에 반비례한다.

33 기관 밸브의 개폐를 돕는 부품은?
① 너클암
② 스티어링암
③ 로커암
④ 피트먼암

🔍 로커암은 밸브 개폐를 위한 힘의 방향을 바꿔주는 방향 전환 기능의 암(arm)이다.

34 밸브의 재사용 여부는 모든 부분이 양호한 상태일 때 무엇에 의해 결정되는가?
① 스템의 마멸
② 시트의 마멸
③ 페이스 각도
④ 마진의 두께

🔍 일반적으로 마진의 두께가 0.8mm 이하인 경우에는 다시 사용하지 못한다.

35 밸브시트와 페이스 접착면의 폭은 얼마로 하는 것이 적당한가?
① 1~1.5mm
② 1.5~2mm
③ 0.5~1mm
④ 2~3mm

🔍 밸브 시트의 폭은 1.5~2mm이며, 폭이 넓으면 밸브의 냉각 효과는 크지만 압력이 분산되어 기밀 유지가 불량해진다.

36 다음은 유압 태핏의 장점이다. 관계없는 것은?
① 밸브 간극의 조정이 필요 없다.
② 작동 중 소음이 적다.
③ 밸브 간극이 비교적 적어도 된다.
④ 밸브 각 기구의 손상이 적다.

🔍 유압식 밸브 리프터(유압 태핏)는 엔진의 작동변화에 관계없이 밸브 간극을 0으로 유지하는 방식이다.

37 밸브 스프링의 장력이 약할 때는 기관에서 어떤 현상이 발생하는가?
① 배기가스량이 적어진다.
② 밀착 불량으로 압축가스가 샌다.
③ 밀착은 정상이나 캠이 조기 마모된다.
④ 흡입 공기량이 많아져서 출력이 증가된다.

🔍 밸브 스프링의 장력이 약하면 밀착 불량으로 인해 출력 감소, 가스 블로바이(blow-by) 및 밸브 스프링 서징 현상이 발생한다.

38 밸브 스프링의 점검과 관계가 없는 것은?
① 스프링 장력
② 직각도
③ 자유높이
④ 코일 수

🔍 밸브 스프링의 점검 사항 : 장력, 직각도, 자유 높이, 접촉면

39 밸브 스프링의 서징현상은 어느 때 생기는가?
① 저속
② 중속
③ 고속
④ 공전

🔍 밸브 스프링의 서징 현상이란 고속에서 밸브 스프링의 신축이 심하여 밸브 스프링의 고유 진동수와 캠 회전수 공명에 의해 스프링이 튕기는 현상이다.

40 고속회전을 목적으로 하는 기관에서 흡기밸브와 배기밸브 중 어느 것이 더 크게 만들어져 있는가?
① 흡기밸브
② 배기밸브
③ 동일하다.
④ 1번 배기밸브

🔍 고속회전을 목적으로 하는 기관에서는 고속 시 흡입효율을 높이기 위하여 흡기밸브를 더 크게 한다.

정답 27 ② 28 ④ 29 ① 30 ② 31 ④ 32 ④ 33 ③
정답 34 ④ 35 ② 36 ③ 37 ② 38 ④ 39 ③ 40 ①

Craftsman Excavating Machine Operator

41 기관의 밸브 간극이 너무 클 때 발생하는 현상으로 옳은 것은?

① 정상온도에서 밸브가 확실하게 닫히지 않는다.
② 밸브 스프링의 장력이 약해진다.
③ 푸시로드가 변형된다.
④ 정상온도에서 밸브가 완전히 개방되지 않는다.

🔍 밸브 간극이 너무 크면 정상 작동 온도에서 밸브가 완전하게 열리지 못한다.

42 밸브 간극을 측정하는 게이지로 알맞은 것은?

① 깊이 게이지를 사용한다.
② 내측 마이크로미터를 사용한다.
③ 엠에스코프 게이지를 사용한다.
④ 필러 게이지를 사용한다.

🔍 밸브 간극은 캠과 밸브 리프트 사이에 필러 게이지(간극 게이지)를 넣고 측정한다.

43 밸브 오버랩이란?

① 밸브가 닫힐 때 튀면서 닫히는 현상
② 배기행정 시 실린더 내의 압력에 의하여 자연적으로 배출되는 현상
③ 흡기행정 시 하사점에는 밸브를 닫지 않고 40~50°후방에서 닫히는 현상
④ 배기행정 시 잔류가스를 완전히 배출키 위하여 흡기·배기밸브를 동시에 열어주는 현상

🔍 밸브 오버랩(valve overlap)이란 상사점 부근에서 흡기밸브는 열리고, 배기밸브는 닫히려는 순간으로 흡·배기밸브가 동시에 열려있는 상태를 말한다.

44 과급기(Turbo charger)에 대한 설명 중 옳은 것은?

① 피스톤의 흡입력에 의해 임펠러가 회전한다.
② 가솔린 기관에만 설치된다.
③ 연료 분사량을 증대시킨다.
④ 실린더 내의 흡입 공기량을 증가시킨다.

🔍 과급기는 터보차저라고도 부르며 흡입행정 시 공기를 강제로 공급하는 공기펌프의 역할을 한다.

45 다음 중 터보차저를 구동하는 것으로 가장 적합한 것은?

① 엔진의 열   ② 엔진의 배기가스
③ 엔진의 흡입가스   ④ 엔진의 여유동력

🔍 엔진 배기가스 잔류 압력을 이용하여 과급기를 구동한다.

46 배기행정 초에 배기밸브가 열려 배기가스 자체의 압력에 의하여 배기가스가 배출되는 현상은?

① 블로백   ② 블로다운
③ 블로바이   ④ 베이퍼록

🔍 • 블로다운(blow-down) : 배기행정 초기에 배기밸브가 열려서 자체적인 압력으로 자연히 배출되는 현상
• 블로바이(blow-by) : 피스톤과 실린더 사이에서 크랭크 케이스 쪽으로 누출되는 미연소 가스

47 냉각장치에서 밀봉압력식 라디에이터 캡을 사용하는 것으로 가장 적합한 것은?

① 엔진온도를 높일 때   ② 엔진온도를 낮게 할 때
③ 압력밸브가 고장일 때   ④ 냉각수의 비점을 높일 때

🔍 밀봉압력식 라디에이터 캡의 압력밸브는 냉각수의 비점을 높여주며, 진공밸브는 과냉시 수축으로 인해 코어가 손상되는 것을 방지한다.

48 압력식 라디에이터 캡에 대한 설명으로 옳은 것은?

① 냉각장치 내부압력이 규정보다 낮을 때 공기밸브는 열린다.
② 냉각장치 내부압력이 규정보다 높을 때 진공밸브는 열린다.
③ 냉각장치 내부압력이 부압이 되면 진공밸브는 열린다.
④ 냉각장치 내부압력이 부압이 되면 공기밸브는 열린다.

🔍 공기밸브는 내부압력이 높을 때 열리고, 진공밸브는 내부압력이 부압일 때 열린다.

49 디젤기관을 시동시킨 후 충분한 시간이 지났는데도 냉각수 온도가 정상적으로 상승하지 않을 경우 그 고장 원인이 될 수 있는 것은?

① 냉각팬 벨트의 헐거움
② 수온조절기 고장
③ 물 펌프 고장
④ 라디에이터 코어 막힘

🔍 수온조절기가 열린 채로 고장나면 냉각수 온도가 상승되지 못하고 순환된다.

50 기관 과열의 직접적인 원인이 아닌 것은?

① 팬벨트의 느슨함
② 라디에이터의 코어 막힘
③ 냉각수의 부족
④ 타이밍 체인(timing chain)의 헐거움

🔍 냉각수와 벨트 및 라디에이터 코어 막힘 등은 과열과 관련되지만 타이밍 체인의 헐거움은 밸브개폐 시기와 관계된다.

Lesson 02 윤활장치 구조와 기능 <<<<<

01 일반적으로 기관에 많이 사용되는 윤활 방법은?

① 수 급유식   ② 적하 급유식
③ 압송 급유식   ④ 분무 급유식

🔍 기관에 많이 사용되는 윤활방법으로는 비산식과 압송식을 조합한 비산압송식을 사용하고 있다.

02 오일의 윤활 방식 중 오일 펌프 없이 오일 디퍼가 오일을 퍼 올려 뿌리는 방식은?

① 비산식   ② 압송식
③ 비산압송식   ④ 샨트식

🔍 윤활 방식
• 비산식 : 커넥팅로드의 베어링 캡에 오일디퍼(비말자)가 오일을 퍼 올려서 뿌려준다.
• 압송식 : 오일 펌프로 각 윤활 부분에 공급시키며 최근에 많이 사용되고 있다.
• 비산압송식 : 비산식과 압송식 함께 사용하며, 오일 펌프와 오일 디퍼가 모두 있다.

03 윤활장치에서 오일을 여과하는 방식에 해당되지 않는 것은?

① 분류식   ② 자력식
③ 전류식   ④ 샨트식

🔍 윤활장치의 여과 방식에는 분류식, 전류식, 샨트식이 있다.

정답 41 ④ 42 ④ 43 ④ 44 ④ 45 ② 46 ② 47 ④

정답 48 ③ 49 ② 50 ④ [2. 윤활장치 구조와 기능] 01 ③ 02 ① 03 ②

04 윤활유 공급 펌프에서 공급된 윤활유 전부가 엔진오일 필터를 거쳐 윤활부로 가는 방식은?

① 분류식 ② 자력식
③ 전류식 ④ 샨트식

🔍 · 분류식 : 오일 펌프에서 나온 오일의 일부를 여과하고 나머지는 윤활부로 그냥 보낸다.
· 전류식 : 오일 펌프에서 나온 오일 전부가 여과기를 거쳐 여과된 다음 윤활부로 가게 된다.
· 샨트식 : 펌프에 보내지는 오일의 일부만을 여과하지만 여과된 오일이 오일 팬으로 돌아오지 않고 윤활부에 공급된다.

05 점도지수가 큰 윤활유의 성질에 대한 설명으로 옳은 것은?

① 온도변화에 따른 점도의 변화가 크다.
② 온도변화에 따른 점도의 변화가 작다.
③ 압력변화에 따른 점도의 변화가 크다.
④ 압력변화에 따른 점도의 변화가 작다.

🔍 점도지수란 온도변화에 따른 점도변화를 나타내는 수치로 그 값이 100에 가까울수록 온도에 따른 점도 변화가 작다. 엔진 등에 사용되는 윤활유에서는 이러한 이유로 점도지수가 큰 오일이 요구된다.

06 윤활유 성질 중 가장 알맞은 것은?

① 오일 제거 작용이 양호할 것
② 인화점 및 발화점이 높을 것
③ 인화점 및 발화점이 낮을 것
④ 발열작용이 양호할 것

🔍 윤활유의 구비조건
· 점도지수가 커서 온도에 의한 점도의 변화가 적을 것
· 인화점 및 발화점이 높고 응고점은 낮을 것
· 강한 유막을 형성할 것
· 비중과 점도가 적당할 것
· 기포발생 및 카본생성에 대한 저항력이 클 것

07 윤활유의 구비 조건으로 적당치 않는 것은?

① 윤활성에 관계없이 점도가 적당할 것
② 윤활성이 좋을 것
③ 응고점이 높을 것
④ 인화점이 높을 것

🔍 윤활유(엔진오일)는 응고점이 낮아야 한다.

08 다음 중 윤활유의 분류 방법에 해당하지 않는 것은?

① 사용조건에 따른 분류
② 점도에 따른 분류
③ 온도에 따른 분류
④ 색깔에 따른 분류

🔍 윤활유는 점도, 사용조건, 온도에 따라 분류한다.

09 윤활유의 기능으로 맞는 것은?

① 마찰감소, 스러스트작용, 밀봉작용, 냉각작용
② 마멸방지, 수분흡수, 밀봉작용, 마찰증대
③ 마찰감소, 마멸방지, 밀봉작용, 냉각작용
④ 마찰증대, 냉각작용, 스러스트작용, 응력분산

🔍 윤활유의 7대 기능 : 감마작용, 냉각작용, 세척작용, 밀봉작용, 부식방지작용, 소음완화작용, 응력분산작용

10 엔진 윤활유의 사용 목적이 아닌 것은?

① 실린더 내의 가스 누설을 방지한다.
② 노크 현상을 방지한다.
③ 응력 집중을 방지한다.
④ 방청 및 세척작용을 한다.

🔍 노크 현상은 실린더 내에서 연료가 부적당한 관계로 이상폭발을 일으켜서 금속음이 발생하는 현상으로 윤활유와는 관련이 없다.

11 미국석유협회(API)에서 분류한 윤활유 가운데서 디젤기관에 해당하지 않는 것은?

① DG ② DM
③ DS ④ DZ

🔍 API 분류
· 가솔린 엔진용 : ML, MM, MS
· 디젤 엔진용 : DG, DM, DS

12 고온 고부하용 윤활유로 가장 가혹한 운전조건에 사용되는 디젤기관용 엔진오일은?

① DG ② DM
③ DS ④ 5W

🔍 디젤 엔진용 엔진오일
· DG : 마멸이나 침전물에 문제가 없는 디젤 엔진에 사용
· DM : 시판용 경유를 사용하고 중부하 운전조건에 사용
· DS : 고온 고부하용 등 가장 가혹한 운전조건에 사용

13 엔진오일에 대한 설명으로 맞는 것은?

① 엔진을 시동한 상태에서 점검한다.
② 겨울보다 여름에는 점도가 높은 오일을 사용한다.
③ 엔진오일에는 거품이 많이 들어있는 것이 좋다.
④ 엔진오일 순환상태는 오일레벨 게이지로 확인한다.

🔍 겨울철에는 기온이 낮아 오일의 유동성이 떨어지기 때문에 낮은 오일의 점도가 필요하며, 여름철에는 반대로 엔진오일의 점도가 높아야 한다.

14 엔진오일의 오염 원인이 될 수 없는 것은 다음 중 어느 것인가?

① 오일여과기 막힘 ② 연소가스 누설
③ 유질의 부적합 ④ 유압계의 고장

🔍 유압계는 윤활장치 내를 순환하는 오일 압력을 운전자에게 알려주는 계기이다.

15 기관 오일의 오염 원인이 아닌 것은?

① 오일여과기의 불량
② 피스톤 링 장력이 약할 때
③ 유(oil)질이 불량할 때
④ 릴리프 밸브가 고착되었을 때

🔍 릴리프 밸브는 회로의 압력이 설정 압력에 도달하면 유체의 일부 또는 전량을 배출시켜 회로 내의 압력을 설정값 이하로 유지하는 압력제어 밸브로 오일 오염과는 거리가 멀다.

16 다음 중 기관 윤활유의 소비가 많게 되는 가장 큰 원인은?

① 희석과 혼합 ② 소비와 희석
③ 비산과 압력 ④ 연소와 누설

Craftsman Excavating Machine Operator

17 엔진의 윤활유 소비량이 과다해지는 가장 큰 원인은?

① 기관의 과열
② 피스톤 링 마멸
③ 오일 여과기 불량
④ 냉각 펌프 손상

🔍 피스톤 링이 마멸되면 피스톤이 내려올 때 오일을 모두 끌어내리지 못하여 연소실 내부로 오일이 침투하게 된다.(오일 제어 작용 불량)

18 엔진오일에 물이 혼합되었다고 판단되는 것은?

① 고속 공전시 엔진 블리더에서 하얀 연기가 난다.
② 배기파이프의 뜨거운 부분에 엔진오일을 발랐을 때 검은 연기가 난다.
③ 배기가스의 색깔이 담황색이다.
④ 변속기 기어에서 심한 소음이 난다.

19 기관 오일에 연료가 혼합되어 있으면 어떻게 되는가?

① 기관회전이 원활하다.
② 마모현상이 촉진된다.
③ 발화점이 높아진다.
④ 점도가 높아진다.

🔍 기관 오일에 연료가 혼합되면 윤활작용이 정상적으로 이루어지지 못하고 마모현상이 촉진된다.

20 엔진오일이 우유색을 띠고 있을 때의 원인은?

① 경유가 유입되었다.
② 연소가스가 섞여있다.
③ 냉각수가 섞여있다.
④ 가솔린이 유입되었다.

🔍 엔진오일 오염 상태 판정
• 검정색에 가까운 경우 : 심하게 오염(불순물 오염)
• 붉은색에 가까운 경우 : 유연 가솔린의 유입
• 노란색에 가까운 경우 : 무연 가솔린의 유입
• 회색에 가까운 경우 : 4에틸납 연소 생성물 혼합
• 우유색에 가까운 경우 : 냉각수 섞여 있음

21 윤활유가 연소실에 올라와 연소할 때 배기가스의 색은?

① 흑색
② 백색
③ 청색
④ 황색

🔍 엔진오일이 연소실에 올라와 함께 연소되면 배기가스의 색은 흰색으로, 헤드 개스킷이 끊어져 밸브 쪽으로 올라가던 엔진오일이 흘러드는 경우와 피스톤 링이 손상돼서 실린더 벽에 있던 엔진오일이 함께 연소되는 경우이다.

22 엔진오일을 사용하는 곳이 아닌 것은?

① 피스톤
② 크랭크축
③ 습식 공기청정기
④ 차동기어장치

🔍 변속기나 차동기어장치, 트랜스 액슬 등에는 엔진오일보다 점도가 높고 압력 등에 견딜 수 있는 첨가제가 들어있는 기어 오일을 사용한다.

23 디젤엔진에서 오일을 가압하여 윤활부에 공급하는 역할을 하는 것은?

① 냉각수 펌프
② 진공 펌프
③ 공기 압축 펌프
④ 오일 펌프

🔍 오일 펌프는 기관 내부의 각 접동부에 윤활유를 공급하여 부품의 마모를 감소시키고 기계 효율을 향상시킨다.

24 기관에 사용되는 오일 여과기의 점검사항으로 틀린 것은?

① 여과기가 막히면 유압이 높아진다.
② 엘리먼트 청소는 압축공기를 사용한다.
③ 여과 능력이 불량하면 부품의 마모가 빨라진다.
④ 작업 조건이 나쁘면 교환 시기를 빨리한다.

🔍 엘리먼트는 재사용하지 않고 교환한다.

25 윤활유 급유 펌프에 속하지 않는 것은?

① 기어 펌프
② 제트 펌프
③ 플런저 펌프
④ 베인 펌프

🔍 윤활유 급유 펌프의 종류에는 기어 펌프, 플런저 펌프, 베인 펌프, 로터리 펌프가 있다.

26 다음 중 오일 필터가 하는 작용은?

① 연소작용을 한다.
② 오일순환을 촉진시킨다.
③ 윤활유의 불순물을 여과한다.
④ 순환 조정작용을 한다.

🔍 오일 여과기(오일 필터)는 윤활장치 내를 순환하는 엔진오일에 쌓이는 수분, 카본, 금속 분말, 오일 슬러지 등의 불순물을 여과(오일의 세정)하는 역할을 한다.

27 유압계가 부착된 건설기계에서 유압계 지침이 정상으로 압력 상승이 되지 않았다. 그 원인으로 틀린 것은?

① 오일 파이프의 파손
② 오일 펌프의 고장
③ 유압계의 고장
④ 연료 파이프의 파손

🔍 유압계는 윤활장치 내를 순환하는 오일 압력을 운전자에게 알려주는 계기로 연료계통과는 관계가 없다.

28 오일량은 정상이나 오일 압력계의 압력이 규정치보다 높을 경우 조치사항 중 옳은 것은?

① 오일을 보충한다.
② 오일을 배출한다.
③ 유압조절 밸브를 조인다.
④ 유압조절 밸브를 푼다.

🔍 유압조절 밸브는 윤활 회로 내를 순환하는 유압이 과도하게 상승하는 것을 방지하여 유압이 일정하게 유지되도록 하는 작용을 하는 것으로 밸브를 조이면 유압이 상승하고, 풀면 유압이 내려간다.

29 기관의 윤활유 압력이 규정보다 높게 표시될 수 있는 원인으로 맞는 것은?

① 엔진오일 실(seal) 파손
② 오일 게이지 휨
③ 압력조절밸브 불량
④ 윤활유 부족

🔍 보기 중 ①, ②, ④항의 경우 윤활유 압력이 규정보다 낮게 표시될 수 있다.

30 기관의 오일 압력계 수치가 낮은 경우와 관계없는 것은?

① 오일 릴리프 밸브가 막혔다.
② 크랭크축 오일 틈새가 크다.
③ 크랭크 케이스에 오일이 적다.
④ 오일 펌프가 불량하다.

🔍 릴리프 밸브는 오일 회로에 흐르는 압력이 규정 압력 이상이 되면 배출구로 오일을 바이패스시켜 최고 압력을 조절하는 밸브로 릴리프 밸브가 막히면 압력계 수치는 올라간다.

정답 17 ② 18 ① 19 ② 20 ③ 21 ② 22 ④ 23 ④

정답 24 ② 25 ② 26 ③ 27 ④ 28 ④ 29 ③ 30 ①

31 바이패스 밸브(by-pass valve)는 언제 작동되는가?

① 오일이 과열될 때
② 필터가 막혔을 때
③ 오일이 과냉되었을 때
④ 오일이 적정량보다 많을 때

> 바이패스 밸브는 오일 필터가 막혔을 때, 윤활부로 계속 오일을 급유할 수 있도록 하기 위해 사용되는 밸브를 말한다.

32 윤활부의 마멸이 커지면 유압은 어떻게 되는가?

① 낮아진다.
② 높아진다.
③ 낮아졌다 높아졌다 한다.
④ 어떤 관계도 없다.

> 윤활부의 마멸이 커지면 기밀성이 떨어져서 유압은 낮아진다.

33 엔진오일 펌프의 출구 쪽에 위치하고 있는 밸브의 설치 목적은?

① 계통 내의 최대압력을 조절하기 위해
② 오일을 각 계통으로 빨리 전달하기 위해
③ 계통 내의 오일양을 조절하기 위해
④ 순환되는 오일을 깨끗이 하기 위해

> 엔진오일 펌프의 출구 쪽에 위치하고 있는 밸브는 유압조절 밸브이다.

34 오일 펌프의 압력조절 밸브를 조정하여 스프링 장력을 높게 하면 어떻게 되는가?

① 유압이 높아진다.
② 윤활유의 점도가 증가된다.
③ 유압이 낮아진다.
④ 유량의 송출량이 증가된다.

> 유압조절 밸브의 스프링 장력이 약하면 유압이 낮아지고, 장력이 커지면 유압은 높아진다.

35 디젤엔진의 윤활유의 점도가 너무 큰 것을 사용했을 때 일어나는 현상은?

① 좁은 공간에 잘 침투하므로 충분한 주유가 된다.
② 엔진 시동을 할 때 필요 이상의 동력이 소모된다.
③ 점차 묽어지기 때문에 경제적이다.
④ 겨울철에는 특히 사용하기 좋다.

> 윤활유의 점도가 높으면 엔진 각 부의 마찰력이 증가하여 시동 시 필요 이상의 동력이 소모된다.

Lesson 03 연료장치 구조와 기능

01 다음은 어느 구성품을 형태에 따라 구분한 것인가?

> 직접분사식, 예연소실식, 와류실식, 공기실식

① 연료분사장치
② 연소실
③ 기관 구성
④ 동력전달장치

> 디젤엔진 연소실은 단실식인 직접분사실식과 복실식인 예연소실식, 와류실식, 공기실식으로 나뉜다.

02 디젤기관 연소실의 연료분사 압력이 가장 높은 연소실의 형식은?

① 공기실식
② 와류실식
③ 예연소실식
④ 직접분사실식

> 분사압력
> • 직접분사실식 : 200~300kgf/cm²
> • 예연소실식 : 100~120kgf/cm²
> • 와류실식, 공기실식 : 100~140kgf/cm²

03 다음의 연소실 종류 중 NOx 배출이 가장 많은 연소실의 형식은?

① 직접분사실식
② 와류실식
③ 예연소실식
④ 공기실식

> 직접분사실식은 연소실이 실린더 헤드와 피스톤 헤드에 설치된 요철에 의해 형성되고, 여기에 직접 연료를 분사하는 방식으로 질소산화물의 발생률이 크다.

04 직접분사식 연소실의 장점을 든 것으로 맞지 않는 것은?

① 실린더 헤드의 구조가 간단하기 때문에 열변형이 적다.
② 연료의 분사압력이 낮다.
③ 구조가 간단하기 때문에 열효율이 높다.
④ 연소실 체적에 대한 표면적이 작기 때문에 냉각 손실이 적다.

> 직접분사실식은 연료 소비율이 가장 적고 압력이 가장 높은 형식이다.

05 예연소실식 연소실에 대한 설명으로 틀린 것은?

① 예열 플러그를 설치한다.
② 사용 연료의 변화에 민감하다.
③ 예연소실은 주연소실보다 적다.
④ 분사압력이 직접분사실식보다 낮다.

> 예연소실식의 장점
> • 분사압력이 낮아 연료장치의 고장이 적고 수명이 길다.
> • 사용 연료의 변화에 둔감하여 연료 선택 범위가 넓다.
> • 운전 상태가 정숙하고 노크 발생이 적다.
> • 다른 형식의 연소실에 비해 유연성이 있어 제작하기 쉽다.

06 와류실식 연소실의 장점 중 옳지 않은 것은?

① 실린더 헤드의 구조가 간단하다.
② 분사압력이 비교적 낮다.
③ 회전속도 범위가 넓고 운전이 원활하다.
④ 압축행정 시 강한 와류를 이용하기 때문에 회전속도 및 압축압력을 높일 수 있다.

> 와류실식의 단점
> • 실린더 헤드의 구조가 복잡하다.
> • 연소실 표면적에 대한 체적비가 커서 열효율이 낮다.
> • 저속에서 노크 발생이 크다.
> • 엔진을 기동 시 예열 플러그가 필요하다.

07 노킹이 발생하였을 때 기관에 미치는 영향이 아닌 것은?

① 기관 회전수가 높아진다.
② 엔진이 과열된다.
③ 흡기효율이 저하된다.
④ 출력이 저하된다.

> 노킹이 기관에 미치는 영향
> • 엔진이 과열되고 출력이 저하된다.
> • 실린더와 피스톤, 밸브의 손상 및 고착이 발생한다.
> • 흡기효율이 저하된다.

08 디젤기관 노크 방지 방법으로 적당한 것은?

① 착화지연시간을 길게 한다.
② 압축비를 높게 한다.
③ 흡기압력을 낮게 한다.
④ 연소실 벽의 온도를 낮게 한다.

🔍 디젤기관의 노크 방지대책
• 압축비를 높인다.
• 흡기 온도를 높인다.
• 냉각수 온도를 높인다.
• 착화성이 좋은 연료(세탄가가 높은 연료)를 사용한다.
• 와류가 일어나게 한다.

09 디젤기관에서 노킹을 일으키는 원인으로 맞는 것은?

① 흡입공기의 온도가 너무 높을 때
② 착화지연 기간이 짧을 때
③ 연료에 공기가 혼입되었을 때
④ 연소실에 누적된 연료가 많아 일시에 연소할 때

🔍 디젤기관에서 노크란 착화지연기간 중에 분사된 많은 양의 연료가 화염전파기간 중에 일시적으로 연소하여 실린더 내의 압력이 급격히 상승함으로써 실린더 벽에 피스톤이 충격을 가하여 소음이 발생하는 현상을 말한다.

10 기관 운전 시 조작 불량으로 노킹이 발생하였을 때 기관에 미치는 영향은?

① 압축비가 커진다.
② 압축압력이 높아진다.
③ 기관이 과열된다.
④ 기관의 출력이 커진다.

🔍 노킹이 발생하면 엔진이 과열되고 출력은 저하된다.

11 디젤연료의 필요조건 중 가장 중요한 것은?

① 인화점이 낮을 것
② 착화점이 낮을 것
③ 기화가 잘 될 것
④ 혼합이 잘 될 것

🔍 디젤연료의 구비조건
• 착화성이 좋고, 적당한 점도일 것
• 인화점이 높을 것
• 불순물과 유황분이 없을 것
• 연소 후 카본 생성이 적을 것
• 발열량이 클 것

12 연료 착화성이 좋다는 것은 어느 뜻인가?

① 착화될 때까지의 시간이 긴 것
② 착화될 때까지의 시간이 짧은 것
③ 착화 후의 연소시간이 긴 것
④ 착화 후의 연소시간이 짧은 것

🔍 착화성이란 온도가 높아져 자연 발화되어 연소되는 성질을 말하며, 인화성이란 연료를 서서히 가열했을 때 불이 붙는 성질을 말한다. 착화성이 좋다는 것은 착화될 때까지의 시간이 짧다는 것을 의미한다.

13 디젤기관 연료의 중요한 성질은?

① 휘발성과 옥탄가
② 옥탄가와 점성
③ 점성과 착화성
④ 착화성과 압축성

🔍 디젤기관 연료는 착화성이 좋고 적당한 점도를 가져야 한다.

14 디젤기관 연료의 착화성은 다음 중 어느 것으로 나타내는가?

① 옥탄가
② 세탄가
③ 부탄가
④ 프로판가

🔍 세탄가란 디젤연료의 착화성을 나타내는 척도를 말하며 착화지연이 짧은 세탄과 착화지연이 나쁜 α-메틸나프탈렌의 혼합 연료의 비를 %로 나타내는 것이다.

15 다음의 연료 중 착화성이 가장 좋은 것은?

① 가솔린
② 석유
③ 경유
④ 중유

🔍 디젤엔진은 착화지연이 짧은 세탄가가 높은 연료인 경유를 사용한다.

16 디젤기관 연료로써 필요한 조건은?

① 발화점이 낮아야 한다.
② 인화점이 낮아야 한다.
③ 점도가 높아야 한다.
④ 수분을 다소 포함해야 한다.

🔍 디젤기관의 연료는 착화점(발화점)이 낮고, 인화점은 높아야 한다.

17 겨울철에 연료 탱크를 가득 채우는 이유는?

① 연료가 적으면 증발하여 손실되므로
② 연료가 적으면 출렁거리기 때문에
③ 공기 중의 수분이 응축되어 물이 생기기 때문에
④ 연료 게이지에 고장이 발생하기 때문에

🔍 겨울철에는 연료탱크에 있는 공기와 밖의 온도 차이 때문에 응축수가 발생하게 된다. 따라서, 연료 탱크를 가득 채워서 이를 방지하는 것이 좋다.

18 프라이밍 펌프의 기능을 설명한 것으로 다음 중 가장 적당한 것은?

① 공급 펌프로부터 연료를 다시 가압하는 일을 한다.
② 엔진이 작동하고 있을 때 공급 펌프를 보조한다.
③ 엔진이 고속 운전을 하고 있을 때 분사 펌프를 돕는다.
④ 엔진이 정지되어 있을 때 공급 펌프를 수동으로 작동시킨다.

🔍 프라이밍 펌프는 엔진이 정지되었을 때 연료 탱크의 연료를 연료 분사 펌프까지 공급하거나 연료 라인 내의 공기빼기 등에 사용하는 수동용 펌프이다.

19 다음 중 디젤기관의 연료공급펌프를 구동시키는 것은?

① 분사펌프 내의 캠축
② 배전기 연결축
③ 딜리버리 밸브
④ 타이밍 라이트

🔍 연료공급펌프는 연료탱크 내의 연료를 일정한 압력으로 압력을 가하여 분사펌프로 공급하는 장치로 분사펌프 옆에 설치되어 분사펌프 내의 캠축에 의해 구동된다.

20 디젤기관에서 연료장치 공기빼기 순서가 바른 것은?

① 공급펌프 → 연료여과기 → 분사펌프
② 공급펌프 → 분사펌프 → 연료여과기
③ 연료여과기 → 공급펌프 → 분사펌프
④ 연료여과기 → 분사펌프 → 공급펌프

🔍 디젤기관 공기빼기는 1. 공급펌프 → 2. 연료여과기 → 3. 분사 펌프의 순서이다.

정답 08 ② 09 ④ 10 ③ 11 ② 12 ② 13 ③

정답 14 ② 15 ③ 16 ① 17 ③ 18 ④ 19 ① 20 ①

21 디젤기관 연료 중에 공기가 흡입될 경우 나타나는 현상은?

① 분사압력이 높아진다.
② 노크가 일어난다.
③ 시동이 잘된다.
④ 기관 회전이 불량해진다.

> 디젤기관 연료계통에 공기가 흡입된 경우
> • 분사노즐에서 분사 상태가 불균일해진다.
> • 엔진의 회전 상태가 불량해진다.
> • 엔진의 진동이 발생한다.
> • 공기 침입이 심한 경우 엔진 작동이 정지된다.

22 디젤기관의 연료여과기에 장착되어 있는 오버플로우 밸브의 역할이 아닌 것은?

① 연료계통의 공기를 배출한다.
② 연료공급펌프의 소음 발생을 방지한다.
③ 연료필터 엘리먼트를 보호한다.
④ 분사펌프의 압송 압력을 높인다.

> 오버플로우 밸브는 엘리먼트의 막힘 등으로 여과기 내의 압력이 규정값 이상으로 상승하면 열려 과잉 압력의 연료를 연료탱크로 되돌려보내는 역할을 한다.

23 오버플로우 밸브의 역할은?

① 분사펌프 압력 상승 작용
② 연료공급펌프 작동 보조 작용
③ 필터 각 부의 보호 작용
④ 분사펌프 내의 공기를 압축

> 오버플로우 밸브의 역할
> • 연료여과기 각 부분을 보호
> • 연료공급펌프의 소음 발생 억제
> • 운전 중 연료계통의 공기 배출

24 연료 파이프가 열과 접촉하면 연료 파이프 내에 어떤 현상이 생기는가?

① 스틱 현상
② 슬랩 현상
③ 캐비테이션 현상
④ 베이퍼록 현상

> 연료 파이프가 열과 접촉하면 연료가 열에 의해 증기화되어 연료관에는 베이퍼록(vapor lock) 현상이 일어난다. 이 경우 연료라인 내 공기의 기포현상으로 연료공급이 제대로 이루어지지 않아 기관 출력이 저하되거나 심한 경우 시동이 꺼질 수도 있다.

25 연료장치 내 연료가 증발하면 어떤 현상이 생기는가?

① 조기점화
② 노트
③ 베이퍼록
④ 스팀록

> 베이퍼록(vapor lock) 현상이란 파이프나 호스 속 흐르는 액체가 파이프 속에서 가열, 기화되어 압력이 변화하고 이 때문에 액체의 흐름이나 운동력 전달을 저해하는 현상을 말한다. 연료 파이프 내에 베이퍼록이 일어나면 기관 출력이 저하되거나 심한 경우 시동이 꺼질 수도 있다.

26 연료 필터에서 공기를 배출하기 위해 사용하는 플러그는?

① 벤트 플러그
② 드레인 플러그
③ 코어 플러그
④ 글로 플러그

> 벤트 플러그는 디젤엔진의 연료장치 각 부품에 설치되어 있는 플러그로 공기를 배출하는 데 사용된다.

27 분사펌프의 조정 래크를 움직이면?

① 분사량이 변한다.
② 배럴 내의 연료량을 고정한다.
③ 유효행정을 고정한다.
④ 배럴 내의 연료압력이 변화한다.

> 조정래크(조절래크)를 움직이면 제어피니언과 제어슬리브의 관계 위치가 변경되어 플런저가 회전함으로써 분사량이 변화한다.

28 연료의 분사량은 다음의 무엇에 의하여 달라지는가?

① 플런저의 유효 행정에 의하여
② 플런저의 행정에 의하여
③ 플런저의 유효 리드의 종류에 의하여
④ 플런저의 길이 홈의 길이에 의하여

> 플런저의 유효 행정은 플런저를 회전시키는 것에 의해 변화하며, 유효 행정이 커지면 분사량이 증가하고, 짧을수록 분사량은 감소한다.

29 다음의 설명 중 옳지 않은 것은?

① 연료분사 파이프의 길이는 각 기통마다 같아야 한다.
② 인젝션 펌프의 딜리버리 밸브는 분사압력을 증가시킨다.
③ 디젤엔진의 착화성은 세탄가로 표시한다.
④ 디젤엔진의 노킹은 착화 지연기간이 길 때 일어난다.

> 딜리버리 밸브는 역류방지, 후적방지, 파이프 내의 잔압 유지의 3가지 작용을 담당한다.

30 디젤기관의 분사펌프를 시험한 결과 최대분사량이 36cc이고 최소분사량이 29cc, 평균 분사량이 30cc였다면 (+) 분사량 불균율은?

① 10%
② 20%
③ 30%
④ 40%

> • (+) 분사량 불균율 = $\dfrac{\text{최대 분사량} - \text{평균 분사량}}{\text{평균 분사량}} \times 100[\%]$
> • (−) 분사량 불균율 = $\dfrac{\text{평균 분사량} - \text{최소 분사량}}{\text{평균 분사량}} \times 100[\%]$
> ∴ (+) 분사량 불균율 = $\dfrac{36-30}{30} \times 100[\%] = 20\%$

31 전부하 시 분사펌프 분사량의 불균율은 얼마나 되는가?

① 1%
② 3%
③ 5%
④ 10%

> 분사량의 불균율 허용범위는 전부하 운전에서는 ±3%, 무부하 운전에서는 10~15%이다.

32 디젤엔진의 딜리버리 밸브의 작동 설명 중 적당한 것은?

① 플런저 배럴 안에 가압된 연료를 분사펌프에 송출하는 작용을 한다.
② 유효행정 후의 연료의 역류를 방지하는 밸브이다.
③ 분사압력을 조절하는 밸브이다.
④ 노즐의 압력을 10kg/cm² 이상으로 유지하여 준다.

> 딜리버리 밸브는 역류방지, 후적방지, 파이프 내의 잔압유지의 3가지 작용을 담당한다.

33 디젤기관의 연료분사 3대 요건에 속하지 않는 것은?

① 무화
② 관통력
③ 분산
④ 온도

정답 21 ④ 22 ④ 23 ③ 24 ④ 25 ③ 26 ①
정답 27 ① 28 ① 29 ② 30 ② 31 ② 32 ② 33 ④

🔍 디젤엔진 연료분사의 3대 요건
• 안개화(무화)가 좋아야 한다.
• 관통력이 커야 한다.
• 분포(분산)가 골고루 이루어져야 한다.

34 건설기계에서 노즐의 분사압력이 규정보다 낮을 때 어떻게 정비하는가?

① 노즐압력 스프링의 위치를 변경한다.
② 노즐압력 스프링의 자유 높이를 고정한다.
③ 노즐압력 스프링의 조정 스크루를 조인다.
④ 노즐압력 스프링의 조정 스크루를 푼다.

🔍 조정 스크루 방식에서는 스크루를 조이면 분사압력이 상승하고, 심(seam) 조정 방식에서는 심의 두께를 두껍게 하면 분사압력이 상승한다.

35 디젤기관에 사용하는 노즐의 종류 중에서 분사압력이 높기 때문에 무화가 좋고 기관의 가동이 쉬우며 연료가 완전 연소될 수 있어 연료소비량이 적게 되는 노즐은 어느 것인가?

① 구멍형   ② 핀틀형
③ 스로틀형   ④ 개방형

🔍 구멍형 분사노즐의 장점
• 분사압력이 높아 안개화(무화)가 좋다.
• 엔진의 가동이 쉽다.
• 연료가 완전연소될 수 있어 연료소비량이 적다.

36 다음 분사노즐이 과열되는 원인을 든 것 중 맞지 않는 것은?

① 노즐 냉각기의 불량
② 분사량의 과다
③ 분사시기의 틀림
④ 과부하에서의 연속운전

🔍 분사노즐의 과열 원인
• 분사시기가 틀릴 때
• 분사량이 과다할 때
• 과부하에서 연속적으로 운전할 때

37 분사압력은 다음 어느 것으로 조절하는가?

① 딜리버리 밸브 스프링
② 플런저 리턴 스프링
③ 노즐홀더의 조정 스프링
④ 밸브 스프링

🔍 분사압력 조정
• 조정 스크루를 이용하는 방법
• 스프링과 푸시로드 사이의 심(seam) 두께로 조정하는 방법

38 디젤기관의 연료장치 구성품이 아닌 것은?

① 예열 플러그   ② 분사 노즐
③ 연료 공급 펌프   ④ 연료 여과기

🔍 예열 플러그는 연소실 내의 압축공기를 직접 예열하기 위한 예열 장치이다.

39 노즐에 붙은 카본은 무엇으로 떼어내어야 하는가?

① 줄   ② 샌드페이퍼
③ 브러시(쇠솔)   ④ 나무조각

🔍 노즐에 붙은 카본은 나무조각으로 떼어내고 석유 또는 경유로 씻는다. 또한 노즐 니들캡은 나일론 솔로 닦고 노즐 보디 바깥쪽은 가는 황동사 브러시로 닦아야 한다.

40 노즐의 육안검사로 할 수 없는 검사는?

① 니들밸브의 마멸   ② 스프링의 장력
③ 밸브와 시트의 섭동검사   ④ 밸브에 탄소 부착

🔍 스프링의 장력은 육안으로 검사할 수 있는 사항이 아니다.

41 노즐의 기능이 불량할 때 일어나는 사항이다. 틀린 것은?

① 연소불량   ② 노크
③ 출력증대   ④ 연소실 내 탄소의 달라붙음

🔍 분사노즐은 분사펌프에서 보내온 고압의 연료를 미세한 안개모양으로 연소실 내에 분사하는 장치로 노즐의 기능이 불량하면 출력이 저하된다.

42 다음은 분사노즐에 요구되는 조건을 든 것이다. 맞지 않는 것은?

① 연료를 미세한 안개모양으로 하여 쉽게 착화되게 할 것
② 분무가 연소실의 구석구석까지 뿌려지게 할 것
③ 분사량을 회전속도에 알맞게 조정할 수 있을 것
④ 후적이 일어나지 않게 할 것

🔍 노즐의 구비조건
• 연료를 미세한 안개형태로 분사하여 쉽게 착화되게 할 것
• 연소실 구석구석까지 고르게 분사할 것
• 후적이 없을 것
• 내구성이 클 것

43 디젤기관을 예방정비 시 고압파이프 연결부에서 연료가 샐 때 조임 공구로 가장 적합한 것은?

① 복스렌치   ② 오픈렌치
③ 파이프렌치   ④ 옵셋렌치

🔍 고압파이프의 연결부는 오픈렌치로 풀거나 조인다.

44 엔진 부하에 따라 속도를 조절해 주는 것은?

① 클러치   ② 거버너
③ 클러치 휠   ④ 레귤레이터

🔍 분사펌프에 설치되어 있는 조속기(거버너)는 엔진의 회전속도나 부하의 변동에 따라 자동적으로 제어 래크를 움직여 분사량을 가감하는 장치이다.

45 기관의 속도에 따라 자동적으로 분사시기를 조정하여 운전을 안정되게 하는 것은?

① 타이머   ② 노즐
③ 과급기   ④ 디콤퍼

🔍 타이머(분사시기 조정기)는 엔진 회전속도 및 부하에 따라 분사시기를 변화시켜 운전을 안정되게 하는 장치를 말한다.

Lesson 04 흡배기장치 구조와 기능 ‹‹‹

01 기관에서 발생되는 가스 중 인체에 가장 큰 장해가 되는 것은?

① CO   ② CO_2
③ HC   ④ C_2SO_3

🔍 일산화탄소(CO)는 무색, 무취의 기체로서 산소가 부족한 상태로 연료가 연소할 불완전연소로 발생하며, 중독이 심한 경우 사망에 이를 수도 있다.

정답 34 ③ 35 ① 36 ① 37 ③ 38 ① 39 ④   정답 40 ② 41 ③ 42 ③ 43 ② 44 ② 45 ① [4. 흡 · 배기장치 구조와 기능] 01 ①

02 배기가스의 색과 기관의 상태를 표시한 것으로 가장 거리가 먼 것은?

① 무색 – 정상
② 검은색 – 농후한 혼합비
③ 황색 – 공기청정기의 막힘
④ 백색 또는 회색 – 윤활유의 연소

> 배기가스가 황색이면 혼합비가 희박한 상태이다.

03 다음 중 연소시 발생하는 질소산화물(NOx)의 발생 원인과 가장 밀접한 관계가 있는 것은?

① 높은 연소 온도
② 가속 불량
③ 흡입 공기 부족
④ 소염 경계층

> 질소는 상온에서 다른 원소와 반응하지 않으나 연소실 내의 온도가 높아지면 반응성이 활발해져 산소와 반응함으로써 질소산화물의 발생량이 급증한다.

04 디젤기관의 운전 중 검은색의 매연이 심하게 배출될 때 점검하여야 할 사항이 아닌 것은?

① 공기청정기의 막힘 점검
② 분사 시기 점검
③ 분사 펌프의 점검
④ 연료 라인에 공기 혼입 여부 점검

> 배기가스의 색이 검은색이면 농후한 혼합비인 경우이다. 따라서, 공기량이 연료량에 비해 적다는 것을 의미한다.

05 배기관이 불량하여 배압이 높을 때 기관에 생기는 현상 중 틀린 것은?

① 피스톤의 운동을 방해한다.
② 기관의 출력이 감소된다.
③ 냉각수 온도가 내려간다.
④ 기관이 과열된다.

> 배압이 높을 때 나타나는 현상
> • 피스톤 운동이 방해를 받는다.
> • 엔진이 과열된다.
> • 엔진의 출력이 감소한다.

06 실린더 내에(연소실) 카본이 끼게 되는 원인은?

① 희박한 연소이다.
② 완전 연소이다.
③ 오일이 연소실에서 타고 있다.
④ 혼합가스가 희박하다.

> 오일이 연소실에서 타면 카본이 부착되며, 다량의 카본이 부착되면 연소실 체적이 작아져서 압축비와 압축압력이 높아진다.

07 공기청정기의 설치 목적은?

① 연료의 여과와 가압작용
② 공기의 가압작용
③ 공기의 여과와 소음방지
④ 연료의 여과와 소음방지

> 공기청정기는 공기의 여과와 소음방지 외에도 역화가 발생할 때 불길을 저지하는 기능도 있다.

08 연소에 필요한 공기를 실린더로 흡입할 때, 먼지 등의 불순물을 여과하여 피스톤 등의 마모를 방지하는 역할을 하는 장치는?

① 과급기(super charger)
② 에어 클리너(air cleaner)
③ 냉각장치(cooling system)
④ 플라이 휠(fly wheel)

> 공기청정기의 주된 설치 목적은 흡입 공기의 여과와 소음감소이며 건식과 습식이 있다.

09 공기청정기에 대한 정비사항이다. 틀린 것은?

① 공기청정기의 엘리먼트가 막히면 혼합기가 농후해진다.
② 건식청정기의 엘리먼트가 더러우면 압축공기로 불어낸다.
③ 습식청정기의 오일은 점도가 높은 것이 좋다.
④ 습식청정기의 오일량이 많으면 혼합기가 희박해진다.

> 오일량이 많으면 혼합기가 농후해지고, 공기가 많으면 혼합기는 희박해진다.

10 건식 공기 여과기 세척방법으로 알맞은 것은?

① 압축공기로 안에서 밖으로 불어낸다.
② 압축공기로 밖에서 안으로 불어낸다.
③ 압축공기로 위에서 아래로 불어낸다.
④ 압축공기로 아래에서 위로 불어낸다.

> 건식 공기청정기는 압축공기로 안쪽에서 바깥쪽으로 불어내어 청소하여야 한다.

11 다음 중 엔진에 공기청정기가 없이 작업을 하였을 때 일어나는 현상은?

① 공기흡입 작용이 적어진다.
② 실린더의 마멸을 초래한다.
③ 실화현상이 생긴다.
④ 노킹현상이 일어난다.

> 실린더 내로 흡입되는 공기와 함께 유입되는 먼지 등은 실린더 벽, 피스톤 링, 피스톤 등의 마멸을 촉진시키며, 엔진 오일에도 유입되어 윤활부분의 마멸을 촉진한다.

12 디젤엔진에 사용되는 과급기의 주된 역할 설명으로 가장 적합한 것은?

① 출력의 증대
② 윤활성의 증대
③ 냉각효율의 증대
④ 배기의 정화

> 과급기는 엔진의 흡입효율을 높이기 위하여 흡입공기에 압력을 가하는 일종의 공기 펌프로 주된 역할은 엔진출력의 증대이다.

13 과급기에 대해 설명한 것 중 틀린 것은?

① 배기 터빈 과급기는 주로 원심식이다.
② 흡입 공기에 압력을 가해 기관에 공기를 공급한다.
③ 과급기를 설치하면 엔진 중량과 출력이 감소된다.
④ 4행정 사이클 디젤기관은 배기가스에 의해 회전하는 원심식 과급기가 주로 사용된다.

> 과급기의 사용에 따른 변화
> • 엔진의 출력은 35~45% 증가하며, 무게는 10~15% 정도 증가한다.
> • 체적효율이 증가하여 평균 유효압력과 회전력이 상승한다.
> • 연료 소비율이 감소한다.

정답 02 ③ 03 ① 04 ④ 05 ③ 06 ③ 07 ③   정답 08 ② 09 ④ 10 ① 11 ② 12 ① 13 ③

Craftsman Excavating Machine Operator

14 터보차저가 사용하는 오일로 맞는 것은?

① 유압오일   ② 특수오일
③ 기어오일   ④ 기관오일

🔍 과급기의 윤활은 엔진 윤활장치에서 보내준 오일로 기관오일이다.

15 터보차저(turbo charger) 수명 연장을 위한 작업이 아닌 것은 어느 것인가?

① 시동 전후 5분 이상 저속 회전 후 작업한다.
② 에어클리너를 청결하게 한다.
③ 공기흡입 라인에 먼지가 새어들지 않게 한다.
④ 연료 필터 교환 시기를 앞당긴다.

🔍 터보차저는 엔진의 흡입효율을 높이기 위하여 흡입 공기에 압력을 가하여 공급하는 일종의 공기펌프로 연료 필터 교환과는 관련이 없다.

16 터보차저의 작동에 이용되는 힘은?

① 흡입공기   ② 배기가스
③ 크랭크축   ④ 분사펌프

🔍 4행정 사이클 디젤엔진의 과급기인 터보차저는 배기가스로 구동되고, 2행정 사이클 디젤엔진은 크랭크축으로 구동되는 루트 블로워(송풍기)가 소기펌프로 이용된다.

17 과급기 케이스 내에 설치되어 공기의 속도 에너지를 압력 에너지로 바꾸는 장치는?

① 베인   ② 로터
③ 스테이터   ④ 디퓨저

🔍 디퓨저는 공기의 통로면적이 크기 때문에 공기의 속도 에너지가 압력 에너지로 바뀌게 된다.

18 과급기를 사용하면 엔진의 중량은 10~15% 증가하나 출력은 얼마나 높아지는가?

① 5~10%   ② 15~25%
③ 35~45%   ④ 50~65%

🔍 과급기를 사용하면 엔진의 출력은 35~45% 증가하며, 무게는 10~15% 정도 증가한다.

19 펌프 손실을 줄일 수 있는 방안이다. 틀린 것은?

① 다기관 단면적을 가급적 크게 한다.
② 다기관 내부 통로에 요철부를 없앤다.
③ 다기관 내부 통로를 직각으로 피한다.
④ 다기관 단면적을 적게 한다.

🔍 펌프의 손실을 줄이고 효율을 높이기 위해서는 다기관 단면적을 가급적 크게 하도록 한다.

20 소음기의 작용에 대한 설명 중 맞는 것은 어느 것인가?

① 배기가스 연소
② 자체 진동 흡수
③ 기관의 과열 방지
④ 배기음 감소

🔍 배기가스를 대기 중에 방출시키면 급격히 팽창하여 격렬한 폭음을 내는 데 이 폭음을 감소시켜주는 장치가 소음기이다.

Lesson 05 냉각장치 구조와 기능

01 실린더 블록과 헤드에 물재킷(water jacket)을 설치하여 냉각시키는 방식은?

① 자연 순환식   ② 강제 통풍식
③ 자연 통풍식   ④ 강제 순환식

🔍 수랭식 중 자연 순환식은 냉각수를 대류에 의해 순환시키는 방식이며, 강제 순환식은 실린더 블록과 헤드에 물재킷을 설치하여 냉각시키는 방식이다.

02 공랭식 엔진의 과열 원인이 아닌 것은?

① 냉각핀의 오손 및 파손   ② 냉각 팬의 파손
③ 정차 시 고속 회전   ④ 냉각수 부족

🔍 공랭식은 실린더 벽의 바깥 둘레에 냉각 팬을 설치하여 공기의 접촉 면적을 크게 하여 냉각시키는 방식이며, 냉각수를 사용하여 엔진을 냉각시키는 것은 수랭식 엔진이다. 따라서, 보기 ④항의 경우 수랭식 엔진의 과열 원인에 해당된다.

03 기관 과열의 직접적인 원인으로 부적당한 것은?

① 팬 벨트의 느슨함
② 라디에이터의 코어 막힘
③ 냉각수의 부족
④ 타이밍 체인(timing-chain)의 헐거움

🔍 타이밍 체인은 크랭크축의 타이밍기어와 캠축의 타이밍기어를 연결해 캠축을 회전시키는 역할을 하는 체인으로 냉각계통과는 무관하다.

04 작업 중 엔진 온도가 급상승하였을 때 먼저 점검하여야 할 것은?

① 윤활유 수준 점검   ② 고부하 작업
③ 장기간 작업   ④ 냉각수의 양 점검

🔍 엔진 온도가 급상승하면 우선적으로 냉각계통을 점검하여야 한다.

05 동절기에 기관이 동파되는 원인으로 맞는 것은?

① 냉각수가 얼어서
② 기동전동기가 얼어서
③ 발전장치가 얼어서
④ 엔진오일이 얼어서

🔍 겨울철 기관의 동파 원인은 냉각수가 얼기 때문이며, 이를 방지하기 위해 부동액을 혼합하여 사용한다.

06 팬 벨트에 대한 점검과정이다. 틀린 것은?

① 약 10kgf의 힘으로 눌러 처짐이 13~20mm 정도면 정상이다.
② 팬 벨트는 풀리의 밑부분에 접촉되어야 한다.
③ 팬 벨트의 조정은 발전기를 움직이면서 조정한다.
④ 팬 벨트가 너무 헐거우면 기관 과열의 원인이 된다.

🔍 팬 벨트는 각 풀리의 양쪽 경사진 부분에 접촉되어야 하며, 풀리 밑부분에 닿으면 미끄러진다.

07 다음 중 팬 벨트와 연결되지 않은 것은?

① 발전기 풀리   ② 기관 오일펌프 풀리
③ 워터펌프 풀리   ④ 크랭크축 풀리

🔍 팬 벨트는 이음새가 없는 고무제 V벨트를 사용하며 크랭크축 풀리, 발전기 풀리, 물펌프 풀리 등을 연결 구동한다.

정답 14 ④ 15 ④ 16 ② 17 ④ 18 ③ 19 ④ 20 ④

정답 [5. 냉각장치 구조와 기능] 01 ④ 02 ④ 03 ④ 04 ④ 05 ① 06 ② 07 ②

08 기관의 벨트 장력이 늘어지면 일어나는 현상으로 가장 관계가 적은 것은?

① 벨트 마모 촉진　② 기관 과열
③ 베어링 마멸 촉진　④ 발전기 충전 부족

> 벨트 장력이 헐거울 때
> • 물 펌프 회전속도가 느려져 기관 과열
> • 발전기 출력 저하
> • 소음 발생
> • 팬 벨트 마모 촉진(손상)

09 일반적인 건설기계에 대한 다음 설명 중 틀린 것은?

① 기관이 과열됐을 때는 기관을 정지시킨 후 냉각수를 조금씩 보충한다.
② 운전 중 팬 벨트가 끊어지면 충전 경고등이 꺼진다.
③ 윤활계통에 이상이 생기면 운전 중에 오일압력 경고등이 켜진다.
④ 연료 탱크는 주기적으로 청소를 하여 물과 찌꺼기를 제거시킨다.

> 팬 벨트는 워터펌프를 구동하여 엔진의 과열을 방지시켜 주고, 차량에서 소요되는 전기를 발생시켜 주는 발전기를 구동시키는 역할을 한다.

10 V 벨트 접촉면의 각도는?

① 10°　② 20°
③ 30°　④ 40°

> V 벨트 접촉면의 각도는 40°이며, 반드시 엔진의 작동이 정지된 상태에서 걸거나 빼내야 한다.

11 기관에서 냉각계통으로 배기가스가 누설되는 원인에 해당되는 것은?

① 실린더 헤드 개스킷 불량
② 매니폴드(manifold)의 개스킷 불량
③ 워터펌프의 불량
④ 냉각 팬의 벨트 유격 과대

> 실린더 헤드 개스킷이 파손되면 라디에이터 안에 기름이 뜨고, 배가스가 냉각계통으로 누출된다.

12 라디에이터의 구성품이 아닌 것은?

① 냉각수 주입구　② 냉각핀
③ 코어　④ 물재킷

> 라디에이터는 코어, 냉각핀, 냉각수 주입구인 라디에이터 캡 등으로 구성된다.

13 라디에이터(radiator)의 구비 조건으로 옳지 않은 것은?

① 공기저항이 적을 것
② 냉각수의 유동저항이 적을 것
③ 단위면적당 방열량이 적을 것
④ 가볍고 작으며 강도가 클 것

> 라디에이터의 구비조건
> • 냉각수 흐름에 대한 저항이 적어야 한다.
> • 공기저항이 적어야 한다.
> • 가볍고 작아야 한다.
> • 강도가 커야 한다.
> • 단위 면적당 방열량이 커야 한다.

14 가압식 라디에이터의 장점으로 틀린 것은?

① 방열기를 작게 할 수 있다.
② 냉각수의 비등점을 높일 수 있다.
③ 냉각수의 순환 속도가 빠르다.
④ 냉각장치의 효율을 높일 수 있다

> 가압식 라디에이터는 일정 온도의 압력까지는 스프링이 작용하는 뚜껑을 마련하여 물이 새어 나가지 못하게 한 라디에이터로, 오버히트가 쉽게 일어나지 않는 구조이다.

15 냉각계통에 대한 설명으로 틀린 것은?

① 실린더 물재킷에 물때가 끼면 과열의 원인이 된다.
② 방열기 속의 냉각수 온도는 아랫부분이 높다.
③ 팬 벨트의 장력이 약하면 엔진 과열의 원인이 된다.
④ 냉각수 펌프의 실(seal)에 이상이 생기면 누수의 원인이 된다.

> 엔진 내부에서 열을 흡수하고 온도가 높아진 냉각수는 실린더 헤드 부분에서 라디에이터 상부로 돌아온다. 이렇게 돌아온 냉각수는 라디에이터에서 열을 방출하고 하부에서는 온도가 떨어지게 된다.

16 방열기(radiator)의 규정 수량이 이상이 없는데도 기관이 과열되었다면 그 원인이라고 할 수 있는 것은?

① 물 펌프의 고속 회전　② 에어클리너의 고장
③ 온도계의 고장　④ 팬 벨트의 이완

> 팬 벨트의 장력이 너무 작으면 물 펌프의 회전속도가 느려져 기관이 과열된다.

17 라디에이터에 냉각수의 양을 측정하였더니 12L 였다. 이것과 동형의 신품 라디에이터의 용량이 15L 였다면 이 방열기의 막힘은 몇 %인가?

① 20%　② 15%
③ 10%　④ 5%

> 코어의 막힘률 막힘률 = $\dfrac{신품용량 - 구품용량}{신품용량} \times 100[\%]$
> = $\dfrac{15-12}{15} \times 100[\%] = 20\%$

18 냉각장치에서 냉각수의 비등점을 올리기 위한 것으로 맞는 것은?

① 진공식 캡　② 압력식 캡
③ 라디에이터　④ 물재킷

> 냉각장치 내의 비등점을 높이고, 냉각 범위를 넓히기 위해 압력식 캡을 사용한다.

19 압력식 라디에이터 캡의 규정 압력은 일반적으로 게이지 압력으로 몇 kg/cm² 정도인가?

① 0.2~0.9　② 2~9
③ 1.2~1.9　④ 12~19

> 압력식 캡의 압력은 게이지 압력으로 0.2~0.9kgf/cm² 정도이며 이때의 냉각수 비등점은 112°C 정도이다.

20 압력식 라디에이터 캡에 대한 설명으로 적합한 것은?

① 냉각장치 내부압력이 규정보다 낮을 때 공기 밸브는 열린다.
② 냉각장치 내부압력이 규정보다 높을 때 진공 밸브는 열린다.
③ 냉각장치 내부압력이 부압이 되면 진공밸브는 열린다.
④ 냉각장치 내부압력이 부압이 되면 공기밸브는 열린다.

> 냉각장치 내부압력이 규정보다 높아지면 압력밸브가 열리고, 냉각수가 냉각되어 냉각장치 내의 압력이 부압이 되면 진공밸브가 열린다.

21 라디에이터 캡의 스프링이 파손되었을 때 가장 먼저 나타나는 현상은?

① 냉각수 비등점이 낮아진다.
② 냉각수 순환이 불량해진다.
③ 냉각수 순환이 빨라진다.
④ 냉각수 비등점이 높아진다.

> 라디에이터 캡의 스프링이 파손되거나 장력이 약해지면 냉각수 비등점이 낮아진다.

정답 08 ③ 09 ② 10 ④ 11 ① 12 ④ 13 ③ 14 ③ 15 ② 16 ④ 17 ① 18 ② 19 ① 20 ③ 21 ①

22 라디에이터 캡을 열고 크랭킹하였을 때 냉각수에 기포가 발생하면?

① 물 호스가 거꾸로 연결되어 있음
② 오일 쿨러가 막혀 있음
③ 헤드 개스킷이 손상되어 있음
④ 냉각수에 부동액이 들어 있음

🔍 라디에이터 내의 기포 발생은 공기가 들어간 것이므로 실린더 헤드 개스킷이 불량이다.

23 엔진에서 라디에이터의 방열기 캡을 열어 냉각수를 점검하였더니 기름이 떠 있었다. 그 원인으로 맞는 것은?

① 피스톤 링의 실린더 마모
② 밸브 간격 과다
③ 압축압력이 높아 역화 현상 발생
④ 실린더 헤드 개스킷 파손

🔍 기포나 기름이 떠 있는 경우
　• 실린더 헤드 개스킷 파손　　　• 실린더 헤드 볼트 풀림
　• 오일 냉각기에서 엔진 오일 누출

24 라디에이터의 세척액으로 주로 사용되는 것은?

① 중성세제　　　　　② 황산과 증류수
③ 탄산소다　　　　　④ 비눗물

🔍 라디에이터의 세척액으로는 탄산소다와 중탄산소다를 사용하며, 아래 탱크에서 위 탱크로 역수시켜 세척한다.

25 다음 중 냉각 팬에 대한 설명으로 틀린 것은?

① 냉각 팬의 회전축은 물 펌프 축과 일체로 되어있다.
② 팬의 날개 수는 보통 4~6개 정도이다.
③ 유체커플링식 냉각 팬도 있다.
④ 냉각 팬의 회전은 주행속도에 의해 이루어진다.

🔍 냉각 팬의 회전속도는 라디에이터를 통과하는 공기의 온도에 의해 결정된다.

26 냉각장치에서 소음의 원인이 아닌 것은?

① 팬 벨트의 불량　　　② 팬의 헐거움
③ 정온기의 불량　　　④ 물 펌프 베어링의 불량

🔍 정온기(서모스탯)는 실린더 헤드 물재킷 출구 부분에 설치되어 냉각수 온도에 따라 냉각수 통로를 개폐하여 엔진의 온도를 적당하게 유지하는 기구로 소음의 원인과는 관련이 없다.

27 냉각계통에 소음이 난다. 그 원인이 아닌 것은?

① 가압 밸브 스프링 이완　② 물 펌프 베어링 불량
③ 팬 벨트 불량　　　　　④ 팬의 날개가 변형

🔍 가압 밸브 스프링이 이완되면 냉각수의 비등점이 낮아진다.

28 디젤기관을 시동시킨 후 충분한 시간이 지났는데도 냉각수 온도가 정상적으로 상승하지 않을 경우 그 고장의 원인이 될 수 있는 것은?

① 수온조절기의 고장
② 물 펌프의 고장
③ 라디에이터 코어의 파손
④ 냉각 팬 벨트의 헐거움

🔍 수온조절기는 실린더 헤드와 라디에이터 상부 사이에 설치되며 냉각수의 온도를 일정하게 유지하는 기구이다.

29 벨로즈형 수온조절기의 이상적인 작동 온도 범위는?

① 45℃(열림 시작), 60℃(완전 열림)
② 60℃(열림 시작), 70℃(완전 열림)
③ 65℃(열림 시작), 85℃(완전 열림)
④ 80℃(열림 시작), 100℃(완전 열림)

🔍 벨로즈형은 65℃에서 열리기 시작하여 85℃에서 완전히 열리고, 펠릿형은 85℃에서 열리기 시작하여 95℃에서 완전히 열린다.

30 기관의 냉각수 수온을 측정하는 곳은?

① 라디에이터의 윗 물통
② 실린더 헤드 물재킷부
③ 물 펌프 임펠러 내부
④ 온도조절기 내부

🔍 엔진의 정상적인 작동 온도는 실린더 헤드 물재킷 내의 온도로 나타낸다.

31 기관의 정상적인 냉각수 온도에 해당되는 것으로 가장 적절한 것은?

① 20~35℃　　　　　② 35~60℃
③ 75~95℃　　　　　④ 110~120℃

🔍 냉각수 수온은 실린더 헤드 물재킷 내의 온도로 나타내며, 정상적인 냉각수 온도 범위는 75~95℃ 정도이다.

32 실린더 블록의 동파방지를 위해 둔 것은?

① 정온기　　　　　　② 라디에이터
③ 코어플러그　　　　④ 냉각수 통로

🔍 실린더 블록의 내부는 실린더와 물재킷, 오일 통로가 설치되어 있고 물재킷 바깥쪽에는 겨울철 냉각수 빙결에 의한 동파를 방지하기 위해 코어플러그(core plug)가 설치되어 있다.

33 부동액이 구비하여야 할 조건으로 다음 중 가장 알맞은 것은?

① 증발이 심할 것
② 침전물을 축적할 것
③ 비등점이 물보다 상당히 낮아야 할 것
④ 물과 용이하게 용해할 것

🔍 부동액의 구비 조건
　• 물과 잘 혼합될 것
　• 침전물이 없을 것
　• 휘발성이 없고 순환성이 좋을 것
　• 부식성이 없고 팽창계수가 적을 것
　• 비등점이 물보다 높고 빙점은 물보다 낮을 것

34 부동액의 종류 중 가장 많이 사용되는 것은?

① 에틸렌　　　　　② 글리세린
③ 에틸렌글리콜　　④ 알코올

🔍 에틸렌글리콜(ethylene glycol)을 주성분으로 한 부동액을 많이 사용하며 그 지방의 최저 기온보다 5~10℃ 낮은 온도를 기준으로 혼합한다.

35 엔진 냉각수로 적합하지 않은 것은?

① 증류수　　　　　② 연수
③ 경수　　　　　　④ 수돗물

🔍 냉각수로 경수를 사용하면 기관 각 부를 부식시킬 수 있으므로, 증류수나 수돗물과 같은 연수를 사용한다.

정답 22 ③ 23 ④ 24 ③ 25 ④ 26 ③ 27 ① 28 ①
정답 29 ③ 30 ② 31 ③ 32 ③ 33 ④ 34 ③ 35 ③

전기장치

Craftsman Excavating Machine Operator

Lesson 01 시동장치 구조와 기능

1 전기의 기초

1) 전류 및 저항의 접속
   ① **전류의 단위** : 암페어(A)
   ② **전류의 3대 작용**
      ㉮ 발열작용 : 도체 내를 전류가 흐를 때 도체의 저항에 의해 열이 발생하는 현상으로 전구, 전열기 등에 이용된다.
      ㉯ 자기작용 : 도체에 전류가 흐르면 그 주변 공간에는 자기현상이 발생한다. 전동기, 발전기, 변압기 등에 이용된다.
      ㉰ 화학작용 : 전해액에 전류가 흐르면 화학작용이 발생한다. 축전지의 충·방전에 이용된다.
   ③ **저항의 접속** : 직렬접속, 병렬접속

2) 전기와 관련된 법칙
   ① **옴의 법칙** : 임의의 도체에 흐르는 전류(I)의 크기는 전압(V)에 비례하고, 저항(R)에 반비례한다.
   $$I=\frac{V}{R}[A],\ V=I\times R[V],\ R=\frac{V}{I}[\Omega]$$
   ② **전력과 줄의 법칙** : 전기 도체의 물체를 거쳐 전자를 이동시키는데 있어 일을 한 비율의 표시로 기호는 P, 기본단위는 Watt이고 "전압×전류"로 구해진다.
   ③ **플레밍의 법칙**
      ㉮ 플레밍의 왼손 법칙 : 자기장의 전류에 미치는 힘의 방향에 관한 법칙(전동기, 전압기, 전류계)
      ㉯ 플레밍의 오른손 법칙 : 전자유도에 의해서 생기는 유도전류의 방향을 나타내는 법칙(발전기 원리)

3) 축전지의 구조와 기능
   ① **셀(cell) 커넥터 및 터미널**
      ㉮ 양극단자(+)는 적갈색, 음극단자는 회색이다.
      ㉯ 양극단자의 직경이 크고, 음극단자는 작다.
      ㉰ 양극단자는 (P)나 (+)로 표시하고, 음극단자는 (N)이나 (-)로 표시한다.
   ② **극판**
      ㉮ 납과 안티몬 합금으로 격자를 만들어 여기에 작용물질을 발라서 채운다.
      ㉯ 극판과 극판 사이에 격리판을 끼워서 방전을 방지한다.(양극판과 음극판의 단락을 방지)
      ㉰ 화학적 평형을 고려하여 음극판이 양극판 수보다 1매 더 많다.

   ③ **전해액**
      ㉮ 전해액(H_2SO_4, 묽은황산)은 극판 중의 양극판(PbO_2, 과산화납), 음극판(Pb, 해면상납)의 작용물질과 화학반응을 일으켜 전기적 에너지를 축적 및 방출하는 작용물질로 무색, 무취의 양도체이다.
      ㉯ 전해액 비중
         ㉠ 충전상태일 때 20℃에서 비중 1.240, 1.260, 1.280의 세 종류를 사용한다.
         ㉡ 국내에서는 일반적으로 1.280(20℃)을 표준으로 하고 있다.
         ㉢ 전해액의 비중은 온도에 따라 변화한다. 온도가 높으면 비중은 낮아지고 온도가 낮으면 비중은 높아진다.
   ④ **자기방전**
      ㉮ 자기방전량 : 24시간 동안의 자기 방전량은 실용량의 0.3~1.5% 정도이다.
      ㉯ 자기방전의 원인
         ㉠ 구조상 부득이 한 것
         ㉡ 불순물에 의한 것
         ㉢ 단락에 의한 것
   ⑤ **축전지 취급 및 충전시 주의사항**
      ㉮ 전해액 온도는 45℃가 넘지 않도록 하여야 한다.
      ㉯ 화기에 가까이하지 말아야 한다.
      ㉰ 통풍이 잘되는 곳에서 충전하여야 한다.
      ㉱ 과충전, 급속 충전을 피하도록 한다.
      ㉲ 장기간 보관 시 2주일(15일)에 한 번씩 보충 충전하도록 한다.
      ㉳ 축전지 커버는 베이킹소다나 암모니아수로 세척한다.
      ㉴ 셀당 방전 종지 전압은 1.75V이다.
      ㉵ 축전지 충전 시 발생되는 가스로는 양극에서 산소, 음극에서 수소가스가 발생되며 수소가스는 가연성으로 폭발의 위험이 있다.
      ㉶ 축전지 탈거 시 (-) 케이블을 먼저 분리하고, 접속할 때는 축전지 (+) 케이블을 나중에 접속시킨다.

> **격리판의 구비조건**
> 격리판은 양극판과 음극판 사이에서 단락을 방지하는 것으로 다음과 같은 구비조건을 갖추어야 한다.
> • 전해액에 부식되지 않을 것
> • 다공성일 것
> • 기계적인 강도가 있을 것
> • 전해액의 확산이 잘될 것

2 기동전동기

1) 전동기의 종류
   ① **직권식 전동기**
      ㉮ 전기자코일과 계자코일이 전원에 대해 직렬로 접속되어 있다.
      ㉯ 역기전력은 속도에 비례하고 전기자 전류에 반비례한다.

② 분권식 전동기
　㉮ 전기자코일과 계자코일이 전원에 대해 병렬로 접속되어 있다.
　㉯ 전압이 일정하면 계자전류와 자장의 세기도 일정하다.
③ 복권식 전동기
　㉮ 2개의 코일은 직렬과 병렬로 연결된다.
　㉯ 자속방향이 같으면 화동복권, 반대로 된 것을 차동복권이다.

■ 시동장치
기동전동기와 같은 시동장치는 운전자가 시동키를 돌려 엔진을 스타트 모터로 강제로 회전시킴으로써 (크랭킹이라고 부르기도 함) 엔진이 스스로 회전할 수 있도록 작동시켜 주는 기구이다.

2) 전동기의 구성
① 아마추어(전기자)
　㉮ 전기자 코일 : 큰 전류가 흐르기 때문에 단면적이 큰 평각 구리선을 사용하며 한쪽은 N극, 다른 한쪽은 S극 쪽에 오도록 철심의 홈에 절연되어 정류자에 각각 납땜되어 있다.
　㉯ 전기자 철심 : 자력선 통과와 자장의 손실을 막기 위한 철판을 절연하여 겹친 것이다.
　㉰ 정류자(코뮤테이터) : 전류를 일정 방향으로 흐르게 하고 운모의 언더 컷은 0.5~0.8mm이며 기름, 먼지 등이 묻어 있으면 회전력이 적어진다.
② 계자코일(field coil)과 계자철심
　㉮ 계자코일은 전동기의 고정 부분으로 계자철심에 감겨 자력을 일으키는 코일이다.
　㉯ 결선방법은 직권식, 복권식이 있으나 일반적으로 기관의 시동에 적합한 직권식을 쓴다.
③ 브러시와 홀더 및 스프링
　㉮ 흑연 또는 구리로 만들어져 있으며 축전지의 전기를 정류자에 전달하는 구성품이다.
　㉯ 이 브러시는 홀더에 삽입되어 스프링으로 압착하고 있으며 정류자에 80% 이하로 접촉되면 회전력이 감소되고 길이는 1/2~1/3 정도 마모되면 교환한다.
④ 스위치 : 푸시버튼식(수동식)과 마그넷식(전자식)이 있다.

■ 시동 시 발생하는 문제
• 시동키를 회전시켜도 시동모터가 작동되지 않거나, 작동음이 들리지 않는 경우 등에는 헤드램프, 혼, 와이퍼 등을 작동시켜 본다.
• 시동모터에는 큰 전류가 흐르므로, 특히 디젤차의 경우에는 엔진이 작동되지 않는다고 해서 장시간 계속해서 시동을 거는 것은 금물이다.(기동전동기의 연속 사용시간은 10~15초 정도로 한다.)

Lesson 02 충전장치 구조와 기능

1 충전장치 및 교류(AC) 발전기

1) 충전장치 개요
① 배터리는 엔진을 시동할 때와 정지 중일 경우를 제외하고 전기장치에 전력을 공급해 주고 있지만 배터리의 축전량에는 한계가

있어 사용하면 당연히 배터리의 전압이 떨어지게 된다.
② 엔진회전 중에는 엔진 동력의 일부를 사용하여 발전기를 돌려줌으로써 배터리를 충전시켜 주행 중에 필요한 전력을 공급해 주고 있다.
③ 크랭크축의 회전은 V벨트에 의해 교류 발전기(알터네이터)를 돌려준다. 여기서 발생된 전기는 레귤레이터(제어장치)로 제한되어 각 전기장치와 배터리에 공급된다.

■ 건설기계용 발전기
건설기계에서는 주로 3상 교류발전기(AC 발전기, 알터네이터)를 사용한다.

2) 교류(AC) 발전기의 구성
① 스테이터(고정자, stator) : 직류 발전기의 전기자에 해당되며 철심에 3개의 독립된 코일이 감겨져 있어 로터의 회전에 의해 3상 교류가 유기된다.
④ 로터(회전자, rotor) : 직류 발전기의 계자코일에 해당하는 것으로 로터 입력 전류를 제어해 발전전류를 제어한다.
③ 슬립링(slip rings)과 브러시(brush) : 전류를 로터에 공급하며 흑연 브러시를 사용한다.
④ 실리콘 다이오드(diode) : 스테이터 코일에 발생된 교류를 직류로 정류하는 것으로, (+) 다이오드 3개와 (−) 다이오드 3개로 구성되며 축전지 전류가 발전기로 역류하는 것을 방지한다.
⑤ 전압조정기(레귤레이터) : 축전지 상태에 따라 로터 코일의 전류를 제어하는 작용을 한다.

[교류(AC) 발전기의 구조]

2 직류 발전기와 교류 발전기의 비교

구분	직류(DC) 발전기	교류(AC) 발전기
중량	무겁다.	가볍고 출력이 크다.
브러시 수명	짧다.	길다.
정류	정류자와 브러시가 한다.	실리콘 다이오드가 한다.
공회전시	충전이 불가능하다.	충전이 가능하다.
구조	계자코일은 고정, 아마추어가 회전한다.	스테이터는 고정, 로터가 회전한다.
사용범위	고속 회전용으로 부적합하다.	고속 회전에 견딜 수 있다.
조정기	컷아웃 릴레이, 전압조정기, 전류제한기가 필요하다.	전압조정기만 필요하다.
소음	라디오에 잡음이 들어간다.	잡음이 적다.
정비	정류자의 정비가 필요하다.	슬립링의 정비가 필요 없다.

Lesson 03 등화 및 계기장치 구조와 기능

1 등화장치

1) 전조등

① 전조등의 구성과 조건
   ㉮ 좌·우에 각각 1개씩(4등색은 2개를 1개로 본다) 설치되어 있어야 한다.
   ㉯ 등광색은 양쪽이 동일하여야 하며 흰색이어야 한다.
   ㉰ 1등 당 광도는 2등식의 경우 15,000cd 이상이어야 하며 4등식의 경우에는 12,000cd 이상이어야 한다.
   ㉱ 등화는 파손 등의 손상이 없고 점등 상태가 양호해야 한다.

② 전조등의 종류와 특징
   ㉮ 세미실드빔형 전조등
      ㉠ 렌즈와 반사경은 일체형이지만 전구는 별도로 설치한 것이다.
      ㉡ 공기 유통이 있어 반사경이 흐려질 수 있다.
      ㉢ 전구만 따로 교환할 수 있다.
      ㉣ 할로겐 전구가 많이 활용되고 있다.
   ㉯ 실드빔형 전조등
      ㉠ 렌즈, 반사경 및 필라멘트가 일체로 된 형식이다.
      ㉡ 내부에 불활성 가스가 들어 있다.
      ㉢ 반사경이 흐려지는 일이 없다.
      ㉣ 광도의 변화가 적다.
      ㉤ 필라멘트가 끊어지면 렌즈나 반사경에 이상이 없어도 전조등 전체를 교환하여야 한다.

[실드빔형 전조등(왼쪽)과 세미 실드빔형 전조등(오른쪽)의 구조]

2) 방향지시등

① 일반 사항 : 건설기계의 좌·우회전을 표시하며 광도는 50cd 이상, 1050cd 이하이어야 한다.

② 방향지시등의 구성과 조건
   ㉮ 방향지시등은 건설기계 중심에 대해 좌·우 대칭일 것
   ㉯ 설치위치, 투영면적 및 유효조광 면적은 기준에 적정할 것
   ㉰ 건설기계 너비의 50% 이상 간격을 두고 설치되어 있을 것
   ㉱ 점멸 주기는 매분 60회 이상 120회 이하일 것
   ㉲ 등광색은 노란색 또는 호박색일 것
   ㉳ 파손 등의 손상이 없을 것
   ㉴ 방향지시등은 견고하게 부착되어 있을 것

③ 지시등의 점멸이 느릴 때의 원인
   ㉮ 전구의 접지 불량이다.
   ㉯ 축전지 용량이 저하되었다.
   ㉰ 전구의 용량이 규정 값보다 작다.
   ㉱ 플래셔 유닛의 결함이 있다.
   ㉲ 퓨즈 또는 배선의 접촉이 불량하다.

④ 좌·우의 점멸 횟수가 다르거나 한쪽이 작동되지 않는 원인
   ㉮ 규정 용량의 전구를 사용하지 않았다.
   ㉯ 접지가 불량하다.
   ㉰ 전구 1개가 단선되었다.
   ㉱ 플래셔 스위치에서 지시등 사이에 단선이 있다.

3) 제동등 및 후진등

① 일반 사항 : 1등당 광도는 40cd 이상, 420cd 이하이다. 후진등은 건설기계가 후진할 때 점등되는 것으로 후방 75m를 비출 수 있어야 한다.

② 제동등의 구성과 조건
   ㉮ 등광색은 붉은색일 것
   ㉯ 제동 조작을 하는 동안 지속적으로 점등 상태가 유지될 수 있을 것
   ㉰ 다른 등화와 겸용 시 광도가 3배 이상 증가할 것
   ㉱ 등화의 설치 높이는 지상 35cm 이상, 200cm 이하일 것
   ㉲ 파손 등의 손상이 없고 고정 상태가 양호할 것
   ㉳ 등화는 점등 상태가 양호할 것

③ 후진등의 구성과 조건
   ㉮ 후진등은 2개 이하 설치되어 있을 것
   ㉯ 등광색은 흰색 또는 노란색일 것
   ㉰ 등화의 설치 높이는 지상 25cm 이상, 120cm 이하일 것(트럭 적재식 건설기계에 한함)
   ㉱ 주광축은 하향일 것
   ㉲ 후퇴등은 변속장치를 후퇴 위치로 조작 시 점등될 것
   ㉳ 등화는 손상이 없고 작동에 이상이 없을 것

2 계기장치

1) 게이지

① **속도계** : 장비의 속도를 km/h와 mph로 표시한다.

② **연료계** : 연료의 잔량을 표시하며, 지침이 E를 지시하면 연료를 보충한다.

③ **엔진 냉각수 온도계**
   ㉮ 엔진 냉각수 온도를 표시한다.(적색 영역 : 104℃ 초과)
   ㉯ 운전 시에는 지침이 작동 범위 내에 있는 것이 정상이다.

⓭ 시동 시에는 지침이 작동 범위 내에 올 때까지 저속 공회전시킨다.

⓮ 지침이 적색 영역에 오면 엔진을 저속으로 5분간 공회전시킨 후 시동을 끄고 라디에이터와 엔진을 점검한다.

④ 트랜스미션 오일 온도계

⑦ 트랜스미션의 오일 온도를 표시한다.(적색 영역: 107℃ 초과)

⓯ 운전 시에는 지침이 작동 범위 내에 있는 것이 정상이다.

⓭ 시동 시에는 지침이 작동 범위 내에 올 때까지 저속 공회전시킨다.

⓮ 지침이 적색 영역에 오면 과열 상태이다. 엔진을 무부하 또는 저속운전으로 적색 영역에 지침이 들어가지 않도록 해야 한다.

2) 주요 경고등 및 표시등

① 엔진점검 경고등

⑦ 엔진이 비정상 작동 시에 점등된다.

⓯ 램프가 점등되어도 엔진은 작동하지만 빠른 시간 내에 점검을 받아야 한다.

② 브레이크 고장 경고등

⑦ 주행 브레이크의 오일 압력이 정상 운전 영역 이하로 되면 램프가 점등된다.

⓯ 램프가 점등되면 엔진을 정지하고 원인을 점검한다.(원인을 수리할 때까지 장비 운전 금지)

③ 엔진예열 표시등

⑦ 시동 스위치가 ON 위치일 때 램프가 점등되면 엔진 예열장치가 작동 중이다. 엔진오일 온도에 따라 약 15~45초 후 예열이 완료되면 램프가 꺼진다.

⓯ 램프가 꺼지면 엔진을 시동한다.

④ 엔진오일 압력표시등

⑦ 엔진오일 펌프에서 압력이 발생하여 각 부분에 윤활작용이 가능하도록 하는데 엔진 가동 전에는 압력이 낮으므로 점등되었다가 엔진이 가동되면 소등된다.

⓯ 엔진 가동 후에 램프가 점등되면 시동을 끈 후 오일 레벨을 점검한다.

⑤ 배터리 충전 경고등

⑦ 시동 스위치를 ON한 후 이 램프가 점등된다.

⓯ 엔진 가동 시에 충전 램프가 점등되어 있으면 충전회로를 점검해야 한다.

⑥ 연료 레벨 경고등 : 램프가 점등되면 즉시 연료를 공급한다.

3 ▬ 퓨즈(fuse)

1) 퓨즈의 기능 등

① **기능** : 전기회로에 과도한 전류가 흐를 경우 이를 자동적으로 차단하여 기계장치를 보호

② **설치** : 전기회로 속에 직렬로 설치

③ **재료** : 납과 주석의 합금

④ **용량** : A(암페어)로 표시

2) 퓨즈 취급 시 안전사항

① 퓨즈가 끊어진 경우 철사 등의 재료로 대체해서는 안 된다.

② 퓨즈를 교체할 때는 절연된 도구를 이용하여야 한다.

③ 퓨즈의 용량은 정격용량에 알맞은 것으로 사용해야 한다.

④ 차단기가 내려가지 않은 상태에서 퓨즈를 만지면 감전의 위험이 있다.

⑤ 전압이 너무 낮은 경우는 과전류에 끊어지지 않을 수 있다.

⑥ 고온, 부식성 가스, 가연성 가스에서 사용할 수 없다.

3) 퓨즈의 단선 원인

① 회로의 합선에 의해 과도한 전류가 흘렀을 때

② 퓨즈가 부식되었을 때

③ 퓨즈가 접촉이 불량할 때

02 출제 예상문제

CHECK POINT QUESTION

CHAPTER 02 | 전기장치

Lesson 01 시동장치 구조와 기능

01 다음 중 전류의 3가지 작용에 속하지 않는 것은?

① 자기작용
② 발열작용
③ 전기작용
④ 화학작용

🔍 전류의 3대 작용
• 발열작용 : 전구, 예열플러그, 전열기
• 화학작용 : 축전지, 전기 도금
• 자기작용 : 전동기, 발전기, 솔레노이드 등

02 발전기의 유도전압의 방향을 나타내는 것은?

① 렌츠의 법칙
② 플레밍의 오른손 법칙
③ 오른 나사의 법칙
④ 패러데이의 법칙

🔍 플레밍의 법칙
• 플레밍의 왼손 법칙 : 자기장의 전류에 미치는 힘의 방향에 관한 법칙(전동기, 전압기, 전류계)
• 플레밍의 오른손 법칙 : 전자유도에 의해서 생기는 유도전류의 방향을 나타내는 법칙(발전기 원리)

03 전선의 전기 저항은 단면적이 클수록 어떻게 변화하는가?

① 작게 된다.
② 크게 된다.
③ 단면적엔 관계없고 길이에 따라 변화한다.
④ 단면적을 변화시키면 항상 증가한다.

🔍 도체의 저항은 그 길이에 비례하고, 단면적에 반비례한다. 따라서, 단면적이 커질수록 저항은 작아진다.

04 항목과 단위 기호가 잘못 연결된 것은?

① 전류의 세기 – A
② 저항 – Ω
③ 전압 – V
④ 전력량 – μF

🔍 전력은 W 또는 kW, 전력량은 WS 또는 kW/h를 사용한다.

05 전압이 12V, 저항이 2Ω일 때 전류는?

① 2A
② 3A
③ 6A
④ 12A

🔍 전류(I) = $\frac{전압(V)}{저항(R)} = \frac{12}{2} = 6A$

06 다음 전기의 전압을 구하는 공식 중 알맞은 것은?

① V = IP
② V = I/R
③ V = I/P
④ V = IR

🔍 $I = \frac{V}{R}[A], V = I \times R[V], R = \frac{V}{I}[\Omega]$
여기서 I : 전류(A), V : 전압(V), R : 저항(Ω)

07 다음은 축전지에 대한 설명이다. 잘못된 것은?

① 축전지의 전해액으로는 묽은 황산이 사용된다.
② 축전지의 극판은 양극판이 음극판보다 1매가 더 많다.
③ 축전지의 1셀당 전압은 2~2.2V 정도이다.
④ 축전지의 용량은 암페어시(Ah)로 표시한다.

🔍 축전지의 양극판이 음극판보다 더 활성적이기 때문에 화학적 평형을 고려하여 음극판이 1장 더 많다.

08 축전지가 충전은 되는데 즉시 방전된다. 이유 중 가장 거리가 먼 것은?

① 축전지 내부에 침전물 과대
② 축전지가 방전종지전압까지 된 상태에서 충전 시
③ 레귤레이터 불량
④ 축전지 내부 격판 단락

🔍 자기방전의 원인
• 구조상 부득이한 것
• 불순물에 의한 것
• 단락에 의한 것

09 MF(Maintenance Free) 축전지에 대한 설명으로 적절하지 않은 것은?

① 증류수를 보충해야 한다.
② 장기간 보관이 가능하다.
③ 격자의 재질은 납과 저안티몬 또는 칼슘의 합 금이다.
④ 촉매 마개를 사용한다.

🔍 MF 축전지는 점검 및 정비를 줄이기 위해 개발된 것으로 증류수를 점검하거나 보충하지 않아도 된다.

10 축전지를 오랫동안 방전 상태로 두면 못쓰게 되는 이유는?

① 극판이 영구 황산납이 되기 때문이다.
② 극판에 산화납이 형성되기 때문이다.
③ 극판에 수소가 형성되기 때문이다.
④ 산화납과 수소가 형성되기 때문이다.

🔍 음극판의 작용물질(해면상납)이 황산과의 화학작용으로 영구 황산납이 되기 때문이다.

11 축전지 취급상 가장 좋지 않은 것은?

① 과방전은 축전지의 충전을 위해 필요하다.
② 자연 소모된 전해액은 증류수로 보충한다.
③ 필요시 급속 충전시켜 사용할 수 있다.
④ 사용하지 않은 축전지도 2주에 1회 정도 보충전한다.

🔍 축전지는 과방전되면 사용할 수 없게 되므로 사용하지 않은 축전지도 2주에 1회 정도 보충전해야 한다.

12 축전지 음극판(negative plate)의 주성분은?

① 염화납($PbCl_2$)
② 황산납($PbSO_4$)
③ 과산화납(PbO_2)
④ 해면상납(Pb)

🔍 납산 축전지의 양극판은 과산화납, 음극판은 해면상납을 사용하고 전해액은 묽은황산을 사용한다.

정답 [1. 시동장치 구조와 기능] 01 ③ 02 ② 03 ① 04 ④ 05 ③ 06 ④

정답 07 ② 08 ③ 09 ① 10 ① 11 ① 12 ④

13 축전지를 충전할 때 주의사항으로 맞지 않는 것은?

① 충전 시 전해액 주입구 마개는 모두 닫는다.
② 축전지는 사용하지 않아도 1개월 2회 보충전을 한다.
③ 축전지가 단락하여 불꽃이 발생하지 않게 한다.
④ 과충전하지 않는다.

🔍 축전지 충전 시 전해액 및 증류수 보충을 위한 마개인 각 셀의 벤트 플러그는 모두 열어 두어야 한다.

14 배터리(battery)의 과충전으로 전해액이 부족할 경우 보충해야 될 것은?

① 황산 용액　　　　　② 탄산나트륨 용액
③ 에틸알코올 용액　　④ 증류수

🔍 전해액이 부족할 경우 증류수를 극판 위로부터 10~13mm 정도 보충한다.

15 배터리를 충전할 때 배터리 내에 수소가스가 발생되는데 그 성질은 어떠한가?

① 중성가스　　　　　② 소화가스
③ 불연성가스　　　　④ 가연성가스

🔍 충전 중인 축전지 근처에 불꽃을 가까이해서는 안 되는데 이는 가연성의 수소가스가 발생하기 때문이다.

16 전해액을 만들 때는 반드시 해야 할 일은?

① 황산을 물에 부어야 한다.
② 물을 황산에 부어야 한다.
③ 철제의 용기를 사용한다.
④ 황산을 가열하여야 한다.

🔍 전해액을 만들 때는 반드시 질그릇이나 고무그릇과 같은 절연체의 용기를 사용하여 물(증류수)에 황산을 부어서 혼합하도록 한다. 이때 혼합비율은 물 60%와 황산 40%가 적당하다.

17 건설기계에서 많이 사용하는 축전지는?

① 납산 축전지이다.　　② 알칼리 축전지이다.
③ 분젠 전지이다.　　　④ 건전지이다.

🔍 건설기계에 주로 사용되는 축전지는 가격이 저렴한 납산 축전지이다.

18 축전지 커버에 묻은 전해액을 세척하기 위해서는 어느 것이 가장 좋은가?

① 비눗물　　　　　　② 걸레
③ 물　　　　　　　　④ 베이킹소다

🔍 축전지의 전해액이 묽은황산이므로 소다를 사용하여 중화시킨다.

19 축전지 케이스와 커버 세척에 가장 알맞은 것은?

① 솔벤트와 물　　　　② 소금과 물
③ 소다와 물　　　　　④ 가솔린과 물

🔍 축전지 커버와 케이스 청소는 탄산소다(탄산나트륨)와 물 또는 암모니아수로 한다.

20 축전지의 용량은 어떻게 결정되는가?

① 극판의 크기, 극판의 수 및 황산의 양에 의해 결정된다.
② 전해액의 비중, 셀의 수에 따라 결정된다.
③ 극판의 수, 셀의 수 및 발전기의 충전 능력에 따라 결정된다.
④ 극판의 수와 발전기의 충전 능력에 따라 결정된다.

🔍 축전지 용량의 크기를 결정하는 요소는 극판의 크기(또는 면적), 극판의 수, 전해액의 양 등이 있다.

21 12V 축전지의 구성은?

① 6개의 셀이 병렬로 접속되었다.
② 6개의 셀이 직렬로 접속되었다.
③ 6개의 셀이 직·병렬로 접속되었다.
④ 3개는 직렬, 나머지 3개는 병렬로 되었다.

🔍 축전지를 직렬로 연결하면 전압은 배가되고, 용량은 같다. 따라서, 6개의 셀이 직렬로 연결되면 전압이 12V인 축전지를 구성할 수 있다.

22 같은 축전지를 병렬로 접속하면?

① 전압은 개수배가 되고 용량은 1개 때와 같다.
② 전압은 1개 때와 같고 용량은 개수배가 된다.
③ 전압과 용량은 변화 없다.
④ 전압과 용량 모두 개수배가 된다.

🔍 직렬로 연결하면 전압이 배가되고, 병렬로 연결하면 용량이 배가 된다.

23 축전지 용량의 단위는?

① WS　　　　　　　② Ah
③ V　　　　　　　　④ A

🔍 축전지의 용량은 "일정 방전전류(A) × 방전 종지전압까지의 연속방전시간(h)"으로 나타내며, 암페어시(Ah)라고 읽는다.

24 다음은 축전지 터미널의 식별법이다. 관계없는 것은?

① 크기로 표시한다.
② (+), (−)의 문자로 표시한다.
③ 색깔로 표시한다.
④ 모양을 달리하여 표시한다.

🔍 축전지 터미널(단자 기둥)의 식별
　•양극은 (+), 음극은 (−)의 부호로 구분한다.
　•양극은 적색, 음극은 흑색으로 구분한다.
　•양극은 지름이 굵고, 음극은 가늘다.
　•양극은 POS, 음극은 NEG의 문자로 구분한다.
　•부식물이 많은 쪽이 양극이다.

25 축전지 터미널에 녹이 슬었을 때의 조치 요령은?

① 물걸레로 닦아낸다.
② 뜨거운 물로 닦고 소량의 그리스를 바른다.
③ 터미널을 신품으로 교환한다.
④ 아무런 조치를 하지 않아도 무방하다.

🔍 단자기둥(터미널)이 부식되었을 경우는 뜨거운 물로 깨끗이 닦아 내고 그리스를 얇게 발라준다.

26 장비에 사용되는 12V 축전지를 전압계를 사용하여 측정하려 할 때 몇 볼트(V) 이하이면 완전방전되었다고 보는가?

① 8.4V　　　　　　　② 9.6V
③ 10.5V　　　　　　④ 12.0V

🔍 셀당 방전 종지전압이 1.75V이므로, 6셀로 구성되는 12V 축전지의 완전 방전값은 6셀 × 1.75V = 10.5V이다.

정답　13 ①　14 ④　15 ④　16 ①　17 ①　18 ④　19 ③　20 ①

정답　21 ②　22 ②　23 ②　24 ④　25 ②　26 ③

27 다음 중 배터리의 충전상태를 측정할 수 있는 게이지는?

① 그라울러 테스터　② 압력계
③ 비중계　④ 멀티 테스터

> 전해액의 비중은 방전량에 비례하여 저하된다. 따라서, 배터리의 충전상태는 비중계로 측정할 수 있다.

28 축전지는 얼마간의 간격으로 충전하는가(단, 보관시)?

① 7일　② 15일
③ 60일　④ 30일

> 사용하지 않고 보관 중인 축전지는 15일에 한 번씩 보충전을 하여야 한다.

29 축전지 케이블을 떼어낼 때 바른 작업 방법은?

① 아무거나 먼저 떼어내도 무방하다.
② 두 케이블을 동시에 떼어낸다.
③ 접지 터미널을 먼저 떼어낸다.
④ (+)극 케이블을 먼저 떼어낸다.

> 축전지 단자 기둥으로부터 케이블을 분리할 경우 반드시 접지 단자의 케이블을 먼저 분리하고, 설치할 경우에는 나중에 연결하여야 한다.

30 축전지 격리판의 요구조건이 아닌 것은?

① 다공성일 것　② 기계적 강도가 있을 것
③ 전도성일 것　④ 전해액 확산이 잘 될 것

> 격리판의 구비조건
> • 비전도성일 것　• 다공성일 것
> • 전해액의 확산이 잘 될 것　• 기계적 강도가 있을 것

31 건설기계에서 기관 시동에 사용되는 기동전동기는?

① 직류 직권식　② 직류 분권식
③ 교류 직권식　④ 교류 복권식

> 직류전동기에는 전기자코일과 계자코일의 연결 방법에 따라 직권식, 분권식, 복권식 전동기로 분류하며, 건설기계에서는 축전지를 전원으로 하는 직류 직권식전동기를 사용하고 있다.

32 전동기의 기본원리는 어느 법칙에 해당되는가?

① 플레밍의 왼손법칙　② 렌쯔의 법칙
③ 오른나사의 법칙　④ 키르히호프의 법칙

> 기동전동기는 플레밍의 왼손법칙을 응용한 것이다.

33 기동전동기에서 회전하는 부분은?

① 계자코일　② 계철
③ 전기자　④ 솔레노이드

> 정류자에서 전기를 공급받아 전기자(아마추어)가 회전한다. 계자코일, 계철, 솔레노이드는 기동전동기 몸체에 있다.

34 기동전동기의 충분한 기동 출력을 얻으려면 기동전동기 회로 상태는?

① 회로에 저항이 많아야 한다.
② 회로에 저항이 적어야 한다.
③ 회로에 접속부를 용접한다.
④ 회로를 3선식으로 하여야 한다.

> 기동전동기의 회전력은 계자철심의 자력과 전기자에 흐르는 전류와의 곱에 비례한다. 따라서, 저항이 적어야 충분한 기동 출력을 얻을 수 있다.

35 직권식 기동전동기의 전기자코일과 계자코일은?

① 각각(혼형)의 단자에 연결되어 있다.
② 병렬로 연결되어 있다.
③ 직렬, 병렬로 연결되어 있다.
④ 직렬로 연결되어 있다.

> 직권식은 전기자코일과 계자코일이 직렬로 접속되어 있으며, 분권식은 병렬, 복권식은 직·병렬로 연결되어 있다.

36 시동모터의 마그넷 스위치는?

① 전자석으로 작동하는 시동모터용 스위치이다.
② 시동모터의 전류 조절기이다.
③ 시동모터의 전압 조절기이다.
④ 시동모터와는 관계없는 것이다.

> 마그넷 스위치를 솔레노이드 스위치라고도 부르며 전자력으로 작동하는 기동전동기용 스위치이다.

37 기동전동기의 전압 24V, 출력 5.5kW 일 경우 최대 전류는 몇 A인가?

① 30A　② 20A
③ 229A　④ 502A

> 전류 = $\frac{출력}{전압}$ = $\frac{5500}{24}$ = 229[A]　(∵ 5.5kW = 5500W)

38 엔진이 기동되었을 때 시동 스위치를 계속 ON 위치로 할 때 미치는 영향으로 맞는 것은?

① 시동 전동기의 수명이 단축된다.
② 캠이 마멸된다.
③ 클러치 디스크가 마멸된다.
④ 크랭크 축 저널이 마멸된다.

> 엔진이 기동되었음에도 시동 스위치를 계속 ON 위치로 하면 시동 전동기의 수명이 단축된다.

39 기동 모터가 작동이 안 되는 원인이다. 틀린 것은?

① 배터리의 출력 저하
② 회로 스위치에 결함
③ 솔레노이드의 결함
④ 팬 벨트의 간극이 느슨함

> 기동전동기가 회전하지 않는 원인
> • 기동 스위치 접촉 및 배선 불량
> • 계자코일 손상
> • 브러시가 정류자에 밀착 불량
> • 축전지 전압이 낮음
> • 전기자 코일 단선

40 전기자코일이 자주 단선되는 이유는?

① 과대한 속도 회전
② 과도한 토크의 발생
③ 불충분한 윤활
④ 과대한 전류의 흐름

> 전기자코일은 큰 전류가 흐르기 때문에 단면적이 큰 평각선이 사용된다.

정답　27 ③　28 ②　29 ③　30 ③　31 ①　32 ①　33 ③　34 ②

정답　35 ④　36 ①　37 ③　38 ①　39 ④　40 ④

Lesson 02 충전장치 구조와 기능 <<<<<

01 다음은 발전기에 대한 설명이다. 틀린 것은 어느 것인가?

① 직류 발전기 전기자에서 나오는 전류는 교류이다.
② 발전기와 관계있는 법칙은 플레밍의 오른손 법칙이다.
③ 직류 발전기는 직권식으로 회전수가 일정하다.
④ 교류 발전기의 정류기는 다이오드로 교류를 직류로 바꾼다.

🔍 직류(DC) 발전기는 계자로 출력을 제어하기 때문에 전기자코일과 계자코일이 병렬로 결선된 분권식을 사용한다. 참고로 직권식은 부하변동에 따른 단자전압의 변동이 심하기 때문에 발전기로 사용되지 않는다.

02 직류 발전기 조정기의 3유닛에 속하지 않는 것은 어느 것인가?

① 컷아웃 릴레이   ② 전류조정기
③ 솔레노이드 조정기   ④ 전압조정기

🔍 직류(DC) 발전기 조정기는 컷아웃 릴레이, 전압조정기, 전류조정기의 3유닛으로 되어있다.

03 모든 발전기 조정기가 공통으로 가지고 있는 단자는?

① 전압조정기   ② 전류조정기
③ 컷아웃 릴레이   ④ 전력조정기

🔍 직류 발전기 조정기는 컷아웃 릴레이, 전압조정기, 전류조정기의 3유닛으로 되어있으며, 교류 발전기 조정기는 전압조정만 필요하다.

04 다음 중 교류 발전기의 정류기로 사용되는 것은?

① 셀렌 정류기   ② 마그네틱 정류기
③ 실리콘 다이오드   ④ 벌브 정류기

🔍 교류(AC) 발전기의 정류기는 스테이터 코일에서 발생한 교류를 직류로 정류하여 외부로 공급하는 것으로 실리콘 다이오드를 사용한다.

05 DC 발전기에서 전류가 흐를 때의 전자석이 되는 것은?

① 전기자   ② 계자철심
③ 계자코일   ④ 전기자코일

🔍 직류(DC) 발전기에서 계자철심은 계자코일에 전류가 흐르면 각각 강력한 전자석으로 되어 N극과 S극을 형성한다.

06 직류 발전기에서 전류가 발생되는 곳은?

① 로터   ② 스테이터
③ 아마추어   ④ 정류자

🔍 직류(DC) 발전기의 전기자(아마추어)는 계자 내에서 회전하면서 전류를 발생시키는 곳이다.

07 직류 발전기에서 교류를 직류로 바꾸어 주는 것은?

① 정류자와 브러시   ② 실리콘 다이오드
③ 아마추어 코일   ④ 필드 코일

🔍 직류(DC) 발전기에서 브러시는 정류자와 접촉하여 전기자에서 발생한 교류를 직류로 정류하여 외부로 공급하는 일을 한다.

08 AC 발전기에서 다이오드의 역할은?

① 여자 전류를 조정하고 역류를 방지한다.
② 전류를 조정한다.
③ 교류를 정류하고 역류를 방지한다.
④ 전압을 조정한다.

🔍 교류(AC) 발전기에서는 실리콘 다이오드를 정류기로 사용하며, 이 정류기는 스테이터 코일에서 발생한 교류를 직류로 정류하여 외부로 공급하고, 축전지에서 발전기로 전류가 역류하는 것을 방지한다.

09 DC 발전기 조정기의 컷 아웃 릴레이의 작용은?

① 전압을 조정한다.
② 전류를 제한한다.
③ 전류가 역류하는 것을 방지한다.
④ 교류를 정류한다.

🔍 직류(DC) 발전기 조정기의 유닛 중 하나인 컷아웃 릴레이는 발전기가 정지되어 있거나 발생 전압이 낮을 때 축전지에서 발전기로 전류가 역류하는 것을 방지하는 장치이다.

10 엔진 시동 후 충전 램프에 계속 불이 켜져 있을 때는?

① 전기계통에 이상이 있다.
② 엔진 출력이 부족한 것이다.
③ 연료가 충분하지 않은 것이다.
④ 엔진 오일이 부족하다.

🔍 엔진이 정상 작동 중에 축전지를 중심으로 한 충전 계통에 이상이 있으면 점등되어 경고한다.

11 건설기계의 AC 발전기에서 전류를 발생하는 곳은?

① 다이오드   ② 로터
③ 스테이터   ④ 전기자

🔍 교류(AC) 발전기에서는 스테이터, 직류(DC) 발전기에서는 전기자(아마추어)에서 전류를 발생시킨다.

12 직류 발전기의 전기자코일과 계자코일은?

① 제3브러시와 연결되어 있다.
② 직렬로 연결되어 있다.
③ 병렬로 연결되어 있다.
④ 직 · 병렬로 연결되어 있다.

🔍 직류(DC) 발전기는 계자로 출력을 제어하기 때문에 전기자코일과 계자코일이 병렬로 분산된 분권식을 사용한다.

13 다음에서 중기용 AC 발전기의 정류기로 사용되는 것은 어느 것인가?

① 마이카 정류기   ② 셀렌 정류기
③ 텅어 벌브 정류기   ④ 실리콘 다이오드

🔍 교류(AC) 발전기의 정류기는 스테이터 코일에서 발생한 교류를 직류로 정류하여 외부로 공급하는 것으로 실리콘 다이오드를 사용한다.

14 AC 발전기의 출력은 무엇을 변화시켜 조정하는가?

① 발전기의 회전속도   ② 축전지 전압
③ 로터 전류   ④ 스테이터 전류

🔍 교류(AC) 발전기의 로터는 직류 발전기의 계자코일과 철심에 해당하며 자극을 형성한다.

정답 [2. 충전장치 구조와 기능] 01 ③ 02 ③ 03 ① 04 ③ 05 ② 06 ③ 07 ①

정답 08 ③ 09 ③ 10 ① 11 ③ 12 ③ 13 ④ 14 ③

15 일반적으로 교류 발전기 내의 다이오드는 몇 개인가?

① 3개 ② 6개
③ 7개 ④ 8개

🔍 일반적으로 교류(AC) 발전기의 정류기로 사용되는 실리콘 다이오드는 (+) 쪽에 3개, (-) 쪽에 3개씩 6개를 두며, 최근에는 여자 다이오드를 3개 더 두고 있기도 하다.

16 교류(AC) 발전기에 대한 설명 중 틀린 것은 어느 것인가?

① 다이오드는 교류를 정류하고 역류를 방지한다.
② 저속 회전 시에도 충전이 가능하고 출력이 크다.
③ 플레밍의 왼손법칙과 관계가 있다.
④ 스테이터는 고정되어 있으며 전류가 나오는 곳이다.

🔍 발전기는 플레밍의 오른손 법칙과 관계가 있다.

17 건설기계의 충전장치는 주로 어떤 발전기를 사용하고 있는가?

① 직류 발전기
② 단상 교류 발전기
③ 3상 교류 발전기
④ 와전류 발전기

🔍 건설기계는 주로 3상 교류 발전기를 사용한다. 3상 교류 발전기는 단상 교류 3개를 조합한 것으로 권수가 같은 3개의 코일을 120°간격으로 두고 철심을 감은 후 자석을 일정 속도로 회전시켜 각 코일에 기전력을 발생시킨다.

18 교류 발전기 부품이다. 관련 없는 부품은?

① 다이오드
② 슬립링
③ 스테이터코일
④ 전류조정기

🔍 교류(AC) 발전기는 고정부인 스테이터(고정자)와 회전하는 부분인 로터(회전자), 로터의 양 끝을 지지하는 엔드 프레임과 스테이터 코일에서 유기된 교류를 정류하는 실리콘 다이오드로 구성되어 있다. 슬립링은 로터의 구성품이다.

19 다음 중 AC 발전기와 관계가 없는 것은?

① 다이오드
② 전압조정기
③ 컷아웃 릴레이
④ 전압릴레이

🔍 컷아웃 릴레이는 직류(DC) 발전기 조정기의 3유닛 중 하나로 교류(AC) 발전기 조정기에는 불필요하다.

20 직류 발전기와 비교한 교류 발전기의 특징으로 틀린 것은?

① 소형, 경량이다.
② 브러시의 수명이 길다.
③ 전류조정기가 필요하다.
④ 저속 시에도 충전이 가능하다.

🔍 교류(AC) 발전기의 특징
• 저속에서도 충전이 가능하다.
• 회전 부분에 정류자가 없어 허용 회전속도가 한계가 높다.
• 실리콘 다이오드로 정류하기 때문에 전기적 용량이 크다.
• 소형 경량이며, 브러시 수명이 길다.
• 전압 조정만 필요하다.

Lesson 03 등화 및 계기장치 구조와 기능

01 조명에 관련된 용어의 설명으로 틀린 것은?

① 광도의 단위는 캔들이다.
② 피조면의 밝기는 조도이다.
③ 빛의 세기는 광도이다.
④ 조도의 단위는 루멘이다.

🔍 조도는 빛을 받는 면의 밝기를 말하며, 단위는 룩스(lux) 기호는 Lx 이다.

02 건설기계에 사용되는 전조등에 대한 설명으로 틀린 것은?

① 좌·우에 각각 1개씩 설치되어 있어야 한다.
② 등광색은 양쪽이 동일하여야 하며 적색이어야 한다.
③ 1등 당 광도는 2등식의 경우 15,000cd, 4등식의 경우 12,000cd 이상이어야 한다.
④ 등화는 파손 등의 손상이 없고 점등 상태가 양호해야 한다.

🔍 등광색은 양쪽이 동일하여야 하며 흰색이어야 한다.

03 실드빔식 전조등에 대한 설명으로 맞지 않는 것은?

① 대기조건에 따라 반사경이 흐려지지 않는다.
② 내부에 불활성 가스가 들어있다.
③ 필라멘트를 갈아 끼울 수 있다.
④ 사용에 따른 광도의 변화가 적다.

🔍 실드빔식은 반사경, 렌즈, 필라멘트가 일체로 된 형식으로 필라멘트가 끊어지면 렌즈나 반사경에 이상이 없더라도 전조등 전체를 교환하여야 한다.

04 전조등의 좌우 램프간 회로에 대한 설명으로 맞는 것은?

① 직렬로 되어 있다.
② 직렬 또는 병렬로 되어 있다.
③ 병렬로 되어 있다.
④ 병렬과 직렬로 되어 있다.

🔍 전조등 회로는 퓨즈, 라이트 스위치, 디머 스위치 등으로 구성되어 있으며, 양쪽의 전조등은 하이빔과 로우빔 별로 병렬 접속되어 있다.

05 야간 작업시 헤드라이트가 한쪽만 점등되었다. 고장 원인으로 가장 거리가 먼 것은(단, 헤드램프 퓨즈가 좌·우측으로 구성됨)?

① 헤드라이트 스위치 불량
② 전구접지 불량
③ 회로의 퓨즈 단선
④ 전구 불량

🔍 전조등이 한쪽만 점등되는 경우의 원인
• 전구의 접지 불량
• 한쪽 회로의 퓨즈 단선
• 전구 불량

06 건설기계의 전조등 성능을 유지하기 위하여 가장 좋은 방법은?

① 축전지와 직결시킨다.
② 복선식으로 한다.
③ 굵은 선으로 갈아 끼운다.
④ 단선으로 한다.

정답 15 ② 16 ③ 17 ③ 18 ④ 19 ③ 20 ③

정답 [3. 등화 및 계기장치 구조와 기능] 01 ④ 02 ② 03 ③ 04 ③ 05 ① 06 ②

🔍 복선식은 접지 쪽에도 전선을 사용하는 방식으로 전조등과 같이 큰 전류가 흐르는 회로에서 사용한다.

07 전조등의 필라멘트가 끊어진 경우 렌즈나 반사경에 이상이 없어도 전조등 전부를 교환하여야 하는 형식은?

① 전구형
② 분리형
③ 세미실드빔형
④ 실드빔형

🔍 **실드빔형 전조등**
• 렌즈, 반사경 및 필라멘트가 일체로 된 형식이다.
• 내부에 불활성 가스가 들어 있다.
• 반사경이 흐려지는 일이 없다.
• 광도의 변화가 적다.
• 필라멘트가 끊어지면 렌즈나 반사경에 이상이 없어도 전조등 전체를 교환하여야 한다.

08 헤드라이트에서 세미실드빔형은?

① 렌즈와 반사경을 분리하여 제작한 것
② 렌즈, 반사경 및 전구를 분리하여 교환이 가능한 것
③ 렌즈, 반사경 및 전구가 일체인 것
④ 렌즈와 반사경은 일체이고, 전구는 교환이 가능한 것

🔍 **세미실드빔형 전조등**
• 렌즈와 반사경은 일체형이지만 전구는 별도로 설치한 것이다.
• 공기 유통이 있어 반사경이 흐려질 수 있다.
• 전구만 따로 교환할 수 있다.
• 할로겐 전구가 많이 활용되고 있다.

09 세미실드빔 형식을 사용하는 건설기계 장비에서 전조등이 점등되지 않을 때 가장 올바른 조치 방법은?

① 렌즈를 교환한다.
② 반사경을 교환한다.
③ 전구를 교환한다.
④ 전조등을 교환한다.

🔍 세미실드빔형은 전구만 교환할 수 있다.

10 현재 널리 사용되는 할로겐 램프에 대하여 운전사 두 사람(A, B)이 서로 주장하고 있다. 다음 중 어느 운전자의 말이 옳은가?

> 운전자 A : 실드빔형이다.
> 운전자 B : 세미실드빔형이다.

① A가 맞다.
② B가 맞다.
③ A, B 모두 맞다.
④ A, B 둘 다 틀리다.

🔍 현재 널리 사용되는 할로겐 램프는 렌즈와 반사경이 일체이고, 전구는 교환이 가능한 세미실드빔형이다.

11 건설기계의 좌 · 우회전을 표시하는 방향지시등의 광도 기준으로 옳은 것은?

① 30cd 이상, 750cd 이하
② 50cd 이상, 750cd 이하
③ 50cd 이상, 1050cd 이하
④ 30cd 이상, 1050cd 이하

🔍 건설기계의 좌 · 우회전을 표시하는 방향지시등의 광도는 50cd 이상, 1050cd 이하이어야 한다.

12 건설기계 방향지시등의 구성과 조건에 대한 설명으로 틀린 것은?

① 건설기계 중심에 대해 좌 · 우 대칭일 것
② 건설기계 너비의 50% 이상 간격을 두고 설치되어 있을 것
③ 점멸 주기는 매분 60회 이상 120회 이하일 것
④ 등광색은 흰색 또는 녹색일 것

🔍 **방향지시등의 구성과 조건**
• 방향지시등은 건설기계 중심에 대해 좌 · 우 대칭일 것
• 설치위치, 투영면적 및 유효조광 면적을 기준에 적정할 것
• 건설기계 너비의 50% 이상 간격을 두고 설치되어 있을 것
• 점멸 주기는 매분 60회 이상 120회 이하일 것
• 등광색은 노란색 또는 호박색일 것
• 파손 등의 손상이 없을 것
• 방향지시등은 견고하게 부착되어 있을 것

13 방향지시등 스위치를 작동시 한 쪽은 정상이고, 다른 한쪽은 점멸 작용이 정상과 다르게(빠르게 또는 느리게) 작동한다. 고장 원인이 아닌 것은?

① 좌측 램프 교체시 규정용량의 전구를 사용하 지 않았을 때
② 전구 1개가 단선되었을 때
③ 한쪽 전구 소켓에 녹이 발생하여 전압 강하가 있을 때
④ 플래셔 유닛 고장

🔍 방향지시등의 한쪽이 접촉 불량이거나 전구가 불량하면 전압강하가 발생하여 다른 쪽으로 많은 전류가 흘러가고 점멸이 빨라지게 된다.

14 방향지시등의 한쪽 등 점멸이 빠르게 작동하고 있을 때 가장 먼저 점검하여야 할 곳은?

① 플래셔 유닛
② 콤비네이션 스위치
③ 전구(램프)
④ 배터리

🔍 방향지시등의 한쪽 등 점멸이 빠르게 작동하고 있다면 전구의 접촉 상태나 불량 여부를 먼저 점검하도록 한다.

15 건설기계가 후진할 때 점등되는 후진등은 후방 몇 미터를 비출 수 있어야 하는가?

① 75m
② 45m
③ 25m
④ 15m

🔍 후진등은 건설기계가 후진할 때 점등되는 것으로 후방 75m를 비출 수 있어야 한다.

16 건설기계의 제동등과 후진등에 대한 설명으로 틀린 것은?

① 제동등의 등광색은 붉은색이어야 한다.
② 후진등은 4개 이상 설치되어야 한다.
③ 후진등의 등광색은 흰색 또는 노란색이어야 한다.
④ 제동등 및 후진등의 1등당 광도는 40cd 이상, 420cd 이하이다.

🔍 후진등은 2개 이하 설치되어 있어야 한다.

17 건설기계 제동등에 대한 설명으로 틀린 것은?

① 등광색은 붉은색일 것
② 제동 조작을 하는 동안 지속적으로 점등 상태가 유지될 수 있어야 한다.
③ 다른 등화와 겸용 시 광도가 2배 이상 증가할 것
④ 등화의 설치 높이는 지상 35cm 이상, 200cm 이하일 것

🔍 제동등은 다른 등화와 겸용 시 광도가 3배 이상 증가할 것

정답 07 ④ 08 ④ 09 ③ 10 ② 11 ③

정답 12 ④ 13 ④ 14 ③ 15 ① 16 ② 17 ③

18 다음 중 냉각수 온도계에 관한 설명으로 적합하지 않은 것은?

① 엔진 냉각수 온도를 표시한다.
② 운전 시에는 지침이 작동 범위 내에 있는 것이 정상이다.
③ 시동 시에는 지침이 작동 범위 내에 올 때까지 저속 공회전시킨다.
④ 지침이 적색 영역에 오면 엔진을 고속으로 공회전시킨다.

> 지침이 적색 영역에 오면 엔진을 저속으로 5분간 공회전시킨 후 시동을 끄고 라디에이터와 엔진을 점검하여야 한다.

19 건설기계의 계기장치에 대한 설명으로 틀린 것은?

① 속도계는 장비의 속도를 km/h와 mph로 표시한다.
② 연료계의 지침이 F를 지시하면 연료를 보충한다.
③ 트랜스미션 오일 온도계의 지침이 적색 영역에 오면 과열 상태이다.
④ 엔진 냉각수 온도계의 적색 영역은 냉각수 온도가 104℃를 초과하였음을 의미한다.

> 연료계는 연료의 잔량을 표시하며, 지침이 E를 지시하면 연료를 보충한다.

20 건설기계 작업 중 계기판의 정보가 다음과 같았다. 조치해야 할 사항은?

① 냉각수를 보충한다.
② 연료를 보충한다.
③ 시동을 끄고 냉각계통을 점검한다.
④ 작업을 멈추고 일일점검을 실시한다.

> 그림의 계기판 정보는 연료량을 표시하는 것으로 연료가 부족한 상태이므로 연료를 보충하여야 한다.

21 다음 중 건설기계의 엔진이 비정상 작동 시에 점등되는 엔진점검 경고등은?

①   ②

③   ④

> ① 엔진점검 경고등, ② 엔진오일 압력표시등, ③ 엔진예열 표시등, ④ 배터리 충전 경고등

22 건설기계 작업 중 다음과 같은 경고등이 점등되었다. 조치 사항으로 옳은 것은?

① 정상적인 점등이므로 계속 작업한다.
② 시동을 끈 후 엔진 오일 레벨을 점검하고 조치한다.
③ 엔진을 정지하고 원인을 해결할 때까지 장비 운전을 금지한다.
④ 충전회로를 점검하고 조치한다.

> 보기는 브레이크 고장 경고등으로 주행 브레이크의 오일 압력이 정상 운전 영역 이하로 되면 점등된다. 이 램프가 점등되면 엔진을 정지하고 원인을 점검하여야 하며, 원인을 찾아 수리할 때까지 장비 운전을 금지하도록 한다.

23 퓨즈는 회로 속에 어떻게 설치되는가?

① 병렬
② 직렬
③ 직·병렬
④ 혼선

> 퓨즈는 회로에 과도한 전류가 흐를 때 내부의 금속 부품이 녹아 끊어져 개방회로를 만듦으로써 회로를 보호하는 장치로 회로 내에서 직렬로 설치된다.

24 퓨즈의 재료 중 맞는 것은?

① 주석, 납, 창연, 카드뮴의 합금
② 주석, 구리, 크롬, 알루미늄의 합금
③ 주석, 납, 구리, 아연, 철의 합금
④ 주석, 카드뮴, 아연, 구리의 합금

> 퓨즈는 주석(Sn), 납(Pb), 창연(Bi, 비스무트), 카드뮴(Cd)의 합금으로 만들어진다.

25 전조등 점검 결과 퓨즈를 교환하려 한다. 전원은 24V이고, 전조등은 60W×2이다. 얼마 이상의 퓨즈를 사용하여야 하는가?(단, 안전율은 20%이다)

① 5A 이상
② 3A 이상
③ 4A 이상
④ 6A 이상

> 퓨즈용량 = $\frac{전력}{전압} \times 안전계수$
> ∴ $\frac{60+60}{24} \times 1.2 = 6[A]$

유압일반

Craftsman Excavating Machine Operator

Lesson 01 유압의 기초

1 유체의 성질

1) 파스칼의 원리

① 밀폐된 용기 중에서 정지되어 있는 유체의 일부에 가해진 압력은 유체의 모든 부분에 그대로의 세기로 전달되어 진다.

② 즉, 밀폐된 용기 중에 액체를 충만시키고 상부로부터 힘 F를 가할 때 피스톤의 단면적을 A라고 하면, 액체에 가해지는 압력 P는 다음과 같다.

$$P = \frac{F}{A}$$

2) 유압의 전달

① 각 점에 작용하는 압력은 모든 방향이 같다.

② 액체는 작용력을 감소시킬 수 있다.

③ 단면적을 변화시키면 힘을 증대시킬 수 있다.

④ 액체는 운동을 전달할 수 있다.

⑤ 공기는 압축되나 오일은 압축되지 않는다.

⑥ 유체의 압력은 면에 대해서 직각으로 작용한다.

3) 압력의 단위

① 압력의 단위는 공학에서는 일반적으로 공학기압으로서 kgf/cm²가 쓰이며, 표준기압(atm)이라 하여 수은주 760mm에 상당하는 압력 또는 바(bar) 및 밀리바(mbar) 등이 있다.

② 1atm(표준기압) = 760mmHg = 1.0332kgf/cm² = 1,013.25mbar = 1.01325bar

③ 1at(공학기압) = 1kgf/cm² = 735.56mmHg = 0.9678atm = 980.665mbar = 0.980665bar

4) 유량제어 밸브에 의한 회로의 종류

① **미터인 회로(meter-in circuit)** : 유량제어 밸브를 실린더의 입구 측에 설치한 회로로서, 이 밸브가 압력 보상형이면 실린더 속도는 펌프 송출량에 무관하고 일정하다.

② **미터아웃 회로(meter-out circuit)** : 유량제어 밸브를 실린더의 출구 측에 설치한 회로로서 실린더에서 유출되는 유량을 제어하여 피스톤 속도를 제어하는 회로이다. 이 경우 펌프의 송출압력은 유량제어 밸브에 의한 배압과 부하저항에 따라 정해진다.

③ **블리드오프 회로(bleed off circuit)** : 실린더 입구의 분기 회로에 유량제어 밸브를 설치하여 실린더 입구 측의 불필요한 유압유를 배출시켜 작동 효율을 증진시킨 회로이다.

---

2 유압장치의 장점 및 단점

1) 유압장치의 장점

① 적은 동력을 이용하여 큰 힘을 얻는다.

② 과부하의 염려가 없다.

③ 속도조절이 용이하며 무단변속이 가능하다.

④ 부하의 변동에 대해 안정하다.

⑤ 동력전달을 원활히 할 수 있다.

2) 유압장치의 단점

① 오일누설의 염려가 있다.

② 화재의 위험이 있다.

③ 온도변화에 의해 영향을 받기 쉽다.

④ 배관작업이 번잡하다.

⑤ 공기가 혼입되기 쉽다.

Lesson 02 유압 탱크와 유압 펌프

1 유압 탱크

1) 유압 탱크의 구조 및 종류

① 유압 탱크의 구조

㉮ 유압 탱크는 오일을 회로 내에 공급하거나 되돌아오는 오일을 저장하는 용기이다.

㉯ 흡입관 및 복귀관, 스트레이너, 유면계, 배플 플레이트(격판), 드레인 플러그, 에어 브리더(압력보상 기능을 주된 기능으로 하는 장치) 등으로 구성되어 있다.

[유압탱크의 구조]

② 유압 탱크의 종류
  ㉮ 개방형 : 탱크 안의 공기가 통기용 필터를 통해 대기와 연결된 상태로 탱크의 오일이 자유표면을 유지하기 때문에 압력의 상승이나 저하를 피할 수 있는 형식이다.
  ㉯ 예압형 : 탱크 안이 완전히 밀폐되어 압축공기 또는 그 밖의 방법으로 언제나 일정한 압력을 가하는 형식으로 캐비테이션이나 기포 발생을 막을 수 있다.

2) 유압 탱크의 기능
  ① 유압회로 내의 필요한 유량 확보
  ② 오일의 기포발생 방지와 기포의 소멸
  ③ 작동유의 온도를 적정하게 유지

3) 유압 탱크와 구비조건
  ① 유면은 적정위치 "F"에 가깝게 유지하여야 한다.
  ② 정상적인 작동에서 발생한 열을 발산할 수 있어야 한다.
  ③ 공기 및 이물질을 오일로부터 분리할 수 있는 구조여야 한다.
  ④ 배유구와 유면계가 설치되어 있어야 한다.
  ⑤ 흡입관과 복귀관(리턴 파이프) 사이에 격판이 설치되어 있어야 한다.
  ⑥ 흡입 오일을 여과시키기 위한 스트레이너가 설치되어야 한다.
  ⑦ 탱크의 크기는 중력에 의하여 복귀하는 유압장치 내의 모든 작동유를 받아들일 수 있는 크기로 하여야 한다.(일반적으로 유압 토출량의 2~3배)

4) 탱크에 수분이 혼입되었을 때의 영향
  ① 공동현상이 발생된다.
  ② 작동유의 열화가 촉진된다.
  ③ 유압기기의 마모를 촉진시킨다.

2 유압 펌프

1) 유압 펌프의 개요
  ① 유압 펌프는 엔진의 기계적 에너지로 구동하여 유체의 압력 에너지로 변환시키는 유압 발생부의 핵심적인 역할을 하며, 펌프의 원리는 흡입구에 대기압보다 낮은 진공 부분이 생겨 그로 인해서 기름을 빨아올려 토출구로 내보내는 것이다.
  ② 유압 펌프는 크게 용적형 펌프와 비용적형 펌프로 구분한다. 비용적형 펌프에는 원심 펌프, 축류 펌프 등이 있으나, 토출 측 압력 변화에 따라 토출량이 크게 변화하므로 비용적형 펌프는 건설기계와 같이 고압용으로 사용하는 유압장치에는 부적합하다.
  ③ 일반적으로 건설기계에 사용되는 유압 펌프로는 기어 펌프, 베인 펌프, 피스톤 펌프가 있으며, 특히 고압을 필요로 하는 영역에서는 피스톤 펌프를 사용한다. 피스톤 펌프를 플런저 펌프(plunger pump)라고도 한다.

■ 유압 펌프의 종류

2) 외접기어 펌프
  ① 기어 펌프는 한 쌍의 기어(gear)와 이것을 내장하는 기어 케이스, 4개의 베어링(bearing), 기어의 측판 등이 주요 부품이다.
  ② 외접기어 펌프의 특징
    ㉮ 부품 수가 다른 펌프에 비해서 적다.
    ㉯ 고속 운전이 가능하다.
    ㉰ 기어의 정도, 치형을 적절히 선정하면 공동현상이나 이상 소음과 같은 장해 없이 70~80% 정도의 펌프 효율을 쉽게 얻을 수 있다.

3) 내접기어 펌프
  ① 펌프 중심이 회전 중으로 편심되어 바깥 기어와 접하여 회전하는 안쪽 기어와 초승달 모양의 스페이서로 구성된다.
  ② 내접기어 펌프의 특징
    ㉮ 소형 펌프의 제작에 사용된다.
    ㉯ 두 기어가 같은 방향으로 회전한다.
    ㉰ 바깥 기어와 접해서 회전하는 안쪽 기어와 스페이서로 구성되어 있다.

■ 용어의 정의
• 정용량형 모터 : 1회전마다의 이론 유입량이 변화되지 않는 유압 모터
• 가변용량형 모터 : 1회전마다의 이론 유입량이 변화되는 유압 모터

4) 베인 펌프
  ① 원통형 케이싱 안에 편심된 캠링(cam ring)과 로터(rotor, 회전자)가 들어 있으며, 로터에는 홈이 있고, 그 홈 속에는 판 모양의 베인(vane, 날개)이 삽입되어 자유로이 움직일 수 있게 되어 있다.
  ② 베인 펌프의 특징
    ㉮ 수명이 길고 장시간 안정된 성능을 발휘할 수 있어서 산업기계에 많이 쓰인다.
    ㉯ 소음 및 맥동이 작다.
    ㉰ 유지 및 보수가 용이하다.
    ㉱ 작게 만들 수 있어 피스톤 펌프보다 단가가 싸다.
    ㉲ 기름에 의한 오염에 주의하여야 하고 흡입 진공도가 허용 한도 이하이어야 한다.

5) 피스톤(플런저) 펌프

① 피스톤의 왕복운동에 의해 압력이 발생하고 고속 운전이 가능하여 비교적 소형으로도 고압, 고성능을 얻을 수 있는 펌프로 피스톤의 운동 방향에 따라 액시얼형(axial type)과 레이디얼형(radial type)으로 구분된다.

② 피스톤(플런저) 펌프의 특징

㉮ 고압에 적합하며 일반적으로 펌프 효율이 가장 높다.

㉯ 가변 용량형에 적합하며, 각종 토출량 제어장치가 있어서 목적 및 용도에 따라 조정할 수 있다.

㉰ 구조가 복잡하고 비싸다.

㉱ 기름의 오염에 극히 민감하다.

㉲ 흡입 능력이 가장 낮다.

▤ 유압펌프의 특성 비교

구분	기어 펌프(외접)	베인 펌프	피스톤 펌프
구조			
효율	일반적으로 낮다.	일반적으로 높다.	일반적으로 가장 높다.
흡입 능력	우수하다.	중간 정도이다.	가장 낮다.
크기	작고 가볍다.	작다.	일반적으로 크고 무겁다.
이송량 변화	정용량형	정용량형/가변용량형	가변용량형
비용	저렴하다.	상대적으로 저렴하다.	비싸다.

Lesson 03 유압 모터와 유압 실린더

1 유압 모터

1) 유압 모터의 장점 및 단점

① 유압 모터의 장점

㉮ 소형 경량으로서 큰 출력을 낼 수 있고 고속 차종에 적당하다.

㉯ 속도나 방향의 제어가 용이하여 릴리프 밸브를 달면 기구적 손상을 주지 않고 급속 정지를 시킬 수 있다.

㉰ 2개의 배관만을 사용해도 되므로 내폭성이 우수하다.

㉱ 최대 토크를 제한하려는 기계의 구동에 사용하면 편리하다.

㉲ 시동, 정지, 역전, 변속 등을 가변·토출 펌프에 의해서 간단히 제어할 수 있다.

② 유압 모터의 단점

㉮ 작동유 내에 먼지나 공기가 침입하지 않도록 주의해야 한다.

㉯ 작동유가 인화하기 쉬우므로 화재 염려가 있는 곳에서의 사용은 매우 위험하다.

㉰ 작동유의 점도 변화에 의해 유압 모터의 사용에 제한을 받는다.

2) 유압 모터의 종류와 특징

① 기어 모터

㉮ 작동 유체의 압력에 의한 힘이 기어의 이에 작용하여 회전 토크를 발생시키는 유압 액추에이터로 기어 펌프와 구조가 비슷하며, 압력 부하에 대한 보상 장치가 없다.

㉯ 설계가 간단하고 값이 싼 것이 특징이다.

② 베인 모터

㉮ 회전축과 함께 회전하는 로터에 부착된 베인이 유압유의 압력으로 토크를 발생시켜 회전운동을 얻는 유압 액추에이터이다.

㉯ 베인은 바깥 케이스와 접촉되어 운동하게 되므로 베인이 케이스에 잘 접촉되어 회전하도록 하는 장치가 필요하며, 이를 위하여 스프링을 사용한다.

③ 피스톤 모터

㉮ 고속, 고압이 필요한 유압장치에 사용되며, 펌프와 같이 액시얼형(axial type)과 레이디얼형(radial type)으로 구분된다.

㉯ 이동할 필요가 있는 차량 장비에서는 액시얼형(axial type) 모터가 많이 사용되고, 산업용에는 레이디얼형(radial type) 모터가 사용된다.

▤ 액추에이터(actuator)

액추에이터(actuator)는 유압의 에너지를 기계적 에너지로 변화시키는 장치로 유압의 에너지에 의해서 직선 왕복운동을 하는 유압 실린더와 유압의 에너지에 의해서 회전운동을 하는 유압 모터가 있다.

2 유압 실린더

1) 유압 실린더

유압 실린더는 작동유의 유체 에너지를 기계적 에너지로 변환시켜 직선운동의 기계적 일을 하게 하는 유압 기기를 말한다.

2) 유압 실린더의 종류

① 단동 실린더

㉮ 단동 실린더(single acting cylinder)에서는 피스톤측 면적으로만 유압이 작용하므로 부하에 대하여 한 방향으로만 일을 할 수 있게 된다.

㉯ 동작 원리는 유압유가 피스톤 측으로 흘러 들어가면 부하로 인하여 압력이 상승하게 되고 이 압력으로 인한 힘이 부하를 이기고 피스톤을 전진운동 시키게 된다. 후진운동 시에는 피스톤 측이 방향제어 밸브를 통하여 탱크와 연결된다.

㉰ 후진행정은 스프링이나 외력 또는 작은 지름의 보조 실린더에 의하여 이루어진다. 이러한 힘들은 실린더, 배관, 밸브 등의 마찰력 합보다 커야만 한다.

② 복동 실린더

㉮ 복동 실린더(double acting cylinder)는 피스톤 양측에 압력이 걸릴 수 있으며, 이에 따라 양쪽 방향으로 일을 할 수 있게 된다.

㉯ 유압유가 피스톤 측 면적으로 흘러 들어가서 피스톤에 압력을 가하게 되고 압력과 면적의 곱인 추력이 형성된다. 이 힘이 외력 및 마찰력을 극복하게 되면 피스톤 로드가 전진운동을 하게 된다.

㉰ 후진 작업의 경우도 마찬가지로 작동된다. 피스톤이 전진운동을 할 경우에는 피스톤 로드 측의 유압유가 탱크로 귀환되고, 후진운동 할 경우에는 피스톤 측의 유압유가 탱크로 귀환된다.

[유압 실린더의 종류]

Lesson 04 기타 부속장치

1 축압기(어큐뮬레이터, accumulator)

1) 축압기의 개요
고압의 유압유를 저장하는 용기로 필요에 따라 유압 시스템에 유압유를 공급하거나, 회로 내의 밸브를 갑자기 폐쇄할 때 발생되는 서지 압력을 방지할 목적으로 사용된다.

2) 축압기의 용도
① 대유량의 작동유를 순간적으로 공급한다.
② 유압 펌프의 맥동을 제거한다.
③ 충격 압력을 흡수한다.
④ 압력을 보상해 준다.

3) 축압기의 종류(가스 오일식)
① **피스톤형** : 실린더 내의 피스톤으로 기체실과 유체실을 구분한다.
② **블래더형(고무 주머니형)** : 본체 내부에 고무 주머니가 있어 기체실과 유체실을 구분한다.
③ **다이어프램형** : 본체 내부에 고무와 가죽의 막이 있어 기체실과 유체실을 구분한다.

2 이음 및 기타 장치

1) 이음(joint)
① **나사 이음(screw joint)** : 유압이 70kg/cm² 이하인 압송유 관로, 복귀 관로, 드레인 관로, 흡입 관로 등에서 저압용으로 사용된다.
② **용접 이음(welded joint)** : 관을 삽입하여 용접 접속하는 이음이다. 용접 작업이 완전하면 유밀성이 확실하므로 고압용의 관로용으로 사용된다.
③ **플랜지 이음(flange joint)** : 관의 끝을 플랜지에 삽입하여 용접하고 두 개의 플랜지를 볼트로 결합하는 이음인데 고압이나 저압에 상관없이 직경이 큰 관의 관로용으로서 확실한 작업을 할 수 있다.
④ **플레어 이음(flare joint)** : 관의 끝부분을 원추형의 펀치로 나팔형으로 펴서 원추 면에 슬리브와 너트로 조여 유밀성을 확실하게 한다.

2) 기타 장치 및 기기
① **증압기(booster)** : 저압 대용량의 작동유 또는 대량의 압축공기를 고압 소용량의 작동유로 변화시키는 장치로 단동 증압기와 복동 증압기가 있다.
② **필터** : 회로에 공급되는 작동유 내에 함유되어 있는 불순물을 여과하는 데 사용되는 부속기기이다.
③ **압력 스위치** : 유압회로 내의 압력 변화를 감지하여 전기적 신호를 내는 부속 기기로, 유압유에 의해 작동되는 기계적인 부분과 전기적 신호를 내는 마이크로 스위치로 구성된다.
④ **오일 실(seal)** : 각 오일 회로에서 오일이 외부로 누출되는 것을 방지한다.

Lesson 05 유압유 및 제어(컨트롤) 밸브

1 유압유

1) 유압유(작동유)의 필요성과 역할
① 작동유의 구비조건
  ㉮ 넓은 온도 범위에서 점도의 변화가 적어야 한다.
  ㉯ 점도 지수가 높아야 한다.
  ㉰ 산화에 대한 안정성이 있어야 한다.
  ㉱ 윤활성과 방청성이 있어야 한다.
  ㉲ 착화점이 높고 내부식성이어야 한다.
  ㉳ 적당한 점도, 즉 유동성을 가지고 있어야 한다.
  ㉴ 유막 끊임이 일어나기 어려워야 한다.
  ㉵ 물리적, 화학적인 변화가 없고 비압축성이어야 한다.
  ㉶ 유압장치에 사용되는 재료에 대하여 불활성이어야 한다.
  ㉷ 거품이 적고 실(seal) 재료와의 적합성이 좋아야 한다.
  ㉸ 물, 쓰레기 등의 불순물을 신속하게 분리할 수 있는 성질을 가져야 한다.
② 유압회로 내의 공기 영향
  ㉮ 실린더 숨돌리기 현상이 생긴다.
  ㉯ 유압유의 열화가 촉진된다.
  ㉰ 공동현상으로 소음발생, 온도상승, 포화상태가 된다.
③ 캐비테이션현상(공동현상)이 발생되었을 때의 영향
  ㉮ 체적효율이 저하된다.
  ㉯ 소음과 진동이 발생된다.
  ㉰ 저압부의 기포가 과포화 상태가 된다.
  ㉱ 기관 내에서 부분적으로 매우 높은 압력이 발생된다.
  ㉲ 급한 압력파가 형성된다.
  ㉳ 액추에이터의 효율이 저하된다.

2) 유압 작동유의 종류
① **석유계 유압유** : 윤활성과 방청성이 우수하여 일반 유압유로 많이 사용한다.
② **난연성 유압유**
  ㉮ 물-글리콜계 : 물과 글리콜이 주성분이다.
  ㉯ 유화계 : 석유계 유압유에 유화제에 의해 물이 혼합된다.

ⓓ 인산에스테르계 : 화학적으로 합성되었으며 패킹 및 호스를 침식한다.

3) 유압유 온도와 사용상 주의할 점

① 작동유의 온도
- ㉮ 난기 운전시 오일의 온도 : 30℃
- ㉯ 최고 허용 오일의 온도 : 80℃
- ㉰ 정상적인 오일의 온도 : 40~60℃
- ㉱ 열화되는 오일의 온도 : 80~100℃

② 현장에서 오일의 열화를 찾아내는 방법
- ㉮ 유압유 색깔의 변화나 수분 및 침전물의 유무를 확인한다.
- ㉯ 유압유를 흔들었을 때 거품이 발생되는가를 확인한다.
- ㉰ 유압유에서 자극적인 악취가 발생되는가를 확인한다.
- ㉱ 색채, 냄새, 점도 등 유압유의 외관으로 판정한다.

③ 유압유 온도가 상승(과열)하는 원인
- ㉮ 펌프의 효율이 불량할 때
- ㉯ 유압유의 노화가 있을 때
- ㉰ 오일 냉각기의 성능이 불량할 때
- ㉱ 탱크 내에 유압유가 부족할 때
- ㉲ 유압유의 점도가 불량할 때
- ㉳ 안전밸브의 작동 압력이 너무 낮을 때
- ㉴ 높은 열을 갖는 물체에 유압유가 접촉될 때
- ㉵ 과부하로 연속 작업을 할 때
- ㉶ 유압유에 캐비테이션(공동현상)이 발생할 때
- ㉷ 유압회로에서 유압 손실이 클 때

④ 유압유 오염의 원인
- ㉮ 각종 부품의 마찰에 의해 마모된 쇳조각과 작업 시 실린더로 유입된 미세 먼지
- ㉯ 혹한기 작동유의 급격한 온도 변화로 인한 열화 및 노화로 화학적 성질 변화
- ㉰ 작동유의 온도 변화로 공기와 함께 흡입된 수분과 유압유 탱크 내의 수분 유입

2 제어(컨트롤) 밸브

1) 압력제어 밸브(일의 크기 제어)의 종류 및 기능

밸브 명칭	밸브의 기능
릴리프 밸브 (relief valve)	회로의 압력이 밸브의 설정값에 달하였을 때 유체의 일부 또는 전량을 빼돌려서 회로 내의 압력을 설정값으로 유지해 주는 압력제어 밸브
시퀀스 밸브 (sequence valve)	2개 이상의 분기 회로를 갖는 회로 중에서 그 작동 순서를 회로의 압력에 의하여 제어하는 밸브
카운터 밸런스 밸브 (counter balance valve)	중력 및 자체 중량에 의한 자유낙하를 방지하기 위해 배압을 유지해주는 압력제어 밸브
감압 밸브 (reducing valve)	유량 또는 입구 쪽 압력과 관계없이 출력 쪽 압력을 입구 쪽 압력보다 작은 설정 압력으로 조정하는 압력제어 밸브
무부하 밸브 (unloader valve)	일정한 조건으로 펌프를 무부하로 주기 위해 사용되는 밸브, 예로 계통의 압력이 설정값에 달하면 펌프를 무부하로 하고, 또한 계통 압력이 설정값까지 저하되면, 다시 계통으로 압력 유체를 공급하여 주는 압력제어 밸브

2) 유량제어 밸브(일의 속도 제어)의 종류 및 기능

밸브 명칭	밸브의 기능
교축 밸브 (throttle valve)	작동유의 점성과 관계없이 유량을 조절할 수 있는 밸브로, 제어 유량은 선형적으로 제어 가능
스톱 밸브 (stop valve)	조정핸들을 조작함으로써 교축(throttle) 부분의 단면적을 변경시켜 관로를 통과하는 유량을 조절하는 밸브
유량조절 밸브 (flow control valve)	보상기구를 내장하고 있어 압력 또는 온도 변동에 의하여 유량이 변동되지 않도록 회로에 흐르는 유량을 항상 일정하게 유지하도록 하는 밸브
분류 밸브 (flow dividing valve)	유압원으로부터 2개 이상의 유압 관로로 나누어 흐르게 할 때 각각의 관로 압력의 크기와 관계없이 일정 비율로 유량을 분할시켜서 흐르게 하는 밸브
집류 밸브 (flow combiner valve)	2개 이상 관로의 압력에 관계없이 일정한 출구 유량이 유지되도록 합류하는 밸브
감속 밸브 (deceleration valve)	액추에이터를 감속시켜 주기 위해 캠 조작 등으로 유량을 서서히 감소시켜주는 밸브

3) 방향제어 밸브(일의 방향 제어)의 종류 및 기능

밸브 명칭	밸브의 기능
체크 밸브 (check valve)	한쪽 방향으로만 유체의 흐름을 가능하게 하고, 반대 방향으로는 흐름을 저지시켜 주는 밸브
셔틀 밸브 (shuttle valve)	두 개 이상의 입구와 한 개의 출구가 설치되어 있으며, 출구가 최고 압력의 입구를 선택하는 기능을 가진 밸브
스풀 밸브 (spool valve)	하나의 밸브 보디 외부에 여러 개의 홈이 파여 있는 밸브로서, 축 방향으로 이동하여 오일의 흐름 방향을 제어하는 밸브
변환(전환) 밸브 (directional control valve)	2개 이상의 흐름 형태를 가지며, 2개 이상의 포트가 있는 방향제어 밸브

주요 유압 회로 및 기구 기호

명칭	기호	명칭	기호	명칭	기호
릴리프 밸브		감압 밸브		시퀀스 밸브	
무부하 밸브		유압 펌프 (정용량형)		유압 펌프 (가변용량형)	
어큐뮬레이터 (축압기)		압력계		오일탱크	
전동기	M	원동기	M	유압원	

03 출제 예상문제

CHAPTER 03 | 유압일반

Lesson 01 유압의 기초

01 밀폐된 용기 내의 액체 일부에 가해진 압력은 어떻게 전달되나?

① 유체의 압력이 돌출 부분에서 더 세게 작용된다.
② 유체 각 부분에 다르게 전달된다.
③ 유체의 압력이 홈부분에서 더 세게 작용된다.
④ 유체 각 부분에 동시에 같은 크기로 전달된다.

> 파스칼의 원리에 따르면 밀폐된 용기 내에 액체를 가득 채우고 그 용기에 힘을 가하면 그 내부의 압력은 각 면에 수직으로 작용하며, 용기 내의 어느 곳이든지 똑같은 압력으로 작용한다.

02 밀폐된 용기 중에 채워진 비압축성 유체의 일부에 가해진 압력은 유체의 모든 부분에 그대로의 세기로 전달된다는 원리는?

① 파스칼의 원리
② 베르누이의 원리
③ 보일샤를의 원리
④ 아르키메데스의 원리

> 파스칼의 원리 : 밀폐된 용기 중에서 정지되어 있는 유체의 일부에 가해진 압력은 유체의 모든 부분에 그대로의 세기로 전달되어 진다.

03 다음 중 압력, 힘, 면적의 관계식으로 올바른 것은?

① 압력 = 힘/면적
② 압력 = 면적×힘
③ 압력 = 부피/면적
④ 압력 = 부피×힘

> 유압은 단위 면적당 작용하는 힘의 세기를 나타내는 것으로 P = F/A 로 정의될 수 있다.(P : 유압, F : 힘, A : 단면적)

04 압력의 단위가 아닌 것은?

① psi
② kgf/cm²
③ N·m
④ kPa

> 압력의 단위로는 psi, kgf/cm², kPa, mmHg, bar, atm 등이 있다. 참고로 N·m은 토크 단위에 해당된다.

05 피스톤 지름이 15mm인 유압 실린더에서 유압이 70kg/cm² 작용할 때 실린더에서 발생되는 힘은?

① 19.6kg
② 29.6kg
③ 39.6kg
④ 123.7kg

> 단면적 = $\dfrac{\pi D^2}{4}$ = $\dfrac{3.14 \times 15^2}{4}$ = 176.625mm² = 1.76625cm²
> ∴ 힘 = 1.76625 × 70 ≒ 123.7kg

06 액추에이터의 속도를 조절하는 밸브는?

① 감압 밸브
② 유량제어 밸브
③ 방향제어 밸브
④ 압력제어 밸브

> 제어밸브에서 속도에 관한 언급이 나오면 유량제어와 관계가 있다.

07 다음 중 실린더의 입구 쪽 관로에 설치한 유량제어 밸브로 흐름을 제어하여 속도를 제어하는 회로는?

① 시스템 회로(system circuit)
② 블리드 오프 회로(bleed-off circuit)
③ 미터인 회로(meter-in circuit)
④ 미터 아웃 회로(meter-out circuit)

> 유량제어 밸브에 의한 회로의 종류
> • 미터인 회로 : 실린더 입구 쪽 관로에서 유량을 교축시켜 작동속도를 조절하는 방식
> • 미터아웃 회로 : 실린더 출구 쪽 관로에서 유량을 교축시켜 작동속도를 조절하는 방식
> • 블리드오프 회로 : 실린더 입구의 분기 회로에 유량제어 밸브를 설치하여 실린더 입구 측의 불필요한 유압유를 배출시켜 작동 효율을 증진시킨 회로

08 오리피스가 설치된 다음 그림에서 압력에 대한 설명으로 맞는 것은?

① A = B
② A > B
③ A < B
④ A와 B는 무관

> 베르누이의 정리를 이용한 것으로 A실의 압력이 B실의 압력보다 높다.

09 압력의 단위가 아닌 것은?

① GPM
② bar
③ kgf/cm²
④ psi

> GPM(gallons per minute, gal/min)은 계통 내에서 이동되는 유체의 양을 표시할 때 사용하는 단위이다.

10 다음 중 유압장치의 단점이 아닌 것은?

① 고압 사용으로 인한 위험성 및 이물질에 민감하다.
② 유온의 영향에 따라 정밀한 속도와 제어가 곤란하다.
③ 전기, 전자의 조합으로 자동제어가 곤란하다.
④ 폐유에 의해 주변환경이 오염될 수 있다.

> 유압장치의 단점
> • 작동유의 누설 염려가 있다.
> • 화재의 위험이 있다.
> • 작동유는 온도의 영향에 따라 정밀한 속도와 제어가 곤란하다.
> • 배관 작업이 복잡하다.
> • 공기가 유입되기 쉽다.
> • 폐유에 의해 주변환경이 오염될 수 있다.
> • 고장 원인의 발견이 어렵고 구조가 복잡하다.
> • 고압 사용으로 인해 위험성 및 이물질에 민감하다.

11 다음은 유압장치의 장점을 기술하였다. 틀린 것은?

① 소형장치로 큰 출력을 발생한다.
② 무단변속이 가능하고 정확한 위치 제어를 할 수 있다.
③ 유온의 영향이 있어도 정밀한 속도와 제어가 가능하다.
④ 과부하에 대한 안전장치가 간단하고 정확하다.

유압장치의 장점
• 과부하에 대한 안전장치가 간단하고 정확하다.
• 무단 변속이 가능하고 정확한 위치 제어가 가능하다.
• 부하의 변화에 대한 안정성이 크다.
• 동력 전달이 원활하고 저속에서 큰 회전력의 기동이 용이하다.
• 압력 및 전기 신호 등으로 쉽게 원격조정이 가능하다.
• 진동이 적고 작동이 원활하다.
• 작동유에는 윤활성·방청성이 있어 마멸이 적고 내구성이 크다.
• 동력의 분배와 집중이 쉽다.
• 소형 장치로 큰 출력을 발생한다.
• 에너지의 저장이 가능하다.
※작동유는 온도의 영향에 따라 정밀한 속도와 제어가 곤란하다.

12 유압기기에 대한 단점이다. 설명 중 틀린 것은?

① 오일은 가연성 있어 화재에 위험하다.
② 회로 구성이 어렵고 누설되는 경우가 있다.
③ 오일의 온도에 따라서 점도가 변하므로 기계의 속도가 변한다.
④ 에너지의 손실이 적다.

🔍 유압장치의 장점 중 하나는 에너지의 저장이 가능하다는 점이다.

Lesson 02   유압 탱크와 유압 펌프 <<<<<

01 유압장치의 기본적인 구성요소가 아닌 것은?

① 유압발생장치   ② 유압축적장치
③ 유압제어장치   ④ 유압구동장치

🔍 유압장치의 기본 구성요소
• 유압발생장치 : 유압 펌프, 오일 탱크 및 배관 등
• 유압제어장치 : 방향전환 밸브, 압력제어 밸브, 유량조절 밸브
• 유압구동(작동)장치 : 유압 모터, 유압 실린더

02 유압장치에서 오일 탱크의 구비 요건이 아닌 것은?

① 유면은 적정위치 "F"에 가깝게 유지하여야 한다.
② 발생한 열을 발산할 수 있어야 한다.
③ 공기 및 이물질을 오일로부터 분리할 수 있어야 한다.
④ 탱크의 크기는 정지할 때 되돌아오는 오일량의 용량과 동일하게 한다.

🔍 오일 탱크의 구비 요건
• 유면은 적정위치 "F"에 가깝게 유지하여야 한다.
• 정상적인 작동에서 발생한 열을 발산할 수 있어야 한다.
• 공기 및 이물질을 오일로부터 분리할 수 있는 구조여야 한다.
• 배유구와 유면계가 설치되어 있어야 한다.
• 흡입관과 복귀관(리턴 파이프) 사이에 격판이 설치되어 있어야 한다.
• 흡입 오일을 여과시키기 위한 스트레이너가 설치되어야 한다.
• 탱크의 크기는 중력에 의하여 복귀하는 유압장치 내의 모든 작동유를 받아들일 수 있는 크기로 하여야 한다. (일반적으로 유압 토출량의 2~3배)

03 다음 보기 중 유압 오일 탱크의 기능으로 모두 맞는 것은?

ㄱ. 계통 내의 필요한 유량 확보
ㄴ. 격판에 의한 기포 분리 및 제거
ㄷ. 계통 내의 필요한 압력 설정
ㄹ. 스트레이너 설치로 회로 내 불순물 혼입 방지

① ㄱ, ㄴ, ㄷ   ② ㄱ, ㄴ, ㄹ
③ ㄴ, ㄷ, ㄹ   ④ ㄱ, ㄷ, ㄹ

🔍 유압 탱크의 기능
• 유압회로 내의 필요한 유량 확보
• 오일의 기포발생 방지와 기포의 소멸
• 작동유의 온도를 적정하게 유지

04 오일 탱크 내의 오일을 전부 배출시킬 때 사용하는 것은?

① 리턴 라인   ② 어큐뮬레이터
③ 배플   ④ 드레인 플러그

🔍 오일 탱크에는 작동유를 모두 배출시킬 수 있는 드레인 플러그를 탱크 아래쪽에 설치하여야 한다.

05 오일 탱크 관련 설명으로 틀린 것은?

① 유압유 오일을 저장한다.
② 흡입구와 리턴구는 최대한 가까이 설치한다.
③ 탱크 내부에는 격판(배플 플레이트)을 설치한다.
④ 흡입 스트레이터가 설치되어 있다.

🔍 흡입구는 탱크로의 리턴구(복귀구)로부터 될 수 있는 한 멀리 떨어진 위치에 설치한다.

06 일반적인 오일 탱크 내의 구성품이 아닌 것은?

① 압력 조절기   ② 스트레이너
③ 드레인 플러그   ④ 배플 플레이트

🔍 작동유 탱크의 역할은 적정 유량의 확보, 적정 유온의 유지, 작동유 중의 기포 발생 및 소멸 등으로 압력 조절기는 없다.

07 유압장치의 수명 연장을 위해 가장 중요한 요소는?

① 오일 탱크의 세척 및 교환
② 오일 필터의 점검 및 교환
③ 오일 펌프의 점검 및 교환
④ 오일 쿨러의 점검 및 세척

🔍 유압기기 고장의 75% 정도가 작동유 속의 불순물에 의한 것으로 오일 필터의 점검 및 교환은 유압장치 수명 연장을 위해 가장 중요한 요소이다.

08 다음 중 여과기를 설치 위치에 따라 분류할 때 관로용 여과기에 포함되지 않는 것은?

① 라인 여과기   ② 리턴 여과기
③ 압력 여과기   ④ 흡입 여과기

🔍 관로용 여과기는 관 계통에 사용하는 여과기이며, 펌프의 흡입 측에 설치하는 흡입 여과기는 스트레이너이다.

09 유압장치의 금속가루 또는 불순물을 제거하기 위한 것으로 맞게 짝지어진 것은?

① 여과기와 어큐뮬레이터
② 스크레이퍼와 필터
③ 필터와 스트레이너
④ 어큐뮬레이터와 스트레이너

🔍 유압회로의 경우 작동유를 유압 펌프의 흡입 관로에 보내는 것을 스트레이너, 유압 펌프의 토출관로나 작동유 탱크에 되돌아오는 통로(드레인 회로)에 사용되는 것을 필터라 한다.

10 일반적으로 건설기계의 유압 펌프는 무엇에 의해 구동되는가?

① 엔진의 플라이 휠에 의해 구동된다.
② 변속기 P.T.O 장치에 의해 구동된다.
③ 에어 컴프레서에 의해 구동한다.
④ 캠축에 의해 구동된다.

🔍 유압 펌프는 기관의 앞이나 플라이휠 및 변속기부 축에 연결되어 작동되며, 기계적 에너지를 받아서 압력을 가진 오일의 유체 에너지로 변환작용을 하는 유압 발생원으로서의 중요한 요소이다.

정답 12 ④ [2. 유압 탱크와 유압 펌프] 01 ② 02 ④ 03 ②   정답 04 ④ 05 ② 06 ① 07 ② 08 ④ 09 ③ 10 ①

11 유압 펌프의 기능을 설명한 것 중 맞는 것은?

① 유압에너지를 동력으로 전환한다.
② 원동기의 기계적 에너지를 유압에너지로 전환한다.
③ 어큐뮬레이터와 동일한 기능이다.
④ 유압 회로 내의 압력을 측정하는 기구이다.

> 유압 펌프는 엔진의 기계적 에너지로 구동하여 유체의 압력 에너지로 변환시키는 유압 발생부의 핵심적인 역할을 하며, 펌프의 원리는 흡입구에 대기압보다 낮은 진공 부분이 생겨 그로 인해서 기름을 빨아올려 토출구로 내보내는 것이다.

12 유압 펌프의 토출량을 나타내는 단위는?

① ft · lb
② LPM
③ kPa
④ psi

> 토출량은 펌프에서 단위 시간 동안 끌어 올릴 수 있는 오일의 양을 말하며, 보기 중 LPM은 liter/min으로 분당 토출량을 의미한다.

13 단위 시간에 이동하는 유체의 체적을 무엇이라 하는가?

① 토출압
② 드레인
③ 언더랩
④ 유량

> 단위 시간당 이동하는 유체의 체적을 유량이라 한다.

14 건설기계에 사용되는 유압 펌프의 종류가 아닌 것은?

① 베인 펌프
② 피스톤 펌프
③ 포막 펌프
④ 기어 펌프

> 건설기계에 사용되는 펌프로는 기어 펌프, 베인 펌프, 피스톤 펌프(플런저 펌프)가 있다.

15 회전수가 같을 때 펌프의 토출량이 변할 수 있는 것은?

① 기어 펌프
② 정용량형 베인 펌프
③ 프로펠러 펌프
④ 가변용량형 피스톤 펌프

> 토출량에 변화를 줄 수 있는 것을 가변 용량형 펌프라 하며, 토출량이 일정한 펌프를 정용량형 펌프라 한다. 비평형(압력불평형) 베인 펌프와 피스톤(플런저) 펌프가 가변용량형에 해당되며, 가변용량형은 펌프에 내장된 압력보상 기능으로 펌프의 최고 송출압력을 설정할 수 있기 때문에 릴리프 밸브가 필요 없다.

16 구동되는 기어 펌프의 회전수가 변하였을 때 가장 적합한 것은?

① 오일 흐름의 양이 바뀐다.
② 오일 압력이 바뀐다.
③ 오일 흐름 방향이 바뀐다.
④ 회전 경사판의 각도가 바뀐다.

> 기어 펌프의 회전수가 변하면 오일 흐름의 양이 바뀐다. 참고로 유압 펌프의 토출량은 펌프 1회전당 배출량은 유량(L/rev 또는 cc/rev)으로 표시하거나 분당 토출하는 유량(L/min) 으로 표시한다.

17 유압장치에서 기어 펌프의 특징이 아닌 것은?

① 구조가 다른 펌프에 비해 간단하다.
② 유압 작동유의 오염에 비교적 강한 편이다.
③ 피스톤 펌프에 비해 효율이 떨어진다.
④ 가변용량형 펌프로 적당하다.

> 기어 펌프의 특징
> • 구조가 간단하다.
> • 다루기 쉽고 가격이 저렴하다.
> • 오일의 오염에 비교적 강한 편이다.
> • 펌프의 효율은 피스톤 펌프(플런저 펌프)에 비하여 떨어진다.
> • 가변용량형으로 만들기가 곤란하다.
> • 흡입 능력이 가장 크다.

18 외접식 기어 펌프에서 토출된 유량 일부가 입구 쪽으로 귀환하여 토출량 감소, 축동력 증가 및 케이싱 마모 등의 원인을 유발하는 현상은?

① 폐입현상
② 공동현상
③ 숨돌리기현상
④ 열화촉진현상

> 폐입현상은 토출된 유량 일부가 입구로 복귀하는 현상으로 펌프 토출량 감소 및 펌프를 구동하는 동력 증가, 펌프 케이싱 마모 및 기포 발생, 소음과 진동 발생의 원인이 된다.

19 베인 펌프의 특징 중 틀린 것은?

① 싱글형과 더블형이 있다.
② 토크(torque)가 안정되어 소음이 적다.
③ 마모가 일어나는 곳은 캠링 면과 베인 선단 부분이다.
④ 베인을 캠링 면에 밀착시키는 방식 중 원심력 식은 소용량형에, 스프링식은 대용량형에 사용한다.

> 베인은 회전할 때마다 캠링 외벽에 완전히 밀착되어 회전저항이 적어야 펌프 수명을 연장시킬 수 있다. 이러한 이유로 원심력식은 대용량형에, 스프링식은 소용량형에 사용한다.

20 다음에서 베인 펌프의 주요 구성요소로 모두 맞는 것은?

㉠ 베인(vane)	㉡ 경사판(swash plate)
㉢ 격판(baffle plate)	㉣ 캠링(cam ring)
㉤ 회전자(rotor)	

① ㉠, ㉡, ㉢, ㉣
② ㉠, ㉢, ㉣
③ ㉠, ㉢, ㉣, ㉤
④ ㉠, ㉣, ㉤

> 베인 펌프의 주요 구성요소로는 포트(port), 로터(rotor), 베인(vane), 캠 링(cam ring) 등이 있다.

21 다음 유압 펌프 중 가장 높은 압력에서 사용할 수 있는 펌프는?

① 기어 펌프
② 로터리 펌프
③ 플런저 펌프
④ 베인 펌프

> 피스톤(플런저) 펌프는 송출압력이 매우 높아 20~45MPa까지 가능하다.

22 플런저식 유압 펌프의 특징이 아닌 것은?

① 기어 펌프에 비해 최고 압력이 높다.
② 피스톤이 회전운동한다.
③ 축은 회전 또는 왕복운동을 한다.
④ 가변용량이 가능하다.

> 피스톤(플런저) 펌프의 특징
> • 고압에 적합하며, 펌프 효율이 가장 높다.
> • 피스톤은 왕복운동, 축은 회전 또는 왕복운동을 한다.
> • 가변 용량에 적합하다.
> • 고압에서 작동유 누출이 적다.
> • 수명이 길지만, 구조가 복잡하고 가격이 비싸다.
> • 작동유의 오염에 매우 민감하다.
> • 흡입 능력이 가장 낮다.

정답 11 ② 12 ② 13 ④ 14 ③ 15 ④ 16 ① 17 ④
정답 18 ① 19 ④ 20 ④ 21 ③ 22 ②

23 다음에서 가장 높은 압력을 발생시키는 유압 펌프의 형식은?

① 기어 펌프 　　　　　② 베인 펌프
③ 나사 펌프 　　　　　④ 피스톤 펌프

🔍 피스톤(플런저) 펌프는 피스톤의 왕복운동에 의해 압력이 발생하고 고속 운전이 가능하여 비교적 소형으로도 고압, 고성능을 얻을 수 있는 펌프로 피스톤의 운동 방향에 따라 액시얼형(axial type)과 레이디얼형(radial type)으로 구분된다.

24 유압 펌프 관련 용어에서 GPM이 나타내는 것은?

① 복동 실린더의 치수
② 계통 내에서 형성되는 압력의 크기
③ 흐름에 대한 저항
④ 계통 내에서 이동되는 유체(오일)의 양

🔍 GPM은 gallons per minute의 약자로 계통 내에서 이동되는 오일의 양을 분당 갤런 단위로 표현한 것이다.

25 피스톤 펌프의 장점이 아닌 것은?

① 효율이 가장 높다.
② 발생 압력이 고압이다.
③ 토출량의 범위가 넓다.
④ 구조가 간단하고 수리가 쉽다.

🔍 피스톤(플런저) 펌프는 수명이 길지만, 구조가 복잡하고 가격이 비싸다.

Lesson 03　유압 모터와 유압 실린더　<<<<<

01 유압 모터와 유압 실린더의 설명으로 맞는 것은?

① 둘 다 회전운동을 한다.
② 모터는 직선운동, 실린더는 회전운동을 한다.
③ 둘 다 왕복운동을 한다.
④ 모터는 회전운동, 실린더는 직선운동을 한다.

🔍 유압 액추에이터는 유압 펌프로부터 공급된 작동유의 유압 에너지를 이용하여 기계적인 일, 즉 직선운동이나 회전운동으로 변환시키는 장치로 유압 모터는 회전운동, 유압 실린더는 직선운동을 한다.

02 보기 중 유압유의 압력 에너지(힘)를 기계적 에너지(일)로 변화시키는 작용을 하는 것은?

① 유압 펌프
② 유압 밸브
③ 어큐뮬레이터
④ 액추에이터

🔍 설명은 액추에이터(작동기구)의 일반적인 내용으로 액추에이터에는 유압 모터와 유압 실린더가 있다.

03 유압 모터의 용량을 나타내는 것은?

① 입구 압력당(kgf/cm²) 토크
② 유압 작동부 압력당(kgf/cm²) 토크
③ 주입된 동력(HP)
④ 체적(cm³)

🔍 유압 모터의 용량은 입구 압력당 토크로 나타낸다.

---

04 유압장치에 사용되는 액추에이터(actuator) 중 회전운동을 하는 것은?

① 전기 모터 　　　　　② 유압 펌프
③ 유압 모터 　　　　　④ 축압기

🔍 유압 액추에이터 중 유압 모터는 회전운동, 유압 실린더는 직선운동을 한다.

05 유압장치에서 액추에이터의 종류에 속하지 않는 것은?

① 감압 밸브 　　　　　② 유압 실린더
③ 유압 모터 　　　　　④ 플런저 모터

🔍 액추에이터(actuator)는 유압의 에너지를 기계적 에너지로 변화시키는 장치로 유압의 에너지에 의해서 직선 왕복운동을 하는 유압 실린더와 유압의 에너지에 의해서 회전운동을 하는 유압 모터가 있다. 플런저 모터는 유압 모터의 한 종류이다.

06 유압모터의 일반적인 특징으로 가장 적합한 것은?

① 운동량을 직선으로 속도 조절이 용이하다.
② 운동량을 자동으로 직선조작 할 수 있다.
③ 넓은 범위의 무단변속이 용이하다.
④ 각도에 제한 없이 왕복 각운동을 한다.

🔍 유압 모터는 유압에 의해 축의 회전운동을 하는 것으로 0에서 최대속도까지 임의의 속도로 변화시킬 수 있다.

07 유압 모터의 장점이 될 수 없는 것은?

① 소형경량으로서 큰 출력을 낼 수 있다.
② 공기와 먼지 등이 침투하여도 성능에는 영향이 없다.
③ 변속, 역전의 제어도 용이하다.
④ 속도나 방향의 제어가 용이하다.

🔍 유압 모터의 단점
　• 작동유 내에 먼지나 공기가 침입하지 않도록 주의해야 한다.
　• 작동유가 인화하기 쉬우므로 화재 염려가 있는 곳에서의 사용은 매우 위험하다.
　• 작동유의 점도 변화에 의해 유압 모터의 사용에 제한을 받는다.

08 유압 모터의 속도는 무엇에 의해 결정되는가?

① 오일의 압력 　　　　　② 오일의 점도
③ 오일의 흐름 양 　　　　④ 오일의 온도

🔍 유압의 제어 방법 중 속도 제어는 유량을 제어함으로써 이루어진다.

09 피스톤 모터의 특징으로 맞는 것은?

① 효율이 낮다.
② 내부 누설이 많다.
③ 고압 작동에 적합하다.
④ 구조가 간단하다.

🔍 피스톤(플런저) 모터의 특징
　• 구조가 복잡하고 대형이며 가격이 비싸다.
　• 펌프의 최고 토출압력 및 평균효율이 가장 좋아 고압 · 대출력에 사용한다.
　• 레이디얼형과 액시얼형이 있다.

10 유압 모터의 단점에 해당되지 않는 것은?

① 작동유에 먼지나 공기가 침입하지 않도록 특히 보수에 주의해야 한다.
② 작동유가 누출되면 작업성능에 지장이 있다.
③ 작동유의 점도 변화에 의하여 유압 모터의 사용에 제약이 있다.
④ 릴리프 밸브를 부착하여 속도나 방향 제어하기가 곤란하다.

정답　23 ④　24 ④　25 ④　[3. 유압 모터와 유압 실린더]　01 ④　02 ④　03 ①　　　　　정답　04 ③　05 ①　06 ③　07 ②　08 ③　09 ③　10 ④

유압 모터는 속도나 방향의 제어가 용이하여 릴리프 밸브를 달면 기구적 손상을 주지 않고 급속 정지를 시킬 수 있다.

11 기어 모터의 장점에 해당하지 않는 것은?

① 구조가 간단하다.
② 토크 변동이 크다.
③ 가혹한 운전조건에서 비교적 잘 견딘다.
④ 먼지나 이물질에 의한 고장 발생율이 낮다.

기어 모터의 단점
- 잔류량이 많다.
- 토크 변동이 크다.
- 수명이 짧다.

12 일반적인 유압 실린더의 종류에 해당하지 않는 것은?

① 단동 실린더 피스톤(piston)형
② 단동 실린더 램(ram)형
③ 단동 실린더 레이디얼(radial)형
④ 복동 실린더 양로드(double rod)형

유압 실린더의 분류
- 단동식 : 피스톤형, 램형
- 복동식 : 편로드형(싱글로드형), 양로드형(더블로드형)
- 다단식 : 행정이 긴 엘리베이터나 덤프 차량 등에 사용

13 다음 중 유압 실린더의 내부 구성품이 아닌 것은?

① 피스톤
② 쿠션기구
③ 유압밴드
④ 실린더

유압 실린더의 구성품으로는 피스톤, 피스톤 로드, 실린더, 실(seal), 쿠션기구가 있다.

14 유압 실린더에서 피스톤 행정이 끝날 때 발생하는 충격을 흡수하기 위해 설치하는 장치는?

① 쿠션기구   ② 감압장치
③ 서보밸브   ④ 안전밸브

유압 실린더의 구성품 중 쿠션기구는 피스톤 행정이 끝날 때 발생하는 충격을 흡수하기 위해 설치하는 장치이다.

15 유압 실린더 중 피스톤의 양쪽에 유압유를 교대로 공급하여 양방향의 운동을 유압으로 작동시키는 형식은?

① 단동식   ② 복동식
③ 다동식   ④ 편동식

유압 실린더의 한쪽에 압력이 가해지는 것은 단동식이며, 양쪽으로 가해지는 것은 복동식이다.

16 복동 실린더 양로드형을 나타내는 유압 기호는?

①   ②
③   ④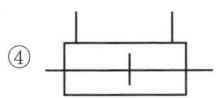

① 복동 실린더 편로드형, ② 단동 실린더 양로드형, ③ 단동 실린더 편로드형, ④ 복동 실린더 양로드형
※기호에서 포트가 1개이면 단동, 2개이면 복동이다. 또한, 로드가 한쪽 방향으로만 있으면 편로드형, 양쪽 방향으로 있으면 양로드형에 해당된다. (이때 로드가 보기 ①항 또는 ③항과 같이 1줄 또는 2줄인지는 의미가 없다. 피스톤을 중심으로 한쪽 방향인지 혹은 양쪽 방향인지만을 놓고 보면 된다.)

Lesson 04 기타 부속장치

01 유압 에너지의 저장, 충격흡수 등에 이용되는 것은?

① 축압기(accumulator)   ② 스트레이너(strainer)
③ 펌프(pump)   ④ 오일탱크(oil tank)

어큐뮬레이터(accumulator, 축압기)는 유체 에너지를 일시 저장하여 주는 것으로 용기 내에 고압유를 압입한 것이다.

02 가스 압축형 축압기에 사용되는 가스는?

① 산소   ② 질소
③ 아세틸렌   ④ 이산화탄소

가스 압축형 축압기에 사용되는 가스는 질소로 작동유에 공기 또는 질소가스 등의 기체가 직접 접촉한다.

03 축압기의 용도로 맞지 않는 것은?

① 충격 압력의 흡수
② 보조적 압력원
③ 서지 압력(surge pressure) 발생 유도
④ 맥동류의 감쇄

축압기(어큐뮬레이터)의 용도
- 대유량의 작동유를 순간적으로 공급한다.
- 유압 펌프의 맥동을 제거한다.
- 충격 압력을 흡수한다.
- 압력을 보상해 준다.

04 어큐뮬레이터(축압기)의 사용 목적이 아닌 것은?

① 유압 회로 내의 압력 상승
② 충격압력 흡수
③ 유체의 맥동 감쇄
④ 압력 보상

축압기는 충격 압력을 흡수하고, 압력을 보상해 준다.

05 축압기의 종류에 해당되지 않는 것은?

① 피스톤형   ② 블래더형
③ 다이어프램형 ④ 기어형

축압기의 종류(가스 오일식)
- 피스톤형 : 실린더 내의 피스톤으로 기체실과 유체실을 구분한다.
- 블래더형(고무 주머니형) : 본체 내부에 고무 주머니가 있어 기체실과 유체실을 구분한다.
- 다이어프램형 : 본체 내부에 고무와 가죽의 막이 있어 기체실과 유체실을 구분한다.

06 그림의 유압 기호는 무엇을 표시하는가?

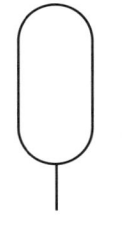

① 유압 실린더
② 어큐뮬레이터
③ 오일 탱크
④ 유압 실린더 로드

🔍 그림의 유압 기호는 어큐뮬레이터(축압기)이며, 축압기는 유압 에너지의 저장, 충격흡수 등에 이용된다.

07 오일이 외부로 누출되는 것을 방지하는 것은?

① 증압기
② 격판
③ 실(seal)
④ 필터

🔍 오일 실(seal)은 각 오일 회로에서 오일이 외부로 누출되는 것을 방지한다.

Lesson 05 유압유 및 제어(컨트롤) 밸브 <<<<<

01 유압 작동유가 갖추어야 할 성질이 아닌 것은?

① 온도에 의한 점도 변화가 적을 것
② 거품이 적을 것
③ 방청, 방식성이 있을 것
④ 물, 먼지 등의 불순물과 혼합이 잘 될 것

🔍 작동유는 물, 공기, 먼지 등을 신속하게 분리할 수 있어야 한다.

02 유압유에 요구되는 성질이 아닌 것은?

① 넓은 온도 범위에서 점도 변화가 적을 것
② 윤활성과 방청성이 있을 것
③ 산화 안정성이 있을 것
④ 사용되는 재료에 대하여 불활성이 아닐 것

🔍 유압유는 유압장치에 사용되는 재료에 대하여 불활성이어야 한다. 참고로 불활성이란 재료에 대해 반응성이 없고 화학 변화를 일으키지 않는 성질을 말한다.

03 다음에서 유압 작동유가 갖추어야 할 조건으로 맞는 것은?

㉠ 압축성이 작을 것	㉡ 밀도가 작을 것
㉢ 열팽창계수가 작을 것	㉣ 체적탄성계수가 작을 것
㉤ 점도지수가 낮을 것	㉥ 발화점이 높을 것

① ㉠, ㉡, ㉢, ㉣
② ㉡, ㉢, ㉤, ㉥
③ ㉡, ㉣, ㉤, ㉥
④ ㉠, ㉡, ㉢, ㉥

🔍 작동유(유압유)의 구비조건
• 강인한 오일막(유막)을 형성하여야 한다.
• 적당한 점도와 유동성이 있어야 한다.
• 비중이 적당하여야 하고, 비압축성이어야 한다.
• 인화점 및 발화점이 높아야 한다.
• 내부식성, 점도지수, 체적 탄성계수가 커야 한다.
• 기포 발생이 적고, 실(seal) 재료와의 적합성이 좋아야 한다.
• 물, 공기, 먼지 등을 신속하게 분리할 수 있어야 한다.
• 밀도가 적고, 독성과 휘발성이 없어야 한다.
• 열팽창계수가 작아야 한다.
• 유압장치에 사용되는 재료에 대하여 불활성이어야 한다.

---

04 다음 작동유에 관한 사항 중 틀리는 것은?

① 유압 작동유의 점검, 급유작업은 평탄한 장소에서 한다.
② 먼지나 이물질 등이 혼합되지 않도록 주의한다.
③ 다른 제품의 작동유를 혼합 사용하지 않는다.
④ 작동유 교환 시는 엔진을 공회전 상태로 하고 교환한다.

🔍 작동유는 난기운전을 실시한 다음 엔진을 가동을 정지하고 작동유가 냉각되기 전에 교환하여야 한다.

05 유압유의 취급에 대한 설명으로 틀린 것은?

① 오일의 선택은 운전자가 경험에 따라 임의 선택한다.
② 유량은 알맞게 하고 부족 시 보충한다.
③ 오염, 노화된 오일은 교환한다.
④ 먼지, 모래, 수분에 의한 오염방지 대책을 세운다.

🔍 건설기계 장비 해당 정비지침서나 제작사에서 추천하는 유압 작동유를 선택하여야 한다.

06 유압 작동유의 중요 역할이 아닌 것은?

① 일을 흡수한다.
② 부식을 방지한다.
③ 습동부를 윤활시킨다.
④ 압력 에너지를 이송한다.

🔍 유압 작동유의 역할
• 압력 에너지를 이송하여 동력을 전달한다.
• 윤활 및 냉각작용을 한다.
• 부식을 방지한다.
• 필요한 요소 사이를 밀봉(seal)한다.

07 작동유에 대한 설명으로 틀린 것은?

① 마찰부분의 윤활작용 및 냉각작용도 한다.
② 공기가 혼입되면 유압기기의 성능은 저하된다.
③ 점도지수가 낮을수록 좋다.
④ 점도는 압력 손실에 영향을 미친다.

🔍 점도지수란 온도변화에 따른 오일의 점도변화를 표시하는 지수로 작동유는 점도지수가 커야 한다. 온도변화에 의한 점도변화가 적은 경우를 점도지수가 크다고 한다.

08 유압 작동유의 주요 기능이 아닌 것은?

① 윤활 작용
② 냉각 작용
③ 압축 작용
④ 동력전달 작용

🔍 유압 작동유의 주요 기능 : 윤활 작용, 냉각 작용, 동력전달 작용

09 온도 변화에 따라 점도 변화가 큰 오일의 점도지수는?

① 크다.
② 작다.
③ 불변이다.
④ 점도 변화와 점도지수는 무관하다.

🔍 유체는 온도가 상승하면 점도는 저하되고, 온도가 내려가면 점도는 높아진다. 이러한 온도변화에 대해 점도변화가 적으면 점도지수가 크고, 점도변화가 크면 점도지수는 작다고 한다.

10 유압 오일에서 온도에 따른 점도변화 정도를 표시하는 것은?

① 윤활성
② 점도
③ 점도지수
④ 점도분포

정답 06 ② 07 ③ [5. 유압유 및 제어(컨트롤) 밸브] 01 ④ 02 ④ 03 ④

정답 04 ④ 05 ① 06 ① 07 ③ 08 ③ 09 ② 10 ③

온도변화에 따른 점도변화의 정도를 점도지수로 나타내며, 점도지수는 40℃, 100℃에서의 동점도(動粘度)의 측정 결과에서 구한다.

11 유압유의 첨가제가 아닌 것은?

① 소포제
② 유동점 강하제
③ 산화 방지제
④ 점도지수 방지제

유압유의 첨가제 : 소포제, 유동점 강하제, 산화 방지제, 점도지수 향상제, 방청제, 유성 향상제

12 다음 중 건설기계에 사용하는 유압 작동유의 성질을 향상시키기 위하여 사용되는 첨가제 종류가 아닌 것은?

① 점도지수 향상제
② 산화 방지제
③ 소포제
④ 유동점 향상제

유압유의 첨가제로는 유동점 강하제를 사용한다.

13 현장에서 오일의 오염도 판정 방법 중 가열한 철판 위에 오일을 떨어뜨리는 방법은 오일의 무엇을 판정하기 위한 방법인가?

① 산성도
② 수분 함유
③ 오일의 열화
④ 먼지나 이물질 함유

유압 작동유에 수분이 함유되면 윤활성 및 방청성이 저하되고, 산화와 열화가 촉진되며, 공동현상(캐비테이션)이 발생할 수 있다. 현장에서 이를 확인하기 위해 가열한 철판 위에 오일을 떨어뜨려 수분 함유 여부를 파악한다.

14 유압회로 내의 유압유 점도가 너무 낮을 때 생기는 현상이 아닌 것은?

① 오일 누설에 영향이 있다.
② 펌프 효율이 떨어진다.
③ 시동 저항이 커진다.
④ 회로 압력이 떨어진다.

유압유의 점도가 증가하면 시동 저항이 커져서 유압 펌프의 시동이 저하되고, 마찰손실이 증가한다.

15 유압 작동유에 수분이 미치는 영향이 아닌 것은?

① 작동유의 윤활성을 저하시킨다.
② 작동유의 방청성을 저하시킨다.
③ 작동유의 내마모성을 향상시킨다.
④ 작동유의 산화와 열화를 촉진시킨다.

유압 작동유에 수분이 함유되면 윤활성 및 방청성이 저하되고, 산화와 열화가 촉진되며, 공동현상(캐비테이션)이 발생할 수 있다.

16 유압유의 점도를 틀리게 설명한 것은?

① 온도가 상승하면 점도는 저하된다.
② 점성의 정도를 나타내는 척도이다.
③ 온도가 내려가면 점도는 높아진다.
④ 점성계수를 밀도로 나눈 값이다.

유압유의 점도는 점성의 정도(유체의 끈끈한 성질)를 나타내는 척도로 온도가 상승하면 점도는 저하되고, 온도가 내려가면 점도는 높아진다.

17 유압유에 점도가 서로 다른 2종류의 오일을 혼합하였을 경우 설명으로 맞는 것은?

① 오일첨가제의 좋은 부분만 작동하므로 오히려 더욱 좋다.
② 점도가 달라지나 사용에는 전혀 지장이 없다.
③ 혼합하여도 전혀 지장이 없다.
④ 열화 현상을 촉진시킨다.

유압유에 서로 다른 2종류의 오일을 혼합하면 오일의 열화현상이 촉진되므로 혼합하지 않아야 한다.

18 유압 작동유의 점도가 너무 높을 때 발생되는 현상으로 적합한 것은?

① 동력 손실의 증가
② 내부 누설의 증가
③ 펌프 효율의 증가
④ 마찰, 마모 감소

유압 작동유의 점도가 너무 높으면 작동유의 유동저항이 증가하고 관 내의 마찰손실이 커지기 때문에 유압기기 들의 작동이 불량해지고 동력 손실이 증가한다. 이와 더불어 너무 높은 점도는 열 발생의 원인이 되고 유압이 높아지는 원인이 된다.

19 다음 [보기] 항에서 유압계통에 사용되는 오일의 점도가 너무 낮을 경우 나타날 수 있는 현상으로 모두 맞는 것은?

| ㄱ. 펌프 효율 저하 | ㄴ. 실린더 및 컨트롤 밸브에서 누출 현상 |
| ㄷ. 계통(회로) 내의 압력저하 | ㄹ. 시동시 저항 증가 |

① ㄱ, ㄴ, ㄷ
② ㄱ, ㄴ, ㄹ
③ ㄴ, ㄷ, ㄹ
④ ㄱ, ㄷ, ㄹ

시동 시 저항 증가 및 동력 손실의 증가는 점도가 너무 높을 때 나타날 수 있는 현상이다.

20 현장에서 오일의 열화를 찾아내는 방법이 아닌 것은?

① 색깔의 변화나 수분, 침전물의 유무 확인
② 흔들었을 때 생기는 거품이 없어지는 양상 확인
③ 자극적인 악취의 유무 확인
④ 오일을 가열했을 때 냉각되는 시간 확인

오일의 열화를 찾아내는 방법은 보기 중 ①, ②, ③항이다.

21 유압유의 노화촉진 원인이 아닌 것은?

① 유온이 높을 때
② 다른 오일이 혼입되었을 때
③ 수분이 혼입되었을 때
④ 플러싱을 했을 때

플러싱이란 유압계통의 오일장치 내에 이물질이나 슬러지 등이 생겼을 때 이를 용해하여 깨끗하게 하는 작업을 말한다.

22 플러싱 후의 처리방법으로 틀린 것은?

① 잔류 플러싱 오일을 반드시 제거하여야 한다.
② 작동유 보충은 24시간 경과 후 하는 것이 좋다.
③ 작동유 탱크 내부를 다시 청소한다.
④ 라인필터 엘리먼트를 교환한다.

플러싱 후에는 가능한 빨리 작동유를 넣고 수 시간 운전하여 전체 유압라인에 작동유가 공급되도록 한다.

23 유압 오일 내에 공기 기포(거품)가 형성되는 이유로 가장 적합한 것은?

① 오일 속의 수분 혼입
② 오일의 열화
③ 오일 속의 공기 혼입
④ 오일의 누설

유압 오일 내의 기포는 오일 속의 공기 혼입이 그 원인으로 공기의 유입량이 증가하면 실린더의 숨 돌리기 현상, 열화 촉진, 공동현상(캐비테이션) 등을 일으킨다.

정답 11 ④ 12 ④ 13 ② 14 ③ 15 ③ 16 ④ 17 ④
정답 18 ① 19 ① 20 ④ 21 ④ 22 ② 23 ③

24 유압 회로에서 작동유의 정상온도는?

① 10~20℃ ② 40~60℃

③ 112~115℃ ④ 125~140℃

🔍 작동유의 사용온도와 위험온도
　• 적정 온도 : 40~60℃ (난기운전 시 30℃ 이상)
　• 최고 사용온도 : 80℃ 이하
　• 위험 온도 : 80~100℃ 이상

25 오일의 무게를 맞게 계산한 것은?

① 부피 ℓ 에 비중을 곱하면 kg가 된다.
② 부피 ℓ 에 질량을 곱하면 kg가 된다.
③ 부피 ℓ 에 비중을 나누면 kg가 된다.
④ 부피 ℓ 에 질량을 나누면 kg가 된다.

🔍 부피(ℓ)에 비중을 곱하면 kg 단위로 환산되며, 이는 오일의 무게를 계산하는 방법이다.

26 유압장치가 작동 중 과열이 발생할 때의 원인으로 가장 적절한 것은?

① 오일의 양이 부족하다.
② 오일 펌프의 속도가 느리다.
③ 오일 압력이 낮다.
④ 오일의 증기압이 낮다

🔍 작동유의 양이 부족하거나 점도 등이 불량하면 온도가 상승하게 되며, 과열 시에는 먼저 오일 냉각기를 점검하도록 한다.

27 다음 중 작동유(유압유) 속에 용해 공기가 기포로 되어 있는 상태를 무엇이라고 하는가?

① 인화현상 ② 노킹현상
③ 조기착화현상 ④ 공동현상

🔍 공동현상(캐비테이션)이란 유동하고 있는 액체의 압력이 국부적으로 저하되어 포화 증기 압력 또는 공기 분리 압력에 대하여 증기를 발생시키거나 용해 공기 등이 분리되어 기포를 일으키는 현상을 말한다.

28 유체의 관로에 공기가 침입할 때 일어나는 현상이 아닌 것은?

① 공동현상 ② 유격현상
③ 열화촉진 ④ 숨돌리기 현상

🔍 유체의 관로에 공기의 유입 양이 증가하면 실린더의 숨돌리기 현상, 열화촉진, 공동현상 등을 일으킨다.

29 유압 실린더의 숨돌리기 현상이 생겼을 때 일어나는 현상이 아닌 것은?

① 시간의 지연이 생긴다.
② 피스톤 작동이 불안정하게 된다.
③ 기름의 공급이 과대해진다.
④ 서지압이 발생한다.

🔍 실린더의 숨돌리기 현상은 유압이 낮고 작동유의 공급량이 부족할 때 많이 일어난다.

30 유압회로 내에 공동현상이 생길 때 어떻게 하는가?

① 유압장치의 오일 온도를 높여준다.
② 유압장치의 압력 변화를 없게 한다.
③ 유압장치의 과포화 상태로 한다.
④ 유압장치의 압력을 높여준다.

🔍 공동현상(캐비테이션)이란 유압장치 내부에 국부적인 높은 압력이 발생하는 것으로 압력 변화를 없게 해야 한다.

31 다음 중 유압회로 내에 공기혼입이 생기는 주요 원인은?

① 고압관로의 접속부의 이완
② 온도 상승
③ 흡입라인 접속부의 이완
④ 공기빼기 플러그의 잠김

🔍 유압회로 내에 공기가 유입되는 주된 원인은 유압펌프 흡입라인의 연결부 이완 때문이다.

32 유압장치에서 유압의 제어방법이 아닌 것은?

① 압력제어 ② 방향제어
③ 속도제어 ④ 유량제어

🔍 유압장치에서 작동유의 흐름을 조절하는 역할을 제어밸브(컨트롤밸브)가 담당하며, 제어밸브에는 압력제어밸브, 유량제어밸브, 방향제어밸브의 3가지 밸브가 기본회로를 이룬다.

33 유압회로의 최고 압력을 제한하고 회로 내의 압력을 일정하게 유지시켜 과부하를 방지하는 밸브는?

① 안전 밸브(릴리프 밸브)
② 감압 밸브(리듀싱 밸브)
③ 순차 밸브(시퀀스 밸브)
④ 무부하 밸브(언로딩 밸브)

🔍 릴리프 밸브는 유압회로의 압력을 설정된 압력으로 제어하는 것으로, 과잉 압력이 되면 작동유의 일부 또는 전량을 복귀 측으로 토출시켜 압력을 낮추어 유압장치의 안정과 출력조정을 겸한다. 릴리프 밸브는 유압펌프와 제어밸브 사이에 병렬로 연결된다.

34 유압으로 작동되는 작업장치에서 작업 중 힘이 떨어지는 원인으로 가장 관계가 있는 것은?

① 메인 릴리프 밸브 ② 로드 체크 밸브
③ 방향 전환 밸브 ④ 메이크업 밸브

🔍 유압으로 작동되는 작업장치에서 작업 중 힘이 떨어지는 원인은 메인 릴리프 밸브의 이상에서 비롯된다.

35 펌프의 토출 측에 위치하여 회로 전체의 압력을 제어하는 밸브는?

① 감압 밸브 ② 카운터 밸런스 밸브
③ 릴리프 밸브 ④ 무부하 밸브

🔍 릴리프 밸브는 유압장치의 과부하 방지와 유압기기의 보호를 위하여 최고 압력을 규제하고 유압회로 내의 필요한 압력을 유지하도록 하는 압력제어 밸브이다.

36 다음 보기에서 회로 내의 압력을 설정치 이하로 유지하는 밸브로만 조합된 것은?

㉠ 릴리프 밸브(relief valve)	㉡ 리듀싱 밸브(reducing valve)
㉢ 시퀀스 밸브(sequence valve)	㉣ 언로더 밸브(unloader valve)

① ㉠, ㉡, ㉣ ② ㉡, ㉢
③ ㉢, ㉣ ④ ㉠, ㉡, ㉢

🔍 시퀀스 밸브는 두 개 이상의 분기회로에서 유압회로의 압력에 의해 유압 액추에이터의 작동 순서를 제어하는 기능을 한다.

정답 24 ② 25 ① 26 ① 27 ④ 28 ② 29 ③ 30 ②

정답 31 ③ 32 ③ 33 ① 34 ① 35 ③ 36 ①

37 압력제어 밸브는 어느 위치에서 작동하는가?

① 탱크와 펌프
② 펌프와 방향전환 밸브
③ 방향전환 밸브와 실린더
④ 실린더 내부

> 압력제어 밸브는 펌프와 제어 밸브 사이에서 작동한다.

38 유압회로의 압력을 점검하는 위치로 가장 적당한 것은?

① 유압 오일탱크에서 유압 펌프 사이
② 유압 펌프에서 컨트롤 밸브 사이
③ 실린더에서 유압 오일탱크 사이
④ 유압 오일탱크에서 직접 점검

> 릴리프 밸브는 유압 펌프와 제어 밸브(컨트롤 밸브) 사이에 병렬로 연결되어 있으며, 압력을 점검하는 가장 적당한 위치는 유압 펌프와 제어 밸브 사이이다.

39 유압장치에서 유압조정 밸브의 조정방법은?

① 압력조정 밸브가 열리도록 하면 유압이 높아진다.
② 밸브 스프링의 장력이 커지면 유압이 낮아진다.
③ 조정 스크루를 조이면 유압이 높아진다.
④ 조정 스크루를 풀면 유압이 높아진다.

> 조정 스크루를 조이면 유압이 높아지고, 풀면 유압이 낮아진다.

40 유압회로 내 압력이 비정상적으로 올라가는 원인에 해당되는 것은?

① 오일 파이프 파손
② 오일의 점도 묽음
③ 오일 압력게이지 고장
④ 유압조정 밸브 고착

> 유압이 높아지는 원인
> • 유압 조절 밸브가 고착되었다.
> • 유압 조절 밸브 스프링의 장력이 너무 크다.
> • 오일의 점도가 높거나 회로가 막혔다.
> • 각 저널과 베어링의 간극이 적다.

41 유압 펌프의 압력조절 밸브 스프링 장력이 높은 것을 사용하면 나타나는 현상으로 가장 적정한 것은?

① 유압이 높아진다.   ② 유압이 낮아진다.
③ 토출량이 증가한다. ④ 토출량이 감소한다.

> 압력조절 밸브 스프링 장력이 높으면 유압이 높아지고, 장력이 약하면 유압은 낮아진다.

42 2개 이상의 분기 회로가 있을 때 순차적인 작동을 하기 위한 압력제어 밸브는?

① 감압 밸브   ② 릴리프 밸브
③ 시퀀스 밸브 ④ 리듀싱 밸브

> 압력제어 밸브
> • 감압 밸브(reducing valve) : 유량 또는 입구 쪽 압력과 관계없이 출력 쪽 압력을 입구 쪽 압력보다 작은 설정 압력으로 조정하는 압력제어 밸브
> • 릴리프 밸브(relief valve) : 회로의 압력이 밸브의 설정값에 달하였을 때 유체의 일부 또는 전량을 빼돌려서 회로 내의 압력을 설정값으로 유지해주는 압력제어 밸브
> • 시퀀스 밸브(sequence valve) : 2개 이상의 분기 회로를 갖는 회로 중에서 그 작동 순서를 회로의 압력에 의하여 제어하는 밸브
> • 카운터 밸런스 밸브(counter balance valve) : 중력 및 자체 중량에 의한 자유낙하를 방지하기 위해 배압을 유지해주는 압력제어 밸브
> • 무부하 밸브(unloader valve) : 일정한 조건으로 펌프를 무부하로 주기 위해 사용되는 압력제어 밸브

43 다음 중 분기 회로에 사용되는 밸브로 가장 적합한 항은?

┌─────────────────────────────┐
│ ㉠ 릴리프 밸브   ㉡ 리듀싱 밸브 │
│ ㉢ 시퀀스 밸브   ㉣ 언로더 밸브 │
│ ㉤ 카운터 밸런스 밸브   │
└─────────────────────────────┘

① ㉠, ㉡   ② ㉡, ㉢
③ ㉢, ㉣   ④ ㉣, ㉤

> 시퀀스 밸브는 두 개 이상의 분기회로에서 유압회로의 압력에 의해 유압 액추에이터의 작동 순서를 제어하며, 리듀싱 밸브(감압밸브)는 유량이나 1차측의 압력과 무관하게 분기회로에서 2차측 압력을 설정값까지 감압하여 사용하는 제어 밸브이다.

44 유압회로의 압력에 의해 유압 액추에이터의 작동 순서를 제어하는 밸브는?

① 언로더 밸브 ② 시퀀스 밸브
③ 감압 밸브   ④ 릴리프 밸브

> 시퀀스 밸브(순차 밸브, sequence valve)는 2개 이상의 분기 회로를 갖는 회로 중에서 그 작동 순서를 회로의 압력에 의하여 제어하는 압력제어 밸브를 말한다.

45 유압장치에서 고압 소용량, 저압 대용량 펌프를 조합 운전할 때, 작동압이 규정 압력 이상으로 상승 시 동력 절감을 하기 위해 사용하는 밸브는?

① 감압 밸브   ② 릴리프 밸브
③ 시퀀스 밸브 ④ 무부하 밸브

> 언로더 밸브(무부하 밸브)는 일반적으로 고압 소용량의 유압 펌프와 저압 대용량의 유압 펌프를 조합하여 사용하는 경우에 사용되는 것으로 유압회로의 압력이 설정 압력에 도달하면 밸브가 열려 저압 펌프를 무부하로 하여 작동유 탱크로 보내 동력 절감과 동시에 작동유의 온도상승을 방지하는 작용을 한다.

46 실린더가 중력으로 인하여 제어 속도 이상으로 낙하하는 것을 방지하는 밸브는?

① 방향 제어 밸브   ② 리듀싱 밸브
③ 시퀀스 밸브   ④ 카운터 밸런스 밸브

> 카운터 밸런스 밸브는 유압회로의 한쪽 방향의 흐름에 대해 설정된 배압을 발생시키고, 다른 방향의 흐름은 자유롭게 흐르도록 하는 밸브로 체크 밸브가 내장되어 있다.

47 유압 실린더의 작동 속도가 정상보다 느릴 경우 예상되는 원인으로 가장 적절한 것은?

① 계통 내의 흐름 유량이 부족하다.
② 작동유의 점도가 약간 낮아짐을 알 수 있다.
③ 작동유의 점도지수가 높다.
④ 릴리프 밸브의 조정 압력이 너무 높다.

> 유압의 제어방법
> • 압력 제어 : 일의 크기 제어
> • 방향 제어 : 일의 방향 제어
> • 유량 제어 : 일의 속도 제어

48 유압기기의 작동속도를 높이기 위하여 무엇을 변화시켜야 하는가?

① 유압 펌프의 토출유량을 증가시킨다
② 유압 모터의 압력을 높인다.
③ 유압 모터의 토출압력을 높인다.
④ 유압 모터의 크기를 작게 한다.

> 유압의 제어방법 중 유압기기의 작동속도는 유량의 제어를 통해 조절한다.

정답 37 ② 38 ② 39 ③ 40 ④ 41 ① 42 ③ 43 ② 44 ② 45 ④ 46 ④ 47 ① 48 ①

49 내경이 작은 파이프에서 미세한 유량을 조정하는 밸브는?

① 바이패스 밸브　　　② 스로틀 밸브
③ 니들 밸브　　　　　④ 압력보상 밸브

🔍 유량제어 밸브는 유압기기의 속도를 임의로 또는 단계별로 조정할 수 있는 밸브로 스로틀 밸브 (교축밸브), 니들 밸브, 분류 밸브 등이 있으며, 이 중 니들 밸브는 미세한 유량을 조정하는 밸브이다.

50 유량제어 밸브가 아닌 것은?

① 속도제어 밸브　　　② 체크 밸브
③ 교축 밸브　　　　　④ 급속배기 밸브

🔍 체크밸브(check valve)는 작동유의 흐름을 한쪽 방향으로만 흐르도록 하고 역류를 방지하는 역할 을 하는 방향 제어 밸브 중의 하나이다.

51 유압장치에서 방향제어 밸브에 해당하는 것은?

① 셔틀 밸브　　　　　② 릴리프 밸브
③ 시퀀스 밸브　　　　④ 언로더 밸브

🔍 릴리프 밸브, 시퀀스밸브, 언로더 밸브는 모두 압력제어 밸브에 해당한다.

52 방향제어 밸브를 동작시키는 방식이 아닌 것은?

① 수동식　　　　　　② 유압 파일럿식
③ 전자식　　　　　　④ 스프링식

🔍 방향제어 밸브를 조작 방식에 따라 분류하면 수동식, 기계식(캠식), 전자식, 파일럿식(유압식) 등으 로 나눌 수 있다.

53 다음 유압기기 중 방향제어 밸브에 속하지 않는 것은?

① 매뉴얼 밸브(로터리형)
② 체크 밸브
③ 릴리프 밸브
④ 스풀 밸브

🔍 릴리프 밸브는 유압회로의 압력을 설정된 압력으로 제어하는 압력제어 밸브에 속한다.

54 유압회로 내에서 서지압(Surge Pressure)이란?

① 과도적으로 발생하는 이상 압력의 최대값
② 정상적으로 발생하는 압력의 최대값
③ 정상적으로 발생하는 압력의 최소값
④ 과도적으로 발생하는 이상 압력의 최소값

🔍 유체의 흐름이 제어밸브 등의 조작에 의해 급격하게 변할 때, 그 유체의 운동 에너지가 압력 에너지 로 변하기 때문에 급격한 압력변동이 발생하는 데 이때 과도적으로 상승한 압력의 최대치를 서지압 이라 한다.

55 유압회로 내에 잔압을 설정해 두는 이유로 가장 적절한 것은?

① 제동 해제 방지　　　② 유로 파손 방지
③ 오일 산화 방지　　　④ 작동 지연 방지

🔍 유압회로 내에 잔압을 두는 이유
　•작동 지연을 방지한다.
　•오일의 누출을 방지한다.
　•회로 내 베이퍼 로크 발생을 방지한다.
　•회로 내로 공기 유입을 방지한다.

56 그림의 유압 기호는 무엇을 표시하는가?

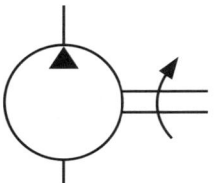

① 오일 쿨러
② 유압 탱크
③ 유압 펌프
④ 유압 모터

🔍 유압 펌프는 원 안에 작동유의 흐름 방향을 흑색삼각형으로 붙여서 나타낸다.

57 그림에서 요동형 액추에이터의 기호는?

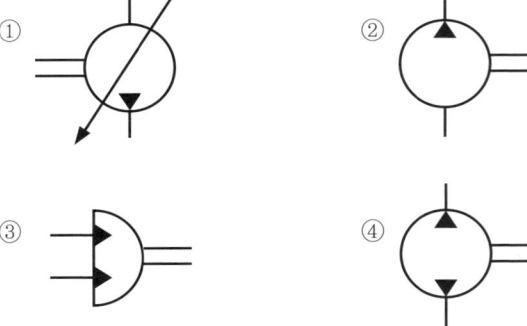

🔍 ① 가변용량형 유압 펌프, ② 정용량형 유압 펌프, ③ 요동형 액추에이터

58 그림에서 체크 밸브를 나타낸 것은?

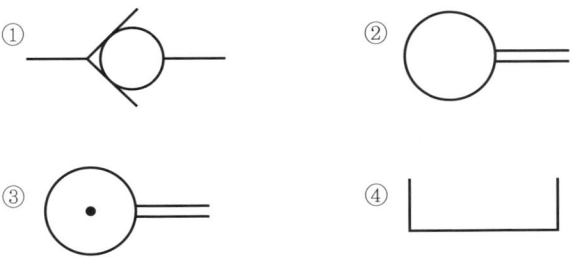

🔍 ① 체크 밸브, ④ 오일 탱크

59 그림의 유압기호에서 어큐뮬레이터는?

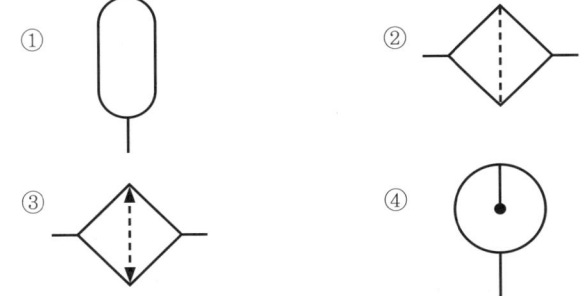

🔍 ① 어큐뮬레이터(축압기), ② 필터(일반기호), ④ 온도계

정답　49 ③　50 ②　51 ①　52 ④　53 ③　54 ①　55 ④

정답　56 ③　57 ③　58 ①　59 ①

60 그림에서 드레인 배출기의 기호 표시는?

① 　②

③ 　④

② 밸브, ③ 드레인 배출기(수동배출)

61 정용량형 유압 펌프의 기호는?

① 　②

③ 　④

① 정용량형 유압 펌프, ② 가변용량형 유압 펌프, ④ 전동기

62 유압 압력계의 기호는?

① 　②

③ 　④

④ 압력계

63 압력 스위치를 나타내는 것은?

① 　②

③ 　④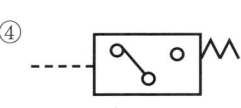

① 압력계, ② 스톱 밸브, ③ 어큐뮬레이터, ④ 압력 스위치

64 방향전환 밸브의 조작방식에서 솔레노이드 조작기호는?

① 　②

③ 　④

① 단동 솔레노이드 조작, ② 스프링 조작, ③ 레버 조작, ④ 인력 조작

65 다음 그림에서 일반적으로 사용하는 유압기호로 맞는 것은?

① 체크 밸브
② 시퀀스 밸브
③ 릴리프 밸브
④ 리듀싱 밸브

굴착기 구조 및 기능

Craftsman Excavating Machine Operator

Lesson 01 일반사항

1 개요 및 구조

1) 굴착기의 개요

① 굴착기(Excavator)는 토양을 굴착하는 장비로 기중기의 도랑파기 (trench hoe) 등 전부 장치를 유압식으로 개발한 것이며, 작업 장치에 의해 백호(back hoe), 클램쉘(clam shell), 셔블(shovel), 로더 (loader), 해머(hammer), 오렌지 필(orange peel) 등 다양한 작업을 수행하는 장비이다.

② 굴착기는 회전하는 상부회전체, 주행하는 하부주행체, 작업하는 작업 장치의 3개 부분으로 구성된다.

③ 굴착기는 택지조성사업, 도로 및 하수도공사, 하천개조 및 치수 공사, 터널 및 지하철공사, 모래 및 자갈채취작업 등에 알맞으며, 규격은 작업 가능 상태의 중량(ton)으로 나타내고 호칭은 버킷 용량(m³)으로 표시한다.

[크롤러형 굴착기(Crawler Excavator)]

2) 굴착기의 종류

① **버킷 용량에 의한 분류**

㉮ 0.2m³ 미만 : 미니 굴착기

㉯ 0.2~0.3m³ 미만 : 소형 굴착기

㉰ 0.3~0.7m³ 미만 : 중형 굴착기

㉱ 1.2m³ 이상 : 대형 굴착기

② **주행장치별 분류**

㉮ 크롤러형(무한궤도식)

㉠ 주행모터에 의해서 스프로켓과 연결된 트랙을 회전시켜 이동하는 장비로 접지면적이 크고 접지압력이 작아 모래땅 이나 습지, 험지에서의 작업이 가능하다.

㉡ 지반이 균질하지 않거나 무른 땅, 수중에서도 작업이 가능 하며 지반 지지력이 좋아 작업능률이 뛰어나다.

㉢ 주행속도는 약 2.5~10km/h 정도로 장거리 이동 시 트레일 러에 싣고 이동해야 하는 단점이 있다.

㉯ 휠형(타이어식)

㉠ 자동차와 같이 고무바퀴를 달고 먼거리를 자력으로 고속이 동할 수 있어 기동성이 양호한 장비로 무한궤도식 굴착기에 비해 작업의 안정성은 떨어진다.

㉡ 도로 주행이 가능하여 운반 트레일러 없이 작업장 이동이 가능하므로 작업과 이동을 빈번하게 요구하는 도심지 등 근거리 이동 작업에 효과적으로 사용할 수 있다.

㉢ 주행속도는 25~40km/h 정도로 등판능력이 무한궤도형보다 낮아서 험지, 습지, 경사지에서의 작업은 곤란하며, 안전성 을 도모하기 위해 아우트리거(outrigger)가 사용된다.

㉰ 트럭탑재형 : 트럭이란 화물자동차의 적재함 부분에 전부 장치가 부착되어 있으며 50km/h 정도까지의 속도를 낼 수 있 으나, 작업장치를 조종하기 위한 조종석이 별도로 있으며 소형 으로만 사용된다.

㉱ 반정치형 : 타이어와 이동용 다리가 함께 있어, 크롤러형과 타이어형 굴착기가 할 수 없는 부정지, 측면이 고르지 못한 경사지나 일정치 못한 구렁텅이 같은 곳의 작업에 효과적이다.

[반정치형(反定置型) 굴착기]

무한궤도식과 타이어식 굴착기의 비교

구분	무한궤도식(크롤러형)	타이어식(휠형)
주행속도	느리다.(2.5~10km/h)	빠르다.(25~40km/h)
접지압력	작다.(0.4~0.8kg/cm²)	크다.(2.5~3kg/cm²)
제작단가	상대적으로 고가	상대적으로 저가
토질의 영향	적다.	크다.
연역지반작업	용이하다.	곤란하다.
경사지지반작업	용이하다.	곤란하다.
작업 용도	습지 또는 경사지 작업	평탄지면 작업

2 작업장치

1) 작업장치의 개요
① 굴착기의 작업장치는 붐(boom), 암(arm), 버킷(bucket) 등이 순서대로 부착되어 구성되며, 3~4개의 유압 실린더에 의해 작동된다.
② 붐은 작업장치를 지지하는 기둥 역할을 하고 상하 운동을 한다.
③ 암은 붐에 부착되어 전후 운동을 한다.
④ 버킷은 암 끝에 부착되어 암 끝을 중심으로 오므림과 펴짐의 회전 운동을 하며, 흙 또는 골재를 내부에 담거나 펴는 작업을 한다.

[타이어식 굴착기의 작업장치]

2) 붐(boom)의 구조
① 붐은 굴착기의 작업장치 전체의 중량과 굴착 작업 전반의 충격과 힘을 부담하고 있으며 가장 많은 힘과 충격을 견디고 작동하는 기둥의 역할을 한다.
② 붐은 구조용 철판과 주강, 곡강 파이프 또는 환봉을 가공하여 제작하며, 붐 양 끝의 구조물은 주조 공법으로 제작한 파이프 또는 주강으로 가공하고 핀 구멍 내부에는 부싱(bushing)을 삽입하여 사용한다.
③ 중립에서 붐을 들어 놓아도 내려오지 않도록 해주는 붐 홀딩 밸브(boom holding valve)와 붐과 스윙을 동시에 작동할 때 붐 실린더로 많은 양의 오일을 보내주도록 하는 붐 우선 작동 밸브(boom priority valve)가 추가되어 있다.

3) 암(arm)의 구조
① 암 실린더를 움직이기 위해서는 많은 유량이 필요하기 때문에 2개의 셀렉터 밸브 즉, 암 홀딩 밸브(arm holding valve)와 암 리제너레이션 밸브(arm regeneration valve)가 사용된다.
② 암은 구조용 철판을 사용하여 제작한다. 양 끝의 핀 구멍은 파이프 또는 환봉을 가공하여 용접하며 핀 구멍 내부에는 부싱을 삽입하여 사용한다.
③ 환봉 또는 곡강 파이프를 구조용 강재의 철판에 용접하여 하나의 암을 제작한다.
④ 암의 용접은 인장 강도 65kgf/mm² 이상의 고장력강용 용접봉을 사용하며, 미량의 용접 작업은 아크 용접을 할 수 있으나 조건이 되면 이산화탄소(CO_2) 용접을 한다.

■ **암의 동력 전달**
엔진 → 동력전달장치 → 유압 펌프 → 컨트롤 밸브 → 실린더

4) 유압장치 조종 레버
굴착기 유압장치 조종 레버는 ISO 형식과 SAE 형식이 있으며, 제작 공장에서 출고 시에 SAE 형식으로 설정되어 있다.

[유압 장치 조종 레버]

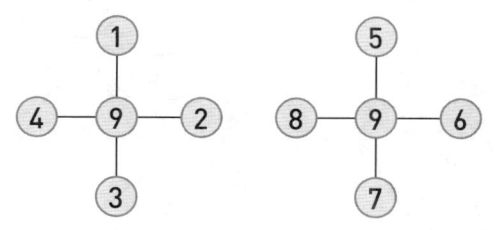

[SAE 형식 조종 레버 방향]

구분	조종 레버 조작 및 설명
암 뻗침(stick out)	암(스틱)을 바깥쪽으로 움직이려면 조종 레버를 ① 위치로 움직인다.
스윙 우회전(swing right)	상부회전체를 우회전하려면 조종 레버를 ② 위치로 움직인다.
암 당김(stick in)	암(스틱)을 안쪽으로 움직이려면 조종 레버를 ③ 위치로 움직인다.
스윙 좌회전(swing left)	상부회전체를 좌측으로 움직이려면 조종 레버를 ④ 위치로 움직인다.
붐 내림(boom down)	붐을 내리려면 조종 레버를 ⑤ 위치로 움직인다.
버킷 펴짐(bucket open)	버킷을 펼치려면 조종 레버를 ⑥ 위치로 움직인다.
붐 올림(boom up)	붐을 올리려면 조종 레버를 ⑦ 위치로 움직인다.
버킷 오므림(bucket close)	버킷을 운전석 쪽으로 오므리려면 조종 레버를 ⑧ 위치로 움직인다.
정지(hold)	어떤 위치에서나 조종 레버를 놓으면 ⑨ 위치로 되돌아가고 상부회전체의 움직임도 정지된다.

[SAE 형식 조정]

■ **두 가지 기능의 동시 수행**
조종 레버를 동시에 비스듬하게 대각선 방향으로 움직이면 두 가지 기능을 동시에 수행할 수 있다.

4) 굴착기 작업범위

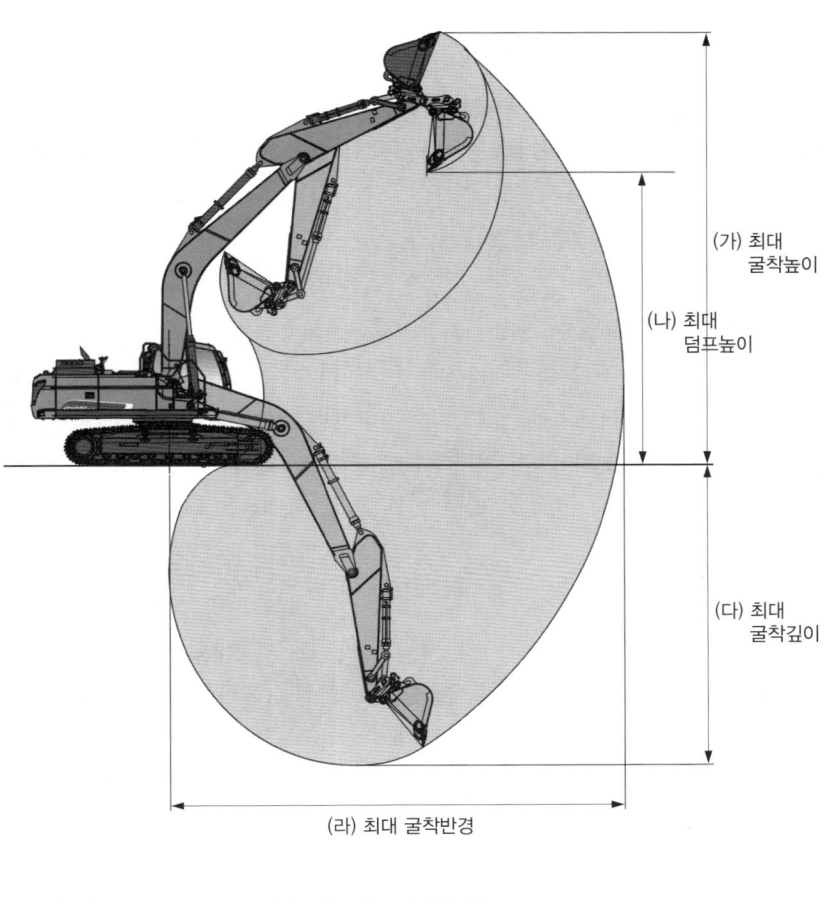

(가) 최대 굴착높이
(나) 최대 덤프높이
(다) 최대 굴착깊이
(라) 최대 굴착반경

3 ▶ 작업용 연결장치

1) 커플러(coupler)

① 굴착기의 암 끝부분에 부착되어 버킷과 각종 작업장치의 교환을 빠르고 편리하게 수행하기 위해 사용되는 굴착기 부품이다.

② 커플러는 제작사의 제작 방식과 굴착기의 종류에 따라 다양한 형태로 제작된다.

③ **커플러의 종류**

㉮ 푸시(push) 타입 커플러 : 주로 소형 굴착기에 사용되며, 버킷을 분해하면 오므린 위치에 있다.

㉯ 풀(pull) 타입 커플러 : 주로 대형 굴착기에 사용되며, 버킷을 분해하면 벌어진 위치에 있다.

푸시(push) 타입　　　　　풀(pull) 타입

[커플러(coupler)]

2) 버킷(bucket)

① 버킷은 굴착기의 최종 작업장치로 굴착 작업, 평탄 작업, 상차 작업 등을 하기 위해 굴착기의 암 끝에 부착한다. 균열과 변형이 발생해서는 안 되므로 구조용 강재과 내마모 강재를 사용하여 제작한다.

② 메인 펌프로부터 발생된 버킷의 유압을 컨트롤 밸브(control valve)에서 제어하여 버킷 실린더로 보내 버킷을 작동시킨다.

③ 굴착 작업이 이루어지는 바닥의 앞쪽으로는 투스가 부착되며 좌우로는 사이드 커터가 부착된다.

④ **버킷의 종류**

㉮ 범용 버킷 : 토사 모래 등의 굴착 작업, 평탄 작업에 적합하고 범용으로 사용할 수 있다.

㉯ 암반용 버킷 : 채석, 채광 등 암반 굴착용으로 마모성이 높은 현장에 적합하다.

㉰ 대용량 버킷 : 흙, 모래 등과 같이 주로 부드러운 흙의 평탄 작업에 적합하다.

㉱ 쪽 버킷 : 배수로, 비좁은 관로 등의 굴착 작업용으로 적합하다.

㉲ 스켈레톤 버킷(skeleton bucket) : 채 버킷이라고도 하며 골재의 제거 및 채취에 사용된다.

㉳ 그래브 버킷(grab bucket) : 버킷의 앞쪽에 집게가 부착되어 돌 등을 들어 올릴 때 떨어지지 않게 잡아 준다.

㉴ 클램셸 버킷(clamshell bucket) : 굴착기의 위치보다 낮은 곳을 굴착하거나 수중 굴착, 호퍼(hopper) 작업 및 지하를 깊게 굴착하는데 적합하다.

㉵ 틸트 버킷(tilting bucket) : 굴착기의 버킷이 회전하며 평탄 작업 쓰레기 등을 모으는 작업에 적합하다.

▣ 버킷의 용적

버킷은 토사 등을 굴착 또는 적재하기 위한 용기를 말하며, 버킷에 담을 수 있는 용적은 평적 및 산적으로 구분하고, 버킷의 용적 표시는 산적으로 한다.

- **평적** : 버킷의 평적면 또는 평적표면 아래 부분의 용적
- **산적** : 평적과 덧쌓인 용적을 합한 것
- **덧쌓인 용적** : 평적의 윗부분에 쌓여있는 굴착물의 용적

사이드 커터 (귀삽)

투스(이)

[굴착기 버킷]

3) 연결장치와 작업

① **백호(도랑파기) 버킷** : 가장 일반적으로 많이 사용되는 것으로 도랑파기, 지하철 공사, 토사 작업 등에 효과적이다.

② **슬로프 피니시드 버킷** : 경사지 조성, 도로, 하천 공사와 정지 작업에 효과적이다.

③ **우드 그랩** : 전신주, 파일, 기중 작업 등에 이용되며 목재 운반과 적재 하역에 효과적이다.

④ **둥근 구멍 파기** : 클램셸 버킷과 비슷하게 되어 있으나, 다만 둥글게 되어 있는 점만 다르다.

⑤ **폴립 클램프** : 자갈, 골재 선별 적재, 오물처리 등의 작업에 사용된다.

⑥ **스트랜저 버킷** : 가옥 해체, 폐기물 처리, 임업 공사에 효과적이다.

⑦ **슈퍼 마그넷** : 전자석을 이용하여 철물을 운반 또는 기중 작업에 사용하는 것으로서 DC 250V가 필요하다.

⑧ **도저용 블레이드** : 케이블, 파이프 매설 등에 적절하며, 앞부분에 삽을 설치하였다.

⑨ **이젝터 버킷** : 버킷 안에 토사를 밀어내는 이젝터가 있어 점토질의 땅을 굴착할 때 버킷 안에 흙이 부착될 염려가 없다.

⑩ **셔블 버킷** : 장비보다 위쪽의 굴토 작업에 적합하다. 백호 버킷을 뒤집어 설치하여 작업하기도 한다.

⑪ **클램셸** : 수직 굴토 작업, 배수구 굴착 및 청소 작업에 적합하며 버킷의 개폐도 유압 실린더로 한다.

⑫ **V형 버킷** : V자형 배수로, 농수로 작업에 효과적이다.

⑬ **오프셋 암 프론트** : 암이 붐과 좌우로 오프셋 할 수 있으며 좁은 장소, 도랑파기, 도로 측면 작업 등 제한된 작업 장소에 적절하며 유압 실린더에 의해서 오프셋 시킬 수 있다.

⑭ **브레이커** : 버킷 대신 유압 브레이커를 설치하여 암석, 콘크리트, 아스팔트 등의 파괴에 사용된다.

⑮ **리퍼** : 버킷 대신 1포인트 혹은 3포인트의 리퍼를 설치하여 암석, 콘크리트, 나무뿌리 뽑기, 파괴 등에 사용한다.

⑯ **컴팩터** : 유압 모터 편심 축을 회전 시킬 때 발생하는 진동을 이용하여 공사 현장의 마무리 작업에 사용한다.

⑰ **하베스터** : 굴착기에 부착하여 사용되는 다공정 임업 기계로 벌도, 가지 훑기, 통나무 자르기 등의 조재 작업을 한 공정에 수행하는 작업장치이다.

⑱ **프로세서** : 전목의 가지를 제거하는 가지자르기 작업, 조재목 마름질 작업, 가지 훑기, 통나무 자르기 등의 조재 작업을 수행하는 작업장치이다.

[백호 버킷] [우드 그랩] [스톤 그랩]

스트랜저 버킷 (Stranger Bucket)
이젝터 버킷 (Ejector Bucket)
셔블버킷 (Shovel Type)
클램셸 (Clamshell)
V형 버킷

[브레이커] [리퍼] [컴팩터]

[하베스터] [프로세서]

Lesson 02 상부회전체와 하부주행체

1 상부회전체

1) 상부회전체(터닝 프레임)의 개요

① 상부회전체는 하부주행체 프레임 위에 설치되며, 상부선회체 또는 터닝 프레임(turning frame)이라고도 한다.
② 상부회전체는 상부 프레임, 엔진, 유압장치, 선회(스윙) 장치 등으로 구성되어 있으며 하부주행체와는 선회륜을 통해 조립되어 있다.
③ 상부회전체는 360°회전이 가능하다.

2) 상부회전체의 구성

① **프레임(frame)**
  ㉮ 엔진, 유압장치, 선회(스윙) 장치 등을 탑재하는 회전체로 후방에 굴착기의 안정을 위해 카운터 웨이트(밸런스 웨이트)를 설치한다.
  ㉯ 붐, 암 등 각 실린더의 지지부는 하중에 견딜 수 있는 충분한 강도로 제작된다.

② **카운터 웨이트(counter weight)**
  ㉮ 장비의 무게 중심을 잡아주는 부품으로 굴착 작업 시 버킷에 무게가 실려도 장비가 앞으로 기울거나 뒤쪽이 들리지 않도록 한다.
  ㉯ 벽면에는 흡음제를 부착해 엔진에서 발생하는 소음을 흡수하도록 한다.

② **엔진** : 굴착기 엔진은 디젤엔진을 주로 사용하며 소음, 배기가스 등을 피해야 하는 특수한 조건에서는 전동기를 사용한다. 또한, 위험한 작업 현장에서는 원격 조종 굴착기를 사용한다.

③ **운전실** : 방한·방열용으로 시야가 넓어야 하고 의자는 전후 조정식으로 편안히 운전할 수 있게 제작한다.

④ **유압 펌프(hydraulic pump)** : 오일 탱크의 오일을 흡입하여 메인 컨트롤 밸브(Main Control Valve)로 보내주는 부품으로 메인 펌프와 파일럿 펌프 두 종류의 펌프로 구성되어 있다.
  ㉮ **메인 펌프(main pump)** : 굴착, 스윙, 주행 등의 동작을 할 수 있도록 오일을 순환 시켜주는 부품으로 앞·뒤 2개의 가변 유량 피스톤 펌프로 구성되어 있다.
  ㉯ **파일럿 펌프(pilot pump)** : 고정 유량 기어 펌프로 굴착기가 선택된 동작을 하도록 신호를 보낼 때 사용하는 파일럿 회로를 형성시켜주며, 메인 회로의 원활한 동작을 위해 보조 역할을 하는 부품이다.

⑤ **메인 컨트롤 밸브(main control valve)** : 펌프가 보내온 오일을 실린더나 모터로 전달하여 선택된 동작이 원활히 이루어질 수 있도록 한 부품으로 컨트롤 밸브는 셀렉터 밸브, 체크 밸브 및 릴리프 밸브로 구성되어 있으며 여러 동작을 할 수 있는 병렬회로로 구성되어 있다.
  ㉮ **셀렉터 밸브(selector valve)** : 선택된 동작을 할 수 있도록 오일 통로를 열어주고, 닫아주는 부품이다.
  ㉯ **체크 밸브(check valve)** : 오일 역류 방지를 위해 셀렉터 밸브 입구에 설치되어 있다.
  ㉰ **릴리프 밸브(relief valve)** : 액추에이터 작동 중 받게 되는 과부하로부터 파손을 방지해 주는 부품으로 셀렉터 밸브에서 작동부로 연결되는 라인에 1개씩 설치되어 있다.

⑥ **선회(스윙) 장치** : 상부 본체를 섀시 위에서 회전시켜주는 부품이며 스윙 모터, 감속기, 브레이크 등으로 구성된다.

　㉮ 선회 모터(swing motor) : 셀렉터 밸브에서 보내온 오일로 회전 운동을 하는 부품으로 회전수는 공급받는 오일의 양에 따라 결정된다.

　㉯ 선회 감속기(swing reduction gear) : 스윙 모터의 회전 속도를 낮추고 회전력(Torque)을 증대시켜주는 부품으로 속도가 빨라지면 회전력은 적어지고, 속도가 늦어지면 회전력은 커진다.

　㉰ 선회 브레이크(swing brake) : 스윙 동작을 멈출 때 부드럽게 멈추도록 하여 멈출 때의 충격을 흡수해 주는 역할을 한다.

⑦ **작동유 필터** : 컨트롤 밸브에서 리턴(return)된 작동유의 먼지 등을 여과하여 유압라인의 고장을 방지한다. 작동유 속에 함유되어 있는 10μm 이상은 모두 여과한다.

⑧ **연료 탱크** : 내부에 스트레이너가 설치되어 불순물이 연료라인으로 흡입되는 것을 방지한다. 중대형 이상 굴착기에는 자동연료 흡입 장치를 설치하여 작업 현장에서 편하게 연료 주입이 가능하다.

⑨ **공기 탱크** : 엔진에 부착된 공기압축기에서 배출된 압축된 공기를 저장한다. 압축된 공기가 냉각되면 수분이 발생하므로 탱크 밑 부분에 수분제거용 밸브가 부착되어 있고, 타이어식 굴착기에는 압축된 공기가 에어 드라이어를 거쳐서 공기 탱크로 들어가게 되어 있다.

⑩ **조작 레버** : 작업 레버는 2개로 구성되는데 우측 작업 레버는 붐, 버킷 동작 레버이며 좌측 작업 레버는 암, 선회 동작 레버이다. 무한궤도식의 경우 2개의 주행 레버로 구성되어 주행 시 사용된다.

⑪ **선회 로크** : 굴착기를 원거리 이동 시 상부회전체와 하부주행체를 고정시켜, 장비가 회전하지 못하도록 하며, 운전실에서 쉽게 사용하도록 되어 있다.

[상부회전체(터닝 프레임)]

2　하부주행체

1) 하부주행체의 개요

① 하부주행체(undercarriage)는 작업장치와 상부회전체의 하중을 지탱하면서 굴착기를 이동시키는 장치이다

② 하부주행체는 선회(스윙) 베어링을 거쳐 상부회전체와 작업장치를 지지하고 있다.

2) 하부주행체의 구성

① **프레임** : 트랙 프레임과 사이드 프레임으로 구성되어 있으며 용접 구조물로 열과 충격에도 견디게 제작한다.

② **주행 장치** : 주행 장치는 유압 모터, 감속기, 스프로킷 등으로 구성되어 있다. 펌프에서 토출된 압유는 컨트롤 밸브를 거쳐 주행 모터 → 감속기 → 스프로킷에 전달되어 트랙 링크를 회전시킨다.

　㉮ 주행 모터 : 센터 조인트로부터 유압을 받아 회전하면서 감속 기어, 스프로킷, 트랙 등을 회전시켜 굴착기를 주행시키는 일을 한다. 주행 모터는 양쪽 트랙을 회전시키기 위하여 한 쪽에 1개씩 설치된다. 양쪽 주행 모터는 회전수와 회전력이 같아야 하고 만약 회전속도와 회전력이 차이가 생기면 직선주행이 안된다.

　㉯ 트랙 : 슈(shoe), 링크(link), 핀(pin), 부싱(bushing)으로 구성된다. 슈는 링크에 볼트와 너트로 고정되고 링크는 부싱과 핀을 끼워서 연결한다. 트랙은 아이들러(전부유동륜), 상·하부 롤러, 스프로킷에 감겨서 스프로킷으로부터 동력을 받아서 구동된다.

　㉰ 트랙링크 어저스트 : 오일 실린더에 그리스를 주입하면 실린더 로드가 스프링을 밀고 스프링과 일체로 되어 있는 아이들러를 밀어서 트랙의 장력을 크게 하여 유격이 적어진다. 오일 실린더에 붙어 있는 플러그를 돌리면 그리스가 배출되어 실린더 장력이 적어져서 유격을 크게 할 수 있다. 리코일 스프링은 굴착기 주행 중 전부 유동륜에 오는 충격을 완화시켜 준다.

　㉱ 상부 롤러(carrier roller) : 전부 유동륜과 스프로킷의 사이에서 트랙의 처짐을 방지하며, 캐리어 롤러라고도 한다. 상부 롤러 외부의 트랙 링크와 닿는 면은 고주파 열처리를 하여 내마모성을 갖고 내부에는 오일을 넣고 그룹 실(seal)로 완전 실링을 하여 흙이나 먼지의 침입을 방지한다.

　㉲ 하부 롤러(track roller) : 사이드 프레임 하면에 취부되어 굴착기의 전 중량을 균등하게 링크에 분포시킨다. 하부 롤러도 상부 롤러와 같이 고주파 열처리를 하여 내마모성을 갖고 내부에는 오일을 넣고 그룹 실로 완전 실링을 한다.

　㉳ 스프로킷 : 특수강을 단조하고 고주파 열처리를 하여 내마모성 및 충분한 강도로 가혹한 조건에서도 충분한 내구력을 갖는다. 주행 모터와 일체로 작동한다.

　㉴ 아이들러(전부유동륜) : 트랙 프레임 앞에 설치되어 트랙의 진행을 도와준다.

③ **선회(스윙) 베어링**

　㉮ 하부 섀시와 상부 본체를 연결해 주는 베어링으로 내륜은 하부 섀시에, 외륜은 상부 본체에 볼트로 조립된다.

　㉯ 상부회전체의 자중을 지지하고 상부회전체를 선회시킨다.

　㉰ 내부 기어식 기어를 사용하며 기어에 주입된 그리스의 소모가 거의 없고 선회(스윙) 모터에 의해 회전한다.

　㉱ 선회(스윙) 모터는 저속 고회전력의 레이디얼 피스톤형 유압 모터를 사용한다.

④ **센터 조인트**

　㉮ 상부와 하부의 유압라인을 연결하는 일종의 회전 이음으로 상부 회전체 중간에 설치되며, 배럴은 상부에 스핀들은 하부에 연결된다.

　㉯ 회전하는 물체에 오일을 공급할 수 있도록 오일 통로 역할을 하는 부품으로 컨트롤 밸브에서 주행 모터로 가는 오일 통로이며 스위블 조인트(swivel joint) 또는 터닝 조인트(turning joint)라고도 한다.

　㉰ 상부회전체 유압유를 하부주행체로 전달하는 역할을 하고, 상부회전체가 선회 중에 배관이 꼬이지 않게 한다.

유압식 굴착기 주행 시 동력전달순서
기관 → 메인 유압 펌프 → 컨트롤 밸브 → 센터 조인트 → 주행 모터 → 트랙

[하부주행체]

[주행장치의 구조]

04 출제 예상문제

CHECK POINT QUESTION

CHAPTER 04 ┃ 굴착기 구조 및 기능

Lesson 01 일반사항

01 굴착기의 3대 주요 구성품으로 가장 적당한 것은?

① 상부회전체, 하부추진체, 중간선회체
② 작업장치, 하부추진체, 중간선회체
③ 작업장치, 상부선회체, 하부추진체
④ 상부 조정장치, 하부추진체, 중간 동력장치

🔍 굴착기는 회전하는 상부회전체, 주행하는 하부주행체, 작업하는 작업장치의 3개 부분으로 구성된다.

02 굴착기 버킷의 용량은 무엇으로 표시하는가?

① in^2 ② m^2
③ yd^2 ④ m^3

🔍 굴착기의 규격은 작업 가능 상태의 중량(t)으로 나타내고 호칭은 버킷 용량(m^3)으로 표시한다.

03 굴착기의 붐은 무엇에 의해 상부회전체에 연결되었는가?

① 볼레이스   ② 실린더
③ 푸트핀   ④ 코터핀

🔍 붐은 상부회전체에 푸트 핀에 의하여 상부회전체 프레임에 1 또는 2개의 유압 실린더와 함께 설치되어 있다.

04 굴착기 작업시 안정성을 주고 장비의 밸런스를 잡아 주기 위하여 설치한 것은?

① 붐   ② 스틱
③ 버킷   ④ 카운터 웨이트

🔍 카운터 웨이트는 밸런스 웨이트라고도 하며 굴착기 작업시 안정성을 주고 장비의 밸런스를 잡아 주기 위하여 설치된다.

05 굴착기 밸런스 웨이트가 설치되는 곳은?

① 하부추진체 중간   ② 하부추진체 후부
③ 상부 선회체 중간   ④ 상부 선회체 후부

🔍 밸런스 웨이트(카운터 웨이트)는 상부회전체의 제일 뒷부분에 주철제로 주조되어, 터닝 프레임에 볼트로 고정되어 있다.

06 굴착기의 조종레버 중 굴착작업과 직접 관계가 없는 것은?

① 암(스틱) 제어레버   ② 붐 제어레버
③ 스윙 제어레버   ④ 버킷 제어레버

🔍 굴착 작업과 직접 관계되는 것은 암(스틱) 제어레버, 붐 제어레버, 버킷 제어레버 등이다.

07 굴착기의 주행레버를 한쪽은 밀고 한쪽은 당기면?

① 피벗회전이 된다.
② 스핀회전이 된다.
③ 고장 나기 쉽다.
④ 어느 쪽으로도 움직이지 않는다.

🔍 • 피벗 회전 : 주행레버를 1개만 조작하여 반대쪽 트랙 중심을 지지점으로 하여 선회하는 방법
• 스핀 회전 : 주행레버 2개를 동시에 반대 방향으로 조작하여 2개의 주행 모터가 서로 반대 방향으로 구동되어 굴착기 중심을 지지점으로 하여 선회하는 방식

08 굴착기의 한쪽 주행레버만 조작하여 회전하는 것을 무엇이라 하는가?

① 피벗회전   ② 동력회전
③ 스핀회전   ④ 원웨이회전

🔍 문제 07번 해설 참조

09 무한궤도식 굴착기의 상부회전체가 하부주행체에 대하여 역 위치에 있을 때 좌측 주행 레버를 당기면 차체는 어떻게 되는가?

① 좌향 스핀회전   ② 우향 스핀회전
③ 좌향 피벗회전   ④ 우향 피벗회전

🔍 상부회전체가 하부주행체에 대하여 역 위치에 있을 때 좌측 주행 레버를 당기면 좌향 피벗회전, 우측 주행 레버를 당기면 우향 피벗회전한다.

10 무한궤도식 굴착기로 주행 중 회전 반경을 작게 할 수 있는 설명으로 맞는 것은?

① 한쪽 주행 모터만 구동 시킨다.
② 한쪽은 주행 모터를 구동 시키고 한쪽은 조향 브레이크를 강하게 작동 시킨다.
③ 2개의 주행 모터를 서로 반대 방향으로 동시에 구동시킨다.
④ 트랙의 폭이 좁은 것으로 교체한다.

🔍 무한궤도식 굴착기의 회전 반경은 2개의 주행 모터를 서로 반대 방향으로 동시에 구동시키면 회전 반경이 작게 회전이 되고 이를 스핀회전이라고 한다.

11 타이어식과 비교한 무한궤도식 굴착기에 대한 설명으로 옳은 것은?

① 주행속도가 느리다.
② 접지압력이 크다.
③ 연약지반작업이 곤란하다.
④ 제작단가가 상대적으로 낮다.

🔍 무한궤도식과 타이어식 굴착기 비교

구분	무한궤도식(크롤러)	타이어식(휠)
주행속도	느리다	빠르다
접지압력	작다	크다
제작단가	고가	저가
토질의 영향	적다	크다
작업 용도	습지 또는 경사지	평탄지반

12 굴착기 작업장치에 대한 설명으로 틀린 것은?

① 붐, 암, 버킷 등이 순서대로 부착되어 구성되며, 1개의 유압 실린더에 의해 작동된다.
② 붐은 작업장치를 지지하는 기둥 역할을 하고 상하 운동을 한다.
③ 암은 붐에 부착되어 전후 운동을 한다.
④ 버킷은 암 끝에 부착되어 암 끝을 중심으로 오므림과 펴짐의 회전운동을 한다.

🔍 굴착기의 작업장치는 붐(boom), 암(arm), 버킷(bucket) 등이 순서대로 부착되어 구성되며, 3~4개의 유압 실린더에 의해 작동된다.

정답 [1. 일반사항] 01 ③ 02 ④ 03 ③ 04 ④ 05 ④ 06 ③ 07 ②

정답 08 ① 09 ③ 10 ③ 11 ① 12 ①

70

13 운전석 내 스위치 조작으로 버킷 등의 작업장치를 쉽게 교체할 수 있도록 하는 장치는?

① 오거 ② 퀵 커플러
③ 그래플 ④ 컴팩터

> 커플러는 굴착기의 암 끝부분에 부착되어 버킷과 각종 작업장치의 교환을 빠르고 편리하게 수행하기 위해 사용되는 굴착기 부품이다.

14 커플러에 대한 설명으로 옳지 않은 것은?

① 버킷과 작업장치의 교환을 빠르고 편리하게 수행하기 위해 사용된다.
② 일반적으로 푸시 타입 커플러와 풀 타입 커플러가 있다.
③ 푸시 타입은 버킷을 분해하면 오므린 위치에 있다.
④ 풀 타입은 주로 소형 굴착기에 사용된다.

> • 푸시(push) 타입 : 주로 소형 굴착기에 사용되며, 버킷을 분해하면 오므린 위치에 있다.
> • 풀(pull) 타입 : 주로 대형 굴착기에 사용되며, 버킷을 분해하면 벌어진 위치에 있다.

15 굴착기의 작업장치로 가장 적절하지 않은 것은?

① 브레이커 ② 파일 드라이브
③ 힌지드 버킷 ④ 크러셔

> 힌지드 버킷은 지게차의 작업장치이다.

16 일반적으로 굴착기가 할 수 없는 작업은?

① 땅고르기 작업 ② 차량토사 적재
③ 경사면 굴토 ④ 리핑 작업

> 일반적으로 굴착기가 할 수 있는 작업은 땅고르기 작업, 차량 토사 적재, 경사면 굴토 등이다.

17 진흙 등의 굴착작업을 할 때 용이한 버킷은?

① 플립 버킷 ② 포크 버킷
③ 리퍼 버킷 ④ 이젝터 버킷

> 이젝터 버킷은 버킷 안에 토사를 밀어내는 이젝터가 있어 점토질의 땅을 굴착할 때 버킷 안에 흙이 부착될 염려가 없다.

18 버킷의 굴착력을 증가시키기 위해 부착하는 것은?

① 보강판 ② 사이드판
③ 노즈 ④ 투스(포인트)

> 버킷 굴착력을 증가시키는 것은 투스(이빨)이다.

19 굴착기에 입목을 붙잡을 수 있는 장치를 구비하여 벌도되는 나무를 집재 작업하는 장치는?

① 트리 펠러 ② 펠러 번처
③ 프로세서 ④ 스키더

> • 트리 펠러 : 벌도만 가능 한 임업기계
> • 펠러 번처 : 벌도 후 벌도 되는 나무를 집재 작업하는 임업 장비

20 다음 중 굴착 작업을 하면 좌우에 경사면이 만들어져서 배수로 작업에 적합한 버킷은?

① 틸팅 버킷 ② V형 버킷
③ 셔블 버킷 ④ 이젝터 버킷

> V형 버킷은 V자형 배수로, 농수로 작업에 효과적이다.

21 굴착기에 부착하여 사용되는 다공정 임업기계로 벌도, 가지훑기, 통나무 자르기 등의 조재 작업을 한 공정에 수행하는 작업장치로 맞는 것은?

① 프로세서 ② 스키더
③ 펠러번처 ④ 하베스터

> • 프로세서 : 벌도는 불가능하며 가지 자르기, 마름질 작업 및 원목을 한 곳에 쌓는 장비
> • 펠러번처 : 벌도 후 벌도되는 나무를 집재 작업하는 장비
> • 하베스터 : 벌도와 가지훑기, 통나무 자르기의 조재 작업을 하나의 공정으로 수행하는 장비

22 버킷 투스가 마모되면 굴착 작업 시 굴착 저항이 커지고 릴리프 밸브의 잦은 열림으로 작동유의 유온이 높아지고 장비 성능이 저하되는데, 효율적인 버킷 투스의 교환 방법으로 가장 적합한 것은?

① 1/2 마모시 교환한다.
② 1/3 마모시 교환한다.
③ 1/4 마모시 교환한다.
④ 1/5 마모시 교환한다.

> 버킷 투스의 마모량이 투스 끝단 길이의 1/2 마모시 교체하면 연료소비량을 줄이고 장비 노화를 예방한다.

Lesson 02 상부회전체와 하부주행체

01 굴착기 하부 기구의 구성요소가 아닌 것은?

① 트랙 프레임
② 주행용 유압 모터
③ 트랙 및 롤러
④ 유압 회전 커플링 및 선회 장치

> 선회장치는 상부회전체의 구성요소이다.

02 굴착기의 상부회전체는 무엇에 의해 하부주행체와 연결되어 있는가?

① 푸트 핀 ② 스윙 볼 레이스
③ 스윙 모터 ④ 주행 모터

> 상부회전체는 스윙 볼 레이스에 의해 하부주행체와 연결된다.

03 굴착기의 카운터 웨이트에 대한 설명으로 맞는 것은?

① 작업 시 장비 뒷부분이 들리는 것을 방지한다.
② 굴착량에 따라 중량물을 들 수 있도록 운전자가 조절한다.
③ 접지압을 높여주는 장치이다.
④ 접지 면적을 높여주는 장치이다.

> 카운터 웨이트는 굴착기 뒤쪽에 설치하여 작업 시 장비 뒷부분이 들리는 것을 방지하며 평형추라고도 한다.

04 굴착기의 메인 컨트롤 밸브 중 굴착기가 선택된 동작을 할 수 있도록 오일 통로를 열거나 닫아주는 밸브는?

① 체크 밸브 ② 셀렉터 밸브
③ 릴리프 밸브 ④ 감압 밸브

🔍 **매인 컨트롤 밸브의 구성**
- 셀렉터 밸브 : 선택된 동작을 할 수 있도록 오일 통로를 열어주고, 닫아주는 부품이다.
- 체크 밸브 : 오일 역류 방지를 위해 셀렉터 밸브 입구에 설치되어 있다.
- 릴리프 밸브 : 엑추에이터 작동 중 받게 되는 과부하로부터 파손을 방지해 주는 부품으로 셀렉터 밸브에서 작동부로 연결되는 라인에 1개씩 설치되어 있다.

05 무한궤도 주행식 굴착기의 동력전달 계통과 관계없는 것은?

① 주행 모터
② 최종감속 기어
③ 유압 펌프
④ 추진축

06 크롤러식 굴착기의 주행장치 부품이 아닌 것은?

① 주행 모터
② 스윙 모터
③ 트랙
④ 스프로킷

🔍 스윙 모터(선회 모터)는 유압 구동 피스톤형으로 저속 고토크의 모터를 사용하며, 브레이크 밸브가 부착되어 운전자가 작업 레버를 놓으면 모터가 선회하지 않도록 하여 모터가 급격히 정지하여 생기는 관성에 의한 내부 부품의 파손을 방지한다.

07 트랙형 굴착기에서 상부 롤러의 설치 목적은?

① 전부 유동륜을 고정한다.
② 기동륜을 지지한다.
③ 트랙을 지지한다.
④ 리코일 스프링을 지지한다.

🔍 상부 롤러는 전부 유동륜과 스프로킷의 사이에서 트랙이 처지는 것을 받들어 주며, 트랙의 긴도를 지지하여 준다.

08 크롤러식 굴착기에서 상부회전체의 회전에는 영향을 주지 않고 주행모터에 작동유를 공급할 수 있는 부품은?

① 컨트롤 밸브
② 센터 조인트
③ 사축형 유압 모터
④ 언로더 밸브

🔍 센터 조인트는 상부회전체의 유압유를 하부주행체의 주행모터에 보내주어 상부회전체가 회전하더라도 호스, 파이프 등이 꼬이지 않고 원활히 오일을 송유하는 일을 하는 배관의 일부이다.

09 굴착기의 센터 조인트(선회 이음)에 대한 설명으로 틀린 것은?

① 스위블 조인트라고도 한다.
② 압력 상태에서도 선회가 가능한 관이음이다.
③ 스윙 모터를 회전시킨다.
④ 상부회전체의 오일을 주행모터에 전달한다.

🔍 센터 조인트는 상부와 하부의 유압라인을 연결하는 일종의 회전 이음으로 상부회전체 중간에 설치되며, 배럴은 상부에 스핀들은 하부에 연결된다.

10 무한궤도식 굴착기의 센터조인트에 대한 설명으로 맞지 않는 것은?

① 상부선회체의 회전 중심부에 설치되어 있다.
② 상부회전체의 작동유를 주행모터에 전달한다.
③ 상부회전체가 롤링 작용을 할 수 있도록 설치 된다.
④ 상부회전체가 회전하더라도 호스 등이 꼬이지 않고 원활하게 송유하는 기능을 한다.

🔍 센터조인트는 상부회전체의 회전 중심에 설치하며 회전 시 작동유를 호스 등이 꼬이지 않고 원활하게 주행모터에 공급한다.

11 셔블 굴착기의 조정과정은 5가지 동작이 반복하면서 작업이 수행된다. 순서가 맞는 것은?

① 선회 → 적재 → 굴착 → 적재 → 선회
② 굴착 → 적재 → 선회 → 굴착 → 선회
③ 선회 → 굴착 → 적재 → 선회 → 굴착
④ 굴착 → 선회 → 적재 → 선회 → 굴착

🔍 굴착기의 조정과정은 굴착 → 선회 → 적재 → 선회 → 굴착이다.

12 굴착기 터닝 프레임은 몇 도 회전할 수 있는가?

① 180°
② 210°
③ 270°
④ 360°

🔍 상부회전체(터닝 프레임)는 상부 프레임, 엔진, 유압장치, 선회(스윙) 장치 등으로 구성되어 있으며 360°회전이 가능하다.

13 굴착기의 스윙이 안되는 원인이 아닌 것은?

① 선회 모터의 고장
② 작동유량의 과부족
③ 스윙 기어의 작동불능
④ 주행 모터의 파손

🔍 스윙은 상부회전체와 관련이 있다.

14 굴착기 선회 로크 장치에 대한 설명으로 맞는 것은?

① 선회 클러치의 제동장치이다.
② 상부회전체가 자연적으로 회전하는 것을 방지하는 장치이다.
③ 작업 시 반력으로 차체가 후진하는 것을 방지한다.
④ 드럼 축의 회전 제동장치이다.

🔍 선회 로크 장치는 굴착기를 트레일러에 싣고 이동 시 상부회전체가 자연적으로 회전하는 것을 방지하는 장치이다.

15 무한궤도식 굴착기의 하부추진체 동력전달 순서로 맞는 것은?

① 기관 → 컨트롤밸브 → 센터조인트 → 유압펌프 → 주행모터 → 트랙
② 기관 → 컨트롤밸브 → 센터조인트 → 주행모터 → 유압펌프 → 트랙
③ 기관 → 센터조인트 → 유압펌프 → 컨트롤밸브 → 주행모터 → 트랙
④ 기관 → 유압펌프 → 컨트롤밸브 → 센터조인트 → 주행모터 → 트랙

🔍 굴착기 주행 시 동력전달순서 : 기관 → 메인 유압펌프 → 컨트롤밸브 → 센터조인트 → 주행모터 → 트랙

16 무한궤도식 굴착기에서 트랙의 구성품으로 맞는 것은?

① 슈, 링크, 부싱, 핀
② 스프로킷, 트랙롤러, 상부롤러, 아이들러
③ 슈, 스프로킷, 하부롤러, 상부롤러, 감속기
④ 슈, 조인트, 실(seal), 핀, 슈볼트

🔍 트랙은 슈(shoe), 링크(link), 핀(pin), 부싱(bushing)으로 구성된다. 슈는 링크에 볼트와 너트로 고정되고 링크는 부싱과 핀을 끼워서 연결한다.

17 무한궤도식 굴착기에서 프론트 아이들러의 작용에 대한 설명으로 가장 적당한 것은?

① 회전력을 발생하여 트랙에 전달한다.
② 트랙의 진로를 조정하면서 주행방향으로 트랙을 유도한다.
③ 구동력을 트랙으로 전달한다.
④ 파손을 방지하고 원활한 운전을 할 수 있도록 하여 준다.

정답 05 ④ 06 ② 07 ③ 08 ② 09 ③ 10 ③

정답 11 ④ 12 ④ 13 ④ 14 ② 15 ④ 16 ① 17 ②

🔍 프론트 아이들러(Front idler, 전부 유동륜)는 트랙 프레임의 앞쪽에 설치되며, 프레임 위에서 미끄럼 운동을 할 수 있는 요크(yoke)에 설치되어 있다. 주된 기능은 트랙의 장력을 조정하면서 트랙의 진행 방향을 유도한다.

18 무한궤도식 굴착기에서 상부 롤러에 대한 설명으로 옳은 것은?

① 전부 유동륜과 스프로킷의 사이에서 트랙의 처짐을 방지한다.
② 트랙 프레임 앞에 설치되어 트랙의 진행을 도와준다.
③ 상부회전체의 자중을 지지하고 상부회전체를 선회시킨다.
④ 상부 본체를 섀시 위에서 회전시켜준다.

🔍 상부 롤러는 전부 유동륜(아이들러)과 스프로킷의 사이에서 트랙의 처짐을 방지하며, 캐리어 롤러라고도 한다.

정답 18 ①

PART 02
굴착기 점검 및 작업

Craftsman Excavating Machine Operator

Chapter 01. 점검
Chapter 02. 주행 및 작업

점검

Craftsman Excavating Machine Operator

Lesson 01 운전 전·후 점검

1 작업 환경 점검

1) 주기된 굴착기 안전 상태 확인

① 운전실 및 커버류의 잠금장치를 확인한다.

② 굴착기 주차 브레이크와 안전 레버가 주차 상태로 되어있는지 확인한다.

③ 각종 레버의 위치가 중립으로 되어있는지 확인하고 조치한다.

④ 마스터 스위치가 있는지 확인하고 조치한다.(마스터 스위치가 굴착기에 있으면 키를 빼고 안전하게 보관한다.)

2) 굴착기 안전 상태 확인 수행 순서

① 안전 보호구와 장구를 확인한다.

㉮ 인화 물질의 관리 여부를 확인한다.

㉯ 굴착기 내부의 개인용 소화기 상태를 확인하여 유사시 화재에 대비한다.

② 운전자 매뉴얼의 기재 사항을 확인한다.

㉮ 장비를 운전하기 전에 운전자 매뉴얼의 내용을 사전에 숙지한다.

㉯ 장비의 상태를 운전자 매뉴얼에 따라 작성하고 확인한다.

③ 작업 전 공사의 내용과 작업 절차를 사전에 파악한다.

㉮ 작업 시 위험 요소가 있는지 사전에 관계자와 충분히 협의하여 안전사고를 예방하는 것이 중요하다.

㉯ 작업 반경 내 전선의 위치, 공사 주변의 구조물, 지장물, 연약 지반 등을 파악하고 사전에 관계자와 협의하여 안전을 확보하는 것이 중요하다.

④ 작업자 개인의 건강 상태를 확인하여 과로나 음주 시 작업에 투입하지 않는다.

⑤ **장비의 주기 상태를 확인하여 이상이 있는 경우 조치하여 문제를 해결하고 작업에 투입한다.**

㉮ 간단한 예방 조치를 통해 문제를 해결한 다음 작업에 투입한다.

㉯ 주기 상태에서 장비의 이상을 발견하면 관계자와 협의하여 정비 후 다음 작업에 투입할 수 있도록 준비한다.

⑥ 경사면에 주기하게 되면 하중으로 인해 전복할 수 있으므로 굴착기의 주기 상태를 확인한다.

3) 무한궤도식 굴착기 안전 상태 확인

① 굴착기 주차 브레이크가 주차 상태로 되어 있는지 확인한다.

② 안전 레버가 잠금 상태인지 확인하고 조치한다.

③ 각종 레버의 위치가 중립으로 되어 있는지 확인하고 조치한다.

④ 마스터 스위치가 있는지 확인하고 조치한다.

⑤ 운전실 커버류의 잠금 상태를 확인하고 조치한다.

4) 굴착기 작업 반경 내 위험 요소 파악

① 지상 구조물 파악

㉮ 전신주, 전선, 구조물을 사전에 파악하여 작업 계획에 반영한다.

㉯ 작업장소 주변에 전기 동력선이 있을 경우 관련 기관에 연락하여 전압 정도를 파악하고, 표준 이격거리를 사전에 확인한다.

② 지하 매설물 파악

㉮ 지반에 대한 지장물(문화재, 송유관, 상하수도 배관, 통신선로) 등에 대한 매설 정보를 파악하여 작업 계획에 반영한다.

㉯ 작업 현장이 문화재 발굴 지역이거나, 인근 지역일 경우 관련 지방자치단체의 관계자와 협의하여 사전에 위치를 정확하게 확인하여야 한다.

③ 작업환경 파악

㉮ 전체 작업을 기준으로 선행 공정과 후공정을 파악하여 작업과 관련된 장비(고정 장비와 이동 장비)를 파악하여 작업 계획에 반영한다.

㉯ 작업 관계자의 위치 등을 사전에 파악하여 작업 계획에 반영한다.

2 오일·냉각수 점검

1) 윤활계통 점검

① 엔진오일 점검은 과열된 엔진을 충분히 식힌 후 점검한다.

② 엔진에 적합한 오일을 사용한다.

③ 유압 계통을 점검하기 위해 기관을 정지시키고 모든 작동 기구를 지면에 내린다.

④ 유압 탱크 오일량을 점검할 때는 유압 탱크 캡을 손으로 만질 수 있을 만큼 충분히 식힌 다음 점검한다.

⑤ 유압 계통을 점검하기 전에 "운전하지 마시오" 또는 "위험 점검 중"이라는 경고 표시를 시동스위치 또는 조종 레버에 붙여서 점검하고 있는 것을 알려야 한다.

⑥ 그리스 주입 상태를 점검하기 위해 기관을 정지시키고 모든 작동 기구를 지면에 내린다.

⑦ 일정한 시간이 지난 다음 주입 상태를 점검한다.

⑧ 그리스 주입 상태를 확인할 때 "운전하지 마시오" 또는 "위험 점검 중"이라는 경고 표시를 시동스위치 또는 조종 레버에 붙여서 점검하고 있는 것을 알려야 한다.

2) 냉각수 점검

① **냉각수 점검 시 안전 사항**

㉮ 기관의 시동을 정지시킨 후 점검해야 한다.

㉯ 냉각수의 양을 점검할 때는 라디에이터 캡을 손으로 만질 수 있을 만큼 충분히 식힌 다음 점검한다.

ⓓ 냉각 계통을 점검하기 전에 "운전하지 마시오"또는 "위험 점검 중"이라는 경고 표시를 시동스위치 또는 조종 레버에 붙여서 점검하고 있는 것을 알려야 한다.

② 냉각수 양 점검

㉮ 냉각수 저장소가 있는 곳의 문을 확인하고 잠금장치를 풀어서 연다.

㉯ 냉각수 저장소에 표시되어 있는 양쪽 표시(A : 높음, B : 낮음) 사이에서 냉각수의 양을 유지시킨다.

㉰ 냉각수의 보충이 필요하면 냉각수 보충캡을 열고 적당한 혼합 냉각수(냉각계통 첨가제 및 부동액의 혼합물)로 보충시킨다. 보충캡을 설치하면 편리하다. 특히 겨울철에는 냉각수가 얼지 않도록 첨가제를 사용한 냉각수를 사용한다.

㉱ 냉각수 저장소가 비어 있으면 엔진 덮개 고리를 풀고 덮개를 들어 올린다.

㉲ 냉각수 압력캡을 서서히 푼다. 라디에이터에 냉각수를 보충한다.

㉳ 압력캡에 있는 개스킷의 상태를 점검하고, 필요하면 교환한다.

㉴ 라디에이터에 압력캡을 설치한다.

㉵ 누설되는 것이 있는지 확인한다.

③ 냉각수 보충

㉮ 냉각 계통을 깨끗이 청소된 상태에서 새로운 냉각수로 교체한다.

㉯ 물과 에틸렌글리콜계 부동액을 50 : 50의 비율로 혼합한 냉각수를 사용한다.(냉각수를 물만 사용하면 엔진 내부의 부식을 초래하게 된다.)

㉰ 너무 급하게 넣지 않는다.
㉠ 냉각수를 채우는 동안 엔진 내부의 공기가 빠져나가도록 엔진 냉각수 배출구에 있는 코크를 열어 준다.
㉡ 공기가 빠져나갈 수 있도록 2~3분 정도 기다렸다가 냉각수를 가득 채운 후 코크를 잠근다.

㉱ 라디에이터 캡을 장착한 후 냉각수의 온도가 80℃에 이를 때까지 엔진을 가동하고 냉각수의 누수가 있는가를 확인한다.

3 구동 계통 점검

1) 타이어식 굴착기의 타이어 점검

① 타이어 공기압 점검
  ㉮ 육안 점검
  ㉯ 겨울에는 정상 압력보다 약간 높게 유지

② 타이어 마모 상태 점검
  ㉮ 트레드 고무의 국부적인 갈라짐 및 마모 점검
  ㉯ 트레드 고무 블록 현상 점검
  ㉰ 트레드 찢어짐, 공기압 손실 점검
  ㉱ 트레드 원주 방향 고무 갈라짐 점검
  ㉲ 타이어 숄더와 중앙부의 과도한 마모 점검

2) 무한궤도식 굴착기의 트랙 점검

① 무한궤도 트랙 주요 점검 사항
  ㉮ 상부 롤러(carrier roller) : 전부 유동륜과 스프로킷의 사이에서 트랙의 처짐을 방지
  ㉯ 하부 롤러(track roller) : 트랙의 회전 위치를 바르게 유지
  ㉰ 프론트 아이들러(Front Idler, 전부 유동륜) : 트랙의 진로를 조정하고 진행 방향을 유도
  ㉱ 리코일 스프링(Recoil Spring) : 주행 중 프론트 아이들러가 받는 충격을 완하시켜 트랙 장치의 파손을 방지
  ㉲ 평형 스프링(Equalizer Spring) : 요철 지면 주행 시 지면에서 오는 충격을 흡수하여 완충

② 트랙의 유격
  ㉮ 트랙의 유격은 상부 롤러와 트랙 사이의 간격을 말하며, 건설기계의 종류에 따라 다소 차이는 있으나 일반적으로 유격은 25~40mm 정도이다.
  ㉯ 트랙의 유격은 프론트 아이들러를 전진 및 후진시켜서 조정한다.

③ 무한궤도 트랙이 벗겨지는 원인
  ㉮ 트랙의 유격(긴도)이 너무 클 때 벗겨진다.
  ㉯ 트랙을 정렬이 불량할 때(프론트 아이들러와 스프로킷의 중심이 일치되지 않았을 때) 벗겨진다.
  ㉰ 고속 주행 중 급선회를 하였을 때 벗겨진다.
  ㉱ 프론트 아이들러, 상·하부 롤러 및 스프로킷의 마멸이 클 때 벗겨진다.
  ㉲ 리코일 스프링의 장력이 부족할 때 벗겨진다.
  ㉳ 경사지에서 작업할 때 벗겨진다.

Lesson 02 장비 시운전

1 엔진 시운전

1) 엔진 시동 후 계기판 점검

① 엔진 냉각수 온도계 확인
② 작동유 온도계 확인
③ 연료계 확인
④ 엔진 오일압 경고등 확인
⑤ 엔진 점검 경고등 확인

■ 작동유 및 엔진 냉각수 온도 계기판

구분	흰색 범위	적색 범위
냉각수 온도	40~107℃	107℃ 초과
작동유 온도	40~105℃	105℃ 초과

2) 엔진 예열

① 예열의 필요성
  ㉮ 엔진 윤활유의 온도를 높여 엔진이 정상적인 효율을 낼 수 있기 위하여 필요하다.
  ㉯ 작업 장치의 원활한 작동을 위하여 필요하다.

② 굴착기 엔진의 적절한 예열시간
  ㉮ 엔진오일도 온도가 내려가면 점성이 높아져서 뻑뻑해지고, 윤활 작용이 원활하지 못하며, 이를 냉간 상태라 한다.
  ㉯ 굴착기 엔진의 경우 기온에 따라 다르지만 보통 10~20분 정도의 공회전 시간을 추천하고 있다.

RPM 조절 모드(연료 절감 모드)

모드	작업 정도	RPM (분당 회전수)	토크	비고
연료 절감 모드	경부하 작업	1,800RPM	84%	연비 최적 효과
기본 모드	중부하 작업	1,800RPM	100%	–
하이파워 모드	고부하 작업	1,900RPM	100%	최대 출력 발휘

3) 엔진 시동 후 점검

① 작동유 탱크의 레벨 게이지는 적정 유량인가?

② 누유 및 누수는 없는가?

③ 각종 경고 램프는 소등되어 있는가?

④ 수온계 및 작동유 온도계는 2~10단계인가?

⑤ 엔진의 배기음 및 배기색은 정상인가?

⑥ 이상 음, 이상 진동은 없는가?

4) 난기운전

① 난기운전의 개요

㉮ 장비의 적정 작동유 온도는 50℃ 정도이다.

㉯ 오일 온도가 25℃ 이하일 때 급격한 조작을 하면 유압장치 기능에 중대한 고장이 발생할 수 있다.

㉰ 작업을 하기 전에 작동유를 25℃ 이상이 되게 난기운전을 실시한다.

② 난기운전 절차

㉮ 엔진을 저속으로 5분 정도 공회전시켜 준다.

㉯ 엔진 회전속도를 증가시켜 중속 회전으로 한다.

㉰ 버킷 레버를 5분 정도 작동한다. 이때 버킷 레버 이외에는 조작하지 않는다.

㉱ 엔진 회전 속도를 최대로 하고 버킷 레버 및 암 레버를 5~10분 정도 작동한다. 이때 버킷 및 암 레버 이외에는 조작하지 않는다.

㉲ 전체 실린더를 수차례 천천히 왕복시키고, 선회 및 주행 조작을 가볍게 하면 난기운전이 완료된다.

㉳ 동절기 및 혹한기에는 난기운전을 연장해서 실시한다.

2 무한궤도식 구동부 시운전

1) 조향 및 주행 조종

① 정상 조향은 파이널 드라이브 스프로킷이 장비 뒤쪽 아래에 있고, 아이들러가 운전실 앞부분 아래에 있을 때를 기준으로 한다.

② 역 조향은 운전실이 파이널 드라이브 스프로킷 위에 있을 때를 기준으로 한다. 이때 방향 기능 및 조향 방향은 역으로 된다.

③ 주행 레버나 페달을 전진이나 후진 방향으로 더 멀리 움직이면 장비의 전 · 후진 주행 속도는 증가한다.

④ 직진 주행을 위해 동일한 방향으로 똑같이 양쪽 주행 레버나 양쪽 주행 페달을 움직인다.

⑤ 주행 레버나 주행 페달이 후진 방향으로 움직이면 장비는 항상 스프로킷 쪽으로 주행한다.

⑥ 주행 레버나 주행 페달이 전진 방향으로 움직이면 장비는 항상 아이들러 쪽으로 주행한다.

2) 좌측 주행 레버 및 주행 페달

① 후진 ① : 좌측 트랙을 후진 방향으로 작동시키기 위해 좌측 주행 레버나 좌측 주행 페달을 뒤쪽으로 움직인다.

② 정지 ② : 좌측 트랙의 작동을 정지시키기 위해 좌측 주행 레버나 좌측 주행 페달을 놓는다. 브레이크를 결속시키기 위해 좌측 주행 레버 및 주행 페달을 놓는다.

③ 전진 ③ : 좌측 트랙을 전진 방향으로 작동시키기 위해 좌측 주행 레버나 좌측 주행 페달을 앞쪽으로 움직인다.

④ 스폿(spot) 좌회전: 좌측 주행 레버나 좌측 주행 페달 ④를 뒤쪽으로 움직이고, 우측 주행 레버나 우측 주행 페달 ⑤를 동시에 앞쪽으로 움직인다. 이로 인하여 장비는 빠르게 좌측으로 회전한다.

⑤ 피벗(pivot) 좌회전 : 좌측 주행 레버나 좌측 주행 페달 ④를 뒤쪽으로 움직인다. 이로 인하여 장비는 좌측으로 회전한다.

[좌측 주행 레버 및 주행 페달]

3) 우측 주행 레버 및 주행 페달

① 후진 ① : 우측 트랙을 후진 방향으로 작동시키기 위해 좌측 조향 레버나 우측 주행 페달을 뒤쪽으로 움직인다.

② 정지 ② : 우측 트랙을 정지시키기 위해 우측 주행 레버와 우측 주행 페달을 놓는다. 브레이크를 결속시키기 위해 우측 주행 레버와 주행 페달을 앞쪽으로 움직인다.

③ 전진 ③ : 우측 트랙을 전진 방향으로 작동시키기 위해 우측 조향 레버나 우측 주행 페달을 앞쪽으로 움직인다.

④ 스폿(spot) 우회전 : 우측 레버 또는 우측 주행 페달 ⑤를 뒤쪽으로 움직이고, 좌측 주행 레버 또는 좌측 주행 페달 ④를 동시에 앞쪽으로 움직인다. 이로 인하여 장비는 빠르게 우측으로 회전한다.

[우측 주행 레버 및 주행 페달]

4) 직진 주행용 페달
① 직진 주행용 페달은 일부 장비에만 선택적으로 장착될 수 있다.
② 직진 주행용 페달은 우측 주행 페달의 우측에 설치된다. 직진 주행용 페달은 장비의 움직임 측에 있는 램프에 의해 확인된다.
③ **붐 우선 모드**(boom priority mode) : 오일 흐름을 붐 회로에 우선적으로 제공하며, 굴착과 관련된 대부분의 작업에서 가장 적합한 작업 모드이다.
④ **스윙 우선 모드**(swing priority mode) : 오일 흐름을 스윙 회로에 우선적으로 제공하며, 도랑 파기나 도랑 측벽 작업에 알맞은 모드이다. 스윙 작업 각도가 최소한 180°이상일 때 사용된다.
⑤ **미세 조종 모드**(fine control mode) : 스틱(암)을 안으로 움직이는 회로(stick in)의 오일 흐름을 제한하는 모드로 경사지를 마무리 작업할 때 자주 사용된다. 또한 인양 작업이나 미세 경사 작업에 사용되기도 한다.
⑥ **사용자 모드**(user mode) : 이 모드는 보조 모드를 선택하기 위해 사용된다.

5) 주행 조작 시 주의사항
① 일반적인 사항
  ㉮ 유압 실린더에 부하가 가해지지 않도록 버킷, 암, 붐을 오므리고 버킷을 하부주행체 프레임에 올려 놓는다.
  ㉯ 상부 회전체를 선회 로크장치로 고정시킨다.
  ㉰ 엔진을 중속 위치에 놓고 평탄한 지면을 선택하여 주행한다.
  ㉱ 주행 자세는 주행 모터를 뒤쪽에 두고, 작업 장치를 앞쪽으로 한 상태이다. 따라서, 하부와 상부 본체가 180°선회한 상태에서는 주행 방향이 역이 되므로 주의한다.
  ㉲ 지면이 고르지 못하거나 장애물을 통과할 때는 장비 본래의 큰 충격이 걸리므로 엔진 회전수를 낮추고 저속으로 주행한다.
  ㉳ 암반이나 부정지 등은 트랙을 팽팽하게 조정 후 저속으로 주행한다.
② 경사지 주행
  ㉮ 주행 모터의 위치를 확인하여 주행 레버의 조작 방향이 틀리지 않도록 한다.
  ㉯ 버킷을 지면에서 20~30cm 정도로 하여 긴급 시에 브레이크 역할을 할 수 있도록 한다.
  ㉰ 장비가 미끄러지거나 불안할 때는 즉시 버킷을 지면에 내려서 안전 대책을 취한다.
  ㉱ 경사지에서는 잠시 동안의 주·정차 시에도 버킷을 지면에 내리고, 고임목을 받쳐준다.
③ 연약 지반에서의 주행
  ㉮ 가능하면 연약 지반에서의 이동은 피한다.
  ㉯ 자력으로 주행할 수 있는 곳까지 이동한다. 연약 지반에서는 만일의 경우에 대비하여 견인이 가능한 깊이 이상은 이동하지 않는다.
  ㉰ 주행이 불가능할 때는 버킷을 지면에 내리고 붐, 암으로 장비를 들어 올리면서 천천히 탈출한다. 이때 붐, 암 및 주행 레버를 동시에 조작하여 장비에 무리가 가지 않도록 주의한다.
  ㉱ 장비가 너무 깊이 빠졌거나, 진흙 등이 달라붙어 주행이 곤란할 때는 한쪽 트랙을 들어 올리고 진흙, 토사 등을 떨어뜨리면서 탈출한다. 이때 들어 올려진 트랙을 전·후진시키면 진흙, 토사 등이 잘 떨어진다.
  ㉲ 연약 지반에서 자력으로 탈출하기 곤란할 때는 프레임 부분에 와이어로프를 걸고 다른 장비로 견인한다.

3 타이어식 구동부 시운전

1) 선택 스위치
① 타이어식 굴식기의 선택 스위치는 주차·작업·주행 상태를 선택하기 위해 사용한다.
  ㉮ 주차(P) : 주차 시 사용
  ㉯ 작업(W) : 작업 시 사용
  ㉰ 주행(T) : 주행 시 사용
② 주차 또는 작업을 선택하면 계기판에 주행 또는 작업표시등이 점등된다.

2) 전·후진 레버
① 장비의 전·후진 시에 레버를 작동한다.
② 레버를 앞으로 밀면 전진, 뒤로 당기면 후진, 가운데에 두면 중립이 된다.(F : 전진, N : 중립, R : 후진)
③ 도저 블레이드가 전방을 향할 경우에는 주행 방향이 반대가 되므로 주의한다.
④ 후진 레버를 선택하면 후진 경고음이 울린다.
⑤ 엔진 시동은 전·후진 레버가 중립에 있어야만 가능하다.

3) 주행속도 스위치
① 장비의 주행속도를 선택하는 스위치이다.
② 스위치를 앞으로 돌리면 저속주행이 선택되고, 뒤로 돌리면 고속주행이 선택된다.
  ㉮ 저속 주행(-) : 시속 8.5km
  ㉯ 고속 주행(=) : 시속 35km

4) 미세 주행 스위치
① 저속 주행보다 느린 미세한 주행이 필요할 때 사용하며, 미세 주행 속도는 시속 3.8km 이다.
② 미세 주행은 위험장소 탈출이나 중량물 이송 시 적합하다.
③ 스위치를 작동하면 아래쪽의 표시등이 점등된다.
④ 이 기능은 저속 주행 상태에서만 작동한다.

Lesson 03 작업상황 파악

1 작업공정 파악

1) 작업 일정 파악
① 시공업체 공사 담당자로부터 작업 일정을 확인한다.
② 시공업체의 공사 담당자의 작업 지시 사항을 확인한다.
③ 시공업체로부터 작업 기간 동안 연료 공급 방법을 확인한다.
④ 작업 일정 중에 해당하는 기상예보를 확인하고 날씨를 고려하여 작업 계획을 세운다.
⑤ 작업 일정의 변동 가능 여부를 확인한다.

2) 작업 물량 확인

① 작업해야 할 작업 대상물을 확인한다.

② 작업해야 할 물량을 확인한다.

③ 시간당 작업량을 산출하여 작업 기간을 파악한다.

④ 작업 기간과 작업량에 따른 기계 경비를 계산한다.

> **굴착기의 작업량 산출**
>
> $$Q = \frac{3600 \cdot q \cdot K \cdot f \cdot E}{C_m}$$
>
> Q = 시간당 작업량(m³/hr), q = 버킷 용량(m³), K = 버킷 계수,
> f = 체적 환산 계수, E = 작업 효율, C_m = 1회 사이클 시간(초)

3) 작업의 종류 확인

① 시공업체 공사 담당자로부터 작업의 종류를 확인한다.

② 작업의 종류를 고려하여 작업 대상물에 적합한 작업 장치가 있는지 확인한다.

  ㉮ 도랑 파기 및 자재 처리 작업 : 버킷

  ㉯ 지반 고르기, 조경 작업, 정리 작업, 도랑 작업, 메우기 작업 : 디칭 버킷

  ㉰ 자재 쌓기, 인양, 운송, 적재 및 상차 작업 : 유압 썸

  ㉱ 암석, 콘크리트 등의 파쇄 : 브레이커

  ㉲ 건축물 철거 : 크러셔

  ㉳ 퀵 커플러 : 손쉽게 버킷과 유압 브레이커, 썸 등의 선택장치 연결

③ 작업 장치 부착 방법에 따라 적합한 작업 장치를 부착한다.

4) 연계 작업 파악

① 작업 공정표 및 작업지시서를 확인하여 연계 작업 유무를 확인한다.

② 연계 작업을 하는 장비의 운행 경로를 확인한다.

③ 연계 작업 시에 발생 가능한 위험 요인을 파악하기 위해 작업환경을 확인한다.

④ 작업 시 안전 유의 사항을 확인한다.

---

2   작업 간섭사항 파악

1) 작업 간섭사항에 대한 이해

① 연계 작업과의 간섭

② 협력 업체 간의 간섭

③ 공종 간의 간섭

④ 인근 주민의 민원에 의한 작업 간섭

⑤ 통행인과의 간섭

2) 작업 간섭사항 파악하기

① 장비 제원 확인을 통하여 운전 작업 반경을 파악한다.

② 작업 지시 사항과 육안을 통하여 작업 지반, 작업 지형을 파악한다.

③ 장비 제원과 육안을 통하여 지상·지하 장애물을 파악한다.

④ 다른 장비와의 접촉 위험을 파악한다.

---

3   작업 관계자간 의사소통

1) 무전기 사용법 숙지

① 무전기가 켜져 있는지 그리고 제대로 채널이 맞추어 있는지 체크한다. 이어셋이나 헤드셋이 무전기에 제대로 연결되어 있는지 확인한다.

② 작업장에서 할당된 채널을 사용한다. 현장 작업 관계자가 어떤 채널을 사용하고 있는지 확인하고 그에 맞게 채널을 설정한다.

③ 수신 상태 등급, 수신 상태와 수신 감도, 명확도에 대한 보고 방법은 다음의 표와 같다.

등급(level)	의미(meaning)
1	가청 불가(unreadable)
2	잡음이 매우 많고 간신히 들림(very noisy, barely readable)
3	잡음은 있으나 들림(noisy, but readable)
4	상태가 좋으나 가끔 잡음이 생김(good, but slightly noisy)
5	크고 명확함(loud and clear)

2) 무전 시 주의사항

① PTT(push to talk) 버튼을 누르기 전에 무엇을 말할지 생각하고 버튼을 누른 뒤 사용한다.

② 말하기 전에 듣는다.

③ 짧게 그리고 핵심만 보고하며 필요할 때나 응답을 원할 때만 말한다.

④ 답변이 생각나지 않는다면 답을 찾는 동안 "잠시 대기(wait on)"라고 말한다.

⑤ 길게 말하고자 할 때 "중지(break)"라고 말하여 자신이 무슨 말을 하고 있는지 적을 수 있도록 하고 자신의 의사를 확실하게 한다.

3) 신호수의 유도

① 작업장 주변 연약 지반은 반드시 연약 지반 표시판을 설치하거나 신호수를 세우고 운전자는 표지판의 안내 또는 신호수의 지시에 따라야 한다.

② 신호수는 반드시 한 사람으로 지정한다.

③ 작업 시작 전 굴착기 운전원을 포함하여 신호수와 작업원은 작업 회의를 하여 신호(건설기계 표준 유도수신호 방법)에 대해서 사전 숙지해야 한다.

4) 현장 신호수의 위치와 수신호 유도신호 방법

① 유도신호는 호각과 수신호를 병용한다.

② 야간작업 시 유도자는 신호수용 반사 재킷을 착용하고 전자 신호봉 또는 깃발을 손에 들고 유도하여야 한다.

③ 신호수는 다음과 같은 적절한 장소에 위치하여 장비에 유도신호를 하여야 한다.

  ㉮ 운전자와 연락 신호가 잘 되는 곳

㉯ 근로자가 접근하는 것을 용이하게 식별할 수 있는 장소
㉰ 작업 차량이 접근하는 것을 용이하게 식별할 수 있는 장소
㉱ 방문객이 접근하는 것을 용이하게 식별할 수 있는 장소

건설기계 표준 신호 지침

구분	안전하게 이동	우로	좌로	정지	긴급정지	우측으로	좌측으로
동작	호각을 짧게 불면서 한 손을 들고 손바닥을 진행 방향으로 펴고 흔든다.	호각을 길게 불면서 오른손을 위로 올려 옆으로 흔든다.	호각을 길게 불면서 왼쪽을 위로 올려 옆으로 흔든다.	호각을 길게 불면서 한 손을 들고 운전자를 향해 높이 올린다.	호각을 짧게 연속으로 불면서 양손을 벌리고 높이 들어 흔든다.	천천히 이동 호각을 짧게 불면서 우측 손을 올리고 좌측 손으로 좌우로 흔든다.	천천히 이동 좌측 손을 올리고 우측 손으로 좌우로 흔든다.

01 출제 예상문제

○ CHECK POINT QUESTION

CHAPTER 01 ㅣ 점검

Lesson 01 운전 전·후 점검

01 작업을 종료하고 주기장에 주기하는 무한궤도식 굴착기의 안전 상태 확인 요령으로 틀린 것은?

① 굴착기 주차 브레이크가 주차 상태로 되어 있는지 확인한다.
② 안전 레버가 열림 상태인지 확인하고 조치한다.
③ 각종 레버의 위치가 중립으로 되어 있는지 확인하고 조치한다.
④ 마스터 스위치가 있는지 확인하고 조치한다.

🔍 굴착기 주기 시 안전 레버는 잠금 상태여야 한다.

02 굴착기 작업 시 작업 반경 내 위험 요소 파악 내용과 거리가 먼 것은?

① 지상 구조물 파악
② 작업자 현황 파악
③ 지하 매설물 파악
④ 작업 환경 파악

🔍 작업자 현황은 작업 반경 내 위험 요소와는 거리가 멀다.

03 엔진오일에 대한 설명으로 맞는 것은?

① 엔진을 시동한 상태에서 점검한다.
② 겨울보다 여름에는 점도가 높은 오일을 사용한다.
③ 엔진오일에는 거품이 많이 들어있는 것이 좋다.
④ 엔진오일 순환상태는 오일레벨 게이지로 확인한다.

🔍 겨울철에는 기온이 낮아 오일의 유동성이 떨어지기 때문에 낮은 오일의 점도가 필요하며, 여름철에는 반대로 엔진오일의 점도가 높아야 한다.

04 엔진 오일의 교환시기와 주유시 요령이다. 틀린 것은?

① 엔진에 알맞은 오일을 선택한다.
② 주유시 사용지침서 및 주유표에 의한다.
③ 오일 교환 시기를 맞춘다.
④ 재생 오일을 사용한다.

🔍 재생 오일은 사용을 금한다.

05 오일 레벨 게이지에 대한 설명이다. 틀린 내용은?

① 기관 가동상태에서 게이지를 뽑아 점검한다.
② 윤활유의 급유레벨은 유면표시 "F"선까지 급유한다.
③ 윤활유의 레벨도 점검하고 동시에 윤활유 점도도 점검한다.
④ 유면표시 "F"선을 넘고 있으면 윤활유는 희석되어 있다고 본다.

🔍 오일량 점검은 건설기계를 평탄한 지면에 주차시키고 엔진을 기동하여 난기운전시킨 후 엔진을 정지한 상태에서 점검한다.

06 작업 중 엔진 온도가 급상승하였을 때 먼저 점검하여야 할 것은?

① 윤활유 수준 점검
② 고부하 작업
③ 장기간 작업
④ 냉각수의 양 점검

🔍 엔진 온도가 급상승하면 우선적으로 냉각 계통을 점검하여야 한다.

07 냉각장치에서 냉각수의 비등점을 올리기 위한 것으로 맞는 것은?

① 진공식 캡
② 압력식 캡
③ 라디에이터
④ 물 재킷

🔍 냉각장치 내의 비등점을 높이고, 냉각 범위를 넓히기 위해 압력식 캡을 사용한다.

08 압력식 라디에이터 캡에 대한 설명으로 적합한 것은?

① 냉각장치 내부압력이 규정보다 낮을 때 공기 밸브는 열린다.
② 냉각장치 내부압력이 규정보다 높을 때 진공 밸브는 열린다.
③ 냉각장치 내부압력이 부압이 되면 진공밸브는 열린다.
④ 냉각장치 내부압력이 부압이 되면 공기밸브는 열린다.

🔍 냉각장치 내부압력이 규정보다 높아지면 압력밸브가 열리고, 냉각수가 냉각되어 냉각장치 내의 압력이 부압이 되면 진공밸브가 열린다.

09 기관의 정상적인 냉각수 온도에 해당되는 것으로 가장 적절한 것은?

① 20~35℃
② 35~60℃
③ 75~95℃
④ 110~120℃

🔍 냉각수 수온은 실린더 헤드 물 재킷 내의 온도로 나타내며, 정상적인 냉각수 온도 범위는 75~95℃ 정도이다.

10 부동액의 종류 중 가장 많이 사용되는 것은?

① 에틸렌
② 글리세린
③ 에틸렌글리콜
④ 알코올

🔍 에틸렌글리콜(ethylene glycol)을 주성분으로 한 부동액를 많이 사용하며 그 지방의 최저 기온보다 5~10℃ 낮은 온도를 기준으로 혼합한다.

11 타이어의 구조에서 노면과 직접 접촉하여 마모에 견디고 적은 슬립으로 견인력을 증대시키는 부위는?

① 브레이커(breaker)
② 비드부(bead section)
③ 트레드(tread)
④ 숄더부(shoulder section)

🔍 트레드는 노면과 직접 접촉하는 고무 부분이며, 카커스와 브레이커를 보호하는 부분이다.

12 타이어 트레드 패턴의 필요성과 관계 없는 것은?

① 타이어가 옆방향으로 미끄러지는 것을 방지한다.
② 타이어에서 발생한 열을 발산한다.
③ 트레드부에서 생긴 절상 등의 확산을 방지한다.
④ 주행 중 진동을 흡수하고 소음을 방지한다.

🔍 타이어 트레드 패턴의 필요성
• 타이어 옆 방향, 전진 방향 미끄러짐 방지
• 타이어 내부의 열 발산
• 트레드부에 생긴 절상 등의 확대 방지
• 구동력이나 선회 성능 향상

정답 [1. 운전 전·후 점검] 01 ③ 02 ② 03 ② 04 ④ 05 ① 06 ④

82

정답 07 ② 08 ③ 09 ③ 10 ③ 11 ③ 12 ④

13 타이어의 공기압력에 관한 설명이다. 알맞은 것은?

① 공기압이 너무 낮으면 트레드 중앙부의 마멸이 많게 된다.
② 공기압력이 낮으면 수명이 길게 된다.
③ 온도가 높게 되면 공기압력도 높게 된다.
④ 공기압력이 높으면 조향핸들이 무겁게 된다.

> 공기압이 높으면 조향이 가볍고, 트레드 중앙부의 마멸이 많게 된다. 또한, 타이어 공기압이 적정 수준에서 10% 떨어지면 수명은 15% 정도 줄어든다.

14 동력전달계통에서 최종적으로 구동력을 증가시키는 것은?

① 트랙모터
② 종감속기어
③ 스프로킷
④ 변속기

> 종감속기어는 추진축의 회전력을 직각으로 전달하며 엔진의 회전력을 최종적으로 감속시켜 구동력을 증가시킨다.

15 무한궤도식 건설기계에서 트랙이 자주 벗겨지는 원인으로 가장 거리가 먼 것은?

① 유격(긴도)이 규정보다 커 트랙이 늘어졌다.
② 트랙의 상·하부 롤러가 마모되었다.
③ 최종 구동기어가 마모되었다.
④ 트랙의 중심 정렬이 맞지 않았다.

> 트랙이 벗겨지는 원인
> • 프론트 아이들러와 스프로킷 및 상부 롤러의 마모가 클 때
> • 고속 주행시 급선회하였을 경우
> • 프론트 아이들러와 스프로킷의 중심이 다를 때
> • 트랙의 유격(긴도)이 너무 클 때(느슨할 때)
> • 리코일 스프링의 장력이 약할 때
> • 측면을 경사시켜 작업할 때

Lesson 02 장비 시운전

01 굴착기의 엔진시동 전 점검 사항과 가장 거리가 먼 것은?

① 외관 점검
② 누유·누수 점검
③ 배기색 확인·점검
④ 팬 벨트 장력 점검

> 이상한 소리, 이상한 냄새, 배기색 등은 굴착기 작업 중에 확인 가능한 사항이다.

02 기관을 시동하기 전에 점검해야 할 사항이 아닌 것은?

① 연료의 양
② 냉각수의 양
③ 엔진의 회전수
④ 엔진오일의 양

> 엔진의 회전수는 시동을 걸어 공회전 시 점검해야 한다.

03 굴착기 엔진 예열을 위해 일반적인 공회전 시간이 어느 정도인가?

① 1~3분
② 3~5분
③ 5~10분
④ 10~20분

> 굴착기 엔진의 경우 기온에 따라 다르지만 보통 10~20분 정도의 공회전을 통해 엔진을 예열하는 것이 적당하다.

04 기관을 시동하기 전에 점검할 사항과 가장 관계가 먼 것은?

① 연료의 양
② 냉각수의 양
③ 엔진오일의 온도
④ 엔진오일의 양

> 엔진오일의 온도는 시동 후 기관이 정상가동된 상태에서 점검할 수 있지만 냉각수 온도계로 과열 여부를 판단하는 경우가 대부분이다.

05 굴착기 등의 건설기계에서 작업 전 유압오일 온도를 최소 20℃에서 27℃ 이상이 되도록 상승시키는 운전을 무엇이라고 하는가?

① 예비운전
② 점검운전
③ 온기운전
④ 난기운전

> 난기운전이란 작업 전 유압오일 온도를 최소 20℃에서 27℃ 이상이 되도록 상승시키는 운전으로 시동에서 시작하여 시동 후 기관이 정상 작동온도에 도달할 때까지의 시간을 의미한다.

06 굴착기 작업 중 적정 유압오일의 온도는 대략 몇 ℃인가?

① 25℃
② 40℃
③ 50℃
④ 80℃

> 유압오일의 온도
> • 난기운전 후 유압오일의 온도 : 20℃~27℃
> • 작업 중 적정 유압오일의 온도 : 50℃±5℃(45℃~55℃)
> • 최고 허용 오일의 온도 : 80℃
> • 열화되는 오일의 온도 : 80℃~100℃

07 건설기계 장비의 운전 중에도 안전을 위하여 점검하여야 하는 것은?

① 계기판 점검
② 냉각수량 점검
③ 타이어 압력 측정 및 점검
④ 팬 벨트 장력 점검

> 냉각수량, 타이어 압력, 팬 벨트 등은 운전 전에 점검할 사항이지만 계기판은 운전 중에도 점검이 가능한 요소이다.

08 직진 주행용 페달이 장착된 굴착기에서 사용되는 모드가 아닌 것은?

① 붐 우선 모드
② 암 우선 모드
③ 스윙 우선 모드
④ 미세 조종 모드

> 직진 주행용 페달은 일부 장비에 선택적으로 장착될 수 있으며 붐 우선 모드, 스윙 우선 모드, 미세 조종 모드, 사용자 모드를 지원한다.

09 굴착기 주행 조작 시의 주의사항으로 적당하지 않은 것은?

① 주행 시에는 상부회전체를 선회 로크장치로 고정시킨다.
② 경사지 주행 시에는 버킷을 지면에서 최대한 높이 들고 주행한다.
③ 가능하면 연약 지반에서의 이동은 피한다.
④ 암반이나 부정지 등은 트랙을 팽팽하게 조정 후 저속으로 주행한다.

> 경사지 주행 시에는 버킷을 지면에서 20~30cm 정도로 하여 긴급 시에 브레이크 역할을 할 수 있도록 한다.

10 타이어식 굴착기의 전·후진 레버 사용에 대한 설명이다. 틀린 것은?

① 장비의 전·후진 시에 레버를 작동한다.
② 레버를 앞으로 밀면 전진, 뒤로 당기면 후진, 가운데에 두면 중립이 된다.
③ 후진 레버를 선택하면 후진 경고음이 울린다.
④ 엔진 시동은 전·후진 레버가 전진(F) 위치에 있어야만 가능하다.

> 엔진 시동은 전·후진 레버가 중립(N) 위치에 있어야만 가능하다.

주행 및 작업

Craftsman Excavating Machine Operator

Lesson 01 주행

1 주행 성능 장치 확인

1) 운전자 시야 확보
① 운전 전 반드시 유리창 청소 상태를 확인하여 시야를 확보한다.
② 시야 확보와 관련하여 유리창은 물로 세척한 다음 마른걸레로 청소한다.
③ 운전실 전방 유리창을 개방할 경우 래치를 확실히 고정하지 않으면 자중에 의하여 유리창이 닫힐 수 있으므로 주의한다.

2) 각종 미러 조정과 후방 카메라 확인
① 시야 확보를 위해 후사경이 설치되지 않은 굴착기는 안전한 작업을 위해 후사경을 설치하고, 작업 전 작업자의 신체에 적합하게 조정하여 운전 및 작업에서 최상의 시야를 확보한다.
② 후사경에서 확보하지 못한 공간을 볼 수 있는 위치에 후방 카메라를 설치한다.

3) 주요 장치 및 표시등 확인
① **비상스위치** : 장비의 고장이나 긴급 주차 시 다른 장비나 차량에 비상 상태를 알리는 표시등을 작동시키는 스위치이다.
② **시동스위치**
　㉮ OFF, ON, START 3개의 위치가 있다.
　　㉠ OFF : 키의 삽입, 탈거가 가능한 위치로서 엔진 가동상태에서 키를 OFF 위치로 하면 엔진이 정지된다.
　　㉡ ON : 장비 시스템 전체가 작동한다.
　　㉢ START : 엔진을 시동시킬 때 사용한다.
　㉯ 동절기에 시동스위치를 ON하면 냉각수 온도를 감지하여 연료 가열기가 자동으로 작동하여 연료를 가열한다.
　㉰ 시동스위치를 ON한 후 1~2분 사이에 엔진을 시동한다. 외기 온도에 따라 시간이 더 걸릴 수 있다.
　㉱ 전기 및 유압 기능을 유지하고 장비 손상을 방지하기 위해 엔진이 가동할 때 시동스위치를 ON 위치에 둔다.
③ **가속 다이얼 스위치**
　㉮ 가속 정도는 10개 구간으로 나누어져 있다.
　㉯ 1구간 쪽은 저속이고, 10구간 쪽은 고속이다.
　　㉠ 가속 다이얼을 오른쪽으로 돌리면 엔진 속도가 증가한다.
　　㉡ 가속 다이얼을 왼쪽으로 돌리면 엔진 속도가 감소한다.
　㉰ 가속 다이얼을 저단으로 설정할수록 엔진 회전수가 감소되어 연료 소모량이 적어진다.

4) 주요 레버의 기능 확인
① **좌측 조종 레버**
　㉮ 상부 선회 및 암을 작동시키기 위해 사용되는 십자형 조이스틱 레버이다.
　㉯ 레버를 좌우로 움직이면 선회 동작을 하고 앞뒤로 움직이면 암이 작동한다.
② **우측 조종 레버**
　㉮ 붐 및 버킷을 작동시키기 위해 사용되는 십자형 조이스틱 레버이다.
　㉯ 레버를 좌우로 움직이면 버킷이 작동하고 앞뒤로 움직이면 붐이 작동한다.
③ **안전 레버**
　㉮ 운전자의 이탈 시 또는 실수에 의한 장비의 오동작을 방지하기 위한 안전장치이다.
　㉯ 운전석을 이탈할 때는 반드시 안전 레버를 잠금 위치에 둔다.
　㉰ 좌측 콘솔 박스 측면에 있는 안전 레버를 수직 방향으로 내리면 파일럿라인을 차단하여 작업 장치의 작동 및 선회 작동이 되지 않는다.
　㉱ 안전 레버를 잡고 장비에 타거나 내리지 않는다.
④ **조향 핸들 레버**
　㉮ 핸들을 왼쪽으로 돌리면 장비가 왼쪽으로 회전하고 오른쪽으로 돌리면 오른쪽으로 회전한다.
　㉯ 손잡이가 부착으로 한 손 조작 및 급 핸들 조작이 용이하다.
⑤ **도저 및 아웃트리거 조종 레버**
　㉮ 선택 스위치 1에서 선택한 도저 블레이드 또는 아웃트리거를 작동하기 위한 레버이다.
　㉯ 레버를 앞으로 밀면 도저 블레이드 또는 아웃트리거가 내려가고, 뒤로 당기면 올라간다.

2 작업 현장 내·외 주행

1) 작업 현장 내 주행
① 작업 현장 내 안전 작업을 위해 후사경 및 후방 카메라 등의 안전 장치를 설치·확인한다.
② 가능하면 연약 지반에서 이동을 피한다.
③ 주행이 불가능할 때는 버킷을 지면에 내리고 붐, 암으로 장비를 들어 올리면서 천천히 탈출한다. 이 때 붐, 암 및 주행 레버를 동시에 조작하여 장비에 무리가 가지 않도록 주의한다.
④ 장비가 너무 깊이 빠졌거나, 진흙 등이 달라붙어 주행이 곤란할 때는 한쪽 트랙을 들어 올리고 진흙, 토사 등을 떨어뜨리면서 탈출한다. 이때 들어 올려진 트랙을 전·후진시키면 잘 떨어진다.

2) 작업 현장 외 주행

① 운반로의 선정 시 우선 고려사항
  ㉮ 통근, 통학 또는 시장 근처 등 보행자가 많거나 차도와 보도의 구별이 없는 도로, 학교, 병원, 유치원, 도서관 등이 있는 도로는 가능한 한 피한다.
  ㉯ 좁은 도로를 출입할 경우에는 나가는 도로와 들어오는 도로를 별개로 선정한다.
  ㉰ 주변에 대한 소음 피해를 완화하기 위해 될 수 있는 한 포장도로나 폭이 넓은 도로를 선정한다.
  ㉱ 경사나 급하거나 급커브가 많은 도로에서는 엔진 소음 및 제동 소음이 크게 증가하므로 가능한 한 이러한 도로는 피한다.

② 굴착기 이동 시 안전 및 유의사항
  ㉮ 교통법규를 준수한다.
  ㉯ 도로 주행 시 안전을 위해 급출발 및 급제동을 삼간다.
  ㉰ 운전 조작은 천천히 확실하게 한다.
  ㉱ 차 간의 안전거리를 확보한다.

③ 주행 시 주의사항 파악
  ㉮ 운반 차량의 주행 속도는 도로 및 주변 상황에 따라 적정하게 계획하여 실시하고, 불필요한 급발진, 급정지와 공회전 등을 삼간다.
  ㉯ 주행 속도는 소음 방지의 관점에서 40km/hr 이하로 하는 것이 좋다.
  ㉰ 운반 차량 선정 시에는 운반량, 투입 대수, 주행 속도 등을 충분히 검토하여 될 수 있는 한 저소음 차량(소음이 작은 신차 등)의 운행을 늘리고, 과적을 엄격히 제한한다.

Lesson 02 작업

1 깎기

1) 굴착기 깎기의 개요

① 굴착기 깎기의 종류
  ㉮ 일반 깎기 : 굴착기의 지면보다 높은 곳을 깎는 작업
  ㉯ 부지 사면(경사면) 깎기
  ㉰ 암반 구간 깎기 : 풍암, 자갈층 등을 깎는 작업
  ㉱ 상차 작업

② 깎기 작업 전 준비
  ㉮ 작업 순서 파악 : 작업 계획서에 따라 작업 순서, 작업 방법, 작업 안전 및 장애물(간섭) 요인을 확인한다.
  ㉯ 굴착기의 구조 및 성능, 작업 특성 파악 : 작업 반경, 붐, 버킷 선회 작업 범위를 파악한다.
  ㉰ 작업 시 신호체계와 작업 안전 확인
  ㉱ 굴착기 주변 상황 점검
    ㉠ 운전 전 점검을 위해 굴착기 주기(주차) 상태를 육안으로 확인
    ㉡ 안전사고 예방을 위해 굴착기 작업 반경 내의 위험 요소를 확인
    ㉢ 주변 시설물의 손괴 방지를 위해 시설물의 위치를 확인

③ 굴착면의 기울기 및 높이의 기준
  ㉮ 사질의 지반(점토질을 포함하지 않은 것) : 굴착면의 기울기를 1:1.5 이상으로 하고 높이는 5m 미만으로 하여야 한다.
  ㉯ 발파 등에 의하여 붕괴하기 쉬운 상태의 지반 및 매립하거나 반출시켜야 할 지반 : 굴착면의 기울기는 1:1 이하 또는 높이는 2m 미만으로 하여야 한다.

> **굴착기의 일반적인 작업 순서**
> 굴착 → 선회 → 적재 → 선회 → 굴착 위치
> ① 굴착 : 디퍼나 버킷에 흙을 퍼담는 작업이다.
> ② 선회 : 흙을 버릴 곳이나 덤프 트럭까지 선회한다.
> ③ 적재 : 덤프 트럭이나 호퍼에 흙을 쏟는다.
> ④ 선회 : 본래 위치로 되돌아 간다.
> ⑤ 굴착 위치 : 버킷을 내려서 굴착 위치로 오게 한다.

2) 부지(경사) 사면 작업하기

① 부지 사면(경사면, 법면)
  ㉮ 굴착 법면 : 자연 상태의 산을 절단한 경사면
  ㉯ 성토 법면 : 흙을 쌓아 만들어 놓은 경사면으로 균일한 토질로 이루어짐

② 부지 사면 붕괴 예방 대책
  ㉮ 적정 기울기 확보
  ㉯ 법면 구배 확보
  ㉰ 붕괴 방지 공법
    ㉠ 배토공 : 상부의 토석 제거
    ㉡ 압성토공 : 비탈면 하단에 쌓기
    ㉢ 배수공 : 지표수의 침투 방지 및 배수
    ㉣ 공작물 설치 : 말뚝, 앵커(Anchor) 공법

3) 암반 구간 작업하기

① 브레이커(Breaker, 암반 파쇄기)
  ㉮ 브레이커의 정의
    ㉠ 굴착기에 장착하여 사용하는 유압식 왕복 해머로 연속적으로 타격을 가해 암석, 콘크리트 등을 파쇄하는 장치이다.
    ㉡ 브레이커는 굴착기 암(Arm) 말단부에 달려있는 퀵 커플러(Quick Coupler)에 연결하여 사용한다.
  ㉯ 브레이커의 종류
    ㉠ 왕복운동에 따른 분류 : 공유압 플랜저를 이용한 것과 전동 엔진 크랭크를 이용한 것이 있으며 공유압 방식이 파쇄력이 커서 가장 많이 보급되어 있다.
    ㉡ 조작 방식에 따른 분류 : 핸드식과 유압 굴착기 암의 선단부에 조립된 기계 탑재식이 있다.
  ㉰ 브레이커 적용 작업 : 도로 공사, 빌딩 해체, 도로 파쇄, 터널 공사, 슬래그 파쇄, 쇄석 및 채석장의 돌 쪼개기 공사 등의 쇄석 및 해체 공사에 주로 적용

② 브레이커의 부착
  ㉮ 버킷을 분리하기 위하여 안전핀을 제거한 후 퀵 커플러 작동 스위치를 해제한다.
    ㉠ 이동 후크를 고정하는 안전핀을 제거한다.
    ㉡ 안전 버튼을 밀면서 스위치를 눌러주면 퀵 커플러는 풀림 위치가 된다.
  ㉯ 선택장치를 부착하기 위하여 퀵 커플러 작동 스위치를 결속한다.
    ㉠ 암(arm)과 선택장치가 일직선상에 오도록 장비를 위치시키고 퀵 커플러의 고정 후크를 암측 버킷 핀에 끼운다.

ⓛ 조종 레버의 버킷 오므림 동작으로 퀵 커플러를 버킷 링크 핀에 끼운다.
ⓒ 퀵 커플러의 이동 후크가 버킷 링크측 핀에 닿을 때까지 완전히 끼운다.
ⓔ 퀵 커플러 스위치를 잠금 위치로 눌러 준다.
ⓜ 조종 레버를 버킷 오므림 위치로 조작한다. 이때 버킷 핀과 커플러의 물림 상태 이상 유무를 반드시 확인하여야 한다.
㉯ 결속된 선택장치의 이탈을 방지하기 위하여 안전핀을 결속한다.

4) 상차 작업하기

① **운반 차량과 굴착기의 조합 작업**
㉮ 굴착기를 선회할 때 적정 거리를 확보한다.
㉯ 버킷으로 토사를 평적 이상 굴착한다.
㉰ 붐의 각도를 적당히 당겨서 정확히 적재한다. 붐의 각도를 너무 펴서 굴착하면 토사가 흐르고 붐의 각도를 너무 오므리면 차체에 부딪힌다.
㉱ 평적 이상 버킷으로 적정 거리에서 덤핑 작업 및 메우기 작업을 한다.

② **토사 상차 요령**
㉮ 굴착기와 덤프트럭이 높이가 같은 지면에서 적재한다.
㉯ 적재함 뒷부분에 의해 시야가 가리므로 흙을 적재할 때는 적재함 앞쪽에서부터 적재한다.
㉰ 덤프트럭이 아래쪽에 있고 굴착기가 위쪽에 있는 지형에서는 적재함 뒷부분부터 적재하는 것이 효율적이다.
㉱ 덤프트럭이 위쪽에 있고 굴착기가 아래쪽에 있는 지형에서는 적재함 뒤쪽부터 상차하면서 옆 문짝을 보면서 중앙으로 적재한다.

▮ 토사 상차 조합 작업 시 주의사항
• 흙 등을 덤프트럭에 적재할 때는 선회하는 각도를 가능한 좁게 한다.
• 버킷의 이빨을 곡괭이처럼 사용해서는 안 된다.
• 굴착기 버킷이 작업자 위를 지나가서는 안 된다.
• 굴착기 버킷이 트럭의 운전석 위를 지나가서는 안 된다.
• 동시에 위아래에서 작업이 이루어지는 식으로 해서는 안 된다.

---

2 쌓기

1) 굴착기 쌓기의 개요

① **정의 및 종류**
㉮ 정의 : 쌓기란 터파기와 깎기 작업에서 발생한 돌, 토사를 후속 작업에 지장이 없도록 조치하여 쌓아 놓는 것을 말한다.
㉯ 종류 : 흙 쌓기, 돌 쌓기, 야적 쌓기 작업 등

② **쌓기 시공을 위한 재료 위치 선정**
㉮ 터파기와 가까운 자리일 것
㉯ 쌓기 재료 때문에 다른 작업에 방해가 되지 않는 자리일 것
㉰ 주변의 민원이 발생하지 않는 자리일 것
㉱ 장시간 재료를 방치하여도 문제가 발생되지 않는 자리일 것
㉲ 재료를 활용할 수 있게 운반길 옆에 위치할 것

2) 흙 쌓기 작업

① **흙 쌓기 작업 실시**
㉮ 흙 쌓기 작업은 규준틀, 토공 포스트, 배수 준비, 표토 제거, 구조물 및 지장물 철거 등이 완전히 이루어진 후에 시행한다.
㉯ 비탈면의 기울기가 1:4 보다 급한 기울기를 가진 지반 위에 흙 쌓기를 하는 경우에는 원 지반 표면에 층따기를 실시한다.
㉰ 기존 도로의 확장을 위하여 기존 도로에 접속시키는 흙 쌓기를 하는 경우에도 층따기를 해야 한다.
㉱ 비탈면 위에 흙 쌓기를 하는 경우에는 배수구와 배수층을 설치한다.

② **돌, 토사가 흘러내리지 않도록 쌓기 작업**
㉮ 흙 쌓기 비탈면은 차도부와 같은 적합한 다짐을 해야 한다.
㉯ 비탈면은 소단과 기울기를 유지해야 한다.
㉰ 흙 쌓기 부위는 파손되지 않고 양호한 상태를 유지해야 한다.
㉱ 재료가 동결되었을 때 그 부분을 제거하고 흙 쌓기 작업을 한다.

③ **고르기와 다짐 작업**
㉮ 운반 장비나 포설 장비가 흙 쌓기 전 면적에 통행하도록 하여 다짐할 수 있다.
㉯ 혼합 재료(점토, 백토, 모래 등)는 도로 전폭에 교대로 층을 이루도록 포설한다.
㉰ 강우나 강설 등으로 인해 함수비 조절이 불가능하거나 결빙이 되는 동절기에는 다짐 작업을 수행하지 않는다.
㉱ 다짐의 기준
　㉠ 흙 쌓기 노체부(맨 바닥)의 1층 다짐 완료 후의 두께는 30cm 이하여야 한다.
　㉡ 흙 쌓기 노상부(노체부 위)의 1층 다짐 완료 후의 두께는 20cm 이하여야 한다.

3) 야적 쌓기 작업

① **야적장 및 야적 작업**
㉮ 야적장 : 국토의 계획 및 이용에 관한 법률에 따라 1개월 이상 물건을 쌓아 놓는 장소
　㉠ 전, 답의 경우 물건 적치 야적을 위한 농지의 타 용도 일시 전용 허가 등을 받아 개발행위 허가를 신청하여야 하며, 물건 적치에 따른 적치 기간을 표기하여야 한다.
　㉡ 야적장을 목적 사업으로 개발 행위 허가를 할 경우 기반 시설과 함께 법률에 따른 준공 기준을 충족하여야 한다.
　㉢ 건축 자재상과 같은 주 사업과 관련한 자재 야적장은 근린생활시설로 허가한다.
㉯ 야적 작업 : 1개월 이상 시간을 두고 쌓기 작업을 수행하는 대단위 쌓기 작업

② **돌, 토사의 흘러내림을 방지를 위하여 고르기 작업**
㉮ 운반 장비나 포설 장비가 흙 쌓기 전 면적에 통행하도록 하여 고르기 작업을 한다.
㉯ 혼합 재료(점토, 백토, 모래 등)는 도로 전폭에 교대로 층을 이루도록 포설해야 한다.
㉰ 비탈면은 소단과 기울기를 유지해야 한다.
㉱ 흙 쌓기 부위는 파손되지 않고 양호한 상태를 유지해야 한다.
㉲ 재료가 동결되었을 때 그 부분을 제거하고 흙 쌓기 작업을 한다.

③ 지반 종류에 따른 굴착면 기울기

지반의 종류	굴착면의 기울기	지반의 종류	굴착면의 기울기
모래	1 : 1.8	경암	1 : 0.5
연암 및 풍화암	1 : 1.0	그 밖의 흙	1 : 1.2

※ 비고
1. 굴착면의 기울기는 굴착면의 높이에 대한 수평거리의 비율을 말한다.
2. 굴착면의 경사가 달라서 기울기를 계산하기 곤란한 경우에는 해당 굴착면에 대하여 지반의 종류별 굴착면의 기울기에 따라 붕괴의 위험이 증가하지 않도록 위 표의 지반의 종류별 굴착면의 기울기에 맞게 해당 각 부분의 경사를 유지해야 한다.

3 메우기

1) 메우기 작업 준비

① **메우기와 되메우기**
- ㉮ 메우기 : 부지, 관로, 조경 시설물, 도로를 완성시키기 위해 장비를 이용하여 돌, 흙, 골재, 모래 등으로 빈 공간을 채우는 작업
- ㉯ 되메우기 : 지하 구조물 공사 등을 위해 여분으로 파낸 부분을 공사 종료 후 토사를 메워서 원상 복구하는 작업

② **매설물**
- ㉮ 시공 매설물 : 상하수도관, 가스 배관, 통신케이블, 공동 관로, 지하 공작물 등의 설계도 및 작업지시서에 의해 매설된 것들을 말한다.
- ㉯ 지하 매설물
  - ㉠ 지하, 주로 노면 하에 매설되는 각종 공작물이나 시설, 노하(路下) 공작물, 상하수도나 가스의 배관, 전력이나 통신용의 케이블, 지하 철도 등이 있다.
  - ㉡ 각종 매설물을 각개로 설치하는 것을 피하고, 공동 관로, 공동구(共同溝)로 하는 것이 이상적이다.

2) 메우기 작업

① **메우기 작업하기**
- ㉮ 작업 지시 사항에 따라 메우기 작업의 내용을 파악한다.
- ㉯ 원 지반과 메우기 재료 간의 접합을 용이하게 하기 위한 층따기를 수행한다.
- ㉰ 지반의 성질을 고려하여 돌, 골재, 흙으로 메우기 작업을 수행한다.
- ㉱ 메우기 작업을 한 지반의 흘러내림과 침하를 방지하기 위한 사면 정리 다짐한다.

② **평탄 작업**
- ㉮ 흩어진 흙 평탄 작업 : 굴착기를 후진하면서 버킷을 긁고 눌러서 수평을 유지시킨다.
- ㉯ 딱딱하고 울퉁불퉁한 토질 평탄 작업 : 바닥면이 고르지 못할 때 울퉁불퉁한 지면을 고르기 작업을 통해 수평을 유지시킨다.

3) 되메우기 작업

① **되메우기 재료** : 터파기한 재료, 땅 깎기한 재료(암거, 옹벽, 구조물, 관로 등)

② **뒤채움 재료**
- ㉮ 뒤채움 재료의 선별 : 압축성이 적고 강도가 저하되지 않는 재료로 다지기 쉽고 동상 영향을 받지 않는 재료
- ㉯ 뒤채움 대체 재료의 사용 부위
  - ㉠ 암거 상부의 피토고가 충분히 높아서 공용시 차량 등에 의한 충격하중의 영향이 적은 곳
  - ㉡ 암거가 설치되는 지반의 조건이 양호하여, 충분한 지지력을 확보할 수 있는 곳
  - ㉢ 우수나 지하수의 유입이 예상되는 경우에는 뒤채움 시공 전에 배수공 설치 등으로 유수의 유입을 방지

4 선택장치 연결

1) 굴착기의 주 작업장치와 선택장치(attachments)

① **주 작업장치** : 본체와 붐, 암, 버킷
② **선택장치** : 암(arm)과 버킷에 작업 용도에 따라 옵션(option)으로 부착하여 사용하는 장치

2) 주요 선택장치의 종류

① **브레이커(breaker)**
- ㉮ 정의 : 유압식 왕복 해머로 연속적으로 타격을 가해 암석, 콘크리트 등을 파쇄하는 장치
- ㉯ 종류
  - ㉠ 해머의 왕복 운동에 따른 분류 : 공유압 플랜저를 이용한 것, 전동 엔진 크랭크를 이용한 것
  - ㉡ 조작 방식에 따른 분류 : 핸드식, 기계 탑재식

② **크러셔(crusher)**
- ㉮ 정의 : 2개의 집게로 작업 대상물을 집고, 집게를 조여서 물체를 부수는 장치
- ㉯ 종류 : 고정식 크러셔, 회전식 크러셔

③ **집게[그래플(grapple) 또는 그랩(grap)]**
- ㉮ 정의 : 유압 실린더를 이용해서 2~5개의 집게를 움직여 작업 물질을 집는 장치
- ㉯ 종류
  - ㉠ 조작 방법에 따른 분류 : 고정식, 회전식
  - ㉡ 작업 용도에 따른 분류 : 스톤(stone) 그랩, 우드(wood) 그랩, 멀티(multi) 그랩

④ **퀵 클램프(quick clamp)**
- ㉮ 정의 : 굴착기의 선택장치를 신속하게 분리, 결합할 수 있는 장치
- ㉯ 종류 : 수동식, 자동식

⑤ **기타 선택장치**
- ㉮ 리퍼(ripper) : 연암 구간 절삭 작업, 아스콘, 콘크리트 제거 등에 사용되는 장치
- ㉯ 컴팩터(compactor) : 지반 다짐이 필요할 때 사용되는 장치

3) 선택장치 연결 순서

① 현장 작업 여건에 맞는 장치를 선택한다.
② 버킷을 분리하기 위하여 안전핀을 제거한 후 퀵 커플러 작동 스위치를 off(해제)한다.
③ 선택장치를 부착하기 위하여 퀵 커플러 작동 스위치를 on(결속)한다.
④ 결속된 선택장치의 이탈을 방지하기 위하여 안전핀을 결속한다.

⑤ 결속된 선택장치를 사용하기 위하여 공구를 사용하여 유압 라인을 연결한다.

⑥ 결속된 선택장치를 작동시키기 위해서 공구를 사용하여 스톱 밸브를 연 후 선택 모드를 변경한다.

⑦ 결속된 선택장치가 정상적으로 작동하는지 확인하기 위하여 시운전한다.

◨ 선택장치 선택 시 고려사항
- 최대 구조물 크기
- 작업 장치의 작업 능력(최대 개구폭 등)
- 굴착기 성능(중량)
- 작업 시간

Lesson 03 전 · 후진 주행장치

1 조향장치의 구조와 기능

1) 조향장치의 개요

① 조향장치는 건설기계의 주행방향을 바꾸기 위한 조종장치로 조향 핸들을 회전시켜 앞바퀴를 조향하는 구조로 되어 있다.

② 조향장치는 조향 휠, 조향 유니트, 조향 실린더, 조향 액슬(조향 차축) 및 파이프로 구성되어 있다.

③ 조향 휠을 돌리면 조향력은 조향 칼럼을 통해 조향 유니트로 전달된다.

④ 필요한 오일의 흐름은 조향 유니트의 컨트롤부에 의해 감지되며, 유압펌프로부터 토출된 유압오일은 조향 실린더로 공급된다.

⑤ 조향 실린더에서 발생되는 힘은 중간 연결부를 거쳐 조향 타이어의 너클을 움직이게 된다.

⑥ 액슬 몸체는 양끝부에 조향 너클이 킹핀에 의해 장착된 구조이다.

⑦ 허브와 휠은 베어링을 통해 너클 스핀들에 장착되어 있다.

[조향장치의 구조]

2) 조향장치가 갖추어야 할 조건

① 조향 조작이 주행 중의 충격에 영향을 받지 않아야 한다.

② 조작하기 쉽고 방향변환이 원활하게 진행되어야 한다.

③ 회전반경이 작아야 한다.

④ 조향 핸들의 회전과 바퀴의 선회 차이가 크지 않아야 한다.

⑤ 수명이 길고 다루기가 쉬우며, 정비하기 쉬워야 한다.

⑥ 고속 주행에서도 조향 핸들이 안정되어야 한다.

3) 동력조향장치의 장점

① 조향 조작력을 가볍게 할 수 있다.

② 조향 조작력에 관계없이 조향 기어비를 설정할 수 있다.

③ 불규칙한 노면에서 조향 핸들을 빼앗기는 일이 없다.

④ 충격을 흡수하여 충격이 핸들에 전달되는 것을 방지한다.

4) 휠 얼라인먼트(wheel alignment, 앞바퀴 정렬)

① 휠 얼라인먼트의 역할

㉮ 조향 핸들의 조작력을 가볍게 한다.

㉯ 조향 핸들에 복원성을 준다.

㉰ 타이어의 마모를 최소화한다.

㉱ 조향 조작이 확실하고 안정성을 준다.

② 휠 얼라인먼트의 요소

㉮ 토인(toe-in) : 중심선 사이의 거리가 앞쪽이 뒤쪽보다 조금 좁게 되어 있다.

ㄱ 앞바퀴를 주행 중에 평행하게 회전시킨다.

ㄴ 조향할 때 바퀴가 옆 방향으로 미끄러지는 것을 방지한다.

㉯ 캠버(camber) : 앞바퀴를 앞에서 보았을 때 윗부분이 바깥쪽으로 약간 벌어져 상부가 하부보다 넓게 되어 있다.

ㄱ 조향 조작력을 가볍게 하고, 수직 하중에 의해 차축이 휘는 것을 방지한다.

ㄴ 바퀴의 윗부분이 바깥쪽으로 기울어진 상태를 정(+)의 캠버, 바퀴의 중심선이 수직일 때를 0의 캠버, 바퀴의 윗부분이 안쪽으로 기울어진 상태를 부(−)의 캠버라 한다.

㉰ 캐스터(caster) : 앞바퀴를 옆에서 보았을 때 앞바퀴가 차축에 설치되어 있는 킹 핀의 중심선이 노면에 수직인 직선에 대하여 어느 한쪽으로 기울어져 있는 상태를 말하며, 그 각도를 캐스터 각이라 한다.

ㄱ 주행 중 조향 바퀴에 방향성을 준다.

ㄴ 조향 핸들의 직진 복원성을 준다.

㉱ 킹핀 경사각 : 앞바퀴를 앞에서 볼 때 킹핀 중심이 수직선에 대하여 경사각을 이루고 있는 것을 말한다(6~9°).

ㄱ 조향력을 가볍게 한다.

ㄴ 앞바퀴에 복원성을 준다.

ㄷ 저속 시 원활한 회전이 되도록 한다.

◨ 기계식 조향장치의 조작력 전달 순서

핸들 → (조향축) → 조향기어 → 피트먼 암 → 드래그 링크 → (벨 크랭크) → 타이로드 → 조향 암 → (너클 암) → 바퀴(후륜)

2 동력전달장치 구조와 기능

1) 동력전달장치 개요
① 동력전달장치의 변속기(트랜스미션)는 전진 1~2단과 후진 1~2단으로 되어 있으며, 토크 컨버터, 차동기어 그리고 종감속기어(파이널 드라이브) 등으로 구성된다.
② 2개의 바퀴를 구동하는 차축은 차동기어를 2개의 종감속기어에 연결시키며, 구동바퀴는 종감속기어 장착된다.
③ 엔진 플라이 휠로부터의 동력은 토크 컨버터를 거쳐 변속장치와 구동축이 일체화된 트랜스 액슬의 입력 축으로 전달된다.
④ 트랜스 액슬은 스프링 장력에 의해 해제되는 2쌍의 유압 클러치 팩이 내장되어 있으며 전진 및 후진 기어 변속이 가능하다.
⑤ 클러치 팩으로부터의 동력은 출력 기어와 스파이럴 베벨 기어를 통해 차동장치로 전달된다.
⑥ 차동장치는 차축을 통하여 동력을 종감속기어와 바퀴에 전달한다.

[동력전달장치 구조]

2) 토크 컨버터(torque converter)
① 토크 컨버터는 엔진(기관)의 동력을 변속기로 전달하는 클러치이며, 오일에 의해 작동한다.
② 장비에 부하가 걸리면 터빈 속도는 느려지고 회전력은 증가한다(터빈 속도와 회전력은 반비례 관계).
③ 토크 컨버터는 엔진 플라이 휠 하우징에 볼트로 직접 연결되어 있다.
④ 토크 컨버터의 온도 지시기는 오일의 온도를 가리킨다.
⑤ 토크 컨버터의 펌프는 엔진(기관)에 의해 직접 구동되며, 오일을 배출하는 원심펌프로 작동된다.

■ 토크 컨버터의 3대 구성요소
- 펌프
- 터빈
- 스테이터

3) 트랜스미션(변속기) 작동
① 토크 컨버터는 입력 쪽에 연결된 펌프(임펠러), 출력 쪽에 연결된 터빈과 오일의 흐름 방향을 바꿔주는 스테이터의 3개 요소로 구성되어 있다.
② 엔진은 펌프를 회전시키고 펌프 블레이드는 유체에너지를 발생시킨다. 오일이 원심력으로 통로를 따라 흐르고, 이 에너지는 터빈에 토크를 준다.
③ 회전하는 터빈을 통해 흐르는 유체는 스테이터에 의해 흐름이 바뀌는 동안 스테이터에 반대 토크를 발생시킨다. 반대 토크가 터빈에 더해지고, 그 결과로서 출력 토크는 엔진 토크의 몇 배로 증가된다.
④ 토크 컨버터는 주행을 시작할 때 최대 출력 토크를 낸다. 최대속도로 달릴 때 높은 토크는 요구되지 않으며 출력 토크는 점진적으로 줄어든다.
⑤ 엔진의 동력은 토크 컨버터를 통해 터빈 축에서 클러치 축으로 전달되고, 전진·후진 회전은 유압 클러치에 의해 선택된다.
⑥ 동력은 구동 축과 기어를 통해 전진 구동기어에서 하이포이드 피니언의 종감속기어로 전달된다.
⑦ 후진 기어의 경우, 동력은 구동 축과 기어가 피니언을 역으로 회전시킴으로써 후진 축과 기어를 통하여 클러치의 후진 구동기어에서 하이포이드 피니언의 종감속기어로 전달된다.

3) 드라이브 라인
기관의 동력을 원활하게 뒤 차축에 전달하기 위해 추진축의 중간 부분에 슬립 이음과 추진축의 앞쪽 또는 양쪽 끝에 자재 이음(universal joint)이 있고 이것을 합쳐서 드라이브 라인이라고 부른다.
① **추진축** : 변속기의 회전력을 종감속장치에 전달하여 바퀴를 회전시키며, 강한 비틀림을 받으면서 고속 회전하기 때문에 속이 빈 강관을 사용한다.
② **자재 이음(유니버설 조인트)** : 2개의 축 사이에 설치되어 원활한 동력을 전달할 수 있도록 사용되며, 추진축의 각도 변화를 가능케 한다.
③ **슬립 이음** : 추진축의 길이 변화를 가능케 하며(50~70mm) CG(새시 그리스)가 주유된다.

■ 동력전달순서
- 기관식 : 기관 → 클러치 또는 토크 컨버터 → 변속기 → 종감속기어 및 차동기어 → 구동 차축 → (최종구동기어) → 차륜
- 전동식 : 축전지 → 컨트롤러 → 구동모터 → 변속기 → 차동장치 → 차륜
- 유압 구동식 : 기관 → 주 유압펌프 → 컨트롤 밸브 → 주행모터 → 최종감속기어 → 차륜

3 제동장치 구조와 기능

1) 제동장치의 개요
① 브레이크 장치에는 디스크 브레이크와 주차 브레이크의 2종류가 사용된다.
② 디스크 브레이크는 주 제동용으로 브레이크 페달을 발로 밟으면 마스터 실린더에서 유압이 형성되고, 이 유압이 차축(액슬) 하우징 내 피스톤으로 전달된다. 이 피스톤이 디스크에 압력을 가하게 되고, 이로 인해 브레이크가 작동하게 된다.
③ 주차 브레이크는 브레이크 레버를 당기게 되면 브레이크 케이블을 통해 힘이 브레이크로 전달된다.

주차 레버, 오일 탱크, 브레이크 페달, 주차 브레이크 케이블, 마스터 실린더, 블록, 디스크 브레이크(오른쪽), 구동 차축, 디스크 브레이크(왼쪽)

[브레이크 페달 및 파이프]

2) 유압식 조작기구

① **마스터 실린더** : 브레이크 페달을 밟아서 필요한 유압을 발생시키는 부분으로 피스톤과 피스톤 캡, 리턴 스프링 및 체크 밸브 등으로 구성되어 있어 $0.6{\sim}0.8kg/cm^2$의 잔압을 유지시킨다.

② **브레이크 페달** : 지렛대 원리를 이용한 것으로 마스터 실린더에 가하는 발의 힘을 적제하여도 제동력은 크게 생기도록 하는 것이 중요하다.

③ **브레이크 파이프 및 호스** : 방청 처리된 3~8mm 강파이프 사용하며, 요동이 심한 곳은 플렉시블 호스(flexible hose)를 사용한다.

3) 디스크 브레이크의 구조와 특징

① 디스크식 브레이크의 구조

㉠ 디스크(disk) : 특수주철로 만들어 휠 허브에 결합되어 바퀴와 함께 회전한다.

㉡ 캘리퍼(caliper) : 캘리퍼란 브레이크 실린더와 패드를 구성하고 있는 한 뭉치로 캘리퍼의 양쪽 면에는 브레이크 실린더가 설치되어 있다.

㉢ 브레이크 실린더 및 피스톤 : 실린더는 캘리퍼의 좌우에 2개가 결합되어 있으며 피스톤에는 패드가 부착된다.

㉣ 패드 : 석면과 레진(resin, 수지)을 혼합하여 소성한 것으로 피스톤에 부착된다.

② 브레이크 드럼의 특징

㉠ 증기폐쇄현상(베이퍼 록)이 적다.

㉡ 오일누출이 없다.

㉢ 디스크가 노출되어 회전하기 때문에 열변형(熱變形)에 의한 제동력의 저하가 없다.

㉣ 디스크와 패드의 마찰 면적이 적기 때문에 패드의 누르는 힘을 크게 할 필요가 있다.

㉤ 자기배력작용이 없기 때문에 필요한 조작력이 커진다.

㉥ 패드는 강도가 큰 재료를 사용해야 한다.

㉦ 부품수가 적고, 중량이 가볍다.

4) 인칭 페달

① 인칭 페달은 전·후진 방향으로 서서히 화물에 접근시키거나 빠른 유압 작동으로 신속히 화물을 상승 또는 적재시킬 때 사용되는 것으로 인칭 조절 기구는 변속기 내부에 있다.

② 인칭 페달을 밟고 엑셀레이터를 밟으면 전진 레버가 앞으로 되어 있어도 앞으로 나가지 않으면서 동력이 포크를 올리는데 전달되므로 포크가 더 빨리 올라가게 된다.

③ 인칭 페달의 초기 스트로크에서는 변속기 컨트롤 밸브의 인칭 스풀 작동으로 유압 클러치가 중립이 됨으로써 인칭 페달의 초기 스트로크로 구동력을 차단하게 되며, 페달을 더욱 깊게 밟음으로써 브레이크가 작동하게 된다.

4 ⚡ 주행장치 구조와 기능

1) 휠(Wheel)

① 휠은 제동 시의 토크, 선회 시의 원심력에 견디며 타이어는 공기 압력을 유지하는 타이어 튜브와 타이어로 구성된다.

② 휠은 크게 림과 휠 디스크 등으로 구성된다. 림은 타이어를 유지하는 부분이고 휠 디스크는 허브에 장착하기 위한 부분이다.

2) 타이어(Tire)

① 타이어의 기능

㉠ 자동차의 하중을 지지한다.

㉡ 노면으로부터의 충격을 흡수한다.

㉢ 구동력과 제동력을 발휘한다.

㉣ 코너링포스를 발생시켜 선회를 가능하게 한다.

② 타이어의 구조

㉠ 트레드(tread) : 타이어가 노면과 접촉하는 부분의 두꺼운 고무층을 말하며 노면과 미끄러짐을 방지하고 방열을 위한 홈(트레드 패턴)이 파여 있다.

㉡ 벨트(belt) : 주행 시 외부로부터 받는 충격을 완화하고 트레드의 갈라짐이나 외상이 직접 카커스에 도달하는 것을 방지한다. 또한 노면에 닿는 트레드 부위를 넓게 하여 주행 안정성을 높이는 역할을 한다.

㉢ 숄더(shouder) : 트레드와 사이드월 사이에 위치하고 주행 중 내부에서 발생하는 열을 쉽게 발산시킬 수 있도록 설계되어 있다.

㉣ 사이드월(side wall) : 타이어의 숄더와 비드(bead) 사이에 해당하는 부분으로서 카커스를 보호하고 유연한 굴신운동을 함으로써 승차감을 좋게 한다. 이 부분에는 타이어의 종류, 규격, 구조, 패턴, 제조회사, 상표명 등 여러 가지 문자가 표시되어 있다.

캡플라이(Capply), 트레드(Tread), 그루브(Groove), 숄더(Shoulder), 사이드월(Side wall), 인너라이너(Inner liner), 벨트(Belt), 카커스(Carcass), 비드(Bead)

[타이어의 구조]

타이어 호칭 치수

• 저압 타이어 : 폭 – 내경 – 플라이수

• 고압 타이어 : 외경 – 폭 – 플라이수

02 출제 예상문제

CHECK POINT QUESTION

CHAPTER 02 | 주행 및 작업

Lesson 01 주행

01 굴착기 주행과 관련한 주요 장치에 대한 설명으로 틀린 것은?

① 비상스위치는 장비의 고장이나 긴급 주차 시 다른 장비나 차량에 비상 상태를 알리는 표시등을 작동시키는 스위치이다.
② 동절기에 시동스위치를 ON하면 냉각수 온도를 감지하여 연료 가열기가 자동으로 작동하여 연료를 가열한다.
③ 가속 다이얼을 저단으로 설정할수록 엔진 회전수가 증가하여 연료 소모량이 많아진다.
④ 전기 및 유압 기능을 유지하고 장비 손상을 방지하기 위해 엔진이 가동할 때 시동스위치를 ON 위치에 둔다.

🔍 가속 다이얼 스위치
• 가속 다이얼을 오른쪽으로 돌리면 엔진 속도가 증가한다.
• 가속 다이얼을 왼쪽으로 돌리면 엔진 속도가 감소한다.
• 가속 다이얼을 저단으로 설정할수록 엔진 회전수가 감소되어 연료 소모량이 적어진다.

02 SAE 형식의 굴착기 조종 레버에 대한 설명으로 틀린 것은?

① 좌측 조종 레버는 상부 선회 및 암을 작동시키기 위해 사용된다.
② 우측 조종 레버는 붐 및 버킷을 작동시키기 위해 사용된다.
③ 좌측 조종 레버를 좌우로 움직이면 선회 동작을 하고 앞뒤로 움직이면 암이 작동한다.
④ 우측 조종 레버를 좌우로 움직이면 붐이 작동하고 앞뒤로 움직이면 버킷이 작동한다.

🔍 우측 조종 레버를 좌우로 움직이면 버킷이 작동하고 앞뒤로 움직이면 붐이 작동한다.

03 무한궤도식 굴착기의 주행 방법 중 틀린 것은?

① 가능하면 평탄한 길을 택하여 주행한다.
② 요철이 심한 곳에서는 엔진 회전수를 높여 통과한다.
③ 돌이 주행모터에 부딪치지 않도록 한다.
④ 연약한 땅을 피해서 간다.

🔍 암반이나 부정지 등은 트랙을 팽팽하게 조정 후 저속으로 주행한다.

04 크롤러형의 굴착기를 주행 운전할 때 적합하지 않은 것은?

① 주행 시 버킷의 높이는 30~50cm가 좋다.
② 가능하면 평탄한 지면을 택하고, 엔진은 중속이 적합하다.
③ 암반 통과 시 엔진 속도는 고속이어야 한다.
④ 주행 시 전부장치는 전방을 향해야 좋다.

🔍 암반이나 울퉁불퉁한 지역을 주행할 때는 저속으로 주행하여야 한다.

05 한쪽 트랙이 연약 지면에 빠졌을 때의 조치 요령이 잘못된 것은?

① 버킷 이빨을 흙 속에 박고 암과 붐을 이용하여 추진한다.
② 피벗 회전으로 빠진 쪽 트랙을 연약 지면에서 나오게 한다.
③ 붐을 잭 대용으로 하여 빠진 쪽 트랙을 들어 준다.
④ 연약 지면과 트랙 사이에 통나무 따위를 넣는다.

🔍 붐을 잭 대용으로 사용하면 안 된다.

06 굴착기에 장착된 아워 미터의 설치 목적으로 맞는 것은?

① 엔진 가동 시간을 나타낸다.
② 주행 거리를 나타낸다.
③ 엔진 오일량을 나타낸다.
④ 작동유 량을 나타낸다.

🔍 아워 미터는 엔진 가동 시간을 나타낸다.

07 경사지에서 굴착기를 주·정차시킬 경우 다음 설명 중 틀린 것은?

① 버킷을 지면에 내려놓는다.
② 주차 브레이크를 작동시킨다.
③ 클러치를 분리하여 둔다.
④ 바퀴 고임목으로 고인다.

08 작업 현장이 아닌 곳에서의 굴착기 주행에 대한 설명으로 틀린 것은?

① 도로 주행 시 안전을 위해 급출발 및 급제동을 삼간다.
② 도로에서의 주행 속도는 시속 20km 이하로 하는 것이 좋다.
③ 주변에 대한 소음 피해를 완화하기 위해 될 수 있는 한 포장도로나 폭이 넓은 도로를 선정한다.
④ 차 간의 안전거리를 확보하고 교통관련법규를 준수한다.

🔍 주행 속도는 소음 방지의 관점에서 시속 40km 이하로 하는 것이 좋다. 또한, 너무 느린 속도로 도로를 주행할 경우 다른 교통의 진행에 장애를 줄 수 있다.

Lesson 02 작업

01 굴착기를 이용한 깎기 작업 시 안전 준수 사항으로 맞지 않는 것은?

① 상부에서 붕괴 낙하 위험이 있는 장소에서의 작업은 하지 않는다.
② 상·하부 동시 작업으로 작업 능률을 높인다.
③ 굴착면이 높은 경우에는 계단식으로 굴착한다.
④ 붕괴 위험이 있는 지반은 적절한 보강 후 작업한다.

🔍 상·하부 동시 작업 시 붕괴 및 안전사고의 우려가 있으므로 절대 금한다.

02 넓은 홈의 굴착 작업 시 굴착 순서로 맞는 것은?

①
1	2	3
4	5	6
굴착기 작업위치		

②
3	2	1
6	5	4
굴착기 작업위치		

③
4	6	5
1	2	3
굴착기 작업위치		

④
1	3	2
4	6	5
굴착기 작업위치		

[1. 주행] 01 ③ 02 ④ 03 ② 04 ③ 05 ③ 06 ① 07 ③ 08 ② [3. 전·후진 주행장치] 01 ② 02 ④

🔍 직진 굴착(넓은 도랑)

②	⑤
③	⑥
①	④

03 굴착기를 이용한 깎기 작업 시 점토질을 포함하지 않는 사질 지반에서 굴착면의 기울기는 얼마 이상으로 하여야 하는가?

① 1 : 0.5
② 1 : 0.8
③ 1 : 1.0
④ 1 : 1.5

🔍 굴착면의 기울기 및 높이의 기준
• 사질의 지반(점토질을 포함하지 않은 것) : 굴착면의 기울기를 1:1.5 이상으로 하고 높이는 5m 미만으로 하여야 한다.
• 발파 등에 의하여 붕괴하기 쉬운 상태의 지반 및 매립거나 반출시켜야 할 지반 : 굴착면의 기울기는 1:1 이하 또는 높이는 2m 미만으로 하여야 한다.

04 토사 붕괴의 외적 원인으로 볼 수 없는 것은?

① 사면, 법면의 경사 증가
② 절토 및 성토높이의 증가
③ 토사의 강도저하
④ 공사에 의한 진동 및 반복하중의 증가

🔍 토사 붕괴의 원인
• 외적원인 : 사면의 경사 및 기울기의 증가, 절토 및 성토의 증가, 공사에 의한 진동 및 반복하중의 증가, 지표수 또는 지하수의 침투로 인한 토사 중량의 증가, 지진 및 작업 차량 등의 하중
• 내적원인 : 절토사면의 토질, 암질의 종류, 성토사면의 토질 구성 및 분포, 토사의 강도 저하

05 벼랑에서 암석 굴착 작업 시 안전한 작업 방법으로 맞는 것은?

① 스프로킷을 앞쪽에 두고 작업한다.
② 중력을 이용한 굴착을 한다.
③ 신호자는 운전자 뒤쪽에서 신호를 한다.
④ 트랙 앞쪽에 트랙보호 장치를 한다.

🔍 벼랑에서 암석 작업 시에는 트랙 앞쪽에 트랙 보호 안전장치를 한다.

06 굴착 작업 시 장비 안전에 관한 설명으로 틀린 것은?

① 굴착 작업 전 장비가 위치할 안전한 지반을 확보한다.
② 굴착 작업 시 굴착 작업 한 끝단과 거리를 두어 지반이 붕괴되지 않도록 한다.
③ 경사면에서 작업 시 항상 붕괴 가능성을 확인한다.
④ 굴착 작업 시 각 실린더는 완전히 오므리거나 펴도록 작업한다.

🔍 작업 시 각 유압 실린더는 50~80mm 여유를 두면서 작업한다.

07 굴착기 장비로 작업 시 작업 안전사항으로 틀린 것은?

① 경사지 작업 시 측면절삭을 행하는 것이 좋다.
② 한쪽 트랙을 들 때는 암과 붐 사이의 각도는 90~110°범위로 해서 들어 주는 것이 좋다.
③ 타이어식 굴착기로 작업 시 안전을 위하여 아웃트리거를 걸치고 작업하였다.
④ 기중 작업은 가능한 피하는 것이 좋다.

🔍 경사지 작업시에는 측면 절삭을 피해야 한다.

08 굴착기의 1사이클 타임은 토사 적재 후 원하는 위치에 쌓은 후 다시 굴착 위치로 이동 시키는 일인데, 다음 중 1사이클 타임에 영향을 받는 설명으로 맞지 않는 것은?

① 덤프트럭 적재함의 크기는 영향을 받는다.
② 덤프트럭 적재함의 높이는 영향을 받는다 .
③ 굴착 깊이는 영향을 받지 않는다.
④ 작업 물질은 영향을 받는다.

🔍 굴착 깊이는 1사이클 타임에 영향을 받는다.

09 굴착기 작업 시 운전자가 준수할 안전 사항으로 맞지 않는 것은?

① 운전석을 떠날 때는 엔진을 정지시킨다.
② 후진 작업 시에는 장애물의 이상 유무를 확인한다.
③ 운전자의 시선은 반드시 운전석의 조종 판넬을 주시한다.
④ 붐이나 버킷이 고압선에 닿지 않도록 주의한다.

🔍 작업 시 운전자의 시선은 버킷을 주시하여야 한다.

10 굴착기 안전 수칙에 대한 설명으로 맞지 않는 것은?

① 버킷에 무거운 하중이 들려 있을 때는 5~10cm 들어 올려 장비의 안전을 확인 후 작업한다.
② 버킷에 하중을 달아 올린 채로 브레이크를 걸어 두지 않는다.
③ 작업 시 버킷 옆에 항상 보조 작업자가 위치하도록 한다.
④ 운전자는 작업 반경의 주위를 확인 후 선회한다.

🔍 작업 반경 내에 다른 작업자가 있으면 안전사고의 위험이 있다.

11 굴착기로 토사 쌓기 작업 후 성토 경사면이 붕괴되는 원인으로 맞지 않는 것은?

① 쌓기 작업 직후에는 붕괴 발생률이 낮다.
② 미끄러져 내리기 쉬운 지층 구조 경사면에서 붕괴된다.
③ 다짐이 불충분한 상태에서 빗물이나 지표수, 지하수 등의 침투로 인하여 붕괴된다.
④ 풍화가 심한 급경사면에서 붕괴된다.

🔍 쌓기 작업 직후에는 붕괴 발생률이 높아진다.

12 굴착기로 덤프트럭에 토사 상차 작업 시 효율적인 안전한 작업에 대한 설명으로 맞지 않는 것은?

① 버킷 투스를 곡괭이처럼 사용하지 않는다.
② 버킷이 덤프트럭 위를 지나가지 않도록 한다.
③ 버킷이 다른 작업자의 위를 지나가지 않도록 한다.
④ 토사를 덤프트럭에 상차 시 선회하는 각도를 크게 한다.

🔍 덤프트럭에 토사 적재 시 선회 각도를 가능한 적게 한다.

13 덤프트럭에 상차 작업 시 안전 사항으로 맞지 않는 것은?

① 굴착기와 덤프트럭의 높이가 같은 지면에서 적재한다.
② 토사 적재 시 적재함 앞쪽부터 적재한다.
③ 잡석 적재 시 적재함 앞쪽부터 적재한다.
④ 덤프트럭이 아래쪽에 있고 굴착기가 위쪽에 있는 지형에서는 적재함 뒤쪽에서부터 적재한다.

정답 03 ④ 04 ③ 05 ④ 06 ④ 07 ①

정답 08 ③ 09 ③ 10 ③ 11 ① 12 ④ 13 ③

🔍 **토사 상차 요령**
- 굴착기와 덤프트럭이 높이가 같은 지면에서 적재한다.
- 적재함 뒷부분에 의해 시야가 가리므로 흙을 적재할 때는 적재함 앞쪽에서부터 적재한다.
- 덤프트럭이 아래쪽에 있고 굴착기가 위쪽에 있는 지형에서는 적재함 뒷쪽부터 적재하는 것이 효율적이다.
- 덤프트럭이 위쪽에 있고 굴착기가 아래쪽에 있는 지형에서는 적재함 뒤쪽부터 상차하면서 옆 문짝을 보면서 중앙으로 적재한다.

14 굴착기와 덤프트럭을 이용한 토사 상차 조합 작업 시 주의사항으로 틀린 것은?

① 흙 등을 덤프트럭에 적재할 때는 선회하는 각도를 가능한 크게 한다.
② 굴착기 버킷이 작업자 위를 지나가서는 안 된다.
③ 굴착기 버킷이 트럭의 운전석 위를 지나가서는 안 된다.
④ 동시에 위아래에서 작업이 이루어지는 식으로 해서는 안 된다.

🔍 흙 등을 덤프트럭에 적재할 때는 선회하는 각도를 가능한 좁게 하도록 하며, 버킷의 이빨을 곡괭이처럼 사용해서는 안 된다.

15 흙 쌓기 작업과 관련하여 노체부의 1층 다짐 완료 후 두께는 얼마 이하여야 하는가?

① 10cm 이하   ② 20cm 이하
③ 30cm 이하   ④ 40cm 이하

🔍 흙 쌓기 노체부의 1층 다짐 완료 후의 두께는 30cm 이하, 노상부의 1층 다짐 완료 후의 두께는 20cm 이하여야 한다.

16 지반의 종류가 다음과 같을 때 굴착면의 기울기 기준으로 옳은 것은?

연암 및 풍화암

① 1 : 1.8   ② 1 : 1.0
③ 1 : 0.8   ④ 1 : 0.5

🔍 지반 종류에 따른 굴착면의 기울기 기준

지반의 종류	굴착면의 기울기	지반의 종류	굴착면의 기울기
모래	1 : 1.8	경암	1 : 0.5
연암 및 풍화암	1 : 1.0	그 밖의 흙	1 : 1.2

※ 비고
1. 굴착면의 기울기는 굴착면의 높이에 대한 수평거리의 비율을 말한다.
2. 굴착면의 경사가 달라서 기울기를 계산하기가 곤란한 경우에는 해당 굴착면에 대하여 지반의 종류별 굴착면의 기울기에 따라 붕괴의 위험이 증가하지 않도록 위 표의 지반의 종류별 굴착면의 기울기에 맞게 해당 각 부분의 경사를 유지해야 한다.

17 지하 구조물 공사 등을 위해 여분으로 파낸 부분을 공사 종료 후 토사를 메워서 원상 복구하는 작업을 무엇이라 하는가?

① 메우기   ② 되메우기
③ 평탄화   ④ 굴착

🔍 메우기와 되메우기
- 메우기 : 부지, 관로, 조경 시설물, 도로를 완성시키기 위해 장비를 이용하여 돌, 흙, 골재, 모래 등으로 빈 공간을 채우는 작업
- 되메우기 : 지하 구조물 공사 등을 위해 여분으로 파낸 부분을 공사 종료 후 토사를 메워서 원상 복구하는 작업

18 굴착기로 지면 고르기 작업 시 유의할 사항으로 틀린 것은?

① 포설 장비가 메우기 전에 고르기 작업을 한다.
② 비탈면은 소단과 기울기를 유지하도록 한다.
③ 혼합 재료는 도로 전폭에 교대로 층을 이루도록 작업을 한다.
④ 동결된 고르기 재료는 잘 희석하여 메우기 작업 재료로 사용한다.

🔍 동결된 재료는 동결된 부분을 제거하고 메우기 작업을 한다.

19 굴착기로 토사 메우기 작업 시 사용되는 토사의 조건으로 틀린 것은?

① 배수성이 좋아야 한다.
② 팽창성이 커야 한다.
③ 압축성이 적어야 한다.
④ 공학적으로 안정 되어야 한다.

🔍 메우기 작업 시 사용되는 토사는 팽창성이 적어야 한다.

20 굴착기 작업의 선택장치(attachments) 선택 시 고려사항과 가장 거리가 먼 것은?

① 최대 구조물 크기
② 작업 장치의 작업 능력
③ 조종자의 숙련도
④ 작업 시간

🔍 선택장치 선택 시 고려사항
- 최대 구조물 크기
- 작업 장치의 작업 능력(최대 개구폭 등)
- 굴착기 성능(중량)
- 작업 시간

Lesson 03 전·후진 주행장치

01 건설기계의 조향장치란 무엇인가?

① 배기가스를 환기시키는 장치
② 방향전환시 동력의 원활한 전달을 위한 장치
③ 작업 중 방향을 바꾸는 장치
④ 불완전 연소가스를 순환시키는 장치

🔍 조향장치란 차량의 진행 방향을 운전자가 의도하는 바에 따라서 임의로 조작할 수 있는 장치를 말한다.

02 조향장치에 요구되는 사항이 아닌 것은?

① 주행 중 노면의 충격에 영향을 받지 않아야 한다.
② 조작이 쉽고 방향 전환이 원활하게 이루어져야 한다.
③ 고속 주행에서도 조향 핸들이 안정되어야 한다.
④ 조향 핸들의 회전과 바퀴 선회 차이가 커야 한다.

🔍 조향 핸들의 회전과 바퀴 선회 차이가 크지 않아야 하며, 회전 반지름이 작아 좁은 곳에서도 방향 전환을 할 수 있어야 한다.

03 동력 조향장치의 장점으로 적합하지 않는 것은?

① 작은 조작력으로 조향 조작을 할 수 있다.
② 조향 기어비는 조작력에 관계없이 선정할 수 있다.
③ 굴곡 노면에서의 충격을 흡수하여 조향핸들에 전달되는 것을 방지한다.
④ 조작이 서툴러도 엔진이 정지되지 않는다.

🔍 동력조향장치의 장점
- 조향 조작력이 작아도 된다.
- 조향 조작력과 관계없이 조향 기어비를 선정할 수 있다.
- 노면으로부터 충격 및 진동을 흡수한다.
- 앞바퀴의 시미현상(주행 중 앞 바퀴의 가로 흔들림 현상)을 방지할 수 있다.
- 조향 조작이 경쾌하고 신속하다.

04 굴착기 조향 핸들에서 바퀴까지의 조작력 전달순서로 다음 중 가장 적합한 것은?

① 핸들 – 피트먼 암 – 드래그 링크 – 조향기어 – 타이로드 – 조향암 – 바퀴
② 핸들 – 드래그 링크 – 조향기어 – 피트먼 암 – 타이로드 – 조향암 – 바퀴
③ 핸들 – 조향암 – 조향기어 – 드래그 링크 – 피트먼 암 – 타이로드 – 바퀴
④ 핸들 – 조향기어 – 피트먼 암 – 드래그 링크 – 타이로드 – 조향암 – 바퀴

조향 핸들을 돌리면 그 조작력이 조향축을 거쳐 조향기어 박스로 전달된다. 조향기어 박스에서는 감속하여 섹터 축을 회전시키고 이에 따라 피트먼 암이 원호운동을 하여 드래그 링크를 앞뒤 방향으로 이동시킨다. 이에 따라 오른쪽 바퀴나 왼쪽 바퀴가 조향 너클에 의해 선회하게 되고 타이로드를 통해 반대쪽 바퀴를 선회시켜 진행 방향을 변환시킨다.

05 기계식 조향장치에서 조향기어의 구성품이 아닌 것은?

① 웜 기어
② 섹터 기어
③ 조정 스크루
④ 하이포이드 기어

하이포이드 기어는 링 기어의 중심보다 구동 피니언의 중심이 10~20% 정도 낮게 설치된 스파이럴 베벨기어의 오프셋 기어로 최종감속장치에 사용된다.

06 타이어식 장비에서 앞바퀴 정렬의 역할과 거리가 먼 것은?

① 브레이크의 수명을 길게 한다.
② 타이어 마모를 최소로 한다.
③ 방향 안전성을 준다.
④ 조향핸들의 조작을 작은 힘으로 쉽게 할 수 있다.

앞바퀴 정렬의 역할
• 조향핸들의 조작을 확실하게 하고 안전성을 준다.(캐스터)
• 조향핸들에 복원성을 부여한다.(캐스터와 킹 핀 경사각)
• 조향핸들의 조작력을 가볍게 한다.(캠버)
• 타이어 마모를 최소로 한다.(토인)

07 타이어식 건설기계에서 조향 바퀴의 토인(toe-in)을 조정하는 곳은?

① 핸들
② 타이로드
③ 웜 기어
④ 드래그 링크

토인은 타이로드의 길이로 조정한다.

08 토크 변환기(토크 컨버터)는 엔진의 회전력을 몇 배로 증가시키는가?

① 1~1.5배
② 1.5~2배
③ 2~3배
④ 3~4배

토크 변환기(토크 컨버터)의 회전력 변환율은 2:1~3:1이며, 오일의 충돌에 의한 효율 저하를 방지하기 위해 가이드 링을 두고 있다.

09 토크 컨버터의 3대 구성요소가 아닌 것은?

① 터빈
② 펌프
③ 스테이터
④ 가이드 링

토크 컨버터는 크랭크 축에 펌프, 변속기 입력 축에 터빈을 두고 있으며, 오일의 흐름 방향을 바꾸어 주는 스테이터로 구성된다.

10 토크 컨버터 구성요소 중 기관에 의해 직접 구동되는 것은?

① 터빈
② 펌프
③ 스테이터
④ 가이드 링

펌프는 엔진에 의해 기동되며, 엔진의 동력에 의해 오일을 배출하는 원심펌프로 작동한다.

11 토크 컨버터의 온도 지시기는 무엇을 가리키나?

① 냉각수 온도
② 대기온도
③ 오일온도
④ 엔진 작동 온도

토크 컨버터는 오일에 의해 엔진의 동력을 변속기로 전달하는 클러치로 온도 지시기는 오일의 온도를 가리킨다.

12 무한궤도식 굴착기에서 주행모터는 일반적으로 모두 몇 개 설치되어 있는가?

① 1개
② 2개
③ 3개
④ 4개

일반적으로 굴착기의 주행모터는 트랙의 양쪽에 1개씩 모두 2개가 설치되어 있다.

13 다음 중 변속기의 필요성에 대한 설명으로 틀린 것은?

① 환향을 신속하게 할 수 있도록 한다.
② 엔진 기동 시 장비를 무부하 상태로 한다.
③ 장비의 후진 시 필요하다.
④ 기관의 회전력을 증대시킨다.

환향은 조향장치와 관련이 있다.

14 변속기를 저속으로 변속하면 관계되는 사항에 알맞은 것은?

① 출력축의 회전속도가 빠르게 된다.
② 출력축의 회전력은 변함이 없다.
③ 구동바퀴의 회전력은 가장 크게 된다.
④ 종감속비가 크게 된다.

변속기를 저속으로 하면 구동바퀴의 회전력은 커지고 이에 따라 구동력이 커진다.

15 자동 변속기의 특징에 대한 설명으로 틀린 것은?

① 클러치 조작없이 출발이 가능하고, 주행 기어 변속이 불필요하다.
② 각 부분의 진동을 오일이 흡수한다.
③ 엔진의 동력 전달을 오일로 한다.
④ 연료 소비율이 수동 변속기에 비해 적다.

자동 변속기는 연료 소비율이 수동 변속기에 비해 크다.

16 장비의 유압 브레이크는 무슨 원리를 이용한 것인가?

① 베르누이 원리
② 아르키메데스의 원리
③ 파스칼의 원리
④ 상대성 원리

파스칼의 원리는 "밀폐된 공간 속의 유체에 압력을 주면, 그 힘은 모든 방향으로 동일하게 작용한다." 는 것으로 유압 브레이크의 작동 원리로 이용되고 있다.

17 유압 브레이크에서 잔압을 유지시키는 것과 가장 관계가 깊은 것은?

① 피스톤
② 실린더
③ 체크 밸브
④ 부스터

정답 04 ④ 05 ④ 06 ① 07 ② 08 ③ 09 ④

정답 10 ② 11 ③ 12 ② 13 ① 14 ③ 15 ④ 16 ③ 17 ③

체크 밸브는 브레이크 페달을 밟으면 오일이 마스터 실린더에서 휠 실린더로 나가게 하고, 페달을 놓으면 파이프 내의 유압과 피스톤 리턴 스프링의 장력이 평형이 될 때까지만 오일이 마스터 실린더 내로 복귀하도록 하여 회로 내에 잔압을 유지시켜 준다.

18 브레이크 페달의 유격은 보통 몇 mm정도가 적당한가?

① 5~10mm
② 10~15mm
③ 15~20mm
④ 20~30mm

브레이크 페달의 유격은 20~30mm가 적당하며 유격이 규정보다 초과하거나 적으면 고장의 원인이 된다.

19 디스크 브레이크의 장점으로 보기 힘든 것은?

① 방열성이 커 제동 성능이 안정된다.
② 부품의 평형이 좋고, 한쪽만 제동되는 일이 없다.
③ 구조가 복잡하지만 정비는 쉽다.
④ 디스크에 물이 묻어도 제동력 회복이 크다.

디스크 브레이크는 구조가 간단하고 부품 수가 적어 차량 무게가 줄어들 뿐 아니라 정비가 쉽다. 또한, 고속에서 반복적으로 사용해도 제동력의 변화가 적다.

20 제동장치에서 브레이크 드럼이 갖추어야 할 조건과 관계가 없는 것은?

① 무거워야 한다.
② 방열이 잘 되어야 한다.
③ 강성과 내마모성이 있어야 한다.
④ 정적, 동적 평형이 잡혀 있어야 한다.

브레이크 드럼의 조건
• 가벼워야 한다.
• 방열이 잘 되어야 한다.
• 강성과 내마모성이 있어야 한다.
• 정적·동적 평형이 잡혀 있어야 한다.

21 타이어식 건설기계의 타이어에서 저압타이어의 안지름이 20인치, 바깥지름이 32인치, 폭이 12인치, 플라이 수가 18인 경우 표시방법은?

① 20.00-32-18PR
② 20.00-12-18PR
③ 12.00-20-18PR
④ 32.00-12-18PR

타이어 호칭 치수
• 저압 타이어 : 폭 – 내경 – 플라이수
• 고압 타이어 : 외경 – 폭 – 플라이수

22 타이어의 공기압력에 관한 설명이다. 알맞은 것은?

① 공기압이 너무 낮으면 트레드 중앙부의 마멸이 많게 된다.
② 공기압력이 낮으면 수명이 길게 된다.
③ 온도가 높게 되면 공기압력도 높게 된다.
④ 공기압력이 높으면 조향핸들이 무겁게 된다.

공기압이 높으면 조향이 가볍고, 트레드 중앙부의 마멸이 많게 된다. 또한, 타이어 공기압이 적정 수준에서 10% 떨어지면 수명은 15% 정도 줄어든다.

23 다음 중 타이어의 강도와 내마멸성이 급격히 감소되는 임계온도는?

① 50~60℃
② 70~80℃
③ 90~100℃
④ 120~130℃

타이어의 임계온도는 120~130℃이다.

24 타이어에서 고무로 피복된 코드를 여러 겹으로 겹친 층으로 타이어의 뼈대를 이루는 부분은?

① 카커스(carcass)
② 비드부(bead section)
③ 브레이커(breaker)
④ 숄더부(shoulder section)

카커스는 타이어의 뼈대가 되는 분으로 공기 압력을 견디어 일정한 체적을 유지하고 하중이나 충격에 따라 변형하여 완충작용을 한다.

25 타이어의 구조에서 노면과 직접 접촉하여 마모에 견디고 적은 슬립으로 견인력을 증대시키는 부위는?

① 브레이커(breaker)
② 비드부(bead section)
③ 트레드(tread)
④ 숄더부(shoulder section)

트레드는 노면과 직접 접촉하는 고무 부분이며, 카커스와 브레이커를 보호하는 부분이다.

PART 03

법규 및 안전관리

Chapter 01. 건설기계 관련 법규
Chapter 02. 안전관리

건설기계 관련 법규

Craftsman Excavating Machine Operator

Lesson 01 건설기계관리법

1 건설기계 등록 및 검사

1) 등록 및 등록의 말소

① **건설기계의 등록** : 건설기계의 소유자는 대통령령이 정하는 바에 따라 건설기계 소유자의 주소지 또는 건설기계의 사용 본거지를 관할하는 특별시장·광역시장·도지사 또는 특별자치도지사 (이하 "시·도지사"라 함)에게 건설기계 취득일로부터 2월(전시, 사변, 기타 이에 준하는 국가비상사태 하에서는 5일) 이내에 등록신청을 하여야 한다.

③ **등록의 말소**

㉮ 소유자의 신청으로 등록말소
 ㉠ 건설기계가 천재지변 또는 이에 준하는 사고 등으로 사용할 수 없게 되거나 멸실된 경우
 ㉡ 건설기계의 차대가 등록 시의 차대와 다른 경우
 ㉢ 건설기계가 법 규정에 따른 건설기계안전기준에 적합하지 아니하게 된 경우
 ㉣ 건설기계를 수출하는 경우
 ㉤ 건설기계를 도난당한 경우
 ㉥ 건설기계해체재활용업자에게 폐기를 요청한 경우
 ㉦ 구조적 제작결함 등으로 건설기계를 제작자 또는 판매자에게 반품한 경우
 ㉧ 건설기계를 교육·연구목적으로 사용하는 경우
 ㉨ 건설기계를 횡령 또는 편취당한 경우
㉯ 시·도지사의 직권으로 등록말소
 ㉠ 거짓이나 그 밖의 부정한 방법으로 등록을 한 경우
 ㉡ 시·도지사의 정기검사 명령, 수시검사 명령 또는 정비 명령에 따르지 아니한 경우
 ㉢ 건설기계를 폐기한 경우
 ㉣ 내구연한(정밀진단을 받아 연장된 경우에는 그 연장기간)을 초과한 건설기계

2) 임시운행

① **건설기계의 임시운행** : 건설기계는 등록을 한 후가 아니면 이를 사용하거나 운행하지 못한다. 다만, 등록하기 전에 일시적으로 운행할 필요가 있을 경우에는 국토교통부령이 정하는 바에 따라 임시번호표를 제작·부착하여야 하며, 이 경우 건설기계를 제작·수입·조립한 자가 번호표를 제작·부착하며 임시운행 기간은 15일을 초과할 수 없다. 단, 신개발 건설기계를 시험·연구의 목적으로 운행하는 경우 임시운행 허가기간은 3년 이내이다.

② **임시운행 사유**
㉮ 등록신청을 하기 위하여 건설기계를 등록지로 운행하는 경우
㉯ 신규등록검사 및 확인검사를 받기 위하여 건설기계를 검사장소로 운행하는 경우
㉰ 수출을 하기 위하여 건설기계를 선적지로 운행하는 경우
㉱ 수출을 하기 위하여 등록말소한 건설기계를 점검·정비의 목적으로 운행하는 경우
㉲ 신개발 건설기계를 시험·연구의 목적으로 운행하는 경우
㉳ 판매 또는 전시를 위하여 건설기계를 일시적으로 운행하는 경우

3) 건설기계 등록번호표

① 등록된 건설기계에는 국토교통부령이 정하는 바에 의하여 시·도지사의 등록번호표 봉인자 지정을 받은 자에게서 등록번호표의 제작, 부착과 등록번호를 새김한 후 봉인을 받아야 한다.

② 또한, 건설기계 등록이 말소되거나 등록된 사항 중 대통령령이 정하는 사항이 변경된 때에는 등록번호표의 봉인을 뗀 후 그 번호표를 10일 이내에 시·도지사에게 반납하여야 하고 누구라도 시·도지사의 새김 명령을 받지 않고 건설기계 등록번호표를 지우거나 그 식별을 곤란하게 하는 행위를 하여서는 안 된다.

4) 등록의 표지

건설기계 등록번호표에는 등록관청, 용도, 기종 및 등록번호를 표시하여야 한다. 또한, 번호표에 표시되는 모든 문자 및 외곽선은 1.5mm 튀어나와야 한다.

구분		번호표의 색상	등록번호 숫자
비사업용	관용	흰색 바탕에 검은색 문자	0001~0999
	자가용	흰색 바탕에 검은색 문자	1000~5999
대여사업용		주황색 바탕에 검은색 문자	6000~9999

5) 기종별 기호표시

표시	기종	표시	기종
01	불도저	15	콘크리트 펌프
02	굴착기	16	아스팔트 믹싱 플랜트
03	로더	17	아스팔트 피니셔
04	지게차	18	아스팔트 살포기
05	스크레이퍼	19	골재 살포기
06	덤프 트럭	20	쇄석기
07	기중기	21	공기 압축기
08	모터 그레이더	22	천공기
09	롤러	23	항타 및 항발기
10	노상 안정기	24	사리 채취기
11	콘크리트 뱃칭 플랜트	25	준설선
12	콘크리트 피니셔	26	특수 건설기계
13	콘크리트 살포기	27	타워크레인
14	콘크리트 믹서 트럭		

6) 특별표지 부착 대상 대형건설기계
① 길이가 16.7m를 초과하는 건설기계
② 너비가 2.5m를 초과하는 건설기계
③ 높이가 4.0m를 초과하는 건설기계
④ 최소 회전 반경이 12m를 초과하는 건설기계
⑤ 총중량이 40톤을 초과하는 건설기계(다만, 굴착기, 로더 및 지게차는 운전중량이 40톤을 초과하는 경우를 말함)
⑥ 총중량 상태에서 축하중이 10톤을 초과하는 건설기계(다만, 굴착기, 로더 및 지게차는 운전중량 상태에서 축하중이 10톤을 초과하는 경우를 말함)

7) 건설기계검사
건설기계의 소유자는 다음의 구분에 따른 검사를 받은 후 검사증을 교부받아 항상 당해 건설기계에 비치하여야 한다.
① **신규등록검사** : 건설기계를 신규로 등록할 때 실시하는 검사
② **정기검사** : 건설공사용 건설기계로서 3년의 범위 내에서 국토교통부령이 정하는 검사유효기간이 끝난 후에 계속하여 운행하고자 할 때 실시하는 검사와 대기환경보전법에 따른 운행차의 정기검사
③ **구조변경검사** : 등록된 건설기계의 주요 구조나 원동기, 동력전달장치, 제동장치 등 주요 장치를 변경 또는 개조하였을 때 실시하는 검사(사유 발생일로부터 20일 이내에 검사를 받아야 한다)
④ **수시검사** : 성능이 불량하거나 사고가 빈발하는 건설기계의 안전성 등을 점검하기 위하여 수시로 실시하는 검사와 건설기계 소유자의 신청에 의하여 실시하는 검사

■ 건설기계의 정기검사 유효기간(특수건설기계 제외)

기종	구분	검사유효기간	
		연식 20년 이하	연식 20년 초과
굴착기	타이어식	1년	
로더	타이어식	2년	1년
지게차	1톤 이상	2년	1년
덤프트럭	–	1년	6개월
기중기	–	1년	
모터그레이더	–	2년	1년
콘크리트 믹서트럭	–	1년	6개월
콘크리트펌프	트럭적재식	1년	6개월
아스팔트살포기	–	1년	
천공기	–	1년	
항타 및 항발기	–	1년	
타워크레인	–	6개월	
그 밖의 건설기계 (특수건설기계 제외)	–	3년	1년

8) 정기검사의 신청 및 연기
① **정기검사의 신청**
㉮ 검사 유효기간의 만료일 전후 각각 31일 이내의 기간에 신청한다.
㉯ 건설기계 검사증 사본과 보험가입을 증명하는 서류를 시·도지사에게 제출하여야 한다.
㉰ 검사 대행을 하게 한 경우에는 검사 대행자에게 이를 제출하여야 한다.

② **정기검사의 연기**
㉮ 검사신청기간 만료일까지 정기검사 연기 신청서를 제출한다.
㉯ 연기 신청은 시·도지사 또는 검사 대행자에게 한다.
㉰ 검사 연기를 하는 경우 그 연기 기간은 6월 이내로 한다.
㉱ 정기검사등신청기간 연장 불허통지를 받은 자는 정기검사등 신청기간 만료일부터 10일 이내에 검사신청을 해야 한다.

9) 검사장소
① **검사소에서 검사를 받아야 하는 건설기계**
㉮ 덤프 트럭
㉯ 콘크리트 믹서 트럭
㉰ 트럭 적재식 콘크리트 펌프
㉱ 아스팔트 살포기
㉲ 트럭지게차(국토교통부장관이 정하는 특수건설기계인 트럭지게차)
② **건설기계가 위치한 장소에서 검사를 받을 수 있는 경우**
㉮ 도서지역에 있는 경우
㉯ 자체 중량이 40톤을 초과하는 경우
㉰ 축하중이 10톤을 초과하는 경우
㉱ 너비가 2.5m를 초과하는 경우
㉲ 최고 속도가 35km/h 미만인 경우

10) 건설기계의 구조변경 및 범위
① 건설기계의 기종 변경, 육상 작업용 건설기계의 규격 증가 또는 적재함의 용량 증가를 위한 구조변경은 할 수 없다.
② **주요 구조의 변경 및 개조의 범위**
㉮ 원동기의 형식 변경
㉯ 동력전달 장치의 형식 변경
㉰ 제동 장치의 형식 변경
㉱ 주행 장치의 형식 변경
㉲ 유압 장치의 형식 변경
㉳ 조종 장치의 형식 변경
㉴ 조향 장치의 형식 변경
㉵ 작업 장치의 형식 변경
㉶ 건설기계의 길이·너비·높이 등의 변경
㉷ 수상작업용 건설기계의 선체의 형식 변경

2 건설기계조종사 면허

1) 건설기계조종사면허의 결격사유
① 18세 미만인 사람
② 건설기계 조종상의 위험과 장해를 일으킬 수 있는 정신질환자 또는 뇌전증환자로서 국토교통부령으로 정하는 사람
③ 앞을 보지 못하는 사람, 듣지 못하는 사람, 그 밖에 국토교통부령으로 정하는 장애인
④ 건설기계 조종상의 위험과 장해를 일으킬 수 있는 마약·대마·향정신성의약품 또는 알코올중독자로서 국토교통부령으로 정하는 사람
⑤ 건설기계조종사면허가 취소된 날부터 1년(거짓이나 그 밖의 부정한 방법으로 건설기계조종사면허를 받은 경우와 건설기계조종사면허의 효력정지기간 중 건설기계를 조종한 경우의 사유로 인해 취소된 경우에는 2년)이 지나지 아니하였거나 건설기계조종사면허의 효력정지처분 기간 중에 있는 사람

2) 적성검사 기준

① 두 눈을 동시에 뜨고 잰 시력(교정시력을 포함)이 0.7 이상이고 두 눈의 시력이 각각 0.3 이상일 것
② 55데시벨(보청기를 사용하는 사람은 40데시벨)의 소리를 들을 수 있고, 언어분별력이 80퍼센트 이상일 것
③ 시각은 150도 이상일 것
④ 정신병자·지적장애인·뇌전증환자, 마약·대마·향정신성의약품·알코올 중독자가 아닐 것

3) 건설기계조종사면허의 취소·정지처분 기준

위반행위	처분기준
가. 거짓이나 그 밖의 부정한 방법으로 건설기계조종사 면허를 받은 경우	취소
나. 건설기계조종사면허의 효력정지기간 중 건설기계를 조종한 경우	취소
다. 건설기계조종사면허의 결격사유에 해당하게 된 경우	취소
라. 건설기계의 조종 중 고의 또는 과실로 중대한 사고를 일으킨 경우	
1) 인명피해	
① 고의로 인명피해(사망·중상·경상 등을 말한다)를 입힌 경우	취소
② 과실로 산업안전보건법에 따른 다음의 중대재해가 발생한 경우 (1) 사망자가 1명 이상 발생한 재해 (2) 3개월 이상의 요양이 필요한 부상자가 동시에 2명 이상 발생한 재해 (3) 부상자 또는 직업성질병자가 동시에 10명 이상 발생한 재해	취소
③ 그 밖의 인명피해를 입힌 경우	
(1) 사망 1명마다	면허효력정지 45일
(2) 중상 1명마다	면허효력정지 15일
(3) 경상 1명마다	면허효력정지 5일
2) 재산피해 : 피해금액 50만원마다	면허효력정지 1일 (90일을 넘지 못함)
3) 건설기계의 조종 중 고의 또는 과실로 가스공급시설을 손괴하거나 가스공급시설의 기능에 장애를 입혀 가스의 공급을 방해한 경우	면허효력정지 180일
마. 건설기계조종사면허증을 다른 사람에게 빌려 준 경우	취소
사. 법 규정을 위반하여 술에 취하거나 마약 등 약물을 투여한 상태에서 조종한 경우	
1) 술에 취한 상태(혈중알콜농도 0.03% 이상 0.08% 미만)에서 건설기계를 조종한 경우	면허효력정지 60일
2) 술에 취한 상태에서 건설기계를 조종하다가 사고로 사람을 죽게 하거나 다치게 한 경우	취소
3) 술에 만취한 상태(혈중알콜농도 0.08% 이상)에서 건설기계를 조종한 경우	취소
4) 2회 이상 술에 취한 상태에서 건설기계를 조종하여 면허효력정지를 받은 사실이 있는 사람이 다시 술에 취한 상태에서 건설기계를 조종한 경우	취소
5) 약물(마약, 대마, 향정신성 의약품 및 환각물질)을 투여한 상태에서 건설기계를 조종한 경우	취소
아. 정기적성검사를 받지 않고 1년이 지난 경우	취소
자. 정기적성검사 또는 수시적성검사에서 불합격한 경우	취소

4) 건설계조종사면허증의 반납

① 건설기계조종사면허를 받은 자가 반납 사유가 발생하는 때에는 그 사유가 발생한 날부터 10일 이내에 주소지를 관할하는 시장·군수 또는 구청장에게 그 면허증을 반납하여야 한다.
② **면허증의 반납 사유**
　㉮ 면허가 취소된 때
　㉯ 면허의 효력이 정지된 때
　㉰ 면허증의 재교부를 받은 후 잃어버린 면허증을 발견한 때

---

3 벌칙

1) 2년 이하의 징역 또는 2천만원 이하의 벌금

① 등록되지 아니한 건설기계를 사용하거나 운행한 자
② 등록이 말소된 건설기계를 사용하거나 운행한 자
③ 시·도지사의 지정을 받지 않고 등록번호표를 제작하거나 등록번호를 새긴 자
④ 검사대행자 또는 그 소속 직원에게 재물이나 그 밖의 이익을 제공하거나 제공 의사를 표시하고 부정한 검사를 받은 자
⑤ 건설기계의 주요 구조나 원동기, 동력전달장치, 제동장치 등 주요 장치를 변경 또는 개조한 자
⑥ 무단 해체한 건설기계를 사용·운행하거나 타인에게 유상·무상으로 양도한 자
⑦ 제작결함에 따른 시정명령을 이행하지 아니한 자
⑧ 등록을 하지 아니하고 건설기계사업을 하거나 거짓으로 등록을 한 자
⑨ 등록이 취소되거나 사업의 전부 또는 일부가 정지된 건설기계사업자로서 계속하여 건설기계사업을 한 자

2) 1년 이하의 징역 또는 1천만원 이하의 벌금

① 거짓이나 그 밖의 부정한 방법으로 건설기계 등록을 한 자
② 건설기계의 등록번호를 지워 없애거나 그 식별을 곤란하게 한 자
③ 건설기계의 구조변경검사 또는 수시검사를 받지 아니한 자
④ 건설기계의 정비명령을 이행하지 아니한 자
⑤ 형식승인, 형식변경승인 또는 확인검사를 받지 아니하고 건설기계의 제작등을 한 자
⑥ 제작등을 한 건설기계의 사후관리에 관한 명령을 이행하지 아니한 자
⑦ 내구연한을 초과한 건설기계 또는 건설기계 장치 및 부품을 운행하거나 사용한 자
⑧ 내구연한을 초과한 건설기계 또는 건설기계 장치 및 부품의 운행 또는 사용을 알고도 말리지 아니하거나 운행 또는 사용을 지시한 고용주
⑨ 부품인증을 받지 아니한 건설기계 장치 및 부품을 사용한 자
⑩ 부품인증을 받지 아니한 건설기계 장치 및 부품을 건설기계에 사용하는 것을 알고도 말리지 아니하거나 사용을 지시한 고용주
⑪ 매매용 건설기계의 운행금지 등의 의무를 위반하여 매매용 건설기계를 운행하거나 사용한 자
⑫ 폐기인수 사실을 증명하는 서류의 발급을 거부하거나 거짓으로 발급한 자

⑬ 폐기요청을 받은 건설기계를 폐기하지 아니하거나 등록번호표를 폐기하지 아니한 자
⑭ 건설기계조종사면허를 받지 아니하고 건설기계를 조종한 자
⑮ 건설기계조종사면허를 거짓이나 그 밖의 부정한 방법으로 받은 자
⑯ 소형 건설기계의 조종에 관한 교육과정의 이수에 관한 증빙서류를 거짓으로 발급한 자
⑰ 술에 취하거나 마약 등 약물을 투여한 상태에서 건설기계를 조종한 자와 그러한 자가 건설기계를 조종하는 것을 알고도 말리지 아니하거나 건설기계를 조종하도록 지시한 고용주
⑱ 건설기계조종사면허가 취소되거나 건설기계조종사면허의 효력정지처분을 받은 후에도 건설기계 를 계속하여 조종한 자
⑲ 건설기계를 도로나 타인의 토지에 버려둔 자

3) 300만원 이하의 과태료
① 등록번호표를 부착하지 아니하거나 봉인하지 아니한 건설기계를 운행한 자
② 건설기계의 정기검사를 받지 아니한 자
③ 건설기계임대차 등에 관한 계약서를 작성하지 아니한 자
④ 건설기계조종사의 정기적성검사 또는 수시적성검사를 받지 아니한 자
⑤ 시설 또는 업무에 관한 보고를 하지 아니하거나 거짓으로 보고한 자
⑥ 소속 공무원의 검사·질문을 거부·방해·기피한 자
⑦ 중대한 사고 발생 시 제작결함 또는 안전기준 적합여부의 조사를 위해 사고 현장을 출입하는 직원의 출입을 거부하거나 방해한 자

4) 100만원 이하의 과태료
① 수출의 이행 여부를 신고하지 아니하거나 폐기 또는 등록을 하지 아니한 자
② 건설기계에 등록번호표를 부착·봉인하지 아니하거나 등록번호를 새기지 아니한 자
③ 등록번호표를 가리거나 훼손하여 알아보기 곤란하게 한 자 또는 그러한 건설기계를 운행한 자
④ 건설기계 등록번호의 새김명령을 위반한 자
⑤ 건설기계안전기준에 적합하지 아니한 건설기계를 사용하거나 운행한 자 또는 사용하게 하거나 운행하게 한 자
⑥ 검사유효기간이 끝난 날부터 31일이 지난 건설기계를 사용하게 하거나 운행하게 한 자 또는 사용하거나 운행한 자
⑦ 특별한 사정 없이 건설기계임대차 등에 관한 계약과 관련된 자료를 제출하지 아니한 자
⑧ 법에서 정한 건설기계사업자의 의무를 위반한 자
⑨ 안전교육 등을 받지 아니하고 건설기계를 조종한 자

5) 50만원 이하의 과태료
① 등록 전 일시적으로 운행하는 건설기계에 임시번호표를 붙이지 아니하고 운행한 자
② 등록사항의 변경신고를 하지 아니하거나 거짓으로 신고한 자
③ 건설기계 등록의 말소를 신청하지 아니한 자
④ 등록번호표 제작자가 지정받은 사항에 대한 변경 사유가 있음에도 변경신고를 하지 아니하거나 거짓으로 변경신고한 자
⑤ 등록번호표의 반납 사유가 있음에도 등록번호표를 반납하지 아니한 자
⑥ 건설기계의 정비 범위를 위반하여 건설기계를 정비한 자
⑦ 건설기계사업자의 등록 사항 변경신고를 하지 아니하거나 거짓으로 신고한 자
⑧ 건설기계사업자의 지위를 승계하고도 신고를 하지 아니하거나 거짓으로 신고한 자
⑨ 건설기계를 주택가 주변의 도로·공터 등에 세워 두어 교통소통을 방해하거나 소음 등으로 주민의 조용하고 평온한 생활환경을 침해한 자

Lesson 02 도로교통법

1 도로통행방법에 관한 사항

1) 도로교통법의 목적
도로에서 일어나는 교통상의 모든 위험과 장해를 방지하고 제거하여 안전하고 원활한 교통을 확보함을 목적으로 한다.

2) 주요 용어의 정의

용어	설명
자동차전용도로	자동차만 다닐 수 있도록 설치된 도로
고속도로	자동차의 고속 운행에만 사용하기 위하여 지정된 도로
중앙선	차마의 통행 방향을 명확하게 구분하기 위하여 도로에 황색실선 또는 황색점선 등의 안전표시로 표시한 선 또는 중앙분리대나 울타리 등으로 설치한 시설물. 다만, 가변차로가 설치된 경우에는 신호기가 지시하는 진행방향의 가장 왼쪽에 있는 황색점선
차도(車道)	연석선(차도와 보도를 구분하는 돌 등으로 이어진 선), 안전표지나 그와 비슷한 인공구조물을 이용하여 경계(境界)를 표시하여 모든 차가 통행할 수 있도록 설치된 도로의 부분
차로	차마가 한 줄로 도로의 정하여진 부분을 통행하도록 차선(車線)에 의하여 구분되는 차도의 부분
차선	차로와 차로를 구분하기 위하여 그 경계지점을 안전표지에 의하여 표시한 선
보도	연석선, 안전표지나 그와 비슷한 인공구조물로 경계를 표시하여 보행자(유모차 및 보행보조용 의자차를 포함)가 통행할 수 있도록 한 도로의 부분
길가장자리구역	보도와 차도가 구분되지 아니한 도로에서 보행자의 안전을 확보하기 위하여 안전표지 등으로 경계를 표시한 도로의 가장자리 부분
횡단보도	보행자가 도로를 횡단할 수 있도록 안전표지로 표시한 도로의 부분
교차로	+자로, T자로나 그 밖에 둘 이상의 도로(보도와 차도가 구분되어 있는 도로에서는 차도)가 교차하는 부분
안전표지	도로교통에 관하여 문자·기호 또는 등화를 사용하여 진행·정지·방향전환·주의 등의 신호를 표시하기 위하여 사람이나 전기의 힘으로 조작하는 장치
안전지대	도로를 횡단하는 보행자나 통행하는 차마의 안전을 위하여 안전표지나 이와 비슷한 인공구조물로 표시한 도로의 부분

용어	설명
주차	운전자가 승객을 기다리거나 화물을 싣거나 차가 고장 나거나 그 밖의 사유로 차를 계속 정지 상태에 두는 것 또는 운전자가 차로부터 떠나서 즉시 그 차를 운전할 수 없는 상태에 두는 것
정차	운전자가 5분을 초과하지 아니하고 차를 정지시키는 것으로서 주차 외의 정지 상태
서행	운전자가 차를 즉시 정지시킬 수 있는 정도의 느린 속도로 진행하는 것
앞지르기	차의 운전자가 앞서가는 다른 차의 옆을 지나서 그 차의 앞으로 나가는 것
일시정지	차의 운전자가 그 차의 바퀴를 일시적으로 완전히 정지시키는 것
운전	도로(술에 취한 상태에서의 운전금지, 과로한 때 등의 운전금지, 사고발생 시의 조치 등은 도로 외의 곳을 포함)에서 차를 그 본래의 사용방법에 따라 사용하는 것(조종을 포함)

3) 주행 시 신호 또는 경찰공무원등의 지시 준수

① 신호 또는 지시의 우선 순위

㉮ 도로를 통행하는 보행자와 차마의 운전자는 교통안전시설이 표시하는 신호 또는 지시와 국가경찰공무원·자치경찰공무원 또는 경찰보조자(이하 "경찰공무원등"이라 함)가 하는 신호 또는 지시를 따라야 한다.

㉯ 도로를 통행하는 보행자와 모든 차마의 운전자는 교통안전시설이 표시하는 신호 또는 지시와 교통정리를 하는 경찰공무원등의 신호 또는 지시가 서로 다른 경우에는 경찰공무원등의 신호 또는 지시에 따라야 한다.

② 경찰공무원등의 범위(신호 또는 지시에 우선적으로 따라야 하는 사람)

㉮ 교통정리를 하는 국가경찰공무원(전투경찰순경을 포함)

㉯ 제주특별자치도의 자치경찰공무원

㉰ 국가경찰공무원 및 자치경찰공무원을 보조하는 다음의 사람 (경찰보조자)

　㉠ 모범운전자

　㉡ 군사훈련 및 작전에 동원되는 부대의 이동을 유도하는 헌병

　㉢ 본래의 긴급한 용도로 운행하는 소방차·구급차를 유도하는 소방공무원

4) 차로에 따른 통행구분

도로	차로 구분	통행할 수 있는 차종
고속도로 외의 도로	왼쪽 차로	승용자동차 및 경형·소형·중형 승합자동차
	오른쪽 차로	대형 승합자동차, 화물자동차, 특수자동차, 건설기계, 이륜자동차, 원동기장치자전거
고속도로 편도 2차로	1차로	앞지르기를 하려는 모든 자동차. 다만, 차량통행량 증가 등 도로상황으로 인하여 부득이하게 시속 80km 미만으로 통행할 수밖에 없는 경우에는 앞지르기를 하는 경우가 아니라도 통행할 수 있다.
	2차로	모든 자동차
고속도로 편도 3차로 이상	1차로	앞지르기를 하려는 승용자동차 및 앞지르기를 하려는 경형·소형·중형 승합자동차. 다만, 차량통행량 증가 등 도로상황으로 인하여 부득이하게 시속 80km 미만으로 통행할 수밖에 없는 경우에는 앞지르기를 하는 경우가 아니라도 통행할 수 있다.
	왼쪽 차로	승용자동차 및 경형·소형·중형 승합자동차
	오른쪽 차로	대형 승합자동차, 화물자동차, 특수자동차, 건설기계

※ 모든 차는 위 표에서 지정된 차로보다 오른쪽에 있는 차로로 통행할 수 있다.

※ 앞지르기를 할 때에는 위 표에서 지정된 차로의 왼쪽 바로 옆 차로로 통행할 수 있다.

※ 도로의 진출입 부분에서 진출입하는 때와 정차 또는 주차한 후 출발하는 때의 상당한 거리 동안은 이 표에서 정하는 기준에 따르지 아니할 수 있다.

※ 위 표에서 사용하는 용어의 뜻은 다음 각 목과 같다.

　가. "왼쪽 차로"란 다음에 해당하는 차로를 말한다.

　　1) 고속도로 외의 도로의 경우 : 차로를 반으로 나누어 1차로에 가까운 부분의 차로. 다만, 차로수가 홀수인 경우 가운데 차로는 제외한다.

　　2) 고속도로의 경우 : 1차로를 제외한 차로를 반으로 나누어 그 중 1차로에 가까운 부분의 차로. 다만, 1차로를 제외한 차로의 수가 홀수인 경우 그 중 가운데 차로는 제외한다.

　나. "오른쪽 차로"란 다음에 해당하는 차로를 말한다.

　　1) 고속도로 외의 도로의 경우 : 왼쪽 차로를 제외한 나머지 차로

　　2) 고속도로의 경우 : 1차로와 왼쪽 차로를 제외한 나머지 차로

차로별 통행방법

4차로 고속도로			
1차로 앞지르기 차로	2차로 왼쪽 차로	3차로 오른쪽 차로	4차로 오른쪽 차로

4차로 일반도로			
1차로 왼쪽 차로	2차로 왼쪽 차로	3차로 오른쪽 차로	4차로 오른쪽 차로

3차로 일반도로		
1차로 왼쪽 차로	2차로 오른쪽 차로	3차로 오른쪽 차로

5) 도로별, 차로수별 속도

도로 구분			최고속도	최저속도
일반도로	1. 주거지역·상업지역 및 공업지역의 일반도로		• 50km/h 이내 • 단, 지방경찰청장이 지정한 노선 또는 구간에서는 60km/h 이내	제한 없음
	2. 위 "1" 외의 일반도로		• 60km/h 이내 • 단, 편도 2차로 이상의 도로에서는 80km/h 이내	
고속도로	편도 2차로 이상	모든 고속도로	• 100km/h • 단, 적재중량 1.5톤 초과 화물자동차, 특수자동차, 건설기계, 위험물운반자동차는 80km/h	50km/h
		지정·고시한 노선 또는 구간의 고속도로	• 120km/h 이내 • 단, 적재중량 1.5톤 초과 화물자동차, 특수자동차, 건설기계, 위험물운반자동차는 90km/h	50km/h
	편도1차로		80km/h	50km/h
자동차전용도로			90km/h	30km/h

6) 운전할 수 있는 차의 종류

면허 구분		운전할 수 있는 차량

1종	대형면허	• 승용자동차, 승합자동차, 화물자동차
		• 건설기계
		   - 덤프트럭, 아스팔트살포기, 노상안정기
		   - 콘크리트믹서트럭, 콘크리트펌프, 천공기(트럭 적재식)
		   - 도로보수트럭, 3톤 미만의 지게차
		• 특수자동차(대형견인차, 소형견인차 및 구난차는 제외)
		• 원동기장치자전거

1종	보통면허	• 승용자동차 • 승차정원 15인 이하의 승합자동차 • 적재중량 12톤 미만의 화물자동차 • 건설기계(도로를 운행하는 3톤 미만의 지게차에 한함) • 총중량 10톤 미만의 특수자동차(구난차등은 제외) • 원동기장치자전거

2. 도로표지판

1) 교통안전표지의 종류

안전표지란 교통안전에 필요한 주의 · 규제 · 지시 등을 표시하는 표지판이나 도로의 바닥에 표시하는 기호 · 문자 또는 선 등을 말한다.

종류	설명
주의표지	도로상태가 위험하거나 도로 또는 그 부근에 위험물이 있는 경우에 필요한 안전조치를 할 수 있도록 이를 도로사용자에게 알리는 표지
규제표지	도로교통의 안전을 위하여 각종 제한 · 금지 등의 규제를 하는 경우에 이를 도로사용자에게 알리는 표지
지시표지	도로의 통행방법 · 통행구분 등 도로교통의 안전을 위하여 필요한 지시를 하는 경우에 도로사용자가 이를 따르도록 알리는 표지
보조표지	주의표지 · 규제표지 또는 지시표지의 주 기능을 보충하여 도로사용자에게 알리는 표지
노면표시	• 도로교통의 안전을 위하여 각종 주의 · 규제 · 지시 등의 내용을 노면에 기호 · 문자 또는 선으로 도로사용자에게 알리는 표시 • 노면표시에 사용되는 각종 선에서 점선은 허용, 실선은 제한, 복선은 의미의 강조 • 노면표시의 기본 색상 중 백색은 동일방향의 교통류 분리 및 경계 표시, 황색은 반대방향의 교통류 분리 또는 도로이용의 제한 및 지시, 청색은 지정방향의 교통류 분리 표시에 사용

2) 도로명 주소 개요

① **도로명 주소** : 도로명주소란 부여된 도로명, 기초번호, 건물번호, 상세주소에 의하여 건물의 주소를 표기하는 방식으로, 도로에는 도로명을 부여하고, 건물에는 도로에 따라 규칙적으로 건물번호를 부여하여 도로명과 건물번호 및 상세주소(동 · 층 · 호)로 표기하는 주소제도이다.

② **도로명과 건물번호**

㉮ 도로명 : 도로 구간마다 부여한 이름으로 주된 명사에 도로별 구분기준인 대로(8차로 이상), 로(2차로에서 7차로까지), 길('로'보다 좁은 도로)을 붙여서 부여

㉯ 건물번호 : 도로 시작점에서 20m 간격으로 왼쪽은 홀수, 오른쪽은 짝수를 부여

㉰ 도로구간 설정 : 직진성 · 연속성을 고려, 서→동, 남→북 방향으로 설정

㉱ 건물번호 부여 : 주된 출입구에 인접한 도로의 기초번호 사용 원칙(건물번호 부여 대상은 생활의 근거가 되는 건물)

3) 건물 번호판 및 도로명판

구분	종류 및 의미			
건물 번호판	일반용 세종대로 209 / 중앙로 35		관공서용 262 중앙로	문화재 · 관광지용 24 보성길
도로 명판	기초번호판 도로명 종로 2345 기초번호		예고명 도로명판 종로 200m	① 종로 : 현 위치에서 다음에 나타날 도로는 '종로' ② 200m : 현 위치로부터 전방 200m에 예고한 도로가 있음

4) 도로명판 보는 방법

도로명판	명판의 의미
한방향용 기점 강남대로 1→699	① 강남대로 : 넓은 길, 시작지점을 의미 ② 1→ : 현 위치는 도로 시작점 '1' ③ 1→699 : 강남대로는 6.99km(699×10m)
한방향용 종점 1←65 대정로23번길	① 대정로23번길 : 대정로 시작지점에서부터 약 230m 지점에서 왼쪽으로 분기된 도로 ② ←65 : 현 위치는 도로 끝지점 '65' ③ 1→65 : 이 도로는 650m(65×10m)
양 방향용 92 중앙로 96	① 중앙로 : 전방 교차 도로는 중앙로 ② 92 : 좌측으로 92번 이하 건물 위치 ③ 96 : 우측으로 96번 이상 건물 위치
앞쪽 방향용 사임당로 250↑92	① 사임당로 : 사임당로의 중간 지점을 의미 ② 92 : 현 위치는 사임당로상의 92번 ③ 92→250 : 사임당로의 남은 거리는 1.58km[(250−92)×10m]

3. 도로주행 시 안전운전

1) 이상 기후 시의 운행속도

운행속도	이상 기후 상태
최고속도의 100분의 20을 줄인 속도로 운행하여야 하는 경우	• 비가 내려 노면이 젖어 있는 경우 • 눈이 20mm 미만 쌓인 경우
최고속도의 100분의 50을 줄인 속도로 운행하여야 하는 경우	• 폭우 · 폭설 · 안개 등으로 가시거리가 100m 이내인 경우 • 노면이 얼어붙은 경우 • 눈이 20mm 이상 쌓인 경우

2) 도로주행 시 보행자 보호

① 보행자가 횡단보도를 통행하고 있을 때에는 그 횡단보도 앞에서 일시 정지하여야 한다.

② 교차로에서 좌회전 또는 우회전을 하고자 하는 경우에 도로를 횡단하는 보행자의 통행을 방해하여서는 아니 된다.

③ 교차로 또는 그 부근의 도로를 횡단하는 보행자의 통행을 방해하여서는 아니 된다.

④ 안전지대에 보행자가 있는 경우와 차로가 설치되지 아니한 좁은 도로에서 보행자의 옆을 지나는 경우에는 안전한 거리를 두고 서행하여야 한다.

⑤ 보행자가 횡단보도가 설치되어 있지 아니한 도로를 횡단하고 있는 때에는 안전거리를 두고 일시 정지하여 보행자로 하여금 안전하게 횡단할 수 있도록 하여야 한다.

3) 일시정지해야 하는 장소 및 상황

① 보도와 차도가 구분된 도로에서 도로 외의 곳을 출입하는 때에는 보도를 횡단하기 직전에 일시정지

② 철길건널목을 통과하고자 하는 때 일시정지

③ 보행자가 횡단보도를 통행하고 있는 때 일시정지

④ 보행자 전용도로 통행시 보행자의 걸음걸이 속도로 운행하거나 일시정지

⑤ 교차로 또는 그 부근에서 긴급자동차가 접근한 때에는 교차로를 피하여 우측 가장자리에 일시정지

⑥ 교통정리가 행하여지고 있지 아니하고 좌·우를 확인할 수 없거나 교통이 빈번한 교차로 진입 시 일시정지

⑦ 시·도경찰청장이 필요하다고 인정하여 일시정지 표지에 의하여 지정한 곳

⑧ 어린이가 보호자 없이 도로를 횡단하는 때 도로에서 앉아 있거나 서 있는 때 또는 놀이를 하는 때 등 어린이에 대한 교통사고의 위험이 있는 것을 발견한 때

⑨ 앞을 보지 못하는 사람이 흰색 지팡이를 가지거나 맹도견을 동반하고 도로를 횡단하고 있는 때 또는 지하도·육교 등 도로횡단시설을 이용할 수 없는 지체장애인이 도로를 횡단하고 있는 때에는 일시정지

⑩ 적색등화 점멸 시 차마는 정지선이나 횡단보도가 있을 때에는 그 직전이나 교차로의 직전에 일시정지

4) 정차 및 주차가 모두 금지되는 장소

① 교차로·횡단보도·건널목이나 보도와 차도가 구분된 도로의 보도

② 교차로의 가장자리나 도로의 모퉁이로부터 5m 이내인 곳

③ 안전지대가 설치된 도로에서는 그 안전지대의 사방으로부터 각각 10m 이내인 곳

④ 버스여객자동차의 정류지임을 표시하는 기둥이나 표지판 또는 선이 설치된 곳으로부터 10m 이내인 곳

⑤ 건널목의 가장자리 또는 횡단보도로부터 10m 이내인 곳

⑥ 소방용수시설 또는 비상소화장치가 설치된 곳으로부터 5m 이내인 곳

⑦ 어린이 보호구역

5) 주차가 금지되는 장소

① 터널 안 또는 다리 위

② 도로공사를 하고 있는 경우에는 그 공사 구역의 양쪽 가장자리로부터 5m 이내인 곳

④ 다중이용업소의 영업장이 속한 건축물로 소방본부장의 요청에 의하여 시·도경찰청장이 지정한 곳으로부터 5m 이내인 곳

③ 시·도경찰청장이 지정한 곳

6) 타이어식 굴착기의 도로 주행 중 장비 이상 시 조치

① 비상등을 켠다.

② 전·후방 및 변경 차선을 주시하면서 장비를 도로 가장자리로 이동한다.

③ 전조등, 차폭등, 미등과 그 밖의 등화를 켜야 한다.

④ 도로교통법에 따른 고장자동차의 표지(비상 표지)를 세운다.

ᴸ 고장자동차의 표지

고장자동차의 표지를 설치하는 경우 그 자동차의 후방에서 접근하는 자동차의 운전자가 확인할 수 있는 위치에 설치하여야 하며, 밤에는 사방 500m 지점에서 식별할 수 있는 적색의 섬광심호, 전기제등 또는 불꽃신호를 추가로 설치한다.

memo

출제 예상문제

CHAPTER 01 | 건설기계 관련 법규

Lesson 01 건설기계관리법

01 건설기계 등록신청을 받을 수 있는 자는 누구인가?
① 행정안전부장관 ② 읍·면·동장
③ 서울특별시장 ④ 경찰서장

🔍 건설기계의 소유자가 건설기계의 등록은 특별시장·광역시장·도지사 또는 특별자치도지사에게 신청하여야 한다.

02 건설기계 소유자는 건설기계 등록사항에 변경이 있을 때(전시·사변 기타 이에 준하는 비상사태하의 경우는 제외)에는 등록사항의 변경신고를 변경이 있는 날부터 며칠 이내에 하여야 하는가?
① 10일 ② 15일
③ 20일 ④ 30일

🔍 건설기계의 소유자는 건설기계등록사항에 변경(주소지 또는 사용본거지가 변경된 경우를 제외)이 있는 때에는 그 변경이 있는 날부터 30일(상속의 경우에는 상속개시일부터 3개월) 이내에 건설기계 등록사항변경신고서와 함께 필요한 서류를 첨부하여 등록을 한 시·도지사에 제출하여야 한다. 다만, 전시·사변 기타 이에 준하는 국가비상사태하에 있어서는 5일 이내에 하여야 한다.

03 건설기계 등록말소 사유 중 반드시 시·도지사가 직권으로 등록 말소하여야 하는 경우는?
① 거짓이나 그 밖의 부정한 방법으로 등록을 한 경우
② 검사 최고를 받고도 정기검사를 받지 아니한 경우
③ 건설기계를 도난당한 경우
④ 건설기계를 수출하는 경우

🔍 직권으로 등록을 말소해야 하는 경우
• 거짓이나 그 밖의 부정한 방법으로 등록을 한 경우
• 건설기계를 폐기한 경우

04 건설기계 등록의 말소를 하고자 할 때 신청서는 누구에게 제출하는가?
① 구청장 ② 시·도지사
③ 국토교통부장관 ④ 읍·면·동장

🔍 건설기계의 등록 및 등록사항에 대한 변경신고 및 등록말소는 모두 시·도지사에게 신청하여야 한다.

05 건설기계 등록 말소 사유에 해당되지 않는 것은?
① 건설기계가 천재지변으로 멸실된 경우
② 정비 또는 개조를 목적으로 해체된 경우
③ 건설기계를 폐기한 경우
④ 건설기계의 차대가 등록 시의 차대와 다른 경우

🔍 건설기계 등록 말소 사유(주요 사항)
• 거짓이나 그 밖의 부정한 방법으로 등록을 한 경우(직권 말소 사항)
• 건설기계를 폐기한 경우(직권 말소 사항)
• 건설기계가 천재지변 또는 이에 준하는 사고 등으로 사용할 수 없게 되거나 멸실된 경우
• 건설기계의 차대(車臺)가 등록 시의 차대와 다른 경우
• 건설기계가 건설기계안전기준에 적합하지 아니하게 된 경우
• 시·도지사의 정기검사 명령, 수시검사 명령 또는 정비 명령에 따르지 아니한 경우(시·도지사 직권 말소)
• 건설기계를 수출하는 경우
• 건설기계를 도난당한 경우
• 구조적 제작 결함으로 건설기계를 제작자 또는 판매자에게 반품한 때
• 건설기계를 교육·연구 목적으로 사용하는 경우

06 시·도지사는 건설기계 등록원부를 건설기계의 등록을 말소한 날부터 몇 년간 보존하여야 하는가?
① 1년 ② 2년
③ 4년 ④ 10년

🔍 시·도지사는 건설기계등록원부를 건설기계의 등록을 말소한 날부터 10년간 보존하여야 한다.

07 건설기계의 기종별 기호 표시방법으로 맞지 않는 것은?
① 07 : 기중기 ② 01 : 아스팔트 살포기
③ 03 : 로더 ④ 13 : 콘크리트 살포기

🔍 01 : 불도저, 18 : 아스팔트 살포기

08 다음 중 건설기계 임시운행 사유가 아닌 것은?
① 등록신청을 하기 위하여 건설기계를 등록지로 운행하는 경우
② 신규등록검사를 받기 위하여 건설기계를 검사장소로 운행하는 경우
③ 신개발 건설기계를 시험·연구의 목적으로 운행하는 경우
④ 수리를 위해 정비업체로 운행하는 경우

🔍 미등록 건설기계의 임시운행 사유
• 등록신청을 하기 위하여 건설기계를 등록지로 운행하는 경우
• 신규등록검사 및 확인검사를 받기 위하여 건설기계를 검사장소로 운행하는 경우
• 수출을 하기 위하여 건설기계를 선적지로 운행하는 경우
• 수출을 하기 위하여 등록말소한 건설기계를 점검·정비의 목적으로 운행하는 경우
• 신개발 건설기계를 시험·연구의 목적으로 운행하는 경우
• 판매 또는 전시를 위하여 건설기계를 일시적으로 운행하는 경우

09 시·도지사로부터 등록번호표 제작 통지를 받은 건설기계 소유자는 며칠 이내에 등록번호표 제작자에게 제작 신청을 하여야 하는가?
① 3일 ② 10일
③ 20일 ④ 30일

🔍 시·도지사로부터 등록번호표 제작을 통지받거나 명령받은 건설기계소유자는 통지받거나 명령받은 날부터 3일 이내에 등록번호표제작자에게 통지서 또는 명령서를 제출하고 등록번호표제작을 신청하여야 한다.

10 등록번호표 제작자는 등록번호표 제작 등의 신청을 받은 날로부터 며칠 이내에 등록번호표를 제작하여야 하는가?
① 3일 ② 5일
③ 7일 ④ 10일

🔍 등록번호표 제작자는 등록번호표 제작의 신청을 받은 때에는 7일 이내에 등록번호표 제작을 하여야 하며, 등록번호표 제작 통지(명령)서는 3년간 보존하여야 한다.

11 등록번호표의 반납 사유가 발생하였을 경우에는 며칠 이내에 반납하여야 하는가?
① 5일 ② 10일
③ 15일 ④ 30일

🔍 등록된 건설기계의 소유자는 다음의 어느 하나에 해당하는 경우에는 10일 이내에 등록번호표의 봉인을 떼어낸 후 그 등록번호표를 시·도지사에게 반납하여야 한다.
• 건설기계의 등록이 말소된 경우
• 건설기계의 등록사항 중 대통령령으로 정하는 사항이 변경된 경우
• 등록번호표의 부착 및 봉인을 신청하는 경우

정답 [1. 건설기계관리법] 01 ③ 02 ④ 03 ① 04 ② 05 ②
정답 06 ④ 07 ② 08 ④ 09 ① 10 ③ 11 ②

12 자가용 건설기계 등록번호표의 도색은?

① 청색판에 흰색문자
② 적색판에 흰색문자
③ 흰색판에 검은색문자
④ 녹색판에 흰색문자

🔍 건설기계의 임시번호표 및 등록번호표
- 임시번호표(미등록 및 등록된 건설기계) : 흰색 페인트판에 검은색 문자
- 등록번호표
  – 비사업용(관용 또는 자가용) : 흰색 바탕에 검은색 문자
  – 대여사업용 : 주황색 바탕에 검은색 문자

13 건설기계 등록번호표 중 관용에 해당하는 등록번호 숫자는?

① 0001~0999
② 1000~4999
③ 5000~8999
④ 9000~9999

🔍 등록번호표의 규격
- 재질은 철판 또는 알루미늄판
- 번호표에 표시되는 모든 문자 및 외곽선은 1.5mm 튀어나와야 한다.
- 등록번호
  – 관용 : 0001~0999
  – 자가용 : 1000~5999
  – 대여사업용 : 6000~9999

14 건설기계 적재중량을 측정할 때 측정인원은 1인당 몇 kg을 기준으로 하는가?

① 50kg
② 55kg
③ 60kg
④ 65kg

🔍 적재중량 측정 시 탑승자 1명의 체중은 65kg을 기준으로 한다.

15 건설기계사업을 영위하고자 하는 자는 누구에게 등록하여야 하는가?

① 시장 · 군수 또는 구청장
② 전문건설기계정비업자
③ 국토교통부장관
④ 건설기계해체활용업자

🔍 건설기계사업을 하려는 자(지방자치단체는 제외)는 사업의 종류별로 시장 · 군수 또는 구청장(자치구의 구청장을 말한다.)에게 등록하여야 한다.

16 건설기계대여업을 하고자 하는 자는 누구에게 등록하여야 하는가?

① 고용노동부장관
② 행정안전부장관
③ 국토교통부장관
④ 시장 · 군수 또는 구청장

🔍 건설기계대여업(건설기계조종사와 함께 건설기계를 대여하는 경우와 건설기계의 운전경비를 부담하면서 건설기계를 대여하는 경우를 포함)의 등록을 하려는 자는 건설기계대여업등록신청서에 관련 서류를 첨부하여 시장 · 군수 또는 구청장에게 제출하여야 한다.

17 건설기계정비업의 업종구분에 해당하지 않은 것은?

① 종합건설기계정비업
② 부분건설기계정비업
③ 전문건설기계정비업
④ 특수건설기계정비업

🔍 건설기계사업의 종류
- 건설기계대여업 : 일반건설기계대여업, 개별건설기계대여업
- 건설기계정비업 : 종합건설기계정비업, 부분건설기계정비업, 전문건설기계정비업
- 건설기계매매업
- 건설기계해체활용업

18 건설기계검사의 종류가 아닌 것은?

① 신규등록검사
② 정기검사
③ 구조변경검사
④ 예비검사

🔍 건설기계검사의 종류
- 신규등록검사 : 건설기계를 신규로 등록할 때 실시하는 검사
- 정기검사 : 건설공사용 건설기계로서 3년의 범위에서 검사 유효기간이 끝난 후에 계속하여 운행하려는 경우에 실시하는 검사와 대기환경보전법 및 소음·진동관리법에 따른 운행차의 정기검사
- 구조변경검사 : 건설기계의 주요 구조나 원동기, 동력전달장치, 제동장치 등 주요 장치를 변경 또는 개조하였을 때 실시하는 검사
- 수시검사 : 성능이 불량하거나 사고가 자주 발생하는 건설기계의 안전성 등을 점검하기 위하여 수시로 실시하는 검사와 건설기계 소유자의 신청을 받아 실시하는 검사

19 건설기계로 등록된 연식 20년 이하인 덤프트럭의 정기검사 유효기간은?

① 6월
② 1년
③ 1년 6월
④ 2년

🔍 주요 건설기계의 정기검사 유효기간(연식 20년 이하인 경우)
- 굴착기(타이어식) : 1년
- 로더(타이어식) : 2년
- 지게차(1톤 이상) : 2년
- 기중기(타이어식, 트럭적재식) : 1년
- 모터그레이더 : 2년
- 덤프트럭 : 1년

20 타이어식 굴착기의 정기검사 유효기간은?

① 3년
② 6월
③ 2년
④ 1년

🔍 굴착기(타이어식) : 연식과 무관하게 1년

21 연식 20년 이하인 1톤 이상 지게차의 정기검사 유효기간은?

① 6월
② 1년
③ 2년
④ 3년

🔍 지게차(1톤 이상) : 연식 20년 이하 – 2년, 연식 20년 초과 – 1년

22 정기 검사대상 건설기계의 정기검사 신청기간 중 맞는 것은?

① 건설기계의 정기검사 유효기간 만료일 후 16일 이내에 신청한다.
② 건설기계의 정기검사 유효기간 만료일 전후 31일 이내에 신청한다.
③ 건설기계의 정기검사 유효기간 만료일 전 5일 이내에 신청한다.
④ 건설기계의 정기검사 유효기간 만료일 전 16일 이내에 신청한다.

🔍 건설기계의 정기검사
- 검사유효기간의 만료일 전후 각각 31일 이내에 시 · 도지사에게 신청
- 검사신청을 받은 시 · 도지사 또는 검사대행자는 신청을 받은 날부터 5일 이내에 검사일시와 검사장소를 지정하여 신청인에게 통지

23 건설기계 신규등록검사를 실시할 수 있는 자는?

① 국토교통부장관
② 군수
③ 검사대행자
④ 행정안전부장관

🔍 신규등록검사는 건설기계를 신규로 등록할 때 실시하는 검사로 검사행자가 실시한다.

24 정기검사 연기를 할 경우 연기기간은 얼마 이내인가?

① 5월
② 4월
③ 6월
④ 2월

정답 12 ③ 13 ① 14 ④ 15 ① 16 ④ 17 ④

정답 18 ④ 19 ② 20 ④ 21 ③ 22 ② 23 ③ 24 ③

🔍 **정기검사의 연기**
- 건설기계소유자는 천재지변, 건설기계의 도난, 사고발생, 압류, 1월 이상에 걸친 정비 그 밖의 부득이 한 사유로 검사신청기간 내에 검사를 신청할 수 없는 경우에는 검사신청기간 만료일까지 검사연기신청서에 연기사유를 증명할 수 있는 서류를 첨부하여 시·도지사에게 제출하여야 한다. (검사대행을 하게 한 경우에는 검사대행자에게 제출)
- 검사연기신청을 받은 시·도지사 또는 검사대행자는 그 신청일부터 5일 이내에 검사연기여부를 결정하여 신청인에게 통지하여야 하며, 검사연기 불허통지를 받은 자는 검사신청기간 만료일부터 10일 이내에 검사신청을 하여야 한다.
- 연기기간은 6월 이내로 하며, 이 경우 그 연기기간동안 검사 유효기간이 연장된 것으로 본다.

25 정기검사를 받을 수 없는 사유가 발생한 경우 연기신청은 언제까지 하여야 하는가?

① 검사유효기간 만료일까지
② 검사신청기간 만료일로부터 10일 이내
③ 검사신청기간 만료일까지
④ 검사유효기간 만료일 10일 전까지

🔍 검사신청기간 만료일까지 검사연기신청서에 연기사유를 증명할 수 있는 서류를 첨부하여 시·도지사에게 제출하여야 한다.(검사대행을 하게 한 경우에는 검사대행자에게 제출)

26 검사소에서 검사를 받아야 할 건설기계 중 해당 건설기계가 위치한 장소에서 검사를 할 수 있는 경우가 아닌 것은?

① 도서지역에 있는 경우
② 자체중량이 40톤을 초과하거나 축중이 10톤을 초과하는 경우
③ 너비가 2.5미터에 미달하는 경우
④ 최고속도가 시간당 35km 미만인 경우

🔍 너비가 2.5미터를 초과하는 경우 당해 건설기계가 위치한 장소에서 검사할 수 있다.

27 건설기계의 구조변경검사는 누구에게 신청하여야 하는가?

① 건설기계정비업소
② 자동차검사소
③ 검사대행자(건설기계검사소)
④ 건설기계해체활용업소

🔍 구조변경검사는 건설기계의 주요 구조를 변경하거나 개조한 경우 실시하는 검사로 주요 구조를 변경 또는 개조한 날부터 20일 이내에 검사대행자에게 신청하여야 한다.

28 다음 중 건설기계의 구조 또는 장치를 변경하는 것과 관련이 없는 설명은?

① 건설기계정비업소에서 구조 또는 장치의 변경 작업을 한다.
② 관할 시·도지사에게 구조변경 승인을 받아야 한다.
③ 구조변경 검사를 받아야 한다.
④ 구조변경 검사는 주요 구조를 변경 또는 개조한 날부터 20일 이내에 신청하여야 한다.

🔍 건설기계의 소유자가 등록된 건설기계의 주요 구조를 변경 또는 개조하고자 하는 때에는 건설기계안전기준에 적합하게 하여야 하며, 별도의 신청없이 변경 후 검사에 합격해야만 한다.

29 제작자로부터 건설기계를 구입한 자가 무상으로 사후관리를 받을 수 있는 법정기간은?

① 3월
② 6월
③ 18월
④ 12월

🔍 건설기계의 제작자는 건설기계를 판매한 날부터 12개월(당사자 간에 12개월을 초과하여 별도 계약하는 경우에는 그 해당기간) 동안 무상으로 건설기계의 정비 및 정비에 필요한 부품을 공급하여야 한다.

30 건설기계관리법상 건설기계 조종사의 면허를 받을 수 있는 자는?

① 파산자로서 복권되지 아니한 자
② 사지의 활동이 정상적이 아닌 자
③ 마약 또는 알코올 중독자
④ 심신장애자

🔍 **건설기계조종사면허의 결격사유**
- 18세 미만인 사람
- 건설기계 조종상의 위험과 장해를 일으킬 수 있는 정신질환자 또는 뇌전증환자
- 앞을 보지 못하는 사람, 듣지 못하는 사람, 그 밖에 국토교통부 부령으로 정하는 장애인
- 건설기계 조종상의 위험과 장해를 일으킬 수 있는 마약·대마·향정신성의약품 또는 알코올중독자
- 건설기계조종사면허가 취소된 상태이거나 효력정지처분기간 중에 있는 사람

31 건설기계 조종사 면허에 관한 사항 중 틀린 것은?

① 시장·군수 또는 구청장에게 건설기계조종사 면허를 받아야 한다.
② 건설기계조종사면허는 건설기계의 종류별로 받아야 한다.
③ 5톤 미만의 불도저는 교육과정을 이수함으로써 기술자격의 취득을 대신할 수 있다.
④ 특수건설기계 조종은 특수조종면허를 받아야 한다.

🔍 특수건설기계 중 국토교통부 장관이 지정하는 건설기계는 도로교통법에 따른 운전면허를 받아서 조종할 수 있다.

32 건설기계를 운전해서는 안 되는 사람은?

① 국제운전면허증을 가진 사람
② 범칙금 납부 통고서를 교부받은 사람
③ 면허시험에 합격하고 면허증 교부 전에 있는 사람
④ 운전면허증을 분실하여 재교부 신청 중인 사람

🔍 면허시험에 합격했더라도 면허증을 교부받기 전이라면 면허를 취득한 것으로 보지 않는다.

33 건설기계조종사 면허가 취소되었을 경우, 그 사유가 발생한 날로부터 며칠 이내에 면허증을 반납해야 하는가?

① 10일 이내
② 30일 이내
③ 14일 이내
④ 7일 이내

🔍 건설기계조종사면허를 받은 자가 다음에 해당하는 때에는 그 사유가 발생한 날부터 10일 이내에 주소지를 관할하는 시장·군수 또는 구청장에게 그 면허증을 반납하여야 한다.
- 면허가 취소된 때
- 면허의 효력이 정지된 때
- 면허증의 재교부를 받은 후 잃어버린 면허증을 발견한 때

34 건설기계 조종사 면허 적성검사 기준으로 틀린 것은?

① 두 눈의 시력이 각각 0.3 이상
② 시각은 150도 이상
③ 청력은 10m의 거리에서 60데시벨을 들을 수 있을 것
④ 두 눈을 동시에 뜨고 잰 시력이 0.7 이상

🔍 **건설기계조종사의 적성검사 기준**
- 두 눈을 동시에 뜨고 잰 시력(교정시력 포함)이 0.7 이상이고 두 눈의 시력이 각각 0.3 이상일 것
- 55데시벨(보청기를 사용하는 사람은 40데시벨)의 소리를 들을 수 있고, 언어분별력이 80퍼센트 이상일 것
- 시각은 150도 이상일 것
- 건설기계 조종상의 위험과 장해를 일으킬 수 있는 정신질환자 또는 뇌전증환자가 아닐 것
- 건설기계 조종상의 위험과 장해를 일으킬 수 있는 마약·대마·향정신성의약품 또는 알코올중독자가 아닐 것

정답 25 ③ 26 ③ 27 ③ 28 ② 29 ④ 30 ① 31 ④ 32 ③ 33 ① 34 ③

35 다음 중 건설기계조종사면허의 반납 사유가 아닌 것은?

① 면허가 취소된 때
② 면허의 효력이 정지된 때
③ 주소지가 변경된 때
④ 면허증의 재교부를 받은 후 잃어버린 면허증을 발견한 때

🔍 건설기계조종사면허를 받은 자가 보기의 ①, ②, ④항에 해당하는 사유가 발생하는 때에는 그 사유가 발생한 날부터 10일 이내에 주소지를 관할하는 시장·군수 또는 구청장에게 그 면허증을 반납하여야 한다.

36 건설기계관리법상 등록되지 아니한 건설기계를 사용하거나 운행한 자에 대한 벌칙은?

① 300만원 이하의 과태료
② 100만원 이하의 벌금
③ 1년 이하의 징역 또는 1천만원 이하의 벌금
④ 2년 이하의 징역 또는 2천만원 이하의 벌금

🔍 2년 이하의 징역 또는 2천만원 이하의 벌금
• 등록되지 아니한 건설기계를 사용하거나 운행한 자
• 등록이 말소된 건설기계를 사용하거나 운행한 자
• 시·도지사의 지정을 받지 아니하고 등록번호표를 제작하거나 등록번호를 새긴 자
• 건설기계의 주요 구조나 원동기, 동력전달장치, 제동장치 등 주요 장치를 변경 또는 개조한 자
• 무단 해체된 건설기계를 사용·운행하거나 타인에게 유상·무상으로 양도한 자
• 제작결함에 따른 시정명령을 이행하지 아니한 자
• 등록을 하지 아니하고 건설기계사업을 하거나 거짓으로 등록을 한 자
• 등록이 취소되거나 사업의 전부 또는 일부가 정지된 건설기계사업자로서 계속하여 건설기계사업을 한 자

37 건설기계 운전자가 조종 중 고의로 중상 2명, 경상 5명의 사고를 일으킬 때 면허처분 기준은?

① 취소
② 면허효력 정지 30일
③ 면허효력 정지 20일
④ 면허효력 정지 10일

🔍 건설기계조종사면허의 취소 사유
• 거짓이나 그 밖의 부정한 방법으로 건설기계조종사면허를 받은 경우
• 건설기계조종사면허의 효력정지기간 중 건설기계를 조종한 경우
• 건설기계조종사면허 취득의 결격사유에 해당하게 된 경우
• 건설기계 조종 중 고의로 사망, 중상, 경상 등을 입힌 경우
• 건설기계 조종 중 과실로 산업안전보건법에 따른 다음의 중대재해가 발생한 경우
 – 사망자가 1명 이상 발생한 재해
 – 3개월 이상의 요양이 필요한 부상자가 동시에 2명 이상 발생한 재해
 – 부상자 또는 직업성질병자가 동시에 10명 이상 발생한 재해

38 건설기계 조종사의 면허 취소 사유 설명으로 맞는 것은?(단, 산업안전보건법에 따른 중대재해가 아닌 경우이다)

① 과실로 인하여 1명을 사망하게 하였을 때
② 면허정지 처분을 받은 자가 그 기간 중에 건설기계를 조종한 때
③ 과실로 인하여 10명에게 경상을 입힌 때
④ 건설기계로 1천만원 이상의 재산 피해를 냈을 때

🔍 과실로 인한 인명피해의 경우 경상 1명마다 면허효력 정지 5일에 해당된다.

39 건설기계 운전 중 과실로 사망 1명의 인명피해를 입힌 운전자에 대한 면허 처분 기준은?

① 면허효력 정지 45일
② 면허효력 정지 30일
③ 면허효력 정지 15일
④ 면허효력 정지 5일

🔍 인명피해에 따른 면허효력 정지기간
• 사망 1명마다 : 면허효력 정지 45일
• 중상 1명마다 : 면허효력 정지 15일
• 경상 1명마다 : 면허효력 정지 5일

40 건설기계관리법령상 폐기요청을 받은 건설기계를 폐기하지 아니하거나 등록 번호표를 폐기하지 아니한 자에 대한 벌칙은?

① 2년 이하의 징역 2천만원 이하의 벌금
② 1년 이하의 징역 1천만원 이하의 벌금
③ 500만원 이하의 벌금
④ 100만원 이하의 과태료

🔍 1년 이하의 징역 또는 1천만원 이하의 벌금(주요사항)
• 거짓이나 그 밖의 부정한 방법으로 건설기계 등록을 한 자
• 건설기계의 등록번호를 지워 없애거나 그 식별을 곤란하게 한 자
• 건설기계의 구조변경검사 또는 수시검사를 받지 아니한 자
• 건설기계의 정비명령을 이행하지 아니한 자
• 폐기요청을 받은 건설기계를 폐기하지 아니하거나 등록번호표를 폐기하지 아니한 자
• 건설기계조종사면허를 받지 아니하고 건설기계를 조종한 자
• 건설기계조종사면허를 거짓이나 그 밖의 부정한 방법으로 받은 자
• 건설기계조종사면허가 취소되거나 건설기계조종사면허의 효력정지처분을 받은 후에도 건설기계를 계속하여 조종한 자
• 건설기계를 도로나 타인의 토지에 버려둔 자

41 건설기계관리법상 등록번호표를 부착하지 아니하거나 봉인하지 아니한 건설기계를 운행한 자에 대한 벌칙은?

① 1년 이하의 징역 또는 1천만원 이하의 벌금
② 300만원 이하의 과태료
③ 100만원 이하의 과태료
④ 50만원 이하의 과태료

🔍 • 등록번호표를 부착하지 아니하거나 봉인하지 아니한 건설기계를 운행한 자 : 300만원 이하의 과태료
• 건설기계에 등록번호표를 부착·봉인하지 아니하거나 등록번호를 새기지 아니한 자 : 100만원 이하의 과태료

42 건설기계관리법상 100만원 이하의 과태료에 해당하는 벌칙 사항은?

① 건설기계의 정기검사를 받지 아니한 자
② 건설기계조종사의 정기적성검사 또는 수시적성검사를 받지 아니한 자
③ 안전교육 등을 받지 아니하고 건설기계를 조종한 자
④ 건설기계를 주택가 주변의 도로·공터 등에 세워둔 자

🔍 • 보기 ①항 : 300만원 이하의 과태료
• 보기 ②항 : 300만원 이하의 과태료
• 보기 ③항 : 100만원 이하의 과태료
• 보기 ④항 : 50만원 이하의 과태료

Lesson 02 도로교통법 <<<<<

01 도로교통법에 위반되는 행위는?

① 주간에 방향을 전환할 때 방향 지시등을 켰다.
② 야간에 교행할 때 전조등의 광도를 줄였다.
③ 도로 모퉁이 부근에서 앞지르기하였다.
④ 건널목 바로 전에 일시 정지하였다.

🔍 앞지르기 금지 장소
• 교차로, 터널 안, 다리 위
• 도로의 구부러진 곳(도로 모퉁이)
• 비탈길의 고갯마루 부근
• 가파른 비탈길의 내리막
• 앞지르기 금지표지 설치장소

정답 35 ③ 36 ④ 37 ① 38 ② 39 ①

정답 40 ② 41 ② 42 ③ [2. 도로교통법] 01 ③

02 동일방향으로 주행하고 있는 전·후 차간의 안전운전방법으로 틀린 것은?

① 뒷차는 앞차가 급정지할 때 충돌을 피할 수 있는 필요한 안전거리를 유지한다.
② 뒤에서 따라오는 차량의 속도보다 느린 속도로 진행하려고 할 때는 진로를 양보한다.
③ 앞차가 다른 차를 앞지르고 있을 때는 빠른 속도로 앞지른다.
④ 앞차는 부득이한 경우를 제외하고는 급정지·급감속을 하여서는 안 된다.

🔍 앞차가 다른 차를 앞지르기하고 있을 때는 앞지르기가 금지된다.

03 노면 표시 중 진로 변경 제한선으로 맞는 것은?

① 백색 점선으로서 진로 변경을 할 수 없다.
② 백색 실선으로서 진로 변경을 할 수 없다.
③ 백색 실선으로서 진로 변경을 할 수 있다.
④ 황색 점선으로서 진로 변경을 할 수 없다.

🔍 차가 백색 점선이 있는 쪽에서는 진로를 변경할 수 있으나, 백색 실선이 있는 쪽에서는 진로 변경을 해서는 안 된다.

04 편도 4차로의 일반도로에서 건설기계는 어느 차로로 통행해야 하는가?

① 1차로
② 2차로
③ 1차로와 2차로
④ 3차로와 4차로

🔍 편도 4차로의 일반도로에서 건설기계는 오른쪽 차로인 3차로와 4차로를 이용하여 통행하여야 한다.

05 차로의 설치에 관한 설명 중 틀린 것은?

① 횡단보도, 교차로 및 철길건널목 부분에는 차로를 설치하지 못한다.
② 차로를 설치하는 때에는 중앙선 표시를 하여야 한다.
③ 차도가 보도보다 넓을 때는 길가장자리 구역을 설치해야 한다.
④ 차로의 너비는 3m 이상으로 하여야 하며 부득이한 경우는 275cm 이상으로 할 수 있다.

🔍 도로의 양쪽에 보행자 통행의 안전을 위하여 길가장자리 구역을 설치하여야 한다.

06 교통정리가 행하여지고 있지 않은 교차로에서 우선 순위가 같은 차량이 동시에 교차로에 진입한 때의 우선순위로 맞는 것은?

① 소형 차량이 우선한다.
② 우측도로의 차가 우선한다.
③ 좌측도로의 차가 우선한다.
④ 중량이 큰 차량이 우선한다.

🔍 동시에 교통정리가 없는 교차로에 진입할 때
• 도로의 폭이 좁은 도로에서 진입하려는 경우에는 도로의 폭이 넓은 도로부터 진입하는 차에 진로를 양보
• 동시에 진입하려고 하는 경우에는 우측도로에서 진입하는 차에 진로를 양보
• 좌회전하려고 하는 경우에는 직진하거나 우회전하려는 차에 진로를 양보

07 비보호 좌회전 교차로에서의 통행방법으로 가장 적절한 것은?

① 황색 신호시 반대방향의 교통에 유의하면서 서행한다.
② 황색 신호시에만 좌회전할 수 있다.
③ 녹색 신호시 반대방향의 교통에 방해되지 않게 좌회전할 수 있다.
④ 녹색 신호시에는 언제나 좌회전할 수 있다.

🔍 녹색의 등화
• 차마는 직진 또는 우회전할 수 있다.
• 비보호좌회전표지 또는 비보호좌회전표시가 있는 곳에서는 반대방향의 교통에 방해가 되지 않는 범위 내에서 좌회전할 수 있다.

08 주행 중 진로를 변경하고자 할 때 운전자가 지켜야 할 사항으로 틀린 것은?

① 후사경 등으로 주위의 교통상황을 확인한다.
② 신호를 실시하여 뒤따르는 차에 알린다.
③ 진로를 변경할 때에는 뒤따르는 차에 주의할 필요가 없다.
④ 뒷차와 충돌을 피할 수 있는 거리를 확보할 수 없을 때는 진로를 변경하지 않는다.

🔍 진로를 변경할 때는 앞의 도로상황뿐만 아니라 후방의 차량이나 상황도 주의해서 살펴야 한다.

09 건설기계를 운전하여 교차로 전방 20m 지점에 이르렀을 때 황색 등화로 바뀌었을 경우 운전자의 조치방법은?

① 주위의 교통에 주의하면서 진행한다.
② 그대로 계속 진행한다.
③ 일시 정지하여 안전을 확인하고 진행한다.
④ 정지할 조치를 위하여 정지선에 정지한다.

🔍 차량 신호등에서 황색의 등화 : 정지선이 있거나 횡단보도가 있을 때 그 직전이나 교차로의 직전에 정지하여야 하며, 이미 교차로에 차마의 일부라도 진입한 경우에는 신속히 교차로 밖으로 진행하여야 한다.

10 고속도로가 아닌 도로에서 운전자가 진행방향을 변경하려고 할 때 회전신호를 하여야 할 시기로 맞는 것은?

① 회전하려고 하는 지점의 30m 전에서
② 특별히 정하여져 있지 않고, 운전자 임의대로
③ 회전하려고 하는 지점 3m 전에서
④ 회전하려고 하는 지점 10m 전에서

🔍 좌회전 및 우회전, 차로 변경 등과 같은 진로 변경을 하고자 하는 때에는 그 행위를 하려는 지점에 이르기 전 30m(고속도로에서는 100m) 이상의 지점에 이르렀을 때 신호를 하여야 한다.

11 정지선이나 횡단보도 및 교차로 직전에서 정지하여야 할 신호는?

① 녹색 및 적색등화
② 적색 및 황색등화의 점멸
③ 녹색 및 황색등화
④ 황색 및 적색등화

🔍 적색 및 황색의 등화 시 차마는 정지선이 있거나 횡단보도가 있을 때 그 직전이나 교차로의 직전에 정지하여야 한다. 참고로 황색등화의 점멸 시에는 다른 교통 또는 안전표지의 표시에 주의하면서 진행할 수 있다.

12 도로교통법상 어린이로 규정되고 있는 연령은?

① 13세 미만
② 18세 미만
③ 12세 미만
④ 16세 미만

🔍 도로교통법상 영유아는 6세 미만인 사람, 어린이는 13세 미만인 사람을 말하며, 노인은 65세 이상인 사람을 말한다.

13 제한 외의 적재 및 승차 허가를 할 수 있는 관청은?

① 도착지를 관할하는 경찰서
② 시, 읍면 사무소
③ 관할 시, 군청
④ 출발지를 관할하는 경찰서

정답 02 ③ 03 ② 04 ④ 05 ③ 06 ② 07 ③ 08 ③ 09 ④ 10 ① 11 ④ 12 ① 13 ④

🔍 모든 차의 운전자는 승차인원, 적재중량 및 적재용량과 관련하여 운행상의 안전기준을 넘어서 승차시키거나 적재한 상태로 운전해서는 안 된다. 다만, 출발지를 관할하는 경찰서장의 허가를 받은 경우에는 예외로 한다.

14 안전기준을 초과하는 화물의 적재허가를 받은 자는 그 길이 또는 폭의 양끝에 너비 및 길이를 각각 몇 cm 이상의 빨간 헝겊으로 된 표지를 달아야 하는가?

① 30(너비), 40(길이)
② 40(너비), 50(길이)
③ 30(너비), 50(길이)
④ 60(너비), 50(길이)

🔍 안전기준을 넘는 화물의 적재허가를 받은 사람은 그 길이 또는 폭의 양끝에 너비 30cm, 길이 50cm 이상의 빨간 헝겊으로 된 표지를 달아야 한다. 다만, 밤에 운행하는 경우에는 반사체로 된 표지를 달아야 한다.

15 보기에서 도로교통법상 어린이보호와 관련하여 위험성이 큰 놀이기구로 정하여 운전자가 특별히 주의하여야 할 놀이기구로 지정한 것을 모두 조합한 것은?

㉠ 킥보드	㉡ 롤러스케이트	㉢ 인라인스케이트
㉣ 스케이트보드	㉤ 스노우보드	

① ㉠, ㉡
② ㉠, ㉡, ㉢
③ ㉠, ㉡, ㉢, ㉣
④ ㉠, ㉡, ㉢, ㉣, ㉤

🔍 도로교통법 시행규칙에서 정한 위험성이 큰 놀이기구는 킥보드, 롤러스케이트, 인라인스케이트, 스케이트보드와 그 밖에 위 4가지 놀이기구와 비슷한 놀이기구를 말하며, 이러한 놀이기구를 이용할 때는 반드시 안전모를 착용하여야 한다.

16 도로를 통행하는 자동차가 야간에 켜야하는 등화의 구분 중 견인되는 자동차가 켜야 할 등화는?

① 전조등, 차폭등, 미등
② 차폭등, 미등, 번호등
③ 전조등, 미등, 번호등
④ 전조등, 미등

🔍 야간에 도로를 통행할 때 켜야 할 등화
• 자동차 : 전조등, 차폭등, 미등, 번호등, 실내조명등(실내조명등은 승합자동차와 여객자동차운송사업용 승용자동차)
• 견인되는 차 : 미등, 차폭등 및 번호등
• 야간 주차 또는 정차할 때 : 미등, 차폭등
• 안개 등 장애로 100m 이내의 장애물을 확인할 수 없을 때 : 야간에 준하는 등화

17 차마의 통행방법으로 도로의 중앙이나 좌측부분을 통행할 수 있는 경우로 가장 적절한 것은?

① 통행이 불편할 때
② 도로에 물이 고여 있어 불편할 때
③ 도로가 잡상인 등으로 혼잡할 때
④ 도로의 파손, 도로공사 또는 우측 부분을 통행할 수 없을 때

🔍 도로의 중앙이나 좌측부분을 통행할 수 있는 경우
• 도로가 일방통행인 경우
• 도로의 파손, 도로공사나 그 밖의 장애 등으로 도로의 우측 부분을 통행할 수 없는 경우
• 도로 우측 부분의 폭이 6m가 되지 아니하는 도로에서 다른 차를 앞지르려는 경우

18 일시정지 안전표지판이 설치된 횡단보도에서 위반되는 것은?

① 경찰공무원이 진행신호를 하여 일시정지하지 않고 통과하였다.
② 횡단보도 직전에 일시 정지하여 안전을 확인한 후 통과하였다.
③ 보행자가 없으므로 그대로 통과하였다.
④ 연속적으로 진행 중인 앞차의 뒤를 따라 진행할 때 일시정지하였다.

🔍 일시정지 안전표지판이 설치되어 있다면 보행자와 관계없이 일시정지하여야 한다.

19 그림의 교통안전표지는?

① 우로 이중 굽은 도로
② 좌우로 이중 굽은 도로
③ 좌로 굽은 도로
④ 회전형 교차로

20 최고속도의 100분의 50을 줄인 속도로 운행하여야 할 경우와 관계가 없는 것은?

① 눈이 20mm 이상 쌓인 때
② 비가 내려 노면에 습기가 있는 때
③ 노면이 얼어붙은 때
④ 폭우, 폭설, 안개 등으로 가시거리가 100m 이내인 때

🔍 최고속도의 100분의 20을 줄인 속도로 운행해야 하는 경우
• 비가 내려 노면이 젖어 있는 경우
• 눈이 20mm 미만 쌓인 경우

21 앞지르기 금지 장소가 아닌 것은?

① 교차로, 도로의 구부러진 곳
② 버스 정류장 부근, 주차금지 구역
③ 터널 내, 앞지르기 금지표지 설치장소
④ 경사로의 정상 부근, 급경사로의 내리막

🔍 앞지르기 금지 장소
• 교차로, 터널 안, 다리 위
• 도로의 구부러진 곳(도로 모퉁이)
• 비탈길의 고갯마루 부근
• 가파른 비탈길의 내리막
• 앞지르기 금지표지 설치장소

22 주ㆍ정차를 할 수 있는 곳은?

① 도로의 우측 가장자리
② 도로의 모퉁이
③ 교차로의 가장자리
④ 횡단보도 옆

🔍 정차 및 주차의 금지
• 교차로ㆍ횡단보도ㆍ건널목이나 보도와 차도가 구분된 도로의 보도
• 교차로의 가장자리나 도로의 모퉁이로부터 5m 이내인 곳
• 안전지대가 설치된 도로에서는 그 안전지대의 사방으로부터 각각 10m 이내인 곳
• 버스 정류장임을 표시하는 기둥이나 표지판 또는 선이 설치된 곳으로부터 10m 이내인 곳
• 건널목의 가장자리 또는 횡단보도로부터 10m 이내인 곳
• 시ㆍ도경찰청장이 도로에서의 위험을 방지하고 교통의 안전과 원활한 소통을 확보하기 위하여 필요하다고 인정하여 지정한 곳

정답 14 ③ 15 ③ 16 ② 17 ④

정답 18 ③ 19 ② 20 ② 21 ② 22 ①

23 도로에서 정차를 하고자 하는 때의 방법으로 옳은 것은?

① 차체의 전단부를 도로 중앙을 향하도록 비스듬히 정차한다.
② 진행방향의 반대방향으로 정차한다.
③ 차도의 우측 가장자리에 정차한다.
④ 일방 통행로에서 좌측 가장자리에 정차한다.

> 정차란 운전자가 5분을 초과하지 아니하고 차를 정지시키는 것으로서 주차 외의 정지 상태를 말하며, 정차할 때는 차를 차도의 우측 가장자리에 정차한다.

24 1년간 누산점수가 몇 점 이상이면 면허가 취소되는가?

① 271 ② 201
③ 121 ④ 190

> 벌점·누산점수 초과로 인한 면허 취소
> • 1년간 : 121점 이상
> • 2년간 : 201점 이상
> • 3년간 : 271점 이상

25 제1종 운전면허를 받을 수 없는 사람은?

① 두 눈을 동시에 뜨고 잰 시력이 0.8 이상인 사람
② 양쪽 눈의 시력이 각각 0.5 이상인 사람
③ 한쪽 눈을 보지 못하고 다른 쪽 눈의 시력이 0.6 이상인 사람
④ 적색, 황색, 녹색의 색채 식별이 가능한 사람

> 한쪽 눈을 보지 못하는 사람으로서 제1종 보통 운전면허를 취득하고자 하는 경우 다른 쪽 눈의 시력 0.8 이상, 수직시야 20°, 수평시야 120°이상, 중심시야 20°내 암점 또는 반맹이 없어야 한다.

26 교차로 또는 그 부근에서 긴급자동차가 접근하였을 때 피양 방법으로 가장 적절한 것은?

① 그 자리에 즉시 정지한다.
② 교차로를 피하여 도로의 우측 가장자리에 일시 정지한다.
③ 서행하면서 앞지르기하라는 신호를 한다.
④ 그대로 진행방향으로 진행을 계속한다.

> 모든 차의 운전자는 교차로나 그 부근에서 긴급자동차가 접근하는 경우에는 교차로를 피하여 도로의 우측 가장자리에 일시 정지하여야 한다. 다만, 일방통행으로 된 도로에서 우측 가장자리로 피하여 정지하는 것이 긴급자동차의 통행에 지장을 주는 경우에는 좌측 가장자리로 피하여 정지할 수 있다.

27 신호기가 표시하고 있는 내용과 경찰관의 수신호가 다른 경우 통행방법으로 옳은 것은?

① 경찰관 수신호를 우선적으로 따른다.
② 신호기 신호를 우선적으로 따른다.
③ 자기가 판단하여 위험이 없다고 생각되면 아무 신호에 따라도 좋다.
④ 수신호는 보조 신호이므로 따르지 않아도 좋다.

> 교통안전시설이 표시하는 신호 또는 지시와 교통정리를 하는 국가경찰공무원·자치경찰공무원 또는 경찰보조자(모범운전자)의 신호 또는 지시가 서로 다른 경우에는 경찰공무원등의 신호 또는 지시에 따라야 한다.

28 도로교통법상 술에 취한 상태의 기준은?

① 혈중 알코올농도가 0.03% 이상
② 혈중 알코올농도가 0.1% 이상
③ 혈중 알코올농도가 0.15% 이상
④ 혈중 알코올농도가 0.2% 이상

> 운전이 금지되는 술에 취한 상태의 기준은 혈중알코올농도 0.03% 이상, 만취기준은 0.08% 이상인 경우이다.

29 도로교통법에 의해 인적 피해있는 교통사고를 야기하고 도주한 차량의 운전자를 신고하여 검거하게 한 운전자에게 부여되는 벌점상계의 특혜점수는 몇 점인가?

① 120점 ② 100점
③ 80점   ④ 40점

> 인적 피해 있는 교통사고를 야기하고 도주한 차량의 운전자를 검거하거나 신고하여 검거하게 한 운전자(교통사고의 피해자가 아닌 경우로 한정)에게는 검거 또는 신고할 때마다 40점의 특혜 점수를 부여하여 기간에 관계없이 그 운전자가 정지 또는 취소 처분을 받게 될 경우 누산점수에서 이를 공제한다. 이 경우 공제되는 점수는 40점 단위로 한다.

30 운전면허 취소 처분에 해당되는 것은?

① 과속운전
② 중앙선 침범
③ 면허정지 기간에 운전한 경우
④ 신호 위반

> 운전면허 행정처분 기간 중에 운전을 하면 취소 사유가 된다.

31 교통사고가 발생하였을 때 승무원으로 하여금 신고하게 하고 계속 운전할 수 있는 경우가 아닌 것은?

① 긴급자동차
② 긴급을 요하는 우편물 자동차
③ 위급한 환자를 운반 중인 구급차
④ 특수자동차

> 교통사고 발생 시 긴급자동차, 부상자를 운반 중인 차 및 우편물자동차 등의 운전자는 긴급한 경우에는 동승자로 하여금 신고를 하게 하고 운전을 계속할 수 있다.

32 긴급자동차에 관한 설명 중 틀린 것은?

① 소방자동차, 구급자동차는 항시 우선권과 특례의 적용을 받는다.
② 긴급 용무 중일 때에만 우선권과 특례의 적용을 받는다.
③ 우선권과 특례의 적용을 받으려면 경광등을 켜고 경음기를 울려야 한다.
④ 긴급 용무임을 표시할 때는 제한속도 준수 및 앞지르기 금지, 일시정지 의무 등의 적용은 받지 않는다.

> 긴급자동차란 소방차, 구급차, 혈액 공급차량 및 대통령령으로 정하는 자동차로서 그 본래의 긴급한 용도로 사용되고 있는 자동차를 말한다.

33 철길건널목 통과 방법에 대한 설명으로 틀린 것은?

① 철길건널목에서는 앞지르기를 하여서는 안 된다.
② 철길건널목 부근에서는 주·정차를 하여서는 안 된다.
③ 철길건널목에 일시정지 표지가 없을 때는 서행하면서 통과한다.
④ 철길건널목에서는 반드시 일시정지 후 안전함을 확인한 후에 통과한다.

> 철길건널목을 통과하려는 경우에는 건널목 앞에서 일시정지하여 안전한지 확인한 후에 통과하여야 한다. 다만, 신호기 등이 표시하는 신호에 따르는 경우에는 정지하지 아니하고 통과할 수 있다.

34 일시정지를 하지 않고도 철길건널목을 통과할 수 있는 경우는?

① 차단기가 올려져 있을 때
② 경보기가 울리지 않을 때
③ 앞차가 진행하고 있을 때
④ 신호등이 진행신호 표시일 때

🔍 철길건널목에 설치된 신호기 등이 표시하는 신호에 따르는 경우에는 정지하지 아니하고 통과할 수 있다.

35 교통사고로서 도로교통법상의 중상의 기준에 해당하는 것은?

① 2주 이상의 치료를 요하는 부상
② 1주 이상의 치료를 요하는 부상
③ 3주 이상의 치료를 요하는 부상
④ 4주 이상의 치료를 요하는 부상

🔍 도로교통법상의 사고 기준
• 사망 : 사고발생 시부터 72시간 이내에 사망한 때
• 중상 : 3주 이상의 치료를 요하는 부상
• 경상 : 3주 미만 5일 이상의 치료를 요하는 부상
• 부상 : 5일 미만의 치료를 요하는 부상

36 교통사고처리특례법상 12개 항목에 해당되지 않는 것은?

① 중앙선 침범
② 무면허 운전
③ 신호 위반
④ 통행 우선순위 위반

🔍 교통사고처리특례법상 12개 항목
• 신호 · 지시위반사고
• 중앙선 침범, 고속도로나 자동차전용도로에서의 횡단 · 유턴 또는 후진 위반사고
• 속도위반(20km/h 초과) 과속사고
• 앞지르기의 방법 · 금지시기 · 금지장소 또는 끼어들기 금지 위반사고
• 철길건널목 통과방법 위반사고
• 보행자보호의무 위반사고
• 무면허운전사고
• 음주운전 · 약물복용운전 사고
• 보도침범 · 보도횡단방법 위반사고
• 승객추락방지의무 위반사고
• 어린이보호구역 내 안전운전의무 위반으로 어린이의 신체를 상해에 이르게 한 사고
• 자동차의 화물이 떨어지지 아니하도록 필요한 조치를 하지 아니하고 운전하여 발생한 사고

37 도로명주소 안내시설 중 도로명판이 아닌 것은?

①

②

③

④

🔍 보기 중 ④항은 건물번호판 중 일반용 건물번호판에 해당된다.

38 다음 건물번호판에 대한 설명으로 맞는 것은?

① 세종대로는 도로명, 209는 건물번호이다.
② 세종대로는 주 출입구, 209는 기초번호이다.
③ 세종대로는 도로 시작점, 209는 건물주소이다.
④ 세종대로는 도로별 구분기준, 209는 상세주소이다.

🔍 보기의 그림은 일반용 건물번호판으로 상단에는 도로명, 하단에는 건물번호가 표시되어 있다.

39 다음 도로명판에 대한 설명으로 옳은 것은?

강남대로
Gangnam-daero   1→699

① 왼쪽과 오른쪽 양방향용 도로명판이다.
② "1→"이 위치는 도로가 끝나는 지점이다.
③ 강남대로는 총 699m 길이의 도로이다.
④ "강남대로"는 도로이름을 나타낸다.

🔍 도로명판의 의미
• "강남대로"는 도로이름으로 넓은 길, 시작지점을 나타낸다.
• "1→"현 위치는 도로 시작점임을 의미한다.('1')
• 강남대로는 6.99km이다.(699×10m)
• 문제의 도로명판은 오른쪽 한 방향용 도로명판이다.

40 다음의 도로명판이 의미하는 바에 대한 설명으로 틀린 것은?

1←65   대정로23번길
Daejeong-ro 23beon-gil

① 대정로23번길은 대정로 시작지점부터 약 230미터 지점에서 분기되는 길이다.
② 대정로23번길의 총 길이는 약 650미터 정도이다.
③ 대정로23번 길은 대정로 시작지점에서 출발하면 오른쪽으로 분기되는 길이다.
④ 도로명판이 세워진 현 위치는 대정로23번길의 끝지점이다.

🔍 도로명판
• 대정로23번길은 대정로 시작지점부터 약 230미터 지점에서 왼쪽으로 분기되는 길이다.(명판의 왼쪽방향 돌출 참조, 대정로××번길의 번호는 번호당 약 10미터 구간을 의미하므로 23×10m = 230m)
• 도로명판이 세워진 현 위치는 대정로23번길의 끝지점인 '65'이다.(1←65)
• 대정로23번길은 1부터 65까지의 기초 단위가 있으므로 65×10m = 650m 정도이다.

정답 35 ③ 36 ④ 37 ④ 38 ①

정답 39 ④ 40 ③

안전관리

Craftsman Excavating Machine Operator

Lesson 01 안전보호구 착용 및 안전장치 확인

1 산업안전 일반

1) 안전관리와 재해

① 안전사고와 재해
- ㉮ 안전사고 : 고의성이 없는 어떤 불안전한 행동이나 조건이 선행되어 발생하는 사고
- ㉯ 재해(Loss, Calamity) : 안전사고의 결과로 일어난 인명피해 및 재산의 손실
- ㉰ 무재해 사고(near accident, 아차사고) : 인명이나 물적 등 일체의 피해가 없는 사고

② 산업재해의 통계적 분류
- ㉮ 사망 : 업무로 인해서 목숨을 잃게 되는 경우
- ㉯ 중경상 : 부상으로 인하여 8일 이상의 노동 상실을 가져온 상해 정도
- ㉰ 경상해 : 부상으로 1일 이상 7일 이하의 노동 상실을 가져온 상해 정도
- ㉱ 무상해 사고 : 응급처치 이하의 상처로 작업에 종사하면서 치료를 받는 상해 정도

③ 재해예방의 4원칙
- ㉮ 손실우연의 원칙 : 사고에 의해서 생기는 손실(상해)의 종류와 정도는 우연적이다.(1 : 29 : 300의 법칙)
- ㉯ 원인계기의 원칙 : 모든 재해는 필연적인 원인에 의해 발생한다.
- ㉰ 예방가능의 원칙 : 모든 재해는 원칙적으로 방지가 가능하다.
- ㉱ 대책선정의 원칙 : 사고의 원인이나 불안전 요소가 발견되면 반드시 대책을 선정하여 실시하여야 한다.

④ 무재해운동의 3원칙
- ㉮ 무(Zero)의 원칙 : 산재 위험의 잠재요인을 근원적으로 해결하기 위한 원칙
- ㉯ 선취의 원칙 : 위험요인 행동 전에 예지, 발견
- ㉰ 전원참가의 원칙 : 전원(근로자, 회사 내 모든 종업원, 근로자 가족) 참가

2) 재해의 원인

① 직접원인(물적요인)
- ㉮ 불안전한 행동(행위) : 위험장소 접근, 안전장치의 기능 제거, 복장·보호구의 잘못 사용, 기계·기구 잘못 사용, 운전 중인 기계장치의 손질, 불안전한 속도 조작, 위험물 취급 부주의, 불안전한 상태 방치, 불안전한 자세 및 동작, 감독 및 연락 불충분
- ㉯ 불안전한 상태 : 물 자체의 결함, 안전 방호장치 결함, 보호구의 결함, 물의 배치 및 작업장소 결함, 작업환경의 결함, 생산공정의 결함, 경계표시·설비의 결함

② 간접원인
- ㉮ 기술적 원인 : 건물·기계장치 설계 불량, 구조·재료의 부적합, 생산 공정의 부적당, 점검·정비·보존 불량
- ㉯ 교육적 원인 : 안전의식의 부족, 안전수칙의 오해, 경험훈련의 미숙, 작업방법의 교육 불충분, 유해위험 작업의 교육 불충분
- ㉰ 관리적 원인 : 안전관리 조직 결함, 안전수칙 미제정, 작업준비 불충분, 인원배치 부적당, 작업지시 부적당

2 산업안전보건법 준수

1) 건설업 기초안전보건교육

① 교육대상 및 시간 : 건설업 일용근로자 - 4시간 이상

② 교육내용
- ㉮ 산업안전 및 사고 예방에 관한 사항
- ㉯ 산업보건 및 직업병 예방에 관한 사항
- ㉰ 산업안전보건법령 및 산업재해보상보험 제도에 관한 사항
- ㉱ 직무스트레스 예방 및 관리에 관한 사항
- ㉲ 직장 내 괴롭힘, 고객의 폭언 등으로 인한 건강장해 예방 및 관리에 관한 사항
- ㉳ 기계·기구의 위험성과 작업의 순서 및 동선에 관한 사항
- ㉴ 작업 개시 전 점검에 관한 사항
- ㉵ 정리정돈 및 청소에 관한 사항
- ㉶ 사고 발생 시 긴급조치에 관한 사항
- ㉷ 물질안전보건자료에 관한 사항

③ 교육내용에 따른 시간 구성

구분	교육내용	시간
공통	산업안전보건법령 주요 내용(건설 일용근로자 관련 부분)	1시간
	안전의식 제고에 관한 사항	
교육 대상별	직업별 위험요인과 안전작업 방법(재해사례 및 예방대책)	2시간
	건설 직종별 건강장해 위험요인과 건강관리	1시간

2) 특별교육 대상 작업별 교육(굴착기 작업 관련)

① 교육대상 및 시간
- ㉮ 아래 표의 특별교육 대상 작업에 종사하는 일용근로자 : 2시간 이상
- ㉯ 아래 표의 특별교육 대상 작업에 종사하는 일용근로자를 제외한 근로자
  - ㉠ 16시간 이상(최초 작업에 종사하기 전 4시간 이상 실시하고 12시간은 3개월 이내에서 분할하여 실시 가능
  - ㉡ 단기간 작업 또는 간헐적 작업인 경우에는 2시간 이상

② 특별교육 대상 작업 및 교육내용

작업명	교육내용
굴착면의 높이가 2m 이상이 되는 지반 굴착 (터널 및 수직갱 외의 갱 굴착은 제외)작업	• 지반의 형태·구조 및 굴착 요령에 관한 사항 • 지반의 붕괴재해 예방에 관한 사항 • 붕괴 방지용 구조물 설치 및 작업방법에 관한 사항 • 보호구의 종류 및 사용에 관한 사항 • 그 밖에 안전·보건관리에 필요한 사항
터널 안에서의 굴착작업 또는 같은 작업(굴착용 기계를 사용하는 굴착작업 중 근로자가 칼날 밑에 접근하지 않고 하는 작업은 제외)	• 작업환경의 점검 요령과 방법에 관한 사항 • 붕괴 방지용 구조물 설치 및 안전작업 방법에 관한 사항 • 재료의 운반 및 취급·설치의 안전기준에 관한 사항 • 보호구의 종류 및 사용에 관한 사항 • 소화설비의 설치장소 및 사용방법에 관한 사항 • 그 밖에 안전·보건관리에 필요한 사항
굴착면의 높이가 2m 이상이 되는 암석의 굴착작업	• 폭발물 취급 요령과 대비 요령에 관한 사항 • 안전거리 및 안전기준에 관한 사항 • 방호물의 설치 및 기준에 관한 사항 • 보호구 및 신호방법 등에 관한 사항 • 그 밖에 안전·보건관리에 필요한 사항
높이가 2m 이상인 물건을 쌓거나 무너뜨리는 작업(하역기계로만 하는 작업은 제외)	• 원부재료의 취급 방법 및 요령에 관한 사항 • 물건의 위험성·낙하 및 붕괴재해 예방에 관한 사항 • 적재방법 및 전도 방지에 관한 사항 • 보호구 착용에 관란 사항 • 그 밖에 안전·보건관리에 필요한 사항

3 안전보호구 및 안전장치

1) 안전보호구의 구비 조건

① 착용이 간단하고 착용 후 작업하기가 쉬워야 한다.
② 유해·위험요소로부터 보호 성능이 충분해야 한다.
③ 품질이 양호해야 한다.
④ 끝 마무리가 양호해야 한다.
⑤ 외관 및 디자인이 양호해야 한다.

■ 주요 보호구의 종류

보호구	사용 환경
안전모	물체가 떨어지거나 날아올 위험 또는 근로자가 추락할 위험이 있는 작업
안전대	높이 또는 깊이 2m 이상의 추락할 위험이 있는 장소에서 하는 작업
안전화	물체의 낙하·충격, 물체에의 끼임, 감전 또는 정전기의 대전(帶電)에 의한 위험이 있는 작업
보안경	물체가 흩날릴 위험이 있는 작업

2) 안전모

① 안전모의 종류

종류 기호	사용 구분	모체의 재질	내전 압성
AB	물체의 낙하 또는 비래(날아옴) 및 추락에 의한 위험을 방지 또는 경감시키기 위한 것	합성 수지	×
AE	물체의 낙하 또는 비래(날아옴)에 의한 위험을 방지 또는 경감하고, 머리 부위 감전에 의한 위험을 방지하기 위한 것	합성 수지 (FRP)	○
ABE	물체의 낙하 또는 비래(날아옴) 및 추락에 의한 위험을 방지 또는 경감하고, 머리 부위 감전에 의한 위험을 방지하기 위한 것	합성수지 (FRP)	○

② 안전모 사용 및 관리

㉮ 작업내용에 적합한 안전모를 착용한다.
㉯ 안전모 착용 시 턱끈을 바르게 한다.
㉰ 충격을 받은 안전모나 변형된 안전모는 폐기 처분한다.
㉱ 자신의 크기에 맞도록 착장제의 머리 고정대를 조절한다.
㉲ 안전모에 구멍을 내지 않도록 한다.
㉳ 합성수지는 자외선에 균열 및 노화가 되므로 자동차 뒷 창문 등에 보관을 하지 않는다.

3) 안전화

① 안전화의 종류

종류	성능 구분
가죽제안전화	물체의 낙하, 충격 또는 날카로운 물체에 의한 찔림 위험으로부터 발을 보호하기 위한 것
고무제안전화	물체의 낙하, 충격 또는 날카로운 물체에 의한 찔림 위험으로부터 발을 보호하고 내수성을 겸한 것
정전기안전화	물체의 낙하, 충격 또는 날카로운 물체에 의한 찔림 위험으로부터 발을 보호하고 정전기의 인체대전을 방지하기 위한 것
발등안전화	물체의 낙하, 충격 또는 날카로운 물체에 의한 찔림 위험으로부터 발 및 발등을 보호하기 위한 것
절연화	물체의 낙하, 충격 또는 날카로운 물체에 의한 찔림 위험으로부터 발을 보호하고 저압의 전기에 의한 감전을 방지하기 위한 것
절연장화	고압에 의한 감전을 방지 및 방수를 겸한 것
화학물질용안전화	물체의 낙하, 충격 또는 날카로운 물체에 의한 찔림 위험으로부터 발을 보호하고 화학물질로부터 유해위험을 방지하기 위한 것

② 안전화의 등급

등급	사용 장소
중(重)작업용	광업, 건설업 및 철광업등에서 원료취급, 가공, 강재취급 및 강재 운반, 건설업 등에서 중량물 운반작업, 가공대상물의 중량이 큰 물체를 취급하는 작업장으로서 날카로운 물체에 의해 찔릴우려가 있는 장소
보통(普通) 작업용	기계공업, 금속가공업, 운반, 건축업 등 공구 가공품을 손으로 취급하는 작업 및 차량 사업장, 기계 등을 운전조작하는 일반작업장으로서 날카로운 물체에 의해 찔릴우려가 있는 장소
경(輕)작업용	금속 선별, 전기제품 조립, 화학제품 선별, 반응장치 운전, 식품 가공업 등 비교적 경량의 물체를 취급하는 작업장으로서 날카로운 물체에 의해 찔릴우려가 있는 장소

4) 안전대

① 안전대의 종류

종류	사용 구분	비고
벨트식, 안전그네식	1개 걸이용	추락방지대 및 안전블록은 안전그네식에만 적용 함
	U자 걸이용	
	추락방지대	
	안전블록	

② 안전대의 용도
　㉮ 작업 제한 : 개구부 또는 측면이 개방 형태로 추락할 위험이 있는 경우 작업자의 행동반경을 제한하여 추락 방지
　㉯ 작업자세 유지 : 전신주 작업 등에서 작업 시 작업을 할 수 있는 자세를 유지시켜 추락 방지
　㉰ 추락 억제 : 철골 구조물 또는 비계작업 중 추락 시 충격흡수장치가 부착된 죔줄을 사용하여 추락 하중을 신체에 고루 분산하여 추락 하중 감소

③ 안전대 사용 및 관리 방법
　㉮ 안전대를 설치할 수 있도록 안전대 걸이 설비를 설치하여야 하며 안전대 죔줄과 동등 이상의 강도를 유지할 것
　㉯ 걸이 설비의 위치는 가능한 한 높은 지점에 설치할 것
　㉰ 로프(rope) 등 죔줄의 길이는 2.5m 이내로 가능한 짧게 하여 사용할 것
　㉱ 죔줄의 마모, 금속제의 변형 여부 등을 점검하여 훼손 시 교체할 것

> **안전대의 용어**
> - 벨트 : 신체지지의 목적으로 허리에 착용하는 띠 모양의 부품
> - 안전그네 : 신체지지의 목적으로 전신에 착용하는 띠 모양의 것으로서 상체 등 신체 일부분만 지지하는 것은 제외

4) 캡이 설치된 굴착기의 조종실 조종사 보호구조
① 운전중량 1,500kg을 초과하는 굴착기 : 위쪽 또는 앞쪽에서 접근하는 물체로부터 조종사를 보호하는 가드를 설치할 수 있는 구조일 것
② 운전중량 1,500kg 초과, 6,000kg 이하인 굴착기 : 전도시에 좌석안전띠를 착용한 상태의 조종사를 보호하기 위하여 전도보호구조를 설치할 것

Lesson 02 위험요소 확인

1 안전표시

1) 안전보건표지의 색채
① **금지표지** : 바탕은 흰색, 기본모형은 빨간색, 관련 부호 및 그림은 검은색
② **경고표지** : 바탕은 노란색, 기본모형, 관련 부호 및 그림은 검은색. 다만, 인화성물질 경고, 산화성물질 경고, 폭발성물질 경고, 급성독성물질 경고, 부식성물질 경고 및 발암성·변이원성·생식독성·전신독성·호흡기과민성물질 경고의 경우 바탕은 무색, 기본모형은 빨간색(검은색도 가능)
③ **지시표지** : 바탕은 파란색, 관련 그림은 흰색
④ **안내표지** : 바탕은 흰색, 기본모형 및 관련 부호는 녹색 또는 바탕은 녹색, 관련 부호 및 그림은 흰색
⑤ **출입금지표지** : 글자는 흰색바탕에 흑색. 단, 다음 글자는 적색
　㉮ ○○○제조/사용/보관 중
　㉯ 석면취급/해체 중
　㉰ 발암물질 취급 중

2) 안전보건표지의 색채, 색도기준 및 용도

색채	색도기준	용도	사용례
빨간색	7.5R 4/14	금지	정지신호, 소화설비 및 그 장소, 유해행위의 금지
		경고	화학물질 취급장소에서의 유해·위험 경고
노란색	5Y 8.5/12	경고	화학물질 취급장소에서의 유해·위험 경고 이외의 위험경고, 주의 표지 또는 기계방호물
파란색	2.5PB 4/10	지시	특정 행위의 지시 및 사실의 고지
녹색	2.5G 4/10	안내	비상구 및 피난소 사람 또는 차량의 통행 표시
흰색	N9.5	-	파란색 또는 녹색에 대한 보조색
검은색	N0.5	-	문자 및 빨간색 또는 노란색에 대한 보조색

3) 안전보건표지의 종류

2 안전수칙

1) 안전수칙 일반
① **안전보호구 지급 착용** : 기계, 설비 등 위험요인으로부터 작업자를 보호하기 위해 작업 조건에 맞는 안전보호구의 착용법을 숙지하고 착용한다.
② **안전·보건표지 부착** : 위험장소 및 작업별로 위험요인에 대한 경각심을 부여하기 위하여 작업장의 눈에 잘 띄는 해당 장소에 안전·보건표지를 부착한다.
③ **안전 보건교육 실시** : 작업자 및 사업주에게 안전 보건교육을 실시

하여 안전의식에 대한 경각심을 고취하고 작업 중 발생할 수 있는 안전사고에 대비한다.

④ **안전작업 절차 준수** : 정비, 보수 등의 비계획적 작업 또는 잠재 위험이 존재하는 작업 공정에서 지켜야 할 작업 단위별 안전작업 절차와 순서를 숙지하여 안전작업을 할 수 있도록 유도한다.

2) 현장 작업 신호수 배치

① **반드시 신호수를 배치해야 하는 경우**
- ㉮ 차량계 건설기계 작업 시 근로자에게 위험이 미칠 우려가 있는 경우
- ㉯ 운전 중인 건설기계에 접촉되어 근로자가 부딪칠 위험이 있는 장소
- ㉰ 지반의 부동 침하와 및 갓길 붕괴 위험이 있을 경우
- ㉱ 근로자를 출입시키는 경우

② 신호수는 교육을 통해 일정한 신호 방법을 정해 신호하도록 한다.
③ 운전자는 신호수의 신호에 따라야 한다.

3 위험요소

1) 위험요소 파악

① **굴착기 주기 상태 파악** : 작업 지시사항에 따라 정확하고 안전한 작업을 수행하기 위해서는 작업에 투입하는 지게차의 일일점검을 실시해야 하므로 지게차의 주기 상태를 육안으로 확인한다.

② **굴착기 작업 반경 내의 위험요소 확인** : 작업 시 안전사고 예방을 위해 지게차 작업 반경 내의 위험요소를 육안으로 확인한다.

③ **주변 시설물의 위치 확인** : 작업 지시사항에 따라 안전한 작업을 수행하기 위해 작업장 주변 구조물의 위치를 육안으로 확인한다.

2) 굴착기 작업 시 위험요소와 대책

위험요소	대책
무자격 운전자 운전 중	• 면허 보유자 운전
암 파쇄 등 작업 시 비산석 발생 위험	• 운전석 유리에 비산석 방지를 위한 렉산시트 철망 설치, 유압 라인 패드 설치로 손상 방지
장비 주변 근로자 접근 시 충돌, 협착 위험	• 신호수 배치, 경광등, 접근 금지 표지판 부착 • 사각 지대 후방 카메라 설치로 운전원 시야 확보
경사지, 단부(시작 또는 끝부분) 작업 시 장비 전도 위험	• 쇼바 잠금장치, 삽을 지면에 내리고 굴착 단부 근접 운행금지 • 무한궤도의 경우 작업면과 직각으로 작업
스윙 시 주변 구조물 파손, 지장물 손괴	• 주변 지장물 사전 확인(전봇대, 케이블 등) • 지하 지장물 파악
굴착기 붐 개조에 의한 전도 위험	• 붐 길이를 길게 할 경우 전도 위험이 높으므로 개조 금지. 전도 위험 검토
붐, 퀵 커플러 등 안전핀 미설치로 인한 낙하 위험	• 규정 안전핀 설치, 핀 이탈 방지핀 설치
굴착기를 양중 및 견인용으로 사용 시 위험	• 전도 위험 고려 적정 하중 검토 • 원칙적으로 용도 외 사용 금지 • 근로자 탑승 금지
버킷 낙하 위험	• 버킷 이탈 방지를 위한 퀵 커플러 안전핀 체결 • 자재 양중작업 시 후크 해지 장치 설치
붕대 유압 라인 누유로 인한 불시 낙하 위험	• 유압 라인 연결부 누유 상태 확인

Lesson 03 안전운반 작업

1 장비사용설명서

1) 장비사용설명서 개요

장비 제작사에서 장비와 함께 공급되는 장비사용설명서(Operator manual)는 장비의 제원, 각 장치의 그림, 각 부분의 중량, 기술 자료, 운전 방법, 작동 방법, 작동 시 유의 사항, 윤활유 사양 및 주유 위치, 작업 시 안전 유의 사항, 예방 정비 및 고장 시 긴급조치 사항 등이 포함되어 있다.

2) 장비사용설명서의 종류

① **운전자 매뉴얼** : 안전수칙, 운행상의 주의사항, 시동 및 운전 절차를 포함한 장비의 구조와 기능, 정비, 고장진단 및 대책 등 운전자가 알아야 할 전반적인 사항을 수록한 지침서이다.

② **장비사용 매뉴얼** : 굴착기의 올바른 사용을 통해 그 성능을 최상의 상태로 유지하며 작업효율을 증대시키기 위해 필요한 지침서이다.

③ **정비(사용) 지침서** : 장비의 일반사항 및 작동원리, 제원 및 규정값, 고장진단, 부품구성도, 정비 및 수리 등에 대한 내용을 도해와 함께 종합적으로 수록한 지침서이다.

2 안전운반

1) 운행 안전 수칙

① 장비에 오르내릴 때는 반드시 양손으로 손잡이를 이용하여 오르내려야 한다.
② 작업 시에는 항상 사람의 접근에 특별히 주의하여야 한다.
③ 운전 반경 내에 사람이 있을 때는 절대로 회전하여서는 안 된다.
④ 항시 뒤쪽에 카운터 웨이트(counter weight)의 회전반경을 측정한 후 작업에 임해야 한다.
⑤ 작업 반경 내 전선의 위치, 공사 주변의 구조물, 지장물, 연약 지반 등을 파악하여 사전에 관계자와 협의하여 안전을 확보한다.
⑥ 낙석, 산사태, 물에 잠길 위험은 없는지 확인하고 조치해야 한다.
⑦ 장비의 주차 시는 경사지나 굴착 작업장으로부터 충분히 이격시켜 주차하고, 버킷은 반드시 지면에 내려놓아야 한다.
⑧ 버킷이나 다른 부수 장치 혹은 뒷부분에 사람을 태우지 말아야 한다.
⑨ 장치 운행 중에는 절대로 서두르거나 외부인과 잡담을 금하며 서서히 작동한다.
⑩ 선회(스윙) 브레이크 레버 혹은 페달은 항상 장애물이 없도록 하여 비상 정지 시는 즉각 사용할 수 있는 상태를 유지한다.
⑪ 장비의 이동 시에는 높이와 폭이 통행하는데 충분한 여유가 있는지 확인한 후 이동한다.
⑫ 모든 조종 간은 정상 작동하는가를 점검한 후 작업에 임한다.
⑬ 급유 중이거나 동절기에 에펠 사용 시는 절대로 금연하여야 한다.

2) 안전운반

① **제한속도의 지정**
- ㉮ 차량계 건설기계(최대제한속도가 시속 10km 이하인 것은 제외)를 사용하여 작업을 하는 경우 미리 작업장소의 지형 및 지반 상태

등에 적합한 제한속도를 정하고, 운전자로 하여금 준수하도록 하여야 한다.
㉯ 운전자는 제한속도를 초과하여 운전해서는 아니 된다.
② **운전위치 이탈 시의 조치**
㉮ 포크, 버킷, 디퍼 등의 장치를 가장 낮은 위치 또는 지면에 내려둘 것
㉯ 원동기를 정지시키고 브레이크를 확실히 거는 등 갑작스러운 주행이나 이탈을 방지하기 위한 조치를 할 것
㉰ 운전석을 이탈하는 경우에는 시동키를 운전대에서 분리시킬 것(다만, 운전석에 잠금장치를 하는 등 운전자가 아닌 사람이 운전하지 못하도록 조치한 경우에는 예외)
③ **기타 사항**
㉮ 운전 중인 차량계 건설기계에 접촉되어 근로자가 부딪칠 위험이 있는 장소에 근로자를 출입시키지 말 것(단, 유도자를 배치하고 해당 차량계 건설기계를 유도하는 경우에는 예외)
㉯ 승차석이 아닌 위치에 근로자를 탑승시키지 말 것

3 작업안전 및 기타 안전사항

1) **작업안전**
① **전조등 설치** : 차량계 건설기계에 전조등을 갖추어야 한다. 다만, 작업을 안전하게 수행하기 위하여 필요한 조명이 있는 장소에서 사용하는 경우에는 그러하지 아니하다.
② **전도 등의 방지** : 차량계 건설기계를 사용하는 작업할 때에 그 기계가 넘어지거나 굴러떨어짐으로써 근로자가 위험해질 우려가 있는 경우에는 다음의 조치를 하여야 한다.
㉮ 유도자 배치
㉯ 지반의 부동침하 방지
㉰ 갓길의 붕괴 방지
㉱ 도로 폭의 유지
③ **안전도 등의 준수** : 차량계 건설기계를 사용하여 작업을 하는 경우 그 차량계 건설기계가 넘어지거나 붕괴될 위험 또는 붐·암 등 작업장치가 파괴될 위험을 방지하기 위하여 그 기계의 구조 및 사용상 안전도 및 최대사용하중을 준수하여야 한다.
④ **주용도 외의 사용 제한** : 차량계 건설기계를 그 기계의 주된 용도에만 사용하여야 한다. 다만, 근로자가 위험해질 우려가 없는 경우에는 그러하지 아니하다.
⑤ **붐 등의 강하에 의한 위험 방지** : 차량계 건설기계의 붐·암 등을 올리고 그 밑에서 수리·점검작업 등을 하는 경우 붐·암 등이 갑자기 내려옴으로써 발생하는 위험을 방지하기 위하여 해당 작업에 종사하는 근로자에게 안전지지대 또는 안전블록 등을 사용하도록 하여야 한다.
⑥ **수리 등의 작업 시 조치** : 차량계 건설기계의 수리나 부속장치의 장착 및 제거작업을 하는 경우 그 작업을 지휘하는 사람을 지정하여 다음의 사항을 준수하도록 하여야 한다.
㉮ 작업순서를 결정하고 작업을 지휘할 것
㉯ 안전지지대 또는 안전블록 등의 사용상황 등을 점검할 것

2) **차량계 건설기계의 이송**
차량계 건설기계를 이송하기 위해 자주 또는 견인에 의해 화물자동차 등에 싣거나 내리는 작업을 할 때에 발판·성토 등을 사용하는 경우에는 해당 차량계 건설기계의 전도 또는 굴러 떨어짐에 의한 위험을 방지하기 위해 다음의 사항을 준수해야 한다.
① 싣거나 내리는 작업은 평탄하고 견고한 장소에서 할 것
② 발판을 사용하는 경우에는 충분한 길이·폭 및 강도를 가진 것을 사용하고 적당한 경사를 유지하기 위하여 견고하게 설치할 것
③ 자루·가설대 등을 사용하는 경우에는 충분한 폭 및 강도와 적당한 경사를 확보할 것

Lesson 04 장비 안전관리

1 장비 안전관리

1) **장비안전관리의 기본**
① **안전작업 매뉴얼 준수**
㉮ 작업계획서를 작성한다.
㉯ 굴착기 작업장소의 안전한 운행경로를 확보한다.
㉰ 안전수칙 및 안정도를 준수한다.
② **작업 시 안전수칙 준수**
㉮ 작업 전 일일점검을 실시한다.
㉯ 주행 시 안전수칙을 준수한다.
㉰ 운반 시 안전수칙을 준수한다.
㉱ 작업 간 안전수칙을 준수한다.
㉲ 주차 및 작업 종료 후 안전수칙을 준수한다.

2) **굴착기 안전기준**
① **등판능력 및 제동능력** : 100분의 25(무한궤도식 굴착기는 100분의 30) 기울기의 견고한 건조 지면을 올라갈 수 있고, 정지상태를 유지할 수 있는 제동장치 및 제동장금장치를 갖추어야 한다.
② **굴착기의 디퍼 등** : 디퍼 및 크람셀 버킷은 균열이나 손상된 곳이 없어야 하고, 디퍼도어는 원활하게 개폐되어야 한다.
③ **굴착잠금장치** : 굴착잠금장치는 굴착 작업 중 차체 이동을 방지할 수 있어야 하고, 굴착 반발력에 대응할 수 있는 잠금장치 또는 브레이크의 기능을 가진 구조여야 하며, 주행 제동장치로서 이를 겸용할 수 있다.
④ **붐과 암**
㉮ 붐(boom) : 상부선회체의 앞쪽에 연결핀으로 설치되어 암 및 버킷 등을 지지하고 굴착시의 충격에 견딜 수 있도록 균열, 만곡 및 절단된 곳이 없어야 한다.
㉯ 암(arm) : 버킷과 붐을 연결하는 구조로 굴착시의 충격에 견딜 수 있어야 한다.
⑤ **좌우의 안정도** : 타이어식 굴착기는 견고한 땅 위에서 자체중량 상태로 좌우로 25°까지 기울여도 넘어지지 않는 구조이어야 한다. 이 경우 굴착기의 자세는 주행자세로 한다.
⑥ **버킷 기울기의 변화량** : 최대작업반경 상태에서 버킷 끝단의 기울기의 변화량이 10분당 5°이내이어야 한다.
⑦ **선회주차브레이크**
㉮ 선회할 때 작업의 안전을 위해 선회주차브레이크를 설치해야 한다.
㉯ 선회주차브레이크는 선회조작이 중립에 위치할 때 자동으로 제동되어야 하며, 엔진이 가동되는 상태나 정지된 상태에서도

제동기능을 유지하여야 한다.

⑧ **센터조인트** : 센터조인트는 회전부 중심에 설치하며, 상부 및 하부의 유압기기가 선회 중에도 송유(送油) 가능한 구조로서, 굴착 작업을 할 때 발생하는 하중 및 유압의 변동에 대하여 견딜 수 있는 구조여야 한다.

3) 퀵커플러 설치 기준

굴착기 버킷의 결합 및 분리를 신속하게 할 수 있는 퀵커플러를 설치하는 경우 다음의 기준에 적합해야 한다.

① 버킷 잠금장치는 이중 잠금으로 할 것

② 유압잠금장치가 해제된 경우 조종사가 알 수 있을 정도로 충분한 크기의 경고음이 발생되는 장치를 설치할 것

③ 퀵커플러에 과전류가 발생할 때 전원을 차단할 수 있어야 하며, 작동스위치는 조종사의 조작에 의해서만 작동되는 구조일 것

3) 그 밖의 굴착기 안전기준

① 건설기계 차체에는 해당 건설기계의 제원표를 정해진 기준에 따라 보기 쉬운 위치에 부착하여야 한다.

② 굴착기 등 선회하면서 작업할 수 있는 건설기계에는 "작업 반경 내 접근금지"라는 표지를 그 후면에 부착하거나 표시해야 한다.

③ 건설기계에는 능력단위 1 이상의 ABC 소화기 1개 이상 설치하여야 한다.

④ 타이어식 건설기계에는 후진하는 순간부터 정지할 때까지 건설기계 뒷부분 및 주변에 있는 사람이 인지할 수 있는 충분한 크기의 경고음이 발생하는 장치를 설치하여야 한다.

⑤ 건설기계 조종 중 조종사의 손이 닿기 쉬운 치차, 냉각팬, 그 밖의 위험한 부분에는 안전한 덮개를 씌우는 등 적절한 안전장치를 하여야 한다.

⑥ 굴착기의 출입구에는 승하차용 손잡이와 발판을 설치하고, 출입구 제1단 발판의 높이는 지면으로부터 70cm 이하로 하며, 발판의 표면은 거친 면으로 하거나 미끄러지지 않도록 해야 한다.

⑦ 전복보호구조 또는 전보호보구조를 장착한 건설기계와 시속 30km 이상의 속도를 낼 수 있는 타이어식 건설기계에는 좌석 안전띠를 설치하여야 한다.

⑧ 타이어식 건설기계(비자주식은 제외)에는 좌우 및 후방의 교통 상황 또는 작업 상황을 확인할 수 있도록 후사경을 2개 이상 설치하여야 한다.

⑨ 타이어식 건설기계에는 전조등, 제동 등, 후부반사기 등의 조명장치를 설치하여야 한다.

2 일상 점검표

※ 굴착기 안전작업 체크리스트

번호	항목	점검사항	점검결과	조치결과
1	공통사항	정기검사 유효기간 확인		
		소화기 비치 상태		
		작업반경 내 접근금지 등의 표지판 부착 상태		
		차체 외관 만곡 균열 상태 및 부식 외관도장 상태		
2	굴착기점검	연료 및 오일 누유 여부 확인		
		오일류 적정 유량 및 교환 주기 확인		
		냉각수 및 방열기 상태 확인		
		배터리 및 전기장치 작동 상태		
		동력전달장치 확인 볼트 이완 등		
		붐, 암, 선회 주요 구조부 작동 상태		
		트랙, 슈, 아이들러, 롤러 및 장력 상태		
		휠 너트 및 타이어 손상, 마모 상태		
		운전자의 시야 확보 상태		
3	안전장치	선회 및 후진 경고음 작동 상태		
		후방 카메라 작동 상태		
		퀵커플러 작동 상태 및 이중 안전장치(안전핀) 체결 상태		
		안전레버 작동 상태		
		비상정지 스위치 작동 상태		
4	작업 중 준수 사항	유도자 배치 여부		
		수신호 숙지 여부		
		작업 지시서 확인		
		현장의 위험요소 특이 사항 파악		
		이동 경로 노면 상태 확인		
		노폭의 유지(무너짐, 지반침하 방지)		
		선택작업장치 별 유의 사항 숙지		
		목적 외 사용 금지(버킷에 근로자 탑승 금지)		
5	작업 중지 및 작업 후 준수 사항	조종석 이탈 시 안전레버 사용 여부		
		조종석 이탈 시 버킷 및 블레이드 지면 안착 여부		
		굴착기 작업 전·후 엔진 체크 등 및 작동 상태		
		주차공간 주위 위험 요소 확인		
		시건장치 확인		

점검결과 표시 : 양호 ○, 조정(보완) △, 교환 ×, 제작(설치) Φ, 해당 없음 –

※ 본 체크리스트는 안전보건공단에서 발행한 굴착기 운전자 안전보건교육 자료를 인용하였습니다.

3 작업요청서

1) 작업 목적 파악

① **작업 종류 및 작업 공정 파악** : 전반적인 작업 종류, 절차 및 작업 공정을 확인한다.

② **작업 지시 사항 파악** : 작업계획서, 작업지시서를 받아 전반적인 작업 물량, 작업 일정, 연계 작업 내용, 작업 기간 등을 확인한다.

③ **작업 대상물의 종류 파악** : 필요한 작업 장치를 준비하기 위해 작업 대상물의 종류를 확인한다.

④ **작업 주변 여건 파악** : 작업 지시 사항에 따라 작업 주변 여건을 파악한다.

⑤ **작업 시 준수 사항 확인** : 작업지시서 및 공사 담당자의 요청 사항 등을 파악하여 기타 필요 준수 사항을 확인한다.

2) 작업 공정 파악
① **공정표 내용 확인** : 작업 종류 및 작업 공정을 파악하기 위해 공정표 내용을 확인하고 굴착기 해당 작업을 확인한다.
② **작업장소와 운행경로 파악** : 도면에 따라 굴착기 위치, 작업 이동 경로, 토사 운반 이동 적치, 현장 위치, 작업 범위 등을 파악한다.
③ **작업 방법 및 순서 파악** : 작업 방법인 터파기, 깎기, 쌓기, 메우기를 파악하여야 한다.

3) 작업 지시 사항 파악
① 작업의 종류를 파악한다.(터파기, 암반 굴착 작업, 건축물 철거 작업 등 작업 종류 및 작업 공종 파악)
② 작업량과 작업 기간을 파악한다.
③ 작업 장소의 넓이 및 지형을 파악한다.(면적, 지반의 평탄 상태, 지반의 다짐 상태 파악)
④ 장비 위치 및 작업 진행 방향을 파악한다.
⑤ 운반 경로, 운반로 주요 사항(노폭, 경사도)을 확인한다.
⑥ 지장물(지상, 지하)의 위치를 파악한다.
⑦ 중점 안전 관리 사항을 관리한다.

4) 작업 대상물의 종류 및 주변 여건 파악
① **작업 대상물의 종류 파악**
  ㉮ 굴착기 작업 대상물에 따라 장착해야 하는 작업 장치가 달라지므로 토사, 골재, 암, 건설 폐기물, 광석, 식재 등 작업 전 작업 대상물이 무엇인지 정확하게 파악한다.
  ㉯ 작업 대상물의 크기, 비중, 체적 변화율을 확인한다.
② **작업 주변 여건 파악**
  ㉮ 장비의 주변 상황을 파악한다.
  ㉯ 주변 지세를 파악한다.

■ 작업의 종류를 고려한 작업장치

작업장치	작업의 종류
버킷	도랑 파기 및 자재 처리 작업
- 범용 버킷	강도가 높지 않은 작업물 굴착
- 고강도 버킷	점토와 자갈과 같이 밀도가 높은 작업물 굴착
- 록(rock) 버킷	날카롭게 부서진 작업물 굴착
- 초고강도 버킷	암석과 같은 작업물 굴착
- 고랑 파기용 고정 버킷	진흙과 부드러운 작업물 굴착
디칭 버킷	지반 고르기, 조경 작업, 정리 작업, 도랑 작업, 메우기 작업
유압 썸	자재 쌓기, 인양, 운송, 적재 및 상차 작업
브레이커	암석, 콘크리트 등의 파쇄
크러셔	건축물 철거

4 장비안전관리교육

1) 위험예지 훈련교육
① 작업 중에 발생할 수 있는 위험요인을 사전에 파악하여 그에 알맞은 대책을 세워 작업 전 위험요인에 대한 해결책을 강구하기 위한 훈련이다.

② 위험예지 훈련 4단계
  ㉮ 제1단계 – 현상파악 : 작업 현장에 어떤 위험이 잠재하고 있는지, 위험에 대한 현상을 파악한다.
  ㉯ 제2단계 – 본질추구 : 발견한 위험 포인트 중에서 가장 위험한 사항을 선정한다.
  ㉰ 제3단계 – 대책수립 : 위험도가 높은 상황에 대하여 구체적인 대책을 수립한다.
  ㉱ 제4단계 – 목표설정 : 대책을 수립한 사항 중 중점 실시 항목을 요약하여 최종적으로 목표 설정을 한다.

2) 사고 발생 시 대응조치 교육
① **사고 발생 신고자**
  ㉮ 사고 발생 사실 전파 및 사고 현장 접근 금지 경고 안내를 한다.
  ㉯ 부상자 발생 시 사고 현장에서 안전하게 대피시키고 응급조치를 실시한다.
  ㉰ 안전이 확보되는 범위 내에서 초동대응을 실시한다.
    ㉠ 화재 발생 시 : 소화기 또는 소화전으로 소화한다.
    ㉡ 가스 누출 시 : 가스 밸브를 잠그고 실내를 환기한다.
    ㉢ 약품 누출 시 : 실내를 환기한다.
  ㉱ 관련 부서 및 시설관리담당부서에 사고 발생 사실을 통보한다.
② **현장관리자**
  ㉮ 안전이 확보되는 범위에서 사고 확대 방지 조치를 한다.
  ㉯ 사고 현장 내 다른 작업자의 출입을 통제한다.
  ㉰ 관련 부서에 사고 발생 사실에 대한 상황을 보고한다.
③ **안전담당자**
  ㉮ 다른 작업자의 사고 현장에 대한 출입을 제한한다.
  ㉯ 사고 현장 확인과 현장관리자를 면담하여 사고 상황을 파악한다.
  ㉰ 사고 현장을 조사하고 촬영한다.
  ㉱ 사고 피해자를 면담하여 피해자의 상태를 파악한다.
  ㉲ 사고조사보고서를 작성하여 보고한다.

5 기계·기구 및 공구에 관한 사항

1) 스패너 및 렌치 사용
① 스패너의 입이 너트 폭과 맞는 것을 사용하고 입이 변형된 것은 사용치 않는다.
② 스패너를 너트에 단단히 끼워서 앞으로 잡아당길 때 힘이 걸리도록 한다.
③ 스패너를 두 개로 연결하거나 자루에 파이프를 이어 사용해서는 안 된다.
④ 멍키 렌치는 웜과 랙의 마모에 유의하여 물림 상태를 확인한 후 사용한다.
⑤ 멍키 렌치는 아래 턱 방향으로 돌려서 사용한다.
⑥ 복스 렌치는 볼트, 너트 주위를 완전히 감싸게 되어 사용 중에 미끄러지지 않는다.
⑦ 토크 렌치는 볼트나 너트의 조임력을 규정값에 정확히 맞추기 위해 사용하며, 오픈 엔드 렌치는 연료 파이프 피팅을 풀고 조일 때 사용한다.

2) 해머 작업

① 자루가 꺾여질 듯하거나 타격면이 닳아 경사진 것은 사용하지 않는다.

② 쐐기를 박아서 자루가 단단한 것을 사용한다.

③ 작업에 맞는 무게의 해머를 사용하고 또 주위상황을 확인하고 한 두 번 가볍게 친 다음 본격적으로 두들긴다.

④ 장갑이나 기름 묻은 손으로 자루를 잡지 않는다.

⑤ 재료에 변형이나 요철이 있을 때 해머를 타격하면 한쪽으로 튕겨서 부상당할 수 있으므로 주의한다.

⑥ 담금질한 것은 함부로 두들겨서는 안 된다.

⑦ 물건에 해머를 대고 몸의 위치를 정하여 발을 힘껏 딛고 작업한다.

⑧ 처음부터 크게 휘두르지 않고 목표에 잘맞기 시작한 후 차차 크게 휘두른다.

3) 정 작업

① 머리가 벗겨진 정은 사용하지 않는다.

② 정 머리에 기름이 묻어 있으면 깨끗이 닦아내고 사용한다.

③ 날끝이 결손된 것이나 둥글어진 것은 사용하지 않는다.

④ 방진안경을 착용하며 반대편의 차폐막을 설치한다.

⑤ 정 작업은 처음에는 가볍게 두들기고 목표가 정해진 후에 차츰 세게 두들긴다. 또 작업이 끝날 때는 타격을 약하게 한다.

⑥ 담금질한 재료를 정으로 쳐서는 안 된다.

⑦ 절삭 면을 손가락으로 만지거나 절삭 칩을 손으로 제거하지 않도록 한다.

4) 연삭기 작업의 안전수칙

① 안전모, 안전화, 보안경, 귀마개, 가죽장갑 등의 개인보호구를 반드시 착용하고 작업을 실시해야 한다.

② 가공물 등이 절단되거나 절삭편이 날아오는 등 근로자가 위험해질 우려가 있는 기계에는 덮개 또는 울 등을 설치해야 한다.

③ 연삭작업을 하는 연삭기와 같은 고정형, 이동형 또는 휴대형 전동기계·기구의 노출된 비충전 금속체에는 접지를 실시해야 한다.

④ 회전 중인 연삭숫돌이 근로자에게 위험을 미칠 우려가 있는 경우에 그 부위에 덮개를 설치해야 한다.

⑤ 연삭숫돌을 사용하는 작업의 경우에는 작업을 시작하기 전에는 1분 이상, 연삭숫돌을 교체한 후에는 3분 이상 시험운전을 하고 해당 기계에 이상이 있는지를 확인해야 한다.

⑥ 연삭숫돌은 지정장소에 보관하고 운반이나 교체 시 충격이 가지 않도록 유의한다.

⑦ 연삭숫돌은 작업시작 전에 결함이 있는지를 확인한 후 사용해야 한다.

⑧ 연삭숫돌의 최고 사용 회전속도를 초과하여 사용하도록 해서는 안 된다.

⑨ 연삭작업 시 안전모, 보안경, 가죽장갑, 귀마개 등 개인보호구를 반드시 착용한다.

⑩ 연삭숫돌은 규격에 맞는 것을 사용하며 절단속도 이내에서 작업한다.

⑪ 인화성 물질 주변에서의 연삭작업은 금지한다.

⑫ 작업장소 주위에는 다른 작업자가 접근하지 못하도록 통제한다.

⑬ 작업을 중지하거나 종료 시에는 전원 스위치를 끄고 연삭숫돌이 정지되지 않은 상태에서는 접촉을 금지한다.

5) 드릴 사용 시 주의사항

① 회전하고 있는 주축이나 드릴에 손이나 걸레를 대거나 머리를 가까이하지 말아야 한다.

② 드릴을 사용 전에 점검하고 상처나 균열이 있는 것은 사용하지 않는다.

③ 가공 중에 드릴의 절삭분이 불량해지고 이상음이 발생하면 중지하고 즉시 드릴을 바꾼다.

④ 가공 중 드릴이 깊이 먹어 들어가면 기계를 멈추고 손돌리기로 드릴을 뽑아낸다.

⑤ 드릴이나 척을 뽑을 때는 되도록 주축을 내려서 낙하거리를 적게 하고 테이블 등에 나무조각 등을 놓고 받는다.

⑥ 레이디얼 드릴머신은 작업 중 컬럼(column)과 암(arm)을 확실하게 체결하여 암을 선회시킬 때 주위에 조심하고 정지 시는 암을 베이스의 중심 위치에 놓는다.

⑦ 면장갑을 착용해서는 절대로 안 된다.

⑧ 작은 가공물이라도 가공물을 손으로 고정시키고 작업해서는 안 된다.

⑨ 가공물이 관통될 즈음에는 알맞게 힘을 가해야 한다.

⑩ 드릴 끝이 가공물을 관통하였는가 손으로 확인해서는 안 된다.

⑪ 가공물을 이동시킬 때에는 드릴 날에 손이나 가공물이 접촉되지 않도록 드릴을 안전한 위치에 올려두고 작업해야 한다.

⑫ 드릴 회전 중 칩을 제거하는 것은 위험하므로 절대 금해야 한다.

⑬ 드릴을 척에 고정시킬 때 유동이 되지 않도록 고정시켜야 한다. 천공 작업시는 가공물의 반대쪽을 확인하고 작업해야 한다. 가공 작업 중 소음이나 진동이 발생 시에는 작업을 중지하고 기계의 이상 유무를 확인하여야 한다.

⑭ 드릴 날은 항시 점검하여 생크에 상처나 균열이 생긴 드릴을 사용하면 안 된다.

⑮ 주물 소재 칩은 해머나 입으로 불어서 제거하면 안 된다.

▎ 장갑 착용 금지 작업
· 드릴작업, 정밀기계작업, 연삭작업, 해머작업, 선반작업, 목공기계작업 등

6) 가스용접 작업 시 안전수칙

① 봄베 주둥이 쇠나 몸통에 녹이 슬지 않도록 오일이나 그리스를 바르면 폭발한다.

② 토치는 반드시 작업대 위에 놓고 기름이나 그리스가 묻지 않도록 한다.

③ 가스를 완전히 멈추지 않거나 점화된 상태로 방치하지 말아야 한다.

④ 봄베는 던지거나 넘어뜨리지 말아야 한다.

⑤ 산소 용기의 보관 온도는 40℃ 이하로 해야 한다.

⑥ 아세틸렌 밸브를 먼저 열고 점화한 후 산소 밸브를 연다.

⑦ 점화는 성냥불로 직접하지 않으며, 반드시 소화기를 준비해야 한다.

⑧ 산소 용접할 때 역류·역화가 일어나면 빨리 산소 밸브부터 잠가야 한다.
⑨ 운반할 때에는 운반용으로 된 전용 운반차량을 사용한다.

■ 고압가스 용기의 도색

가스의 종류	도색의 구분	가스의 종류	도색의 구분
액화석유가스 (LPG)	회색	산소	녹색 (호스는 흑색 또는 녹색)
수소	주황색	아세틸렌	황색(호스는 적색)

7) 카바이드 취급 시 안전수칙
① 밀봉해서 보관한다.
② 인화성이 없는 곳에 보관한다.
③ 저장소에 전등을 설치할 경우 방폭 구조로 한다.
④ 카바이드를 습기가 있는 곳에 보관하면 수분과 카바이드가 작용하여 아세틸렌 가스를 발생시키고, 소석회로 변화한다.
⑤ 카바이드 저장소에는 전등 스위치가 옥내에 있으면 위험하다.

Lesson 05 가스 및 전기 안전관리

1 가스 안전관련 및 가스배관

1) 도로굴착공사에 의한 도시가스배관 손상방지
① **공사 착공전 도로굴착자가 이행해야 할 사항**
  ㉮ 도면에 표시된 가스배관과 기타 지장물 매설 유무를 조사할 것
  ㉯ 위 ㉮항에 의해 조사된 자료로 시험굴착위치 및 굴착개소등을 정하여 가스배관 매설위치를 확인할 것
  ㉰ 위치표시용 페인트와 표지판 및 황색깃발 등을 준비할 것
  ㉱ 도시가스사업자와 입회일정을 협의하여 시험굴착계획을 수립할 것
② **가스배관 매설위치 확인**
  ㉮ 지하매설배관탐지장치(Pipe Locator)등으로 확인된 지점 중 확인이 곤란한 분기점, 곡선부, 장애물 우회지점은 시험굴착을 실시할 것
  ㉯ 가스배관 주위 1m 이내에는 인력굴착으로 실시할 것
③ **가스배관 위치표시**
  ㉮ 포장도로 위에는 가스배관 직상부에 페인트를 사용하여 두 줄로 표시할 것
  ㉯ 비포장도로 및 페인트 표시가 곤란한 곳에는 표시말뚝, 표시깃발, 표지판등을 설치할 것
  ㉰ 공사진행 등으로 가스배관 표시물이 훼손될 경우에도 지속적으로 표시할 것
④ **줄파기 공사방법**
  ㉮ 공사구간내의 지장물은 관련대장 및 도면으로 위치를 확인하고, 공사현장에 지장물 위치를 종류별로 표시할 것
  ㉯ 가스배관이 있을 것으로 예상되는 지점으로부터 2m 이내에서 줄파기를 할 때에는 안전관리전담자의 입회하에 시행할 것
  ㉰ 줄파기 1일 시공량 결정은 시공속도가 가장 느린 천공작업에 맞추어 결정할 것
  ㉱ 줄파기 심도는 최소한 1.5m 이상으로 하며 지장물의 유무가 확인되지 않는 곳은 안전관리전담자와 협의후 공사의 진척여부를 결정할 것
  ㉲ 줄파기는 두 줄 또는 세 줄을 동시에 시행하지 않아야 하며 시공작업, 항타작업 및 가포장이 완료된 후에 다른 줄을 시행할 것
  ㉳ 줄파기공사후 가스배관으로 부터 1m 이내에 파일을 설치할 경우에는 유도관(Guide Pipe)을 먼저 설치한 후 되메우기를 실시할 것

■ 굴착작업 수작업(굴착기계 사용 금지)을 실시해야 하는 경우
• 보호포가 나타났을 때(적색 또는 황색 비닐 시트)
• 모래가 나타났을 때
• 보호판이 나타났을 때
• 적색 또는 황색의 가스배관이 나타났을 때

2) 굴착공사로 인해 노출된 가스배관의 안전조치
① **노출된 가스배관 길이가 15m 이상인 경우**: 다음 기준에 따라 점검통로 및 조명시설을 설치
  ㉮ 점검통로의 폭은 점검자의 통행이 가능한 80cm 이상으로 하고 발판은 사람의 통행에 지장이 없는 각목등으로 설치할 것
  ㉯ 가드레일은 0.9m 이상의 높이로 설치할 것
  ㉰ 점검통로는 가스배관에 가능한 한 가깝게 설치하되 원칙적으로 가스배관으로부터 수평거리 1m 이내 설치할 것
  ㉱ 가스배관 양끝단부 및 곡관은 항상 관찰이 가능하도록 점검통로를 설치할 것
  ㉲ 조명은 70Lux 이상을 원칙으로 유지할 것
② **노출된 가스배관 길이가 20m 이상인 경우**: 다음 기준에 따라 가스누출경보기 등을 설치
  ㉮ 매 20m 마다에 가스누출경보기(가정용은 제외)를 설치하고 현장관계자가 상주하는 장소에 경보음이 전달되도록 설치할 것
  ㉯ 작업장에는 현장 여건에 맞는 경광등을 설치할 것

3) 공사 중의 이행사항
① 도시가스사업법시행규칙의 규정에 의한 가스안전영향평가 대상 도로 굴착공사중 가스배관의 수직·수평변위 및 지반침하의 우려가 있는 경우에는 가스배관 변형 및 지반침하 여부를 확인할 것
② 계절 온도변화에 따라 와이어로프등의 느슨해짐을 수정하고 가설구조물의 변형유무를 확인할 것
③ 가스배관 주위에서는 중장비의 배치 및 작업을 제한할 것
④ 도로굴착공사에 의해 노출된 가스배관과 가스안전영향평가대상 범위내 가스배관은 일일 안전점검을 실시하고 점검표에 기록할 것

4) 공사완료 시의 이행사항
① 되메우기 작업은 다짐장비에 의한 기계다짐, 물다짐 등의 방법으로 충분한 다짐을 실시할 것
② 되메움용 토사는 운반차로부터 직접 투입하지 않도록 할 것

③ 되메움작업중 장비, 버럭 등에 의해 노출된 가스배관 받침방호시설과 가스배관의 피복 등이 손상되지 않도록 할 것

④ 가스배관 주위의 모래부설, 보호관, 보호판, 검지공, 보호포, 전기부식방지 조치 및 라인마크 등은 도시가스사업법의 관련 규정에 적합하게 조치할 것

⑤ 되메움공사 완료 후 3개월 이상 침하유무를 확인할 것

5) 가스배관의 표시

① 배관의 외부에 사용 가스명 · 최고 사용 압력 및 가스의 흐름 방향을 표시할 것. 다만 지하에 매설하는 경우에는 흐름방향을 표시하지 아니할 수 있다.

② 가스배관의 표면 색상은 지상 배관을 황색으로, 매설 배관은 최고 사용 압력이 저압인 배관은 황색, 중압인 배관은 적색으로 하여야 한다.

③ 배관을 지하에 매설하는 경우 배관의 직상부에 보호포를, 지면에는 매설위치를 확인할 수 있는 라인마크 및 표지판을 설치한다.

> **Ⅰ 압력에 따른 구분**
> • 고압 : 1MPa 이상의 압력관(액화가스의 경우에는 0.2MPa 이상)
> • 중압 : 0.1MPa 이상 1MPa 미만의 압력(기화된 액화석유가스의 경우에는 0.2MPa 미만, 0.01MPa 이상)
> • 저압 : 0.1MPa 미만의 압력(기화된 액화석유가스의 경우에는 0.01MPa 미만인 배관)

6) 가스배관의 도로 매설

① 원칙적으로 자동차 등의 하중의 영향이 적은 곳에 매설할 것

② 배관의 그 외면으로부터 도로의 경계까지 1m 이상의 수평거리를 유지할 것

③ 배관은 그 외면으로부터 도로 밑의 다른 시설물과 0.3m 이상의 거리를 유지할 것

④ 시가지의 도로 밑에 매설하는 경우에는 노면으로부터 배관의 외면까지의 깊이를 1.5m 이상으로 할 것. 다만, 방호구조물 안에 설치하는 경우에는 노면으로부터 그 방호구조물의 외면까지의 깊이를 1.2m 이상으로 할 수 있음

⑤ 포장이 되어 있는 차도에 매설하는 경우에는 그 포장부분의 노반(차단층이 있는 경우에는 그 차단층)의 밑에 매설하고 배관의 외면과 노반의 최하부와의 거리는 0.5m 이상으로 할 것

⑥ 인도 · 보도 등 노면 외의 도로 밑에 매설하는 경우에는 지표면으로부터 배관의 외면까지의 깊이는 1.2m 이상으로 할 것. 다만 방호구조물 안에 설치하는 경우에는 그 방호구조물의 외면까지의 깊이를 0.6m 이상으로 할 것

7) 가스배관 파손시 긴급조치 요령

① 천공기 등으로 도시가스 배관을 손상시켰을(뚫었을) 경우에는 천공기를 빼지 말고 그대로 둔 상태에서 기계를 정지시킨다.

② 누출되는 가스배관의 지표면에 설치된 라인마크 등을 확인하여 전단 밸브를 차단하고 도시가스 사업자에게 신고한다.

③ 주변의 차량 및 사람을 통제하고 경찰서, 소방서, 한국가스안전공사에 연락한다.

8) 가스배관의 라인마크 및 표지판, 보호포

① 가스배관의 라인마크

㉮ 종류 : 금속재 라인마크, 스티커형 라인마크, 네일형(nail) 라인마크

㉯ 설치기준
　㉠ 배관길이 50m 마다 1개 이상 설치
　㉡ 주요분기점 · 굴곡지점 · 관말지점 및 그 주위 50m 안에 설치(단, 단독주택 분기점은 제외)

② 가스배관의 표지판

㉮ 표지판 형태
　㉠ 가로 200mm, 세로 150mm 이상의 직사각형
　㉡ 황색바탕에 검정색 글씨로 도시가스 배관임을 알리는 뜻과 연락처 등을 표시

㉯ 설치기준
　㉠ 시가지 외의 도로 · 산지 · 농지 또는 하천부지 · 철도부지 내에 매설하는 경우 설치(하천부지 · 철도부지를 횡단하여 배관을 매설하는 경우에는 양편에 표지판을 설치)
　㉡ 배관을 따라 200m 간격으로 1개 이상으로 설치하되, 교통 등의 장애가 없는 장소를 선택해 일반인이 쉽게 볼 수 있도록 설치

③ 보호포

㉮ 종류 : 일반형 보호포와 탐지형 보호포(지면에서 매설된 보호포의 설치위치를 탐지할 수 있도록 제조된 것)

㉯ 재질 및 두께 : 폴리에틸렌수지 · 폴리프로필렌수지 등 잘 끊어지지 않는 재질로 직조한 것으로 두께는 0.2mm 이상

㉰ 폭 : 15cm 이상

㉱ 바탕색 : 최고 압력이 저압인 관은 황색, 중압 이상인 관은 적색

㉲ 설치 기준
　㉠ 중압 이상인 배관 : 보호판의 상부로부터 30cm 이상 떨어진 곳
　㉡ 저압인 배관으로 매설깊이가 1.0m 이상인 경우 : 배관 정상부로부터 60m 이상 떨어진 곳
　㉢ 저압인 배관으로 매설깊이가 1.0m 미만인 경우 : 배관 정상부로부터 40m 이상 떨어진 곳
　㉣ 공동주택 등의 부지 안에 설치하는 배관인 경우 : 배관 정상부로부터 40m 이상 떨어진 곳

| (a) 직선방향 | (b) 일 방향 | (c) 양 방향 | (d) 삼 방향 |

[라인마크의 모양]

2　전기 안전관련 및 전기시설

1) 전압의 종별 구분

구분	교류(AC)	직류(DC)
저압	1000V 이하	1500V 이하
고압	1000V 초과 7000V 이하	1500V 초과 7000V 이하
특고압	7000V 초과	

2) 고압선 관련 유의사항

① 차도에서 전력 케이블은 지표면 아래 약 1.2~1.5m의 깊이에 매설되어 있다.
② 건설기계로 작업 중 고압 전선에 근접 접촉으로 인한 사고 유형에는 감전, 화재, 화상 등이 있다.
③ 전력 케이블에 사용되는 관로(파이프)에는 흄관, 강관, 파형 PE관 등이 있다.
④ 한국전력 맨홀 부근에서 굴착 작업을 하다가 맨홀과 연결된 동선(銅線)을 절단하였을 때에는 절단된 채로 그냥 둔 뒤 한국 전력에 연락한다.
⑤ 콘크리트 전주 주변에서 굴착 작업을 할 때 전주 및 지선 주위를 굴착하면 전주가 쓰러지기 쉬우므로 굴착해서는 안 된다.

3) 지중전선로의 시설

① 지중전선로는 전선에 케이블을 사용하고 또한 관로식·암거식(暗渠式) 또는 직접 매설식에 의하여 시설하여야 한다.
② 지중전선로를 관로식 또는 암거식에 의하여 시설하는 경우에는 견고하고 차량 기타 중량물의 압력에 견디는 것을 사용하여야 한다.
③ 지중전선로를 직접 매설식에 의하여 시설하는 경우에는 매설 깊이를 차량 기타 중량물의 압력을 받을 우려가 있는 장소에는 1.2m 이상, 기타 장소에는 60cm 이상으로 하고 또한 지중전선을 견고한 트라프(trough)나 기타 방호물에 넣어 시설하여야 한다.

4) 안전 이격거리와 애자

① **애자수가 많을수록 전압이 높다.**
　㉮ 애자수 2~3개 : 22.9kV
　㉯ 애자수 4~5개 : 66kV
　㉰ 애자수 9~11개 : 154kV
② **안전 이격거리**
　㉮ 애자수가 많을수록 멀어져야 한다.
　㉯ 전압이 높을수록 멀어져야 한다.
　㉰ 전선이 굵을수록 멀어져야 한다.

> **애자(insulator)**
> 전기도체(電氣導體)를 절연하고 지지(支持)할 목적으로 사용되는 고체절연물로 절연체로는 보통 경질자기를 사용한다. 고전압 전기설비의 외부 절연은 모두 애자에 의존하므로 그 종류도 다양하다.

5) 작업 시 유의사항

① 전력선 밑에서 굴착 작업을 하기 전의 조치사항은 작업 안전원을 배치하여 안전원의 지시에 따라 작업한다.
② 굴착 장비를 이용하여 도로 굴착 작업 중 "고압선 위험"표지 시트가 발견되었을 경우 표지 시트 직하(直下)에 전력 케이블이 묻혀 있다.
③ 전선로 부근에서 굴착 작업으로 인해 수목(樹木)이 전선로에 넘어지는 사고가 발생하였을 때의 조치는 마닐라 로프를 연결하여 수목을 당겨서 제거하여야 한다.
④ 고압 선로 주변에서 건설기계에 의한 작업 중 고압선로 또는 지지물에 가장 접촉이 많은 부분은 권상로프와 붐대이다.
⑤ 관련법령상 고압전선으로부터 굴착기의 안전 이격거리는 다음과 같다.
　㉮ 고압전선으로부터 300cm(높이를 낮춘 상태에서 이동하는 경우에는 120cm) 이상 이격
　㉯ 대지전압이 50kV를 넘는 경우 10kV 증가할 때마다 10cm 증가시켜 이격
⑥ 전기 동력선 부근에서 작업을 진행해야 할 경우 법규상에서 요구하는 최소 허용 접근 거리보다 더 많이 떨어져서 작업을 할 수 있도록 사전에 안전 사항을 숙지하는 것이 필요하다.
⑦ 전기 동력선 부근에서 작업할 경우 매우 심각한 인명 손상이 발생할 수 있으므로 안전작업을 위해 주의 사항 등에 대하여 작업 관계자와 협의가 필요하다.

02 출제 예상문제

◎ CHECK POINT QUESTION

CHAPTER 02 | 안전관리

Lesson 01 안전보호구 착용 및 안전장치 확인

01 다음 중 안전의 제일 이념에 해당하는 것은?

① 품질 향상   ② 재산 보호
③ 인간 존중   ④ 생산성 향상

🔍 안전관리란 재해로부터 인간의 생명과 재산을 보존하기 위한 계획적이고 체계적인 제반 활동을 의미한다.

02 작업계획서의 작성시기로 볼 수 없는 것은?

① 지게차 운전자가 변경되었을 때
② 작업장 내 구조, 설비 및 작업방법이 변경되었을 때
③ 작업장소 또는 화물의 상태가 변경되었을 때
④ 일상작업은 매일의 작업개시 전

🔍 작업계획서 작성시기
• 일상작업은 최초 작업개시 전
• 작업장 내 구조, 설비 및 작업방법이 변경되었을 때
• 작업장소 또는 화물의 상태가 변경되었을 때
• 지게차 운전자가 변경되었을 때

03 산업재해의 통계적 분류 중 중경상은?

① 업무로 인해서 목숨을 잃게 되는 경우
② 부상으로 30일 이상의 노동 상실을 가져온 상해 정도
③ 부상으로 8일 이상의 노동 상실을 가져온 상해 정도
④ 부상으로 1일 이상 7일 이하의 노동 상실을 가져온 상해 정도

🔍 산업재해의 통계적 분류
• 사망 : 업무로 인해서 목숨을 잃게 되는 경우
• 중경상 : 부상으로 인하여 8일 이상의 노동 상실을 가져온 상해 정도
• 경상해 : 부상으로 1일 이상 7일 이하의 노동 상실을 가져온 상해 정도
• 무상해 사고 : 응급처치 이하의 상처로 작업에 종사하면서 치료를 받는 상해 정도

04 재해의 원인 요소 중 작업정보의 부적절, 작업방법의 부적절, 작업공간의 불량 등과 관계가 있는 것은?

① 인간(man)   ② 기계(machine)
③ 매체(media)   ④ 관리(management)

🔍 매체(media)
• 작업정보의 부적절   • 작업자세·작업동작의 결함
• 작업방법의 부적절   • 작업공간의 불량
• 작업환경 조건의 불량

05 재해 발생의 직접 원인에 해당하지 않는 것은?

① 안전수칙의 오해   ② 물(物) 자체의 결함
③ 위험 장소의 접근   ④ 불안전한 조작

🔍 직접 원인(1차 원인)
• 물적원인 : 불안전한 상태(설비 및 환경 등의 불량)
• 인적원인 : 불안전한 행동

06 재해의 발생원인 중 직접원인에 해당되는 것은?

① 유전적 요소   ② 사회적 환경
③ 불안전한 행동   ④ 인간의 결함

🔍 재해의 직접원인
• 불안전한 행동 : 위험장소 접근, 안전장치의 기능 제거, 복장·보호구의 잘못 사용, 기계·기구의 잘못 사용, 운전 중인 기계장치의 손질, 불안전한 속도 조작, 위험물 취급 부주의, 불안전한 상태 방치, 불안전한 자세 동작, 감독 및 연락 불충분
• 불안전한 상태 : 물 자체 결함, 안전 방호장치 결함, 보호구의 결함, 물의 배치 및 작업장소 결함, 작업환경의 결함, 생산 공정의 결함, 경계표시·설비의 결함

07 재해의 원인을 직접 원인과 간접 원인으로 나눌 때, 직접 원인에 해당하는 것은?

① 기술적 원인   ② 관리적 원인
③ 교육적 원인   ④ 물적 원인

🔍 직접 원인
• 불안전한 행동 : 위험장소 접근, 안전장치의 기능 제거, 복장·보호구의 잘못 사용, 기계·기구의 잘못 사용, 운전 중인 기계장치의 손질, 불안전한 속도 조작, 위험물 취급 부주의, 불안전한 상태 방치, 불안전한 자세 동작, 감독 및 연락 불충분
• 불안전한 상태 : 물 자체 결함, 안전 방호장치 결함, 복장·보호구의 결함, 물의 배치 및 작업장소 결함, 작업환경의 결함, 생산 공정의 결함, 경계표시·설비의 결함

08 무재해운동의 기본이념 3가지에 해당하지 않는 것은?

① 무의 원칙
② 자주 활동의 원칙
③ 참가의 원칙
④ 선취 해결의 원칙

🔍 무재해운동의 3원칙
• 무(Zero)의 원칙 : 재해 위험의 잠재요인을 근원적으로 해결하기 위한 원칙
• 선취의 원칙 : 위험요인 행동 전에 예지, 발견
• 참가의 원칙 : 전원(근로자, 회사 내 전종업원, 근로자 가족) 참가

09 다음 중 재해예방의 4원칙에 해당하지 않는 것은?

① 예방가능의 원칙   ② 손실우연의 원칙
③ 원인계기의 원칙   ④ 선취해결의 원칙

🔍 재해예방의 4원칙 : 손실우연의 원칙, 원인계기의 원칙, 예방가능의 원칙, 대책선정의 원칙

10 보호구의 구비 조건으로 가장 거리가 먼 것은?

① 착용이 간단하고 착용 후 작업하기가 쉬워야 한다.
② 유해·위험요소로부터 보호 성능이 충분해야 한다.
③ 품질이 양호해야 한다.
④ 외관이 아름다워야 한다.

🔍 보호구의 구비 조건
• 착용이 간단하고 착용 후 작업하기가 쉬워야 한다.
• 유해·위험요소로부터 보호 성능이 충분해야 한다.
• 품질이 양호해야 한다.
• 끝 마무리가 양호해야 한다.
• 외관 및 디자인이 양호해야 한다.

11 작업장에서 안전모를 쓰는 이유는?

① 작업자의 사기 진작을 위해
② 작업자의 안전을 위해
③ 작업자의 멋을 위해
④ 작업자의 합심을 위해

🔍 보호구를 사용하는 목적은 작업장에서의 안전을 위한 것이다.

정답 [1. 안전보호구 착용 및 안전장치 확인] 01 ③ 02 ④ 03 ③ 04 ③ 05 ① 06 ③

정답 07 ④ 08 ② 09 ④ 10 ④ 11 ②

12 감전되거나 전기화상을 입을 위험이 있는 작업에서 제일 먼저 작업자가 구비해야 할 것은?

① 완강기 ② 구급차
③ 보호구 ④ 신호기

> 감전 등의 위험이 있는 작업장에서는 내전압성을 갖춘 안전모 등의 보호구를 착용하여야 한다.

13 안전보호구 선택 시 유의사항으로 틀린 것은?

① 보호구 검정에 합격하고 보호성능이 보장될 것
② 착용이 용이하고 크기 등 사용자에게 편리할 것
③ 작업 행동에 방해되지 않을 것
④ 반드시 강철로 제작되어 안전 보장형일 것

> 보호구의 구비 조건
> • 착용이 간단하고 착용 후 작업하기가 쉬워야 한다.
> • 유해·위험요소로부터 보호 성능이 충분해야 한다.
> • 품질이 양호해야 한다.
> • 끝 마무리가 양호해야 한다.
> • 외관 및 디자인이 양호해야 한다.

14 물체의 낙하 또는 비래(날아옴)에 의한 위험을 방지 또는 경감하고, 머리 부위 감전에 의한 위험을 방지하는 안전모의 기호는?

① AB ② AE
③ ABE ④ AC

> 안전모의 종류
> | 종류기호 | 사용 구분 |
> | --- | --- |
> | AB | 물체의 낙하 또는 비래(날아옴) 및 추락에 의한 위험을 방지 또는 경감시키기 위한 것 |
> | AE | 물체의 낙하 또는 비래(날아옴)에 의한 위험을 방지 또는 경감하고, 머리 부위 감전에 의한 위험을 방지하기 위한 것 |
> | ABE | 물체의 낙하 또는 비래(날아옴) 및 추락에 의한 위험을 방지 또는 경감하고, 머리 부위 감전에 의한 위험을 방지하기 위한 것 |

15 작업시 보안경을 반드시 사용해야 하는 것으로 적합하지 않은 것은?

① 장비 밑에서 정비 작업할 때
② 인체에 해로운 가스가 발생하는 작업장
③ 철분, 모래 등이 날리는 작업장
④ 전기용접 및 가스용접 작업장

> 인체에 해로운 가스가 발생하는 작업장에서는 방독마스크를 착용해야 한다.

16 보호안경을 사용하는 설명으로 맞지 않는 것은?

① 유해 광선으로부터 눈을 보호하기 위하여
② 중량물이 떨어질 때 신체를 보호하기 위하여
③ 비산되는 칩으로부터 눈을 보호하기 위하여
④ 유해 약물로부터 눈을 보호하기 위하여

> 중량물이 떨어질 때 신체를 보호하기 위해서는 안전모를 착용해야 한다.

17 안전화의 등급에 해당되지 않는 것은?

① 특수작업용
② 중작업용
③ 보통작업용
④ 경작업용

> 안전화의 등급 : 중작업용, 보통작업용, 경작업용

18 안전사항으로 운전 및 정비 작업시의 작업복으로 적당치 않은 것은?

① 점퍼형으로 상의 옷자락을 여밀 수 있는 것
② 작업용구 등을 넣기 위해 호주머니가 많은 것
③ 소매를 오무려 붙이도록 되어 있는 것
④ 소매를 손목까지 가릴 수 있는 것

> 작업복은 가급적 호주머니를 최소화해야 한다.

19 안전한 작업을 하기 위하여 작업복장을 선정할 때의 유의사항으로 가장 거리가 먼 것은?

① 착용자의 취미, 기호 등을 감안하여 적절한 스타일을 선정한다.
② 화기사용 장소에서는 방염성, 불연성의 것을 사용하도록 한다.
③ 상의의 끝이나 바지자락 등이 기계에 말려 들어갈 위험이 없도록 한다.
④ 작업복은 몸에 맞고 동작이 편하도록 제작 한다.

> 작업 복장은 착용자의 취미, 기호 등이 아니라 안전에 우선을 두어야 한다.

Lesson 02 위험요소 확인

01 다음 중 안전보건표지의 종류가 아닌 것은?

① 안내표지 ② 허가표지
③ 지시표지 ④ 금지표지

> 안전보건표지의 종류 : 금지표지, 경고표지, 지시표지, 안내표지

02 안전보건표지 중 안내표지의 바탕색으로 맞는 것은?

① 검은색 ② 녹색
③ 빨간색 ④ 노란색

> 안내표지 : 바탕은 흰색, 기본모형 및 관련 부호는 녹색 또는 바탕은 녹색, 관련 부호 및 그림은 흰색

03 다음 그림의 안전보건표지가 나타내는 것은?

① 녹십자 표지 ② 출입금지
③ 인화성 물질경고 ④ 보안경 착용

> 안전·보건표지
> | 출입금지 | 인화성물질경고 | 보안경 착용 |
> | --- | --- | --- |

04 안전보건표지에서 그림이 표시하는 것으로 맞는 것은?

① 독극물 경고 ② 폭발물 경고
③ 고압전기 경고 ④ 낙하물 경고

안전 · 보건표지

독극물 경고	폭발물 경고	낙하물 경고

05 안전보건표지에서 그림이 나타내는 것으로 맞는 것은?

① 비상구 표지
② 방사선 위험 표지
③ 탑승금지 표지
④ 보행금지 표지

안전 · 보건표지

비상구 표지	방사선 위험 표지	탑승 금지 표지

06 다음 그림의 안전보건표지에 해당되는 것은?

① 지시표지
② 금지표지
③ 경고표지
④ 안내표지

지시표지

보안경 착용	방독마스크 착용	방진마스크 착용
보안면 착용	안전모 착용	귀마개 착용
안전화 착용	안전장갑 착용	안전복 착용

07 다음의 안전보건표지가 나타내는 것은?

① 비상구
② 출입금지
③ 인화성 물질 경고
④ 보안경 착용

안전 · 보건표지

비상구	인화성 물질경고	보안경 착용

---

08 안전보건표지의 종류 중 응급구호 표지의 분류로 옳은 것은?

① 경고표지
② 지시표지
③ 금지표지
④ 안내표지

안내표지의 종류

녹십자 표시	응급구호 표지	들것
세안장치	비상용 기구	비상구
좌측 비상구	우측 비상구	

09 차량계 하역운반기계, 차량계 건설기계의 안전조치사항 중 옳지 않은 것은?

① 최대제한속도가 시속 10km를 초과하는 차량계 건설기계를 사용하여 작업을 하는 경우 미리 작업장소의 지형 및 지반상태 등에 적합한 제한속도를 정하고, 운전자로 하여금 준수하도록 할 것
② 차량계 건설기계의 운전자가 운전위치를 이탈하는 경우 해당 운전자로 하여금 포크 및 버킷 등의 하역장치를 가장 높은 위치에 두도록 할 것
③ 차량계 하역운반기계 등에 화물을 적재하는 경우 하중이 한쪽으로 치우치지 않도록 적재할 것
④ 차량계 건설기계를 사용하여 작업을 하는 경우 승차석이 아닌 위치에 근로자를 탑승시키지 말 것

> 차량계 하역운반기계등, 차량계 건설기계의 운전자가 운전위치를 이탈하는 경우 포크, 버킷, 디퍼 등의 장치는 가장 낮은 위치 또는 지면에 내려 두어야 한다.

10 미리 작업장소의 지형 및 지반상태 등에 적합한 제한속도를 정하지 않아도 되는 차량계 건설기계의 속도 기준은?

① 최대 제한 속도가 10km/h 이하
② 최대 제한 속도가 20km/h 이하
③ 최대 제한 속도가 30km/h 이하
④ 최대 제한 속도가 40km/h 이하

> 차량계 하역운반기계, 차량계 건설기계를 사용하여 작업을 하는 경우 미리 작업장소의 지형 및 지반상태 등에 적합한 제한속도를 정하고, 운전자로 하여금 준수하도록 하여야 한다. 다만, 최대제한속도가 시속 10킬로미터 이하인 것은 제외한다.

11 다음 중 산업안전보건법령에 따라 반드시 신호수를 배치하여야 하는 경우가 아닌 것은?

① 차량계 건설기계 작업 시 근로자에게 위험이 미칠 우려가 있는 경우
② 운전 중인 건설기계에 접촉되어 근로자가 부딪칠 위험이 있는 장소
③ 지반의 부동침하 및 갓길 붕괴 위험이 있을 경우
④ 근로자의 출입이 제한된 경우

> 신호수를 배치하여야 하는 경우
> • 차량계 건설기계 작업 시 근로자에게 위험이 미칠 우려가 있는 경우
> • 운전 중인 건설기계에 접촉되어 근로자가 부딪칠 위험이 있는 장소
> • 지반의 부동침하 및 갓길 붕괴 위험이 있을 경우
> • 근로자를 출입시키는 경우

12 굴착기 장비 주변 근로자 접근 시 충돌 및 협착 위험을 방지하기 위한 조치로 가장 거리가 먼 것은?

① 신호수 배치
② 접근 금지 표지판 부착
③ 사각지대 후방 카메라 설치
④ 작업장 주변 CCTV 설치

정답 05 ④ 06 ① 07 ②

정답 08 ④ 09 ② 10 ① 11 ④ 12 ④

- 장비 주변 근로자 접근 시 충돌 및 협착 위험에 대한 대책
  - 신호수 배치
  - 경광등 설치
  - 접근 금지 표지판 부착
  - 사각 지대 후방 카메라 설치로 운전원 시야 확보

Lesson 03 안전운반 작업

01 다음 보기의 내용이 설명하고 있는 장비사용설명서는?

> 장비의 일반사항 및 작동원리, 제원 및 규정값, 고장진단, 부품구성도, 정비 및 수리 등에 대한 내용을 도해와 함께 종합적으로 수록한 지침서이다

① 운전자 매뉴얼
② 장비사용 매뉴얼
③ 정비 지침서
④ 장비운용 지침서

- 장비사용설명서의 종류
  - 운전자 매뉴얼 : 안전수칙, 운행상의 주의사항, 시동 및 운전 절차를 포함한 장비의 구조와 기능, 정비, 고장진단 및 대책 등 운전자가 알아야 할 전반적인 사항을 수록한 지침서이다.
  - 장비사용 매뉴얼 : 굴착기의 올바른 사용을 통해 그 성능을 최상의 상태로 유지하며 작업효율을 증대시키기 위해 필요한 지침서이다.
  - 정비(사용) 지침서 : 장비의 일반사항 및 작동원리, 제원 및 규정값, 고장진단, 부품구성도, 정비 및 수리 등에 대한 내용을 도해와 함께 종합적으로 수록한 지침서이다.

02 일반적으로 지게차의 운전자 매뉴얼에 포함된 내용과 가장 거리가 먼 것은?

① 안전수칙
② 제원 및 규정값
③ 운전절차
④ 운행상의 주의사항

- 운전자 매뉴얼은 안전수칙, 운행상의 주의사항, 시동 및 운전절차를 포함한 장비의 구조와 기능, 정비, 고장진단 및 대책 등 운전자가 알아야 할 전반적인 사항을 수록한 지침서이다.

03 굴착기 등 건설기계 운전 작업장에서 이동 및 선회 시에 안전을 위해서 행하는 적절한 조치로 맞는 것은?

① 경적을 울려서 작업장 주변 사람에게 알린다.
② 버킷을 내려서 점검하고 작업한다.
③ 급방향 전환을 하여 위험시간을 최대한 줄인다.
④ 굴착 작업으로 안전을 확보한다.

- 건설기계의 이동 및 선회 시에는 경적을 울려서 작업장 주변 사람들에게 이를 알려 차량과의 충돌 및 협착 등의 사고 발생 가능성을 사전에 차단하도록 한다.

04 굴착기 운행 및 작업 등의 안전수칙으로 적절하지 않은 것은?

① 장비에 오르내릴 때는 반드시 양손으로 손잡이를 이용하여 오르내려야 한다.
② 버킷이나 다른 부수 장치 혹은 뒷부분에 사람을 태우지 말아야 한다.
③ 선회(스윙) 브레이크 레버 혹은 페달은 항상 장애물이 없도록 하여 비상정지 시에는 즉각 사용할 수 있는 상태를 유지한다.
④ 장비의 주차 시는 경사나 굴착 작업장으로부터 충분히 이격시켜 주차하고, 버킷은 올린 상태를 유지한다.

- 장비의 주차 시 버킷은 지면에 내려놓아야 한다.

05 굴착기가 전복되는 재해의 발생원인으로 가장 거리가 먼 것은?

① 연약한 지반 위에서 받침판을 사용하지 않고 운전
② 연약한 굴착장소에서 편하중이 발생
③ 지게차에 뛰어오르거나 뛰어내림
④ 급선회, 급제동, 오조작 등의 운전결함

- 굴착기 전복의 발생원인
  - 연약한 지반 위에서 받침판을 사용하지 않고 운전
  - 연약한 굴착장소에서 편하중 발생
  - 기계의 능력(용량)을 무시하고 무리하게 운전
  - 급선회, 급제동, 오조작 등의 운전결함

06 굴착기를 트레일러로 수송할 때 붐이 향하는 방향으로 가장 적절한 것은?

① 앞방향
② 뒷방향
③ 옆방향
④ 어느 방향이든 상관없다.

07 굴착기를 트레일러를 싣고 운반할 때 하부추진체와 상부회전체를 고정시켜 주는 것은?

① 밸런스 웨이트
② 스윙록 장치
③ 센터조인트
④ 주행록 장치

- 스윙록(선회 로크) 장치는 굴착기를 트레일러에 싣고 이동 시 상부회전체가 자연적으로 회전하는 것을 방지하는 장치이다.

08 굴착기 작업 후 정차 및 주차 시 주의할 사항으로 맞지 않는 것은?

① 평탄한 지면에 정차시키고 침수 지역은 피한다.
② 붐, 암 및 버킷은 최대로 오므리고 작업 레버는 중립 위치로 한다.
③ 경사지에서는 트랙 밑에 고임대를 고인다.
④ 연료를 충만하고 각 부분을 세척한다.

- 주·정차 시 각 실린더는 최대로 펴서 실린더 로드가 노출되지 않도록 하고 버킷은 지면에 내려놓는다.

Lesson 04 장비 안전관리

01 굴착기의 안전기준과 관련하여 보기의 ( ) 안에 들어갈 내용으로 옳은 것은?

> 타이어식 굴착기는 ( ) 기울기의 견고한 건조 지면을 올라갈 수 있고, 정지상태를 유지할 수 있는 제동장치 및 제동장금장치를 갖추어야 한다.

① 100분의 15
② 100분의 25
③ 100분의 35
④ 100분의 45

- 타이어식 굴착기는 100분의 25 기울기, 무한궤도식 굴착기는 100분의 30 기울기의 견고한 건조 지면을 올라갈 수 있고, 정지상태를 유지할 수 있는 제동장치 및 제동장금장치를 갖추어야 한다.

02 타이어식 굴착기는 견고한 땅 위에서 자체중량 상태로 좌우로 몇 도(°)까지 기울여도 넘어지지 않은 구조여야 하는가?

① 15°
② 25°
③ 35°
④ 45°

- 타이어식 굴착기는 견고한 땅 위에서 자체중량 상태로 좌우로 25°까지 기울여도 넘어지지 않는 구조이어야 한다. 이 경우 굴착기의 자세는 주행자세로 한다.

03 굴착기 버킷 기울기의 변화량은 최대작업반경 상태에서 버킷 끝단의 기울기의 변화량이 10분당 몇 도(°) 이내여야 하는가?

① 5°
② 7°
③ 10°
④ 12°

🔍 버킷 기울기의 변화량은 최대작업반경 상태에서 버킷 끝단의 기울기의 변화량이 10분당 5°이내이어야 한다.

04 굴착기의 선회주차브레이크에 대한 설명으로 틀린 것은?

① 선회할 때 작업의 안전을 위해 설치하는 안전장치이다.
② 선회조작이 중립에 위치할 때 수동으로 제동되어야 한다.
③ 엔진이 가동되는 상태에서 제동기능을 유지하여야 한다.
④ 엔진이 정지된 상태에서 제동기능을 유지하여야 한다.

🔍 선회주차브레이크는 선회조작이 중립에 위치할 때 자동으로 제동되어야 한다.

05 굴착기 버킷의 결합 및 분리를 신속하게 할 수 있도록 설치되는 것은?

① 핀과 부싱
② 와이어
③ 피팅
④ 퀵 커플러

🔍 퀵 커플러(quick coupler)는 작동장치가 없는 버킷 종류를 짧은 시간에 간단히 교체 장착할 있도록 하는 기계식 연결이다.

06 굴착기 퀵 커플러의 설치 기준에 대한 설명으로 틀린 것은?

① 버킷 잠금장치는 이중 잠금으로 할 것
② 유압잠금장치가 해제된 경우 조종사가 알 수 있을 정도로 충분한 크기의 경고음이 발생되는 장치를 설치할 것
③ 퀵커플러에 과전류가 발생할 때 전원을 차단할 수 있을 것
④ 전원 차단 작동스위치는 전문 정비사의 조작에 의해서만 작동되는 구조일 것

🔍 퀵커플러에 과전류가 발생할 때 전원을 차단할 수 있어야 하며, 작동스위치는 조종사의 조작에 의해서만 작동되는 구조여야 한다.

07 굴착기의 출입구 제1단 발판의 높이는 지면으로부터 몇 cm 이하여야 하는가?

① 30cm 이하
② 50cm 이하
③ 70cm 이하
④ 90cm 이하

🔍 굴착기의 출입구에는 승하차용 손잡이와 발판을 설치하고, 출입구 제1단 발판의 높이는 지면으로부터 70cm 이하로 하며, 발판의 표면은 거친 면으로 하거나 미끄러지지 않도록 해야 한다.

08 굴착기 안전기준과 관련한 내용으로 틀린 것은?

① "작업 반경 내 접근금지"라는 표지를 그 후면에 부착하거나 표시해야 한다.
② 능력단위 1 이상의 ABC 소화기 1개 이상 설치하여야 한다.
③ 타이어식 건설기계(비자주식은 제외)에는 좌우 및 후방의 교통상황 또는 작업 상황을 확인할 수 있도록 후사경을 1개 이상 설치하여야 한다.
④ 타이어식 건설기계에는 전조등, 제동 등, 후부반사기 등의 조명장치를 설치하여야 한다.

🔍 타이어식 건설기계(비자주식은 제외)에는 좌우 및 후방의 교통상황 또는 작업 상황을 확인할 수 있도록 후사경을 2개 이상 설치하여야 한다.

09 좌석안전띠가 설치되어야 하는 굴착기는?

① 시속 10km 이상의 속도 를 낼 수 있는 타이어식 굴착기
② 시속 20km 이상의 속도를 낼 수 있는 타이어식 굴착기
③ 시속 30km 이상의 속도를 낼 수 있는 타이어식 굴착기
④ 시속 40km 이상의 속도를 낼 수 있는 타이어식 굴착기

🔍 전복보호구조를 장착한 건설기계와 시속 30km 이상의 속도를 낼 수 있는 타이어식 건설기계에는 좌석안전띠를 설치하여야 한다.

10 다음 중 위험예지훈련 4단계 진행에서 '위험의 포인트'를 결정하여 전원이 지적확인을 하는 단계로 가장 적절한 것은?

① 제1단계 : 현상파악
② 제2단계 : 본질추구
③ 제3단계 : 대책수립
④ 제4단계 : 목표설정

🔍 위험예지 훈련 4단계
• 제1단계 - 현상파악 : 작업 현장에 어떤 위험이 잠재하고 있는지, 위험에 대한 현상을 파악한다.
• 제2단계 - 본질추구 : 발견한 위험 포인트 중에서 가장 위험한 사항을 선정한다.
• 제3단계 - 대책수립 : 위험도가 높은 상황에 대하여 구체적인 대책을 수립한다.
• 제4단계 - 목표설정 : 대책을 수립한 사항 중 중점 실시 항목을 요약하여 최종적으로 목표설정을 한다.

11 다음은 재해 발생시 조치요령이다. 조치순서로 맞는 것은?

| ㉠ 운전정지 | ㉡ 2차 재해방지 | ㉢ 피해자 구조 | ㉣ 응급처치 |

① ㉠-㉢-㉡-㉣
② ㉠-㉢-㉣-㉡
③ ㉢-㉣-㉠-㉡
④ ㉢-㉣-㉡-㉠

🔍 재해발생 시 조치요령 : 운전정지 → 피해자 구조 → 응급처치 → 2차 재해방지

12 일반공구 사용법에서 안전한 사용법에 적합하지 않은 것은?

① 녹이 생긴 볼트나 너트에는 오일을 넣어 스며들게 한 다음 돌린다.
② 렌치에 파이프 등의 연장대를 끼워서 사용하여서는 안된다.
③ 언제나 깨끗한 상태로 보관한다.
④ 렌치의 조정 조에 잡아당기는 힘이 가해져야 한다.

🔍 렌치는 잡아당길 수 있는 위치에서 작업하도록 하며, 렌치의 조정 조에 잡아당기는 힘이 가해져서는 안 된다.

13 작업장에서 수공구 재해예방 대책으로 잘못된 사항은?

① 결함이 없는 안전한 공구 사용
② 공구의 올바른 사용과 취급
③ 공구는 항상 오일을 바른 후 보관
④ 작업에 알맞은 공구 사용

🔍 공구는 면 걸레로 깨끗이 닦아서 지정된 장소에 보관하여야 한다.

14 스패너, 렌치를 사용할 때의 주의사항으로 적합하지 않는 것은?

① 너트에 맞는 것을 사용한다.
② 스패너 또는 렌치는 뒤로 밀어 돌려야 한다.
③ 해머 대용으로 사용하지 않는다.
④ 무리한 힘을 가하지 않는다.

🔍 스패너나 렌치는 앞으로 잡아당길 때 힘이 걸리도록 해야 한다.

정답 03 ① 04 ② 05 ④ 06 ④ 07 ③ 08 ③

정답 09 ③ 10 ② 11 ② 12 ④ 13 ③ 14 ②

15 복스렌치가 오픈렌치보다 많이 사용되는 이유로 가장 적합한 것은?

① 볼트, 너트 주위를 완전히 감싸게 되어 있어서 사용 중 미끄러지지 않는다.
② 여러 가지 크기의 볼트, 너트에 사용할 수 있다.
③ 값이 싸며, 적은 힘으로 작업할 수 있다.
④ 가볍고, 사용하는데 양손으로 사용할 수 있다.

> 복스 렌치는 오픈 렌치와 규격이 동일하지만, 여러 방향에서 사용이 가능하며, 볼트나 너트 주위를 완전히 감싸게 되어 있어서 사용 중에 미끄러지지 않은 장점이 있다.

16 드라이버 사용방법으로 틀린 것은?

① 날 끝이 홈의 폭과 길이에 맞는 것을 사용한다.
② 날 끝이 수평이어야 한다.
③ 전기작업시에는 절연된 자루를 사용한다.
④ 작은 공작물은 가능한 손으로 잡고 작업한다.

> 작은 크기의 부품인 경우 바이스에 고정시키고 작업하도록 한다.

17 일반적으로 장갑을 착용하고 작업을 하게 되는데, 안전을 위하여 오히려 장갑을 사용하지 않아야 하는 작업은?

① 전기 용접 작업
② 해머 작업
③ 타이어 교환 작업
④ 건설기계 운전

> 해머작업 시 장갑을 끼면 미끄러질 수 있기 때문에 장갑은 착용하지 말아야 한다.

18 해머 사용 중 사용법이 틀린 것은?

① 타격면이 닳아 경사진 것은 사용하지 않는다.
② 장갑이나 기름묻은 손으로 자루를 잡지 않는다.
③ 담금질한 것은 단단하므로 한 번에 정확히 타격한다.
④ 물건에 해머를 대고 몸의 위치를 정한다.

> 해머를 사용할 때는 처음에는 작게 휘두르고 차차 크게 휘두르며, 열처리 된 재료는 해머로 타격하지 않아야 한다.

19 다음 중 일반 드라이버 사용시 안전수칙으로 틀린 것은?

① 정을 대신할 때는 드라이버를 사용한다.
② 드라이버에 충격압력을 가하지 말아야 한다.
③ 자루가 쪼개졌거나 또한 허술한 드라이버는 사용하지 않는다.
④ 드라이버의 끝을 항상 양호하게 관리하여야 한다.

> 드라이버를 정 대신으로 사용해서는 안 된다.

20 기계에 사용되는 방호덮개 장치의 구비 조건으로 틀린 것은?

① 마모나 외부로부터 충격에 쉽게 손상되지 않을 것
② 작업자가 임의로 제거 후 사용할 수 있을 것
③ 검사나 급유조정 등 정비가 용이할 것
④ 최소의 손질로 장시간 사용할 수 있을 것

> 기계에 사용되는 방호덮개는 작업자가 임의로 제거할 수 없어야 한다.

21 작업시 보안경을 반드시 사용해야 하는 것으로 적합하지 않은 것은?

① 장비 밑에서 정비 작업할 때
② 인체에 해로운 가스가 발생하는 작업장
③ 철분, 모래 등이 날리는 작업장
④ 전기용접 및 가스용접 작업장

> 인체에 해로운 가스가 발생하는 작업장에서는 방독마스크를 착용해야 한다.

22 연삭기의 안전한 사용방법이 아닌 것은?

① 숫돌측면 사용제한
② 보안경과 방진마스크 착용
③ 숫돌덮개 설치 후 작업
④ 숫돌과 받침대 간격 6mm 이상 유지

> 연삭기의 숫돌에는 직경 5cm 이상의 덮개를 씌워야 하며, 탁상용 연삭기 사용 시에는 작업받침대와 숫돌 간격을 3mm 이내로 하여야 한다.

23 벨트 취급에 대한 안전사항 중 틀린 것은?

① 벨트 교환시 회전을 완전히 멈춘 상태에서 한다.
② 벨트의 회전을 정지할 때 손으로 잡고서 한다.
③ 벨트의 적당한 장력을 유지하도록 한다.
④ 벨트에 기름이 묻지 않도록 한다.

> 벨트의 회전을 멈출 때 손으로 잡고서 하면 사고 우려가 있다.

24 인화성 물질이 아닌 것은?

① 아세틸렌 가스
② 가솔린
③ 프로판 가스
④ 산소

> 인화성 가스
> • 대기 중 산소농도가 보통인 경우에도 발화할 수 있는 가스
> • 공기, 산소 또는 아산화질소와 일정 비율로 혼합될 경우 발화할 수 있는 가스

25 아세틸렌 가스 용기의 취급 방법 중 틀린 것은?

① 용기의 온도는 50℃ 이하로 유지할 것
② 용기는 반드시 세워서 보관할 것
③ 전도, 전락 방지 조치를 할 것
④ 충전용기와 빈 용기는 명확히 구분하여 각각 보관할 것

> 아세틸렌 가스 용기의 온도는 40℃ 이하로 유지하여야 한다.

26 고압가스 용기의 도색으로 모두 맞는 것은?

| ㉠ 산소 - 녹색 | ㉡ 수소 - 흰색 | ㉢ 아세틸렌 - 황색 |

① ㉠
② ㉡, ㉢
③ ㉠, ㉢
④ ㉠, ㉡, ㉢

> 고압가스 용기 도색
> • 산소 : 녹색   • 수소 : 주황색   • 아세틸렌 : 황색

27 산소 아세틸렌 가스용접에서 토치의 점화 시 작업의 우선순위 설명으로 올바른 것은?

① 토치의 아세틸렌 밸브를 먼저 연다.
② 토치의 산소 밸브를 먼저 연다.
③ 산소 밸브와 아세틸렌 밸브를 동시에 연다.
④ 혼합가스밸브를 먼저 연 다음 아세틸렌 밸브를 연다.

> 산소 아세틸렌 가스용접에서 토치 점화 시에는 토치의 아세틸렌 밸브를 먼저 열고 점화한 후 산소 밸브를 연다.

정답: 15 ① 16 ④ 17 ② 18 ③ 19 ① 20 ② 21 ② 22 ④ 23 ② 24 ④ 25 ① 26 ③ 27 ①

Craftsman Excavating Machine Operator

28 전등 스위치가 옥내에 있으면 안 되는 경우는?

① 건설기계 장비 차고　　② 절삭유 저장소
③ 카바이드 저장소　　④ 기계류 저장소

🔍 카바이드 저장소에 전등을 설치할 경우에는 방폭구조로 하여야 하며, 전등 스위치는 옥외에 설치하여야 한다.

Lesson 05　가스 및 전기 안전관리 <<<<<<

01 도로에 매설된 도시가스배관의 색깔이 적색(중압)이었다. 이 배관이 손상되어 가스가 누출될 경우 가스의 압력은?

① 0.01MPa 이상 0.03MPa 미만
② 0.05MPa 이상 0.1MPa 미만
③ 0.1MPa 이상 1MPa 미만
④ 10MPa 이상

🔍 도시가스의 입력 구분
• 고압 : 1MPa 이상의 압력관(액화가스의 경우에는 0.2MPa 이상)
• 중압 : 0.1MPa 이상 1MPa 미만의 압력(기화된 액화석유가스의 경우에는 0.2MPa 미만, 0.01MPa 이상)
• 저압 : 0.1MPa 미만의 압력(기화된 액화석유가스의 경우에는 0.01MPa 미만인 배관)

02 일반 도시가스사업자의 지하 배관 설치 시 도로 폭 8m 이상인 도로에서는 어느 정도의 깊이에 배관이 설치되어 있는가?

① 1.0m 이상　　② 1.5m 이상
③ 1.2m 이상　　④ 0.6m 이상

🔍 가스배관 지하매설 심도
• 공동주택 등의 부지 내 : 0.6m 이상
• 폭 8m 이상의 도로 : 1.2m 이상
• 폭 4m 이상 8m 미만인 도로 : 1m 이상
• 상기에 해당하지 아니하는 곳 : 0.8m 이상

03 폭 4m 이상, 8m 미만인 도로에 일반 도시가스 배관을 매설시 지면과 도시가스 배관 상부와의 최소 이격거리는?

① 0.6m　　② 1.0m
③ 1.2m　　④ 1.5m

🔍 문제 2번 해설 참조

04 도시가스사업법에서 배관 구분에 해당되지 않는 것은?

① 본관　　② 내관
③ 공급관　　④ 가정관

🔍 배관이란 도시가스를 공급하기 위하여 배치된 관(쫄)으로써 본관, 공급관, 내관 또는 그 밖의 관을 말한다.

05 가스배관이 있을 것으로 예상되는 지점으로부터 (　) 이내에서 줄파기를 할 때에는 안전관리 전담자의 입회하에 시행하여야 한다. 다음 중 (　)에 맞는 말은?

① 0.5m　　② 1m
③ 1.5m　　④ 2m

🔍 가스배관과 수평거리 2m 이내에서 줄파기를 할 때에는 안전관리 전담자의 입회하에 시행하여야 하며, 2m 이내에서 파일 박기를 하고자 할 경우 도시가스사업자의 입회 하에 시험 굴착 후 시행하여야 한다.

---

06 도로 굴착자는 되메움 공사 완료 후 최소 몇 개월 이상 지반침하 유무를 확인하여야 하는가?

① 1개월　　② 2개월
③ 3개월　　④ 4개월

🔍 도로 굴착자는 되메움공사 완료 후 도시가스 배관의 손상방지를 위하여 최소한 3개월 이상 지반침하 유무를 확인하여야 한다.

07 도로의 지하에 매설된 도시가스배관의 색상으로 맞는 것은?

① 회색, 흑색　　② 적색, 황색
③ 청색, 남색　　④ 흑색, 청색

🔍 가스배관의 표면 색상은 지상 배관은 황색, 매설 배관은 최고사용 압력이 저압인 배관은 황색, 중압 이상인 배관인 적색으로 되어 있다.

08 도로 굴착 시 황색의 도시가스 보호포가 나왔다. 매설된 도시가스 배관의 압력은?

① 고압
② 중압
③ 저압
④ 배관의 압력에 관계없이 보호포의 색상은 황색이다.

🔍 보호포의 바탕색은 최고 압력이 저압인 관은 황색, 중압 이상인 관은 적색으로 하고 가스명 · 사용 압력 · 공급자명 등이 표시되어 있다.

09 가스배관 주위를 굴착하고자 할 때에는 가스배관의 좌우 몇 m 이내를 인력으로 굴착을 해야 하는가?

① 0.5m　　② 1m
③ 1.5m　　④ 2m

🔍 가스배관의 좌우 1m 이내의 부분은 인력으로 신중히 굴착하여야 한다.

10 도시가스가 공급되는 지역에서 지하차도 굴착공사를 하고자 하는 자는 어떤 서류를 작성하여 시 · 도지사에게 제출하여야 한다. 이 때 작성하는 서류의 명칭은?

① 안전관리규정　　② 공급규정
③ 가스안전영향평가서　　④ 기술검토서

🔍 도시가스사업이 허가된 지역에서 굴착공사를 하려는 자는 가스안전영향평가서를 작성하여 시장 · 군수 또는 구청장에게 제출하여야 한다. 이 경우 평가서에는 한국가스안전공사의 의견서를 첨부하여야 한다.

11 도시가스가 공급되는 지역에서 굴착공사를 하기 전에 도로부분의 지하에 가스 배관의 매설 여부는 누구에게 조회하여야 하는가?

① 시장　　② 도지사
③ 해당 도시가스 사업자　　④ 경찰서장

🔍 도시가스사업이 허가된 지역에서 굴착공사를 하려는 자는 굴착공사를 하기 전에 해당 지역을 공급권 역으로 하는 도시가스사업자가 해당 토지의 지하에 도시가스배관이 묻혀 있는지에 관하여 확인하여 줄 것을 정보지원센터에 요청하여야 한다.

12 건설기계로 작업 중 가스배관을 손상시켜 가스가 누출되고 있을 경우 긴급 조치사항으로 적합하지 않은 것은?

① 즉시 해당 도시가스회사나 한국가스안전공사에 신고한다.
② 가스가 누출되면 가스배관을 손상시킨 장비를 빼내고 안전한 장소로 이동한다.
③ 가스가 다량 누출되고 있으면 우선적으로 주위 사람들을 대피시킨다.
④ 가스배관을 손상한 것으로 판단되면 즉시 기계작동을 멈춘다.

정답 28 ③ [5. 가스 및 전기 안전관리] 01 ③ 02 ③ 03 ② 04 ④ 05 ④

정답 06 ③ 07 ② 08 ③ 09 ② 10 ③ 11 ③ 12 ②

130

🔍 가스배관을 손상시킨 장비를 빼내면 고압의 가스가 방출되어 폭발 및 화재 등의 우려가 있으므로 빼내지 않아야 한다.

13 다음 중 전압을 구분한 것으로 알맞은 것은?

① 저압이란 교류 600V 이하, 직류는 700V 이하인 전압을 말한다.
② 고압이란 교류 7000V 이하, 직류 7500V 이하의 전압을 말한다.
③ 특고압이란 교류, 직류 모두 7000V를 초과하는 전압을 말한다.
④ 고압이란 교류, 직류 모두 7500V를 넘지 않는 전압을 말한다.

🔍 전압의 종별 구분

구분	교류(AC)	직류(DC)
저압	1000V 이하	1500V 이하
고압	1000V 초과 7000V 이하	1500V 초과 7000V 이하
특고압	7000V 초과	

14 전기는 전압이 높을수록 위험한데 가공 전선로의 위험 정도를 판별하는 방법으로 가장 올바른 것은?

① 애자의 개수
② 지지물과 지지물의 간격
③ 지지물의 높이
④ 전선의 굵기

🔍 애자는 전선과 지지물 연결 시 절연 목적과 함께 전선을 고정하기 위한 것으로 애자의 갯수가 많을수록 고압의 전기가 흐른다.

15 전선을 철탑의 완금(arm)에 기계적으로 고정시키고, 전기적으로 절연하기 위해서 사용하는 것을 무엇이라고 하는가?

① 완철　　　　② 가공지선
③ 애자　　　　④ 클램프

🔍 애자는 전선과 지지물 연결 시 절연 목적과 함께 전선을 고정하기 위해 사용한다.

16 가공 송전선로 주변에서 건설기계 작업을 위해 지지하는 현수 애자를 확인하니 한 줄에 10개로 되어 있었다. 예측 가능한 전압은 몇 [kV]인가?

① 22.9[kV]　　　② 66.0[kV]
③ 154[kV]　　　④ 345[kV]

🔍 애자수와 전압
 • 애자수 2~3개 : 22.9kV
 • 애자수 4~5개 : 66kV
 • 애자수 9~11개 : 154kV

17 차도에서 전력케이블은 지표면 아래 약 몇 m의 깊이에 매설되어 있는가?

① 0.5 ~ 0.8m　　② 2 ~ 3m
③ 0.3 ~ 0.5m　　④ 1.2 ~ 1.5m

🔍 차도에서 전력 케이블은 지표면 아래 약 1.2~1.5m의 깊이에 매설되어 있다.

18 도로상의 한전 맨홀에 근접하여 굴착 작업 시 가장 올바른 것은?

① 맨홀 뚜껑을 경계로 하여 뚜껑이 손상되지 않도록 하고 나머지는 임의로 작업한다.
② 교통에 지장이 되므로 주민 및 관련기관이 모르게 야간에 신속히 작업하고 되메운다.
③ 한전 직원의 입회하에 안전하게 작업한다.
④ 접지선이 노출되면 제거한 후 계속 작업한다.

🔍 한전 맨홀에 근접하여 굴착 작업을 할 경우 한전 직원의 입회 하에 작업하여 한다.

19 도로상 굴착작업중에 전기설비의 접지선이 노출되어 일부가 손상되었다. 내용 중 맞는 것은?

① 접지선에는 전류가 흐르지 않는다.
② 접지선 단선시에는 철선 등으로 연결 후 되메운다.
③ 접지선 단선은 사고와 무관하므로 그대로 되메운다.
④ 접지선 단선시에는 시설관리자에게 연락 후 그 지시를 따른다.

🔍 도로상 굴착작업 중에 전기설비의 접지선이 노출되어 손상되거나 단선되면 시설관리자에게 연락한 후 그 지시를 따라야 한다.

20 굴착장비를 이용하여 도로 굴착작업 중 "고압선 위험"표지시트가 발견되었다. 다음 중 맞는 것은?

① 표지시트 좌측에 전력케이블이 묻혀 있다.
② 표지시트 우측에 전력케이블이 묻혀 있다.
③ 표지시트와 직각방향에 전력케이블이 묻혀 있다.
④ 표지시트 직하에 전력케이블이 묻혀 있다.

🔍 전력케이블이 매설되어 있음을 표시하기 위한 표지시트는 차도에서 지표면 아래 30cm 깊이에 설치되어 있다. 따라서, 고압선 위험 표지시트가 발견되면 직하에 전력 케이블이 묻혀 있다는 의미이다.

정답 13 ③　14 ①　15 ③　16 ③　17 ④　18 ③　19 ④　20 ④

PART 04

기출문제 및 CBT 복원문제

Craftsman Excavating Machine Operator

01. 2016년 1회
02. 2016년 2회
03. 2016년 3회
04. 복원문제 1회
05. 복원문제 2회
06. 복원문제 3회
07. 복원문제 4회
08. 복원문제 5회
09. 복원문제 6회
10. 복원문제 7회

2016년 01회
공단 기출문제

CHECK POINT QUESTION

01 건설기계 범위에 해당되지 않는 것은?

① 준설선
② 3톤 지게차
③ 항타 및 항발기
④ 자체 중량 1톤 미만의 굴착기

🔍 건설기계관리법상 건설기계의 범위에 해당하는 굴착기는 무한궤도 또는 타이어식으로 굴착장치를 가진 자체중량 1톤 이상인 것을 말한다.

02 건설기계 조종사 면허를 취소하거나 정지시킬 수 있는 사유에 해당하지 않는 것은?

① 면허증을 타인에게 대여한 때
② 조종 중 고의로 인명사고를 일으킨 때
③ 면허를 부정한 방법으로 취득하였음이 밝혀졌을 때
④ 여행을 목적으로 1개월 이상 해외로 출국하였을 때

🔍 보기 ①, ②, ③항은 모두 면허 취소에 해당하는 사항이다.

03 건설기계관리법상 소형건설기계에 포함되지 않는 것은?

① 3톤 미만의 굴착기
② 5톤 미만의 불도저
③ 천공기
④ 공기압축기

🔍 소형건설기계
• 5톤 미만의 불도저
• 트럭적재식을 제외한 5톤 미만의 천공기
• 3톤 미만의 굴착기
• 공기압축기
• 쇄석기
• 5톤 미만의 로더
• 3톤 미만의 지게차
• 3톤 미만의 타워크레인
• 이동식 콘크리트펌프
• 준설선

04 시 · 도지사는 건설기계 등록원부를 건설기계의 등록을 말소한 날 부터 몇 년간 보존하여야 하는가?

① 1년
② 3년
③ 5년
④ 10년

🔍 시 · 도지사는 건설기계등록원부를 건설기계의 등록을 말소한 날부터 10년간 보존하여야 한다.

05 정기검사 유효기간이 1년인 건설기계는?(단, 연식 20년 이하인 경우에 한함)

① 타이어식 기중기
② 모터그레이더
③ 타이어식 로더
④ 1톤 이상의 지게차

🔍 정기검사 유효기간(연식 20년 이하인 경우)
• 기중기(타이어식, 트럭적재식) : 1년
• 타이어식 로더 : 2년
• 모터그레이더 : 2년
• 1톤 이상의 지게차 : 2년

06 건설기계조종사 면허증 발급 신청시 첨부하는 서류와 가장 거리가 먼 것은?

① 신체검사서
② 국가기술자격수첩
③ 주민등록표 등본
④ 소형건설기계 조종교육 이수증

🔍 면허증 발급 신청시 첨부 서류
• 신체검사서
• 소형건설기계조종교육이수증(소형건설기계조종사면허증을 발급신청하는 경우에 한정한다)
• 건설기계조종사면허증(건설기계조종사면허를 받은 자가 면허의 종류를 추가하고자 하는 때에 한한다)
• 6개월 이내에 촬영한 탈모상반신 사진 2매

07 교류 발전기의 유도전류는 어디에서 발생하는가?

① 로터
② 전기자
③ 계자 코일
④ 스테이터

🔍 교류 발전기에서 로터는 회전체, 스테이터는 고정체로 유도전류가 발생된다.

08 전류의 3대 작용이 아닌 것은?

① 발열 작용
② 자기 작용
③ 원심 작용
④ 화학 작용

🔍 전류의 3대 작용 : 발열작용, 화학작용, 자기작용

09 냉각수에 엔진오일이 혼합되는 원인으로 가장 적합한 것은?

① 물 펌프 마모
② 수온 조절기 파손
③ 방열기 코어 파손
④ 헤드 가스킷 파손

🔍 헤드 가스킷은 실린더 블록과 헤드에 설치되어 기밀유지의 역할을 하는 것으로 파손 시 냉각수에 엔진오일이 혼합될 수 있다.

10 기관에서 폭발행정 말기에 배기가스가 실린더 내의 압력에 의해 배기밸브를 통해 배출 되는 현상은?

① 블로바이(blow by)
② 블로백(blow back)
③ 블로다운(blow down)
④ 블로업(blow up)

🔍 용어 설명
• 블로다운 : 폭발행정 말기에 배기가스가 실린더 내의 압력에 의해 배기밸브를 통해 배출되는 현상
• 블로바이 : 압축행정시 피스톤 링과 실린더 사이로 혼합가스가 새는 현상
• 블로백 : 압축행정시 밸브 가이드 사이로 혼합가스가 새는 현상

11 디젤 기관의 연료 여과기에 장착되어 있는 오버플로 밸브의 역할이 아닌 것은?

① 연료 계통의 공기를 배출한다.
② 분사 펌프의 압송 압력을 높인다.
③ 연료압력의 지나친 상승을 방지한다.
④ 연료 공급 펌프의 소음 발생을 방지한다.

🔍 오버플로 밸브의 기능
• 회로 내 공기 배출
• 연료 탱크 내 기포 발생 방지
• 연료 압력의 지나친 상승을 방지
• 연료 여과기 보호
• 분사 펌프의 소음 발생 방지

12 여과기 종류 중 원심력을 이용하여 이물질을 분리시키는 형식은?

① 건식 여과기
② 오일 여과기
③ 습식 여과기
④ 원심식 여과기

굴착기운전기능사 필기 총정리문제

제01회 공단 기출문제_2016년 01회

13 기관의 연료장치에서 희박한 혼합비가 미치는 영향으로 옳은 것은?

① 시동이 쉬워진다.
② 저속 및 공전이 원활하다.
③ 연소속도가 빠르다.
④ 출력(동력)의 감소를 가져온다.

> 혼합비가 희박하다는 것은 공기의 양이 이론공기량 보다 많은 경우로 희박한 혼합비에서는 출력의 감소가 초래된다.

14 기동 전동기에서 마그네틱 스위치는?

① 전자석 스위치이다.
② 전류 조절기이다.
③ 전압 조절기이다.
④ 저항 조절기이다.

> 기동 전동기에서 마그네틱 스위치(솔레노이드 스위치)는 배터리에서 기동 전동기로 흐르는 큰 전류를 단속하는 스위치 작용과 기동 전동기 피니언과 엔진 플라이 휠 링 기어를 맞물리도록 하는 역할을 하며, 전자석 스위치이다.

15 24V의 동일한 용량의 축전지 2개를 직렬로 접속하면?

① 전류가 증가한다.
② 전압이 높아진다.
③ 저항이 감소한다.
④ 용량이 감소한다.

> 축전지를 직렬로 접속하면 전압이 상승하고, 병렬로 접속하면 전류가 상승한다.

16 윤활장치에 사용되고 있는 오일펌프로 적합하지 않는 것은?

① 기어 펌프
② 로터리 펌프
③ 베인 펌프
④ 나사 펌프

> 윤활장치에 사용되고 있는 오일펌프는 기어 펌프, 로터리 펌프, 베인 펌프 등이 있으며, 4행정 사이클 기관에 주로 사용되는 오일펌프는 로터리식과 기어식이다.

17 유압 모터와 연결된 감속기의 오일 수준을 점검할 때의 유의사항으로 틀린 것은?

① 오일이 정상 온도일 때 오일 수준을 점검해야 한다.
② 오일량은 영하(-)의 온도상태에서 가득 채워야 한다.
③ 오일 수준을 점검하기 전에 항상 오일 수준 게이지 주변을 깨끗하게 청소한다.
④ 오일량이 너무 적으면 모터 유닛이 올바르게 작동하지 않거나 손상될 수 있으므로 오일량은 항상 정량유지가 필요하다.

18 유압장치에서 오일의 역류를 방지하기 위한 밸브는?

① 변환 밸브
② 압력조절 밸브
③ 체크 밸브
④ 흡기 밸브

> 체크 밸브는 유체의 흐름 방향을 한쪽 방향으로만 흐르게 하는 밸브를 말한다.

19 플런저식 유압펌프의 특징이 아닌 것은?

① 구동축이 회전운동을 한다.
② 플런저가 회전운동을 한다.
③ 가변용량형과 정용량형이 있다.
④ 기어펌프에 비해 최고 압력이 높다.

> 플런저가 실린더 내를 왕복 운동하여 흡입, 송출한다.

20 압력 제어밸브의 종류가 아닌 것은?

① 교축 밸브(throttle valve)
② 릴리프 밸브(relief valve)
③ 시퀀스 밸브(sequence valve)
④ 카운터 밸런스 밸브(counter balance valve)

> 교축 밸브(스로틀 밸브)는 밸브 내의 유로 면적을 외부로부터 바꾸어 줌으로써 오일의 유로에 저항을 부여하는 유량 조정 밸브이다.

21 각종 압력을 설명한 것으로 틀린 것은?

① 계기압력 : 대기압을 기준으로 한 압력
② 절대압력 : 완전진공을 기준으로 한 압력
③ 대기압력 : 절대압력과 계기압력을 곱한 압력
④ 진공압력 : 대기압 이하의 압력, 즉 음(-)의 계기압력

> 대기압이란 공기의 무게에 의해 생기는 대기의 압력을 말한다. 참고로 계기압력과 대기압력의 합을 절대압력이라 한다.

22 기체-오일식 어큐뮬레이터에 가장 많이 사용되는 가스는?

① 산소
② 질소
③ 아세틸렌
④ 이산화탄소

23 가변 용량형 유압펌프의 기호 표시는?

①
②
③ ④

> ① 가변 용량형 유압펌프, ② 정용량형 유압펌프, ③ 스프링

24 기어식 유압펌프에 폐쇄작용이 생기면 어떤 현상이 생길 수 있는가?

① 기름의 토출
② 기포의 발생
③ 기어 진동의 소멸
④ 출력의 증가

25 유압회로에서 호스의 노화 현상이 아닌 것은?

① 호스의 표면에 갈라짐이 발생한 경우
② 코킹 부분에서 오일이 누유 되는 경우
③ 액추에이터의 작동이 원활하지 않을 경우
④ 정상적인 압력상태에서 호스가 파손될 경우

26 유압유의 주요 기능이 아닌 것은?

① 열을 흡수한다.
② 동력을 전달한다.
③ 필요한 요소 사이를 밀봉한다.
④ 움직이는 기계요소를 마모시킨다.

> 유압유의 주요 기능
> • 동력을 전달한다.
> • 움직이는 부분에 대한 효율을 증대시킨다.
> • 맞물린 부위의 간극을 밀봉한다.
> • 열을 흡수한다.

27 보기에서 작업자의 올바른 안전 자세로 모두 짝지어진 것은?

[보기]
a. 자신의 안전과 타인의 안전을 고려한다.
b. 작업에 임해서는 아무런 생각 없이 작업한다.
c. 작업장 환경 조성을 위해 노력한다.
d. 작업 안전 사항을 준수한다.

① a, b, c
② a, c, d
③ a, b, d
④ a, b, c, d

28 작업장에서 작업복을 착용하는 주된 이유는?

① 작업 속도를 높이기 위해서
② 작업자의 복장 통일을 위해서
③ 작업장의 질서를 확립시키기 위해서
④ 재해로부터 작업자의 몸을 보호하기 위해서

🔍 작업복을 착용하는 주된 이유는 재해로부터 작업자의 몸을 보호하기 위한 것이 첫 번째이다.

29 스패너 사용 시 주의사항으로 잘못된 것은?

① 스패너의 입이 너트 폭과 맞는 것을 사용한다.
② 필요시 두 개를 이어서 사용할 수 있다.
③ 스패너를 너트에 정확히 장착하여 사용한다.
④ 스패너의 입이 변형된 것은 폐기한다.

🔍 스패너에 파이프 등 연장대를 끼우거나, 두 개를 이어서 사용해서는 안 된다.

30 재해 발생원인 중 직접원인이 아닌 것은?

① 기계 배치의 결함
② 교육 훈련 미숙
③ 불량 공구 사용
④ 작업 조명의 불량

🔍 직접원인이란 직접적으로 사고를 일으키는 불안전 행동이나 불안전한 기계적 상태를 포함한다. 보기 중 ②항은 간접원인 중 교육적 원인에 속한다.

31 안전제일에서 가장 먼저 선행되어야 하는 이념으로 맞는 것은?

① 재산 보호
② 생산성 향상
③ 신뢰성 향상
④ 인명 보호

🔍 안전관리란 재해로부터 인간의 생명과 재산을 보존하기 위한 계획적이고 체계적인 제반 활동을 의미한다.

32 동력공구 사용 시 주의사항으로 틀린 것은?

① 보호구는 사용 안 해도 무방하다.
② 에어 그라인더는 회전수에 유의한다.
③ 규정 공기압력을 유지한다.
④ 압축공기 중의 수분을 제거하여 준다.

🔍 보호구는 해당 작업에 적합한 것을 항상 사용해야 한다.

33 연삭기에서 연삭칩의 비산을 막기 위한 안전 방호 장치는?

① 안전 덮개
② 광전식 안전 방호장치
③ 급정지 장치
④ 양수 조작식 방호장치

🔍 연삭기의 방호장치는 덮개이다.

34 점검주기에 따른 안전점검의 종류에 해당되지 않는 것은?

① 수시점검
② 정기점검
③ 특별점검
④ 구조점검

🔍 점검주기에 따른 안전점검의 종류에는 수시점검, 정기점검, 특별점검 및 임시점검이 있다.

35 작업장에서 지킬 안전사항 중 틀린 것은?

① 안전모는 반드시 착용한다.
② 고압전기, 유해가스 등에 적색 표지판을 부착한다.
③ 해머작업을 할 때는 장갑을 착용한다.
④ 기계의 주유시는 동력을 차단한다.

🔍 해머작업 시에는 미끄러질 위험이 있으므로 장갑을 착용해서는 안 된다.

36 B급 화재에 대한 설명으로 옳은 것은?

① 목재, 섬유류 등의 화재로서 일반적으로 냉각 소화를 한다.
② 유류 등의 화재로서 일반적으로 질식 효과(공기차단)로 소화한다.
③ 전기기기의 화재로서 일반적으로 전기 절연성을 갖는 소화제로 소화한다.
④ 금속나트륨 등의 화재로서 일반적으로 건조사를 이용한 질식효과로 소화한다.

🔍 화재의 종류
• A급 화재 : 일반 가연물 화재
• B급 화재 : 유류 화재
• C급 화재 : 전기 화재
• D급 화재 : 금속 화재

37 무한궤도식 굴착기 트랙의 조정은 어느 것으로 하는가?

① 아이들러의 이동
② 하부 롤러의 이동
③ 상부 롤러의 이동
④ 스프로킷의 이동

38 굴착기의 센터 조인트에 대한 설명으로 틀린 것은??

① 스위블 조인트라고도 한다.
② 압력 상태에서도 선회가 가능한 관이음이다.
③ 스윙모터를 회전시킨다.
④ 상부 회전체의 오일을 주행 모터에 전달한다.

39 굴착기 작업장치의 일종인 우드 그래플(wood grapple)로 할 수 있는 작업은?

① 전신주와 원목하역, 운반작업
② 기초공사용 드릴작업
③ 하천 바닥 준설
④ 건축물 해체, 파쇄작업

🔍 우드 그래플은 전신주, 원목 등을 집어서 운반하거나 하역하는 등의 작업에 적합한 작업장치이다.

40 무한궤도형 굴착기의 부품이 아닌것은?

① 유압펌프
② 오일쿨러
③ 자재이음
④ 주행모터

🔍 자재이음(유니버설 조인트)은 변속기와 종감속기어 사이에서 구동각의 변화를 주는 장치로 휠형 동력전달장치에 사용된다.

41 한쪽 트랙이 연약지면에 빠졌을 때의 조치 요령이 잘못된 것은?
① 버킷 이빨을 흙 속에 박고 암과 붐을 이용하여 추진한다.
② 피벗 회전으로 빠진 쪽 트랙을 연약지면에서 나오게 한다.
③ 붐을 잭 대용으로 하여 빠진 쪽 트랙을 들어준다.
④ 연약지면과 트랙 사이에 통나무 따위를 넣는다.

42 다음 중 굴착기의 굴착력이 가장 큰 것은?
① 암과 붐이 일직선상에 있을 때
② 암과 붐이 45° 선상에 있을 때
③ 버킷을 최소작업 변경 위치로 놓았을 때
④ 암과 붐이 직각 위치에 있을 때

🔍 굴착기의 굴착력이 가장 클 때는 암과 붐이 직각 위치에 있을 때이다.

43 굴착기 붐 제어 레버를 계속하여 상승 위치로 당기고 있으면 가장 큰 손상이 발생하는 곳은?
① 엔진
② 유압 펌프
③ 릴리프 밸브 및 시트
④ 유압 모터

44 굴착기의 상부회전체는 몇 도까지 회전이 가능한가?
① 90°
② 180°
③ 270°
④ 360°

45 작업 장치의 각종 핀에 그리스가 주입 되었는지 확인하는 방법으로 맞는 것은?
① 그리스 니플을 분해하여 확인한다.
② 그리스 니플을 깨끗이 청소한 후 확인한다.
③ 그리스 니플의 볼을 눌러 확인한다.
④ 그리스 주유 후 확인할 필요가 없다.

🔍 각종 핀 부 그리스 니플의 볼을 눌렀을 때 그리스가 나오면 정상이다.

46 버킷의 굴착력을 증가시키기 위해 부착하는 것은?
① 보강판
② 사이드판
③ 노즈
④ 투스(포인트)

🔍 버킷 굴착력을 증가시키는 것은 투스이다.

47 굴착기 선회 동작이 원활하게 안 되는 원인으로 맞지 않는 것은?
① 컨트롤 밸브 스풀 불량
② 릴리프 밸브 설정 압력 부족
③ 터닝 조인트 불량
④ 선회 모터 내부 손상

48 아웃트리거를 작동시켜 장비를 받치고 있는 동안에 호스나 파이프가 터져도 장비가 기울어지지 않도록 안정성을 유지해주는 것은?
① 릴리프 밸브(relief valve)
② 리듀싱 밸브(reducing valve)
③ 솔레노이드 밸브(solenoid valve)
④ 파일럿 체크 밸브(pilot check valve)

🔍 파일럿 체크 밸브는 파일럿으로서 작용되는 유체 압력에 의해 그 기능을 변화시키는 것이 가능한 체크 밸브를 말하며, 기중기에서는 아웃트리거를 작동시켜 장비를 받치고 있는 동안에 호스나 파이프가 터져도 장비가 기울어지지 않도록 안정성을 유지해준다.

49 굴착기 선회 로크 장치에 대한 설명으로 맞는 것은?
① 선회 클러치의 제동장치 이다.
② 드럼 축의 회전 제동장치 이다.
③ 작업 시 반력으로 차체가 후진하는 것을 방지한다.
④ 상부회전체가 자연적으로 회전하는 것을 방지하는 장치이다.

🔍 선회 로크 장치는 굴착기를 트레일러에 싣고 이동 시 상부회전체가 자연적으로 회전하는 것을 방지하는 장치이다.

50 굴착기의 카운터 웨이트에 대한 설명으로 맞는 것은?
① 작업 시 장비 뒷부분이 들리는 것을 방지한다.
② 굴착량에 따라 중량물을 들 수 있도록 운전자가 조절한다.
③ 접지압을 높여주는 장치이다.
④ 접지 면적을 높여주는 장치이다.

🔍 카운터 웨이트는 굴착기 뒤쪽에 설치하여 작업 시 장비 뒷부분이 들리는 것을 방지하며 평형추 라고도 한다.

51 무한궤도식 굴착기 센터조인트의 설명으로 맞지 않는 것은?
① 상부선회체의 회전 중심부에 설치되어 있다.
② 상부회전체의 작동유를 주행모터에 전달한다.
③ 상부회전체가 롤링 작용을 할 수 있도록 설치된다.
④ 상부회전체가 회전하더라도 호스 등이 꼬이지 않고 원활하게 송유하는 기능을 한다.

🔍 센터조인트는 상부 회전체의 회전 중심에 설치하며 회전 시 작동유를 호스 등이 꼬이지 않고 원활하게 주행모터에 공급한다.

52 토사를 덤프트럭에 상차 작업 시 가장 중요한 굴착기의 위치는?
① 선회 거리를 짧게 한다.
② 암 작동 거리를 짧게 한다.
③ 버킷 작동 거리를 짧게 한다.
④ 붐 작동 거리를 짧게 한다.

🔍 토사를 덤프트럭에 상차 시 선회 거리를 짧게 한다.

53 굴착기 작업 시 안전 사항으로 맞지 않는 것은?
① 빠르게 선회 하면서 스윙력을 이용하여 버킷으로 암석을 파쇄하지 않는다.
② 안전한 작업 반경을 초과해서 하중을 이동 시킨다.
③ 굴착 하면서 주행하지 않는다.
④ 작업을 중지 할 때는 파낸 모서리에서 장비를 이동 시킨다.

🔍 굴착 작업 시 안전한 작업 반경을 초과해서 하중을 이동 시키지 않는다.

54 굴착기 작업 시 굴착기의 진행 방향으로 맞는 것은?
① 전진
② 후진
③ 선회
④ 좌방향

55 넓은 홈의 굴착 작업 시 굴착 순서로 맞는 것은?

①

1	2	3
4	5	6
굴착기 작업위치		

②

3	2	1
6	5	4
굴착기 작업위치		

③

4	6	5
1	2	3
굴착기 작업위치		

④

1	3	2
4	6	5
굴착기 작업위치		

56 굴착기 안전 수칙에 대한 설명으로 맞지 않는 것은?

① 버킷에 무거운 하중이 들려 있을 때는 5~10cm 들어 올려 장비의 안전을 확인 후 작업한다.
② 버킷에 하중을 달아 올린 채로 브레이크를 걸어두지 않는다.
③ 작업 시 버킷 옆에 항상 보조 작업자가 위치하도록 한다.
④ 운전자는 작업반경의 주위를 확인 후 선회한다.

57 다음 교통안전 표지에 대한 설명으로 맞는 것은?

① 최고 중량 제한표지
② 차간거리 최저 30m 제한표지
③ 최고 시속 30km 속도 제한표지
④ 최저 시속 30km 속도 제한표지

🔍 밑줄이 있으면 최저 속도 제한, 밑줄이 없으면 최고 속도 제한 표지이다.

58 신호등이 없는 철길건널목 통과방법 중 옳은 것은?

① 차단기가 올라가 있으면 그대로 통과해도 된다.
② 반드시 일시정지를 한 후 안전을 확인하고 통과한다.
③ 신호등이 진행 신호일 경우에도 반드시 일시정지를 하여야 한다.
④ 일시정지를 하지 않아도 좌우를 살피면서 서행으로 통과하면 된다.

🔍 모든 차는 신호등이 없는 철길 건널목을 통과하고자 하는 때에는 그 건널목 앞에서 반드시 일단 정지를 하여 안전함을 확인한 후에 통과하여야 한다.

59 도로교통법상에서 차마가 도로의 중앙이나 좌측 부분을 통행할 수 있도록 허용한 것은 도로 우측 부분의 폭이 얼마 이하 일 때인가?

① 2미터　　　　　② 3미터
③ 5미터　　　　　④ 6미터

🔍 도로 우측 부분의 폭이 6미터가 되지 아니하는 도로에서 다른 차를 앞지르려는 경우에는 도로의 중앙이나 좌측 부분을 통행할 수 있다. 단, 도로의 좌측 부분을 확인할 수 없는 경우, 반대 방향의 교통을 방해할 우려가 있는 경우, 안전표지 등으로 앞지르기를 금지하거나 제한하고 있는 경우에는 그러하지 아니하다.

60 교통사고가 발생하였을 때 운전자가 가장 먼저 취해야 할 조치로 적절한 것은?

① 즉시 보험회사에 신고한다.
② 모범운전자에게 신고한다.
③ 즉시 피해자 가족에게 알린다.
④ 즉시 사상자를 구호하고 경찰에 연락한다.

🔍 사상자 구호는 사고 시의 최우선 조치 사항이다.

정답 공단 기출문제 - 2016년 01회

01 ④	02 ④	03 ③	04 ④	05 ①	06 ③	07 ④	08 ③	09 ④	10 ③
11 ②	12 ④	13 ④	14 ①	15 ②	16 ④	17 ②	18 ④	19 ②	20 ①
21 ③	22 ②	23 ①	24 ②	25 ③	26 ④	27 ②	28 ④	29 ②	30 ②
31 ④	32 ①	33 ①	34 ③	35 ③	36 ②	37 ①	38 ③	39 ①	40 ③
41 ③	42 ④	43 ③	44 ④	45 ③	46 ④	47 ③	48 ④	49 ④	50 ①
51 ③	52 ①	53 ②	54 ②	55 ④	56 ③	57 ③	58 ②	59 ④	60 ④

2016년 02회 공단 기출문제

01 건설기계관리법상 건설기계를 검사유효기간이 끝난 후에 계속 운행하고자 할 때는 어느 검사를 받아야 하는가?

① 신규등록검사　　② 계속검사
③ 수시검사　　　　④ 정기검사

> 건설기계의 검사
> • 신규 등록검사 : 건설기계를 신규로 등록할 때 실시하는 검사
> • 정기검사 : 건설공사용 건설기계로서 검사유효기간이 끝난 후에 계속하여 운행하려는 경우에 실시하는 검사와 운행차의 정기검사
> • 구조변경검사 : 건설기계의 주요 구조를 변경하거나 개조한 경우 실시하는 검사
> • 수시검사 : 성능이 불량하거나 사고가 자주 발생하는 건설기계의 안전성 등을 점검하기 위하여 수시로 실시하는 검사와 건설기계 소유자의 신청을 받아 실시하는 검사

02 도로교통법상 규정한 운전면허를 받아 조종할 수 있는 건설기계가 아닌 것은?

① 타워크레인
② 덤프트럭
③ 콘크리트펌프
④ 콘크리트믹서트럭

> 덤프트럭, 콘크리트펌프, 콘크리트믹서트럭은 운전면허 중 제1종 대형면허를 취득하면 운전이 가능한 건설기계이다.

03 건설기계관리법상 건설기계의 정기검사를 받지 아니한 자에 대한 과태료는?

① 10만원 이하　　② 50만원 이하
③ 100만원 이하　　④ 300만원 이하

> 300만원 이하의 과태료(주요 사항)
> • 등록번호표를 부착하지 아니하거나 봉인하지 아니한 건설기계를 운행한 자
> • 건설기계의 정기검사를 받지 아니한 자
> • 건설기계임대차 등에 관한 계약서를 작성하지 아니한 자
> • 건설기계조종사의 정기적성검사 또는 수시적성검사를 받지 아니한 자

04 보기의 (　)안에 알맞은 것은?

[보기]
건설기계소유자가 부득이한 사유로 검사신청기간 내에 검사를 받을 수 없는 경우에는 검사연기사유 증명서류를 시·도지사에게 제출하여야 한다. 검사연기를 허가받으면 검사 유효기간은 (　)월 이내로 연장된다.

① 1　　② 2
③ 3　　④ 6

> 검사의 연기
> • 건설기계소유자는 천재지변, 건설기계의 도난, 사고발생, 압류, 1월 이상에 걸친 정비 그 밖의 부득이한 사유로 검사신청기간 내에 검사를 신청할 수 없는 경우에는 검사신청기간 만료일까지 검사연기신청서에 연기사유를 증명할 수 있는 서류를 첨부하여 시·도지사에게 제출하여야 한다.
> • 검사연기신청을 받은 시·도지사 또는 검사대행자는 그 신청일부터 5일 이내에 검사연기여부를 결정하여 신청인에게 통지하여야 한다. 이 경우 검사연기 불허통지를 받은 자는 검사신청기간 만료일부터 10일 이내에 검사신청을 하여야 한다.
> • 검사를 연기하는 경우에는 그 연기기간을 6월 이내로 한다. 이 경우 그 연기기간동안 검사유효기간이 연장된 것으로 본다.

05 건설기계의 소유자는 건설기계등록사항에 변경이 있는 때에 그 변경이 있는 날부터 며칠 이내에 건설기계등록사항변경신고서를 시·도지사에게 제출하여야 하는가?(단, 상속의 경우를 제외한다.)

① 15일　　② 20일
③ 25일　　④ 30일

> 건설기계의 소유자는 건설기계등록사항에 변경(주소지 또는 사용본거지가 변경된 경우를 제외)이 있는 때에는 그 변경이 있은 날부터 30일(상속의 경우에는 상속개시일부터 3개월) 이내에 건설기계등록사항변경신고서에 필요한 서류를 첨부하여 등록을 한 시·도지사에게 제출하여야 한다. 다만, 전시·사변 기타 이에 준하는 국가비상사태 하에 있어서는 5일 이내에 하여야 한다.

06 건설기계관리법상 건설기계 운전자의 과실로 경상 6명의 인명 피해를 입혔을 때 처분기준은?

① 면허효력정지 10일
② 면허효력정지 20일
③ 면허효력정지 30일
④ 면허효력정지 60일

> 인명피해를 입힌 때의 처분기준
> • 사망 1명마다 : 면허효력정지 45일
> • 중상 1명마다 : 면허효력정지 15일
> • 경상 1명마다 : 면허효력정지 5일

07 기관의 피스톤이 고착되는 원인으로 틀린 것은?

① 냉각수 량이 부족할 때
② 기관오일이 부족하였을 때
③ 기관이 과열되었을 때
④ 압축 압력이 정상일 때

> 피스톤의 고착 원인
> • 냉각수 량이 부족할 때
> • 기관오일이 부족하였을 때
> • 기관이 과열되었을 때
> • 피스톤 간극이 적을 때

08 기관의 운전 상태를 감시하고 고장진단 할 수 있는 기능은?

① 윤활 기능　　② 제동 기능
③ 조향 기능　　④ 자기진단 기능

09 납축전지 터미널에 녹이 발생했을 때의 조치방법으로 가장 적합한 것은?

① 물걸레로 닦아내고 더 조인다.
② 녹을 닦은 후 고정시키고 소량의 그리스를 상부에 도포한다.
③ (+)와 (−)터미널을 서로 교환한다.
④ 녹슬지 않게 엔진오일을 도포하고 확실히 더 조인다.

> 납축전지 터미널에 녹이 발생하면 녹을 닦은 후 고정시키고 소량의 그리스를 상부에 도포한다.

10 기관 윤활유의 구비 조건이 아닌 것은?

① 점도가 적당 할 것　　② 청정력이 클 것
③ 비중이 적당 할 것　　④ 응고점이 높을 것

> 기관 윤활유는 인화점은 높고, 응고점은 낮은 것이 좋다.

11 직류직권 전동기에 대한 설명 중 틀린 것은?

① 기동 회전력이 분권 전동기에 비해 크다.
② 부하에 따른 회전 속도의 변화가 크다.
③ 부하를 크게 하면 회전속도가 낮아진다.
④ 부하에 관계없이 회전속도가 일정하다.

전동기의 특성

구분	장점	단점
직권 전동기	기동회전력이 크다.	회전속도의 변화가 크다.
분권 전동기	회전속도의 변화가 없다.	회전력이 비교적 작다.
복권 전동기	직권과 분권의 양쪽 특성을 갖는다.	구조가 복잡하다.

12 소음기나 배기관 내부에 많은 양의 카본이 부착되면 배압은 어떻게 되는가?

① 낮아진다.
② 저속에는 높아졌다가 고속에는 낮아진다.
③ 높아진다.
④ 영향을 미치지 않는다.

소음기나 배기관 내부에 많은 양의 카본이 부착되면 배압은 높아지고 이에 따라 기관 과열, 기관의 출력 감소, 냉각수 온도 과열이 초래된다.

13 보기에 나타낸 것은 기관에서 어느 구성품을 형태에 따라 구분한 것인가?

[보기]
직접분사식, 예연소실식, 와류실식, 공기실식

① 연료분사장치
② 연소실
③ 점화장치
④ 동력전달장치

보기는 연소실을 형태에 따라 구분한 것으로 디젤기관은 압축열에 의한 자연착화기관이므로 공기와 연료가 잘 혼합될 수 있는 구조여야 하며, 특히 압축 행정에서 와류를 일어나게 하여 혼합을 돕는 등 여러 가지 구비 조건을 갖추어야 한다.

14 냉각장치에 사용되는 라디에이터의 구성품이 아닌 것은?

① 냉각수 주입구
② 냉각핀
③ 코어
④ 물재킷

물재킷은 습식라이너의 바깥 둘레를 구성하는 것으로 냉각수와 직접 접촉한다.

15 충전장치에서 발전기는 어떤 축과 연동되어 구동되는가?

① 크랭크축
② 캠축
③ 추진축
④ 변속기 입력축

직류 발전기는 계자 코일과 철심으로 된 전자석의 N극과 S극 사이에 둥근형의 아마추어 코일을 넣고, 코일A와 B를 정류자의 정류자편 E와 F에 접속한 다음 크랭크축 폴리와 팬 벨트로 회전시키면 코일 A와 B가 함께 회전하는 도체는 자력선을 끊어 전자 유도 작용에 의한 전압을 발생시키는 일종의 자려자식이다.

16 디젤기관에서 인젝터간 연료 분사량이 일정하지 않을 때 나타나는 현상은?

① 연료 분사량에 관계없이 기관은 순조로운 회전을 한다.
② 연료 소비에는 관계가 있으나 기관 회전에는 영향을 미치지 않는다.
③ 연소 폭발음의 차이가 있으며 기관은 부조를 하게 된다.
④ 출력은 향상되나 기관은 부조를 하게 된다.

인젝터에서 각 실린더 별로 분사량이 달리하여 분사하면 폭발상태가 달라지므로 부조상태가 된다.

17 유압펌프에서 발생된 유체에너지를 이용하여 직선운동이나 회전운동을 하는 유압기기는?

① 오일 쿨러
② 제어 밸브
③ 액추에이터
④ 어큐뮬레이터

액추에이터(actuator)는 유압의 에너지를 기계적 에너지로 변화시키는 장치로 유압의 에너지에 의해서 직선 왕복 운동을 하는 유압 실린더와 유압의 에너지에 의해서 회전 운동을 하는 유압 모터가 있다.

18 유압장치에서 방향제어 밸브에 해당하는 것은?

① 셔틀 밸브
② 릴리프 밸브
③ 시퀀스 밸브
④ 언로더 밸브

유압밸브
• 압력제어 밸브 : 일의 크기 조정(릴리프 밸브, 감압 밸브, 시퀀스 밸브, 언로더 밸브, 카운터 밸런스 밸브 등)
• 유량제어 밸브 : 일의 속도 제어(스로틀 밸브, 압력보상 유량제어 밸브 등)
• 방향제어 밸브 : 일의 방향을 변환(체크 밸브, 스풀 밸브, 감속 밸브, 셔틀 밸브 등)

19 압력제어 밸브의 종류가 아닌 것은?

① 언로더 밸브
② 스로틀 밸브
③ 시퀀스 밸브
④ 릴리프 밸브

문제 18번 해설 참조

20 유압유의 점검사항과 관계없는 것은?

① 점도
② 마멸성
③ 소포성
④ 윤활성

유압유의 점검사항 : 점도, 소포성, 윤활성

21 그림의 유압 기호는 무엇을 표시하는가?

① 유압실린더
② 어큐뮬레이터
③ 오일 탱크
④ 유압실린더 로드

그림의 유압 기호는 어큐뮬레이터(축압기)이며, 축압기는 유압 에너지의 저장, 충격흡수 등에 이용된다.

22 그림과 같이 2개의 기어와 케이싱으로 구성되어 오일을 토출하는 펌프는?

① 내접 기어 펌프
② 외접 기어 펌프
③ 스크루 기어 펌프
④ 트로코이드 기어 펌프

내접 기어 펌프와 외접 기어 펌프

23 작업 중에 유압펌프로 부터 토출유량이 필요하지 않게 되었을 때, 토출유를 탱크에 저압으로 귀환 시키는 회로는?

① 시퀀스 회로
② 어큐뮬레이터 회로
③ 블리드 오프 회로
④ 언로더 회로

🔍 회로의 용어 정의
- 시퀀스 회로 : 실린더를 순차적으로 작동시키기 위한 회로
- 어큐뮬레이터 회로 : 유압 펌프 토출구 가까이에 어큐뮬레이터를 설치하고 밸브 변환 시에 발생하는 서지 압력을 흡수하고 펌프의 순간적인 과부하 방지 및 회로에서의 진동, 소음, 배관의 느슨함에 의해서 발생하는 누유 및 파손 등을 방지하는 회로
- 블리드 오프 회로 : 유량조절 밸브를 바이패스 회로에 설치하고 유압 실린더를 송유하는 작동유 이외의 작동유를 탱크로 복귀시키는 회로

24 유압모터를 선택할 때의 고려사항과 가장 거리가 먼 것은?

① 동력
② 부하
③ 효율
④ 점도

🔍 점도는 유압유와 관련이 있는 것으로 유압모터 선택 시 고려사항에는 해당되지 않는다.

25 유압유에 요구되는 성질이 아닌 것은?

① 산화 안정성이 있을 것
② 윤활성과 방청성이 있을 것
③ 보관 중에 성분의 분리가 있을 것
④ 넓은 온도범위에서 점도변화가 적을 것

🔍 유압유의 구비조건
- 넓은 온도 범위에서 점도의 변화가 적을 것
- 점도 지수가 높을 것
- 산화에 대한 안정성이 있을 것
- 윤활성와 방청성이 있을 것
- 착화점이 높을 것
- 적당한 유동성이 있을 것
- 물리적, 화학적인 변화가 없고 비압축성일 것
- 유압장치에 사용되는 재료에 대하여 불활성일 것

26 유압유에 포함된 불순물을 제거하기 위해 유압펌프 흡입관에 설치하는 것은?

① 부스터
② 스트레이너
③ 공기 청정기
④ 어큐뮬레이터

🔍 스트레이너는 유압탱크에 설치되어 유압 펌프로 유압유를 유도하고 유압유 속의 불순물을 여과한다.

27 수공구 사용시 안전수칙으로 바르지 못한 것은?

① 톱 작업은 밀 때 절삭되게 작업한다.
② 줄 작업으로 생긴 쇳가루는 브러시로 털어 낸다.
③ 해머작업은 미끄러짐을 방지하기 위해서 반드시 면장갑을 끼고 작업한다.
④ 조정 렌치는 조정조가 있는 부분에 힘을 받지 않게 하여 사용한다.

🔍 해머작업시 장갑을 끼면 미끄러지기 쉬워 위험하다.

28 화재 발생시 초기 진화를 위해 소화기를 사용하고자 할 때, 다음 보기에서 소화기 사용방법에 따른 순서로 맞는 것은?

[보기]
a. 안전핀을 뽑는다.
b. 안전핀 걸림 장치를 제거한다.
c. 손잡이를 움켜잡아 분사한다.
d. 노즐을 불이 있는 곳으로 향하게 한다.

① a → b → c → d
② c → a → b → d
③ d → b → c → a
④ b → a → d → c

29 무한궤도식 굴착기의 하부주행체를 구성하는 요소가 아닌 것은?

① 선회고정장치
② 주행 모터
③ 스프로킷
④ 트랙

🔍 선회고정장치는 상후 회전체와 하부 구동체를 고정시켜 주는 장치이다.

30 작업 중 기계에 손이 끼어 들어가는 안전사고가 발생했을 경우 우선적으로 해야 할 것은?

① 신고부터 한다.
② 응급처치를 한다.
③ 기계의 전원을 끈다.
④ 신경 쓰지 않고 계속 작업한다.

🔍 먼저 기계의 전원을 꺼서 정지시키고 응급처치를 한다.

31 렌치의 사용이 적합하지 않는 것은?

① 둥근 파이프를 죌 때 파이프 렌치를 사용하였다.
② 렌치는 적당한 힘으로 볼트, 너트를 죄고 풀어야 한다.
③ 오픈 렌치로 파이프 피팅 작업에 사용하였다.
④ 토크 렌치의 용도는 큰 토크를 요할 때만 사용한다.

🔍 토크 렌치는 볼트, 너트, 스크루 등을 규정된 값으로 조일 때 사용하는 정밀 측정 공구로 다수의 볼트에 토크를 주어 나사산의 파손이나 탈락을 방지하는 용도로 사용된다.

32 감전되거나 전기화상을 입을 위험이 있는 곳에서 작업시 작업자가 착용해야 할 것은?

① 구명구
② 보호구
③ 구명조끼
④ 비상벨

33 다음 중 안전의 제일 이념에 해당하는 것은?

① 품질 향상
② 재산 보호
③ 인간 존중
④ 생산성 향상

🔍 안전관리란 재해로부터 인간의 생명과 재산을 보존하기 위한 계획적이고 체계적인 제반 활동을 의미한다.

34 안전관리상 장갑을 끼고 작업할 경우 위험할 수 있는 것은?

① 드릴 작업
② 줄 작업
③ 용접 작업
④ 판금 작업

🔍 드릴 작업 시 장갑을 끼면 손이 말려들 위험이 있다.

35 위험기계 · 기구에 설치하는 방호장치가 아닌 것은?

① 하중측정장치
② 급정지장치
③ 역화방지장치
④ 자동전격방지장치

🔍 하중측정장치는 하중을 측정하는 장치로 방호장치와는 거리가 멀다.

36 전기 감전위험이 생기는 경우로 가장 거리가 먼 것은?

① 몸에 땀이 배어 있을 때
② 옷이 비에 젖어 있을 때
③ 앞치마를 하지 않았을 때
④ 발밑에 물이 있을 때

🔍 물 및 습기 등은 도전성이 높은 액체로 습윤 장소에서는 감전의 위험이 커진다.

37 굴착기 상부 회전체에서 선회장치의 구성요소가 아닌 것은?

① 선회모터   ② 차동기어
③ 링기어   ④ 스윙 볼 레이스

🔍 굴착기 선회장치는 선회모터(스윙모터), 피니언, 링기어, 스윙 볼 레이스 등으로 구성되며, 차동장치는 동력전달 장치에서 선회를 원활하게 하여 주는 장치이다.

38 진흙 지대의 굴착 작업 시 용이한 버킷은?

① 이젝터 버킷(ejecter bucket)
② V 버킷(V bucket)
③ 그래플(grapple)
④ 크러셔(crusher)

🔍 이젝터 버킷은 버킷 안에 토사를 밀어내는 이젝터가 들어있어 진흙 등의 굴착작업에 용이다.

39 굴착 작업시 작업 안전사항으로 틀린 것은?

① 경사지 작업시 측면 절삭을 행하는 것이 좋다.
② 한쪽 트랙을 들 때는 암과 붐 사이의 각도는 90~110도 범위로 해서 들어주는 것이 좋다.
③ 타이어식 굴착기로 작업 시 안전을 위하여 아웃트리거를 받치고 작업한다.
④ 기중작업은 가능한 한 피하는 것이 좋다.

40 무한궤도식 굴착기의 상부회전체가 하부주행체에 대하여 역 위치에 있을 때 좌측 주행 레버를 당기면 차체는 어떻게 되는가?

① 좌향 스핀회전   ② 우향 스핀회전
③ 좌향 피벗회전   ④ 우향 피벗회전

41 무한궤도식 굴착기로 주행 중 회전 반경을 작게 할 수 있는 방법으로 알맞은 것은?

① 한쪽 주행 모터만 구동 시킨다.
② 한쪽은 주행 모터를 구동 시키고 한쪽은 조향 브레이크를 강하게 작동시킨다.
③ 2개의 주행 모터를 서로 반대 방향으로 동시에 구동시킨다.
④ 트랙의 폭이 좁은 것으로 교체한다.

🔍 무한궤도식 굴착기의 회전 반경은 2개의 주행 모터를 서로 반대 방향으로 동시에 구동시키면 회전 반경이 작게 회전이 되고 이를 스핀 회전 이라고 한다.

42 타이어식 굴착기가 주행이 안될 때 점검 할 곳으로 맞지 않는 것은?

① 타이로드 엔드를 점검한다.
② 변속장치를 점검한다.
③ 유니버설 조인트를 점검한다.
④ 주차 브레이크 잠김 여부를 점검한다.

43 절토 작업 시 안전 준수 사항으로 맞지 않는 것은?

① 상부에서 붕괴 낙하 위험이 있는 장소에서의 작업은 하지 않는다.
② 상 · 하부 동시 작업으로 작업 능률을 높인다.
③ 굴착면이 높은 경우에는 계단식으로 굴착한다.
④ 붕괴 위험이 있는 지반은 적절한 보강 후 작업한다.

🔍 상 · 하부 동시 작업은 하지 않는다.

44 경사면 작업 시 전복사고가 발생 할 수 있는 경우로 맞지 않는 것은?

① 붐이 탈착된 상태에서 좌우로 선회 할 때
② 작업 반경을 초과한 상태로 작업을 할 때
③ 붐을 최대 각도로 상승한 상태에서 선회를 할 때
④ 작업 반경을 조정하기 위해 버킷을 높이 들고 선회 할 때

45 벼랑에서 암석을 굴착 작업 시 안전한 작업 방법으로 맞는 것은?

① 스프로킷을 앞쪽에 두고 작업한다.
② 중력을 이용한 굴착을 한다.
③ 신호자는 운전자 뒤쪽에서 신호를 한다.
④ 트랙 앞쪽에 트랙보호 장치를 한다.

🔍 벼랑에서 암석 작업 시에는 트랙 앞쪽에 트랙 보호 안전장치를 한다.

46 도심지에서 작업 시 확인할 안전 사항으로 맞지 않는 것은?

① 안전표지 확인
② 매설된 각종 파이프 등의 위치 확인
③ 관성에 의한 위치 확인
④ 장애물의 위치 확인

47 굴착기로 굴착 작업 시 준수할 안전 사항으로 맞지 않는 것은?

① 굴착하면서 선회한다.
② 붐을 들면서 버킷에 토사를 적재한다.
③ 붐을 낮추면서 선회한다.
④ 붐을 낮추면서 굴착한다.

48 굴착기 작업 시 운전자가 준수할 안전 사항으로 맞지 않는 것은?

① 운전석을 떠날 때에는 엔진을 정지시킨다.
② 후진 작업 시에는 장애물의 이상 유무를 확인한다.
③ 운전자의 시선은 반드시 운전석의 조종 판넬을 주시한다.
④ 붐이나 버킷이 고압선에 닿지 않도록 주의한다.

🔍 작업 시 운전자의 시선은 버킷을 주시하여야 한다.

49 굴착기 작업 후 정차 및 주차 시 주의할 사항으로 맞지 않는 것은?

① 평탄한 지면에 정차시키고 침수 지역은 피한다.
② 붐, 암 및 버킷은 최대로 오므리고 작업 레버는 중립위치로 한다.
③ 경사지 에서는 트랙 밑에 고임대를 고인다.
④ 연료를 충만하고 각 부분을 세척한다.

🔍 주·정차 시 각 실린더는 최대로 펴서 실린더 로드가 노출 되지 않도록 하고 버킷은 지면에 내려놓는다.

50 굴착기 작업 후 주차 시 안전 사항으로 맞지 않는 것은?

① 단단하고 평탄한 지면에 굴착기를 주차 시킨다.
② 작업장치는 굴착기 중심선과 일치시킨다.
③ 유압계통의 압력을 제거한다.
④ 각 유압 실린더의 로드를 노출 시켜 놓는다.

51 굴착기에 장착된 아워 미터의 설치 목적으로 맞는 것은?

① 엔진 가동 시간을 나타낸다.
② 주행 거리를 나타낸다.
③ 엔진 오일량을 나타낸다.
④ 작동유 량을 나타낸다.

🔍 아워 미터는 엔진 가동을 나타낸다.

52 굴착기에 입목을 붙잡을 수 있는 장치를 구비하여 벌도 되는 나무를 집재 작업하는 장치는?

① 트리 펠러
② 펠러 번처
③ 프로세서
④ 스키더

🔍 · 트리 펠러 : 벌도만 가능 한 임업기계
· 펠러 번처 : 벌도 후 벌도 되는 나무를 집재 작업하는 임업 장비

53 굴착기에 파일 드라이버를 연결하여 할 수 있는 작업은?

① 토사 적재
② 경사면 굴토
③ 지면 천공작업
④ 땅 고르기 작업

54 다음 중 폭이 좁은 버킷으로 도랑파기 작업 및 배관 작업에 사용되는 작업 장치로 맞는 것은?

① V형 버킷
② 클램쉘 버킷
③ 셔블 버킷
④ 디칭 버킷

55 다음 중 굴착 작업을 하면 좌우에 경사면이 만들어져서 배수로 작업에 적합한 버킷은?

① 틸팅 버킷
② V형 버킷
③ 셔블 버킷
④ 이젝터 버킷

56 다음 중 블레이드를 움직여 철근이나 H빔 등을 절단하여 고철장 및 철거현장에서 사용하는 굴착기 작업장치는?

① 리퍼
② 그래플
③ 쉬어
④ 컴팩터

57 도로교통법상 4차로 이상 고속도로에서 건설기계의 최저속도는?

① 30 km/h
② 40 km/h
③ 50 km/h
④ 60 km/h

🔍 건설기계의 속도 규정(고속도로)

도로구분		최고속도	최저속도
편도1차로		80km/h	50km/h
편도2차로 이상	모든 고속도로	80km/h	50km/h
	지정·고시한 노선 또는 구간	90km/h	50km/h

58 도로교통법상 술에 취한 상태의 기준으로 옳은 것은?

① 혈중 알콜농도 0.01% 이상
② 혈중 알콜농도 0.02% 이상
③ 혈중 알콜농도 0.03% 이상
④ 혈중 알콜농도 0.1% 이상

🔍 음주 기준
· 술에 취한 상태 : 혈중 알코올 농도 0.03% 이상 0.08% 미만
· 만취 상태 : 혈중 알코올 농도 0.08% 이상

59 도로교통법상 교통안전시설이나 교통정리요원의 신호가 서로 다른 경우에 우선시 되어야 하는 지시는?

① 신호등의 신호
② 안전표시의 지시
③ 경찰공무원의 수신호
④ 경비업체 관계자의 수신호

🔍 도로를 통행하는 보행자와 모든 차마의 운전자는 교통안전시설이 표시하는 신호 또는 지시와 교통정리를 하는 국가경찰공무원·자치경찰공무원 또는 경찰보조자의 신호 또는 지시가 서로 다른 경우에는 경찰공무원등의 신호 또는 지시에 따라야 한다.

60 도로공사를 하고 있는 공사 구역의 양쪽 가장자리로부터 몇 미터 이내에는 주차가 금지되는가?

① 10m 이내
② 7m 이내
③ 5m 이내
④ 3m 이내

🔍 주차 금지 장소
· 터널 안 및 다리 위
· 도로공사를 하고 있는 공사 구역의 양쪽 가장자리로부터 5m 이내인 곳
· 다중이용업소의 영업장이 속한 건축물로 소방본부장의 요청에 의하여 시·도경찰청장이 지정한 곳으로부터 5m 이내인 곳
· 시·도경찰청장이 도로에서의 위험을 방지하고 교통의 안전과 원활한 소통을 확보하기 위하여 필요하다고 인정하여 지정한 곳

정답 공단 기출문제 – 2016년 02회

01 ④	02 ①	03 ④	04 ④	05 ④	06 ③	07 ④	08 ④	09 ②	10 ④
11 ④	12 ③	13 ②	14 ④	15 ①	16 ③	17 ②	18 ①	19 ②	20 ②
21 ②	22 ②	23 ④	24 ④	25 ②	26 ②	27 ②	28 ④	29 ①	30 ③
31 ②	32 ①	33 ②	34 ①	35 ①	36 ②	37 ②	38 ①	39 ①	40 ③
41 ③	42 ①	43 ②	44 ①	45 ④	46 ②	47 ①	48 ②	49 ②	50 ④
51 ①	52 ②	53 ③	54 ④	55 ②	56 ③	57 ③	58 ③	59 ③	60 ③

2016년 03회
공단 기출문제

CHECK POINT QUESTION

01 건설기계 운전자가 조종 중 고의로 인명피해를 입히는 사고를 일으켰을 때 면허 처분 기준은?

① 면허취소
② 면허효력 정지 30일
③ 면허효력 정지 20일
④ 면허효력 정지 10일

🔍 건설기계조종사의 면허 취소 사유
- 거짓이나 그 밖의 부정한 방법으로 건설기계조종사면허를 받은 경우
- 건설기계조종사면허의 효력정지기간 중 건설기계를 조종한 경우
- 건설기계조종사면허의 결격사유에 해당하게 된 경우
- 건설기계 조종 중 고의로 사망, 중상, 경상 등을 입힌 경우
- 건설기계 조종 중 과실로 산업안전보건법에 따른 중대재해가 발생한 경우

02 건설기계 등록번호표의 표시내용이 아닌 것은?

① 기종
② 등록 번호
③ 등록 관청
④ 장비 연식

🔍 건설기계등록번호표에는 등록관청·용도·기종 및 등록번호를 표시하여야 하며, 압형으로 제작한다.

03 건설기계의 구조 변경 가능 범위에 속하지 않는 것은?

① 수상작업용 건설기계 선체의 형식변경
② 적재함의 용량 증가를 위한 변경
③ 건설기계의 길이, 너비, 높이 변경
④ 조종장치의 형식 변경

🔍 구조의 변경 및 개조의 범위
- 원동기·동력전달장치·제동장치·주행장치·유압장치·조종장치·조향장치·작업장치의 형식 변경. 다만, 가공작업을 수반하지 아니하고 작업장치를 선택부착하는 경우에는 작업장치의 형식변 경으로 보지 아니한다.
- 건설기계의 길이·너비·높이 등의 변경
- 수상작업용 건설기계의 선체의 형식변경
※다만, 건설기계의 기종변경, 육상작업용 건설기계규격의 증가 또는 적재함의 용량증가를 위한 구조변경은 이를 할 수 없다.

04 특별표지판 부착 대상인 대형 건설기계가 아닌 것은?

① 길이가 15m인 건설기계
② 너비가 2.8m인 건설기계
③ 높이가 6m인 건설기계
④ 총중량 45톤인 건설기계

🔍 특별표지판 부착 대상 대형 건설기계
- 길이가 16.7m를 초과하는 건설기계
- 너비가 2.5m를 초과하는 건설기계
- 높이가 4.0m를 초과하는 건설기계
- 최소회전반경이 12m를 초과하는 건설기계
- 총중량이 40톤을 초과하는 건설기계
- 총중량 상태에서 축하중이 10톤을 초과하는 건설기계

05 성능이 불량하거나 사고가 자주 발생하는 건설기계의 안전성 등을 점검하기 위하여 실시하는 검사는?

① 예비검사
② 구조변경검사
③ 수시검사
④ 정기검사

🔍 건설기계의 검사
- 신규 등록검사 : 건설기계를 신규로 등록할 때 실시하는 검사
- 정기검사 : 건설공사용 건설기계로서 검사유효기간이 끝난 후에 계속하여 운행하려는 경우에 실 시하는 검사와 운행차의 정기검사
- 구조변경검사 : 건설기계의 주요 구조를 변경하거나 개조한 경우 실시하는 검사
- 수시검사 : 성능이 불량하거나 사고가 자주 발생하는 건설기계의 안전성 등을 점검하기 위하여 수 시로 실시하는 검사와 건설기계 소유자의 신청을 받아 실시하는 검사

06 건설기계의 등록 전에 임시운행 사유에 해당되지 않는 것은?

① 장비 구입 전 이상유무 확인을 위해 1일간 예비 운행을 하는 경우
② 등록신청을 하기 위하여 건설기계를 등록지로 운행하는 경우
③ 수출을 하기 위하여 건설기계를 선적지로 운행하는 경우
④ 신개발 건설기계를 시험·연구의 목적으로 운행하는 경우

🔍 임시운행 사유
- 등록신청을 하기 위하여 건설기계를 등록지로 운행하는 경우
- 신규등록검사 및 확인검사를 받기 위하여 건설기계를 검사장소로 운행하는 경우
- 수출을 하기 위하여 건설기계를 선적지로 운행하는 경우
- 신개발 건설기계를 시험·연구의 목적으로 운행하는 경우
- 판매 또는 전시를 위하여 건설기계를 일시적으로 운행하는 경우

07 디젤기관의 예열 장치에서 코일형 예열 플러그와 비교한 실드형 예열 플러그의 설명 중 틀린 것은?

① 발열량이 크고 열용량도 크다.
② 예열 플러그들 사이의 회로는 병렬로 결선되어 있다.
③ 기계적 강도 및 가스에 의한 부식에 약하다.
④ 예열 플러그 하나가 단선되어도 나머지는 작동된다.

🔍 실드형 예열 플러그는 금속제 보호관에 코일이 들어 있는 형태로 기계적 강도 및 가스에 의한 부식 에 강하다. 이와 달리 코일형 예열 플러그는 히트 코일이 노출되어 있어 적열 상태는 좋으나 가스 부식에 약하며 배선은 직렬로 되어 있다.

08 디젤기관의 연소실중 연료 소비율이 낮으며 연소 압력이 가장 높은 연소실 형식은?

① 예연소실식
② 와류실식
③ 직접분사실식
④ 공기실식

🔍 직접분사실식은 연소실이 피스톤 헤드나 실린더 헤드에 있어 이곳에 연료를 분사하는 방식으로 연료 소비율이 낮고 열효율이 높고 시동이 쉽다.

09 기동 전동기 구성품 중 자력선을 형성하는 것은?

① 전기자
② 계자 코일
③ 슬립링
④ 브러시

🔍 기동 전동기는 축전지의 전류가 브러시, 정류자, 전기자 코일을 통해 계자 코일을 통과하므로 계자 철심에는 강력한 자력선이 생기게 되므로 전자력의 방향이 정해지고 전기자는 회전하게 된다.

10 라디에이터(Radiator)에 대한 설명으로 틀린 것은?

① 라디에이터의 재료 대부분은 알루미늄 합금이 사용된다.
② 단위 면적당 방열량이 커야한다.
③ 냉각 효율을 높이기 위해 방열핀이 설치된다.
④ 공기 흐름 저항이 커야 냉각 효율이 높다.

🔍 라디에이터의 구비 조건 중 하나는 공기 흐름 저항이 적어야 한다는 점이다. 이는 공기 흐름 저항이 적어야 냉각 효율이 높기 때문이다.

11 커먼레일 디젤기관의 연료장치 시스템에서 출력요소는?

① 공기 유량 센서
② 인젝터
③ 엔진 ECU
④ 브레이크 스위치

🔍 커먼레일 연료 분사장치는 분사펌프를 사용하지 않고 연료를 1,350bar 정도로 압축하여 인젝터를 사용하여 연소실 내에 직접 분사하는 전자제어식 디젤기관이다. 따라서 출력요소는 고압의 연료를 연소실에 미립자 형태로 분사하는 인젝터가 된다.

12 디젤기관 연료여과기에 설치된 오버플로 밸브(overflow valve)의 기능이 아닌 것은?

① 여과기 각 부분 보호
② 연료공급펌프 소음발생 억제
③ 운전 중 공기 배출 작용
④ 인젝터의 연료분사시기 제어

> 오버플로 밸브의 기능
> • 회로 내 공기 배출
> • 연료 여과기 보호
> • 연료 탱크 내 기포 발생 방지
> • 분사 펌프의 소음 발생 방지

13 4행정 기관에서 1 사이클을 완료할 때 크랭크축은 몇 회전 하는가?

① 1회전　② 2회전
③ 3회전　④ 4회전

> 4행정 기관에서는 크랭크축 2회전에 모든 실린더가 1회씩 폭발한다.

14 엔진오일이 연소실로 올라오는 주된 이유는?

① 피스톤 링 마모
② 피스톤 핀 마모
③ 커넥팅로드 마모
④ 크랭크축 마모

> 피스톤링이 마모되면 실린더벽에 뿌려진 오일을 긁어내리지 못하며 연소실로 오일이 올라가 연소된다.

15 교류발전기의 다이오드가 하는 역할은?

① 전류를 조정하고, 교류를 정류한다.
② 전압을 조정하고, 교류를 정류한다.
③ 교류를 정류하고, 역류를 방지한다.
④ 여자전류를 조정하고, 역류를 방지한다.

> 교류발전기에 설치된 다이오드는 스테이터에서 발생된 교류 전류를 직류로 정류하고 배터리의 전류가 발전기로 역류되는 것을 방지한다.

16 축전지의 전해액으로 알맞은 것은?

① 순수한 물　② 과산화납
③ 해면상납　④ 묽은 황산

> 납산축전지의 전해액은 묽은 황산이다.

17 다음 유압기호가 나타내는 것은?

① 릴리프 밸브　② 감압 밸브
③ 순차 밸브　④ 무부하 밸브

> 유압기호
>
> | 구분 | 릴리프 밸브 | 감압(리듀싱) 밸브 | 순차(시퀀스)밸브 | 무부하 밸브 |
> |---|---|---|---|---|
> | 유압 기호 | | | | |

18 유압장치에서 방향제어밸브에 대한 설명으로 틀린 것은?

① 유체의 흐름 방향을 변환한다.
② 액추에이터의 속도를 제어한다.
③ 유체의 흐름 방향을 한쪽으로 허용한다.
④ 유압실린더나 유압모터의 작동 방향을 바꾸는데 사용된다.

> 속도를 제어하는 것은 유량제어밸브의 역할이다.

19 유압장치에서 작동 및 움직임이 있는 곳의 연결관으로 적합한 것은?

① 플렉시블 호스　② 구리 파이프
③ 강 파이프　④ PVC 호스

> 유압식 조작기구의 브레이크 파이프 및 호스는 방청 처리된 3~8mm 강파이프 사용하며, 요동이 심한 곳은 플렉시블 호스를 사용한다.

20 유압계통에 사용되는 오일의 점도가 너무 낮을 경우 나타날 수 있는 현상이 아닌 것은?

① 시동 저항 증가
② 펌프 효율 저하
③ 오일 누설 증가
④ 유압회로 내 압력 저하

> 오일 점도가 낮을 경우 나타나는 현상
> • 펌프 효율 저하
> • 액추에이터의 효율 저하
> • 회로 내의 누유
> • 유압 저하
> • 유압장치 각 부의 누유

21 유압펌프가 작동 중 소음이 발생할 때의 원인으로 틀린 것은?

① 펌프 축의 편심 오차가 크다.
② 펌프 흡입관 접합부로부터 공기가 유입된다.
③ 릴리프 밸브 출구에서 오일이 배출되고 있다.
④ 스트레이너가 막혀 흡입용량이 너무 작아졌다.

22 유압장치에 사용되는 오일 실(seal)의 종류중 O-링이 갖추어야 할 조건은?

① 체결력이 작을 것
② 압축변형이 적을 것
③ 작동 시 마모가 클 것
④ 오일의 입·출입이 가능할 것

> O-링은 오일 실(seal)의 한 종류로 내열성, 내탄성, 내구성, 내마모성 등이 좋아야 한다.

23 건설기계의 유압장치를 가장 적절히 표현한 것은?

① 오일을 이용하여 전기를 생산하는 것
② 기체를 액체로 전환시키기 위해 압축하는 것
③ 오일의 연소에너지를 통해 동력을 생산하는 것
④ 오일의 유체에너지를 이용하여 기계적인 일을 하는 것

> 유압 액추에이터는 유압을 기계적 에너지로 바꾸는 것으로 유압 모터와 실린더를 말한다.

24 자체중량에 의한 자유낙하 등을 방지하기 위하여 회로에 배압을 유지하는 밸브는?

① 감압 밸브　② 체크 밸브
③ 릴리프 밸브　④ 카운터 밸런스 밸브

🔍 카운터 밸런스 밸브(counter balance valve)는 유압 실린더 등이 자유 낙하되는 것을 방지하기 위하여 배압을 유지시키는 역할을 한다.

25 제동 유압장치의 작동원리는 어느 이론에 바탕을 둔 것인가?

① 열역학 제1법칙　　② 보일의 법칙
③ 파스칼의 원리　　④ 가속도 법칙

🔍 모든 유압의 원리는 파스칼의 원리를 응용한 것이다.

26 유압 모터의 종류에 포함되지 않는 것은?

① 기어형　　② 베인형
③ 플런저형　　④ 터빈형

🔍 유압 모터는 기어형, 베인형, 액시얼 플런저형, 레이디얼 플런저형, 멀티 스트로크형이 있다.

27 밀폐된 공간에서 엔진을 가동할 때 가장 주의해야 할 사항은?

① 소음으로 인한 추락
② 배출가스 중독
③ 진동으로 인한 직업병
④ 작업 시간

🔍 엔진 가동시 배출가스는 밀폐된 공간에서 인체에 치명적인 영향을 끼칠 수 있다. 참고로 디젤기관에서 규제하는 배출가스는 매연이다.

28 해머 작업 시 틀린 것은?

① 장갑을 끼지 않는다.
② 작업에 알맞은 무게의 해머를 사용한다.
③ 해머는 처음부터 힘차게 때린다.
④ 자루가 단단한 것을 사용한다.

🔍 해머 작업 시에는 작게 시작하여 차차 큰 행정으로 작업하는 것이 좋다.

29 무한궤도식 굴착기에서 주행모터는 일반적으로 모두 몇 개 설치되어 있는가?

① 2개　　② 3개
③ 1개　　④ 4개

🔍 일반적으로 굴착기의 주행모터는 트랙의 양쪽에 1개씩 모두 2개가 설치되어 있다.

30 전기 기기에 의한 감전 사고를 막기 위하여 필요한 설비로 가장 중요한 것은?

① 접지 설비　　② 방폭등 설비
③ 고압계 설비　　④ 대지 전위 상승 설비

🔍 접지설비란 외부 낙뢰 또는 전기설비 지락 사고로부터 접지전위와 접촉전압의 상승을 허용치 이내로 억제하여 인체를 보호하기 위한 설비를 말한다.

31 진동 장애의 예방대책이 아닌 것은?

① 실외작업을 한다.
② 저진동 공구를 사용한다.
③ 진동업무를 자동화 한다.
④ 방진장갑과 귀마개를 착용 한다.

🔍 진동 장애 예방대책
　• 충격 완충장치 설치
　• 진동 흡수 장갑 착용
　• 진동 경감 공구의 설계 등

32 벨트를 교체 할 때 기관의 상태는?

① 고속상태　　② 중속상태
③ 저속상태　　④ 정지상태

🔍 벨트를 걸 때나 교체할 때는 엔진을 정지한 후에 작업해야 한다.

33 다음 중 드라이버 사용방법으로 틀린 것은?

① 날 끝 홈의 폭과 깊이가 같은 것을 사용한다.
② 전기 작업 시 자루는 모두 금속으로 되어 있는 것을 사용한다.
③ 날 끝이 수평이어야 하며 둥글거나 빠진 것은 사용하지 않는다.
④ 작은 공작물이라도 한손으로 잡지 않고 바이스 등으로 고정하고 사용한다.

🔍 전기 작업 시 자루가 모두 금속으로 되어 있는 경우 감전의 위험이 있다. 따라서, 자루는 절연체로 되어 있는 것을 사용해야 한다.

34 화재 및 폭발의 우려가 있는 가스발생장치 작업장에서 지켜야 할 사항으로 맞지 않는 것은?

① 불연성 재료 사용금지
② 화기 사용금지
③ 인화성 물질 사용금지
④ 점화원이 될 수 있는 기계 사용금지

🔍 불연성 재료는 불에 타지 않는 재료를 말하며 불연재료, 준불연재료, 난연재료를 모두 포함한다.

35 소화 작업의 기본요소가 아닌 것은?

① 가연물질을 제거하면 된다.
② 산소를 차단하면 된다.
③ 점화원을 제거시키면 된다.
④ 연료를 기화시키면 된다.

🔍 연소는 3요소인 가연물, 산소공급원, 점화원이 반드시 구비되어야 일어나며, 이 중 하나라도 구비되지 않으면 연소는 일어나지 않는다.

36 유류 화재시 소화방법으로 부적절한 것은?

① 모래를 뿌린다.
② 다량의 물을 부어 끈다.
③ ABC소화기를 사용한다.
④ B급 화재 소화기를 사용한다.

🔍 유류 화재는 B급 화재에 해당되며 탄산가스 소화기, 이산화탄소 소화기 등의 질식소화를 통해 불길을 잡아야 한다.

37 굴착기의 작업 시 안정성을 주고 장비의 균형을 유지하기 위해 설치한 것은?

① 선회장치(swing device)
② 카운터 웨이트(counter weight)
③ 버킷(bucket))
④ 셔블(shovel)

🔍 카운터 웨이트는 밸런스 웨이트 또는 평형추라고도 하며 장비의 제일 뒷부분에 설치되어 굴착작업 시 장비가 앞으로 넘어지는 것을 방지한다.

38 굴착기의 규격 표시 방법은?

① 작업 가능상태의 중량(ton)
② 기관의 최대출력(ps/rpm)
③ 버킷의 산적용량(m^3)
④ 최대 굴착깊이(m)

🔍 굴착기의 규격은 버킷의 크기(산적용량)로 구분하며, 무한궤도 굴착기는 버킷크기의 숫자를 그대로 표시하고, 타이어형 굴착기는 버킷크기의 숫자 뒤에 W를 붙여 구분한다.

39 무한궤도식 굴착기에서 트랙이 벗겨지는 원인으로 거리가 먼 것은?

① 트랙이 너무 팽팽할 경우
② 트랙의 정렬이 불량할 때
③ 프론트 아이들러의 마멸이 클 때
④ 고속주행 중 급선회를 하였을 때

🔍 무한궤도식 건설기계의 트랙장력이 과다하면 스프로킷의 마모가 빨라진다.

40 운전석 내 스위치 조작으로 버킷 등의 작업 장치를 쉽게 교체하는 장치는?

① 오거
② 퀵 커플러
③ 그래플
④ 컴팩터

🔍 운전석에서 작업 장치를 쉽게 교체하는 장치는 퀵 커플러이다.

41 높은 곳 까지 작업이 가능하도록 긴 붐과 암을 조합 제작하며 크러셔 등을 장착하여 굴뚝 철거 및 건물 철거 작업에 사용되는 굴착기 작업 장치는?

① 리퍼
② 쉬어
③ 컴팩터
④ 데몰리션

42 유압 실린더를 이용해 집게를 움직여 작업 대상물을 집을 수 있는 굴착기 작업 장치는?

① 쉬어
② 크러셔
③ 컴팩터
④ 그래플

43 유압 모터의 편심 축을 회전 시킬 때 발생하는 진동을 이용하여 건축 공사 현장의 마무리 다짐 작업에 사용하는 굴착기 작업 장치는?

① 컴팩터
② 크러셔
③ 그래플
④ 오거

44 굴착기에 부착하여 사용되는 다공정 임업 기계로 벌도, 가지훑기, 통나무 자르기 등의 조재 작업을 한 공정에 수행하는 작업 장치로 맞는 것은?

① 프로세서
② 스키더
③ 펠러번처
④ 하베스터

🔍 • 프로세서 : 벌도는 불가능 하며 가지자르기, 마름질 작업 및 원목을 한곳에 쌓는 장비
• 펠러번처 : 벌도 후 벌도되는 나무를 집재 작업하는 장비
• 하베스터 : 벌도와 가지훑기, 통나무 자르기의 조재 작업을 하나의 공정으로 수행하는 장비

45 굴착기로 토사 쌓기 작업 후 성토 경사면이 붕괴되는 원인으로 맞지 않는 것은?

① 쌓기 작업 직후에는 붕괴 발생률이 낮다.
② 미끄러져 내리기 쉬운 지층 구조 경사면에서 붕괴된다.
③ 다짐이 불충분한 상태에서 빗물이나 지표수, 지하수 등의 침투로 인하여 붕괴된다.
④ 풍화가 심한 급경사면에서 붕괴된다.

🔍 쌓기 작업 직후에는 붕괴 발생률이 높다.

46 굴착기로 덤프트럭에 토사 상차 작업 시 효율적인 안전한 작업에 대한 설명으로 맞지 않는 것은?

① 버킷 투스를 곡괭이처럼 사용하지 않는다.
② 버킷이 덤프트럭 위를 지나가지 않도록 한다.
③ 버킷이 다른 작업자의 위를 지나가지 않도록 한다.
④ 토사를 덤프트럭에 상차 시 선회하는 각도를 크게 한다.

🔍 덤프트럭에 토사 적재 시 선회 각도를 가능한 적게 한다.

47 무한궤도식 굴착기가 주행 시 트랙이 벗겨지는 원인으로 맞지 않는 것은?

① 트랙 정렬이 안 되었을 때
② 아이들러의 마멸이 클 때
③ 스프로킷의 마멸이 클 때
④ 트랙 장력이 많을 때

🔍 트랙 장력이 적을 때 트랙이 벗겨진다.

48 덤프트럭에 상차 작업 시 안전 사항으로 맞지 않는 것은?

① 굴착기와 덤프트럭의 높이가 같은 지면에서 적재한다.
② 토사 적재 시 적재함 앞쪽부터 적재한다.
③ 잡석 적재 시 적재함 앞쪽부터 적재한다.
④ 덤프트럭이 아래쪽에 있고 굴착기가 위쪽에 있는 지형에서는 적재함 뒤쪽에서부터 적재한다.

49 유압 모터의 회전력으로 스크류를 돌려서 구멍을 뚫는 장치로 전신주 및 기둥을 세우거나 박을 때 사용하는 굴식기의 작업 장치는?

① 브레이커
② 오거
③ 그래플
④ 리퍼

50 버킷의 물이 잘 빠지도록 구멍이 있어 배수로 작업에 효과적인 버킷은?

① V형 버킷
② 디칭 버킷
③ 셔블 버킷
④ 크리닝 버킷

51 버킷 투스가 마모되면 굴착 작업 시 굴착 저항이 커지고 릴리프밸브의 잦은 열림으로 작동유의 유온이 높아지고 장비 성능이 저하되는데, 효율적인 버킷 투스의 교환 방법으로 가장 적합 한 것은?

① 1/2 마모시 교환한다.
② 1/3 마모시 교환한다.
③ 1/4 마모시 교환한다.
④ 1/5 마모시 교환한다.

🔍 버킷 투스의 마모량이 투스 끝단 길이의 1/2 마모시 교체하면 연료소비량을 줄이고 장비 노화를 예방한다.

52 굴착 작업 시 장비 안전에 관한 설명으로 틀린 것은?

① 굴착 작업 전 장비가 위치할 안전한 지반을 확보한다.
② 굴착 작업 시 굴착 작업 한 끝단과 거리를 두어 지반이 붕괴되지 않도록 한다.
③ 경사면에서 작업 시 항상 붕괴 가능성을 확인한다.
④ 굴착 작업 시 각 실린더는 완전히 오므리거나 펴도록 작업한다.

🔍 작업 시 각 유압실린더는 50~80mm여유를 두면서 작업한다.

53 굴착기의 1사이클 타임은 토사 적재 후 원하는 위치에 쌓은 후 다시 굴착 위치로 이동 시키는 일인데, 다음 중 1사이클 타임에 영향을 받는 설명으로 맞지 않는 것은?

① 덤프트럭 적재함의 크기는 영향을 받는다.
② 덤프트럭 적재함의 높이는 영향을 받는다
③ 굴착 깊이는 영향을 받지 않는다.
④ 작업 물질은 영향을 받는다.

🔍 굴착 깊이는 1사이클 타임에 영향을 받는다.

54 굴착기로 지면 고르기 작업 시 유의할 사항으로 틀린 것은?

① 포설 장비가 메우기 전에 고르기 작업을 한다.
② 비탈면은 소단과 기울기를 유지하도록 한다.
③ 혼합 재료는 도로 전폭에 교대로 층을 이루도록 작업을 한다.
④ 동결된 고르기 재료는 잘 희석하여 메우기 작업 재료로 사용한다.

🔍 동결된 재료는 동결된 부분을 제거하고 메우기 작업을 한다.

55 굴착기로 토사 메우기 작업 시 사용되는 토사의 조건으로 틀린 것은?

① 배수성이 좋아야 한다.
② 팽창성이 많아야 한다.
③ 압축성이 적어야 한다.
④ 공학적으로 안정 되어야 한다.

🔍 팽창성이 적어야 한다.

56 굴착기로 작업할 때 주의사항으로 틀린 것은?

① 땅을 깊이 팔 때는 붐의 호수나 버킷실린더의 호스가 지면에 닿지 않도록 한다.
② 암석, 토사 등을 평탄하게 고를 때는 선회관성을 이용하면 능률적이다.
③ 암 레버의 조작 시 잠깐 멈췄다가 움직이는 것은 펌프의 토출량이 부족하기 때문이다.
④ 작업 시는 실린더의 행정 끝에서 약간 여유를 남기도록 운전한다.

🔍 굴착기의 선회관성 이용하여 암석, 토사 등을 평탄하게 고르거나 부수는 작업을 하면 안 되며, 선회 회전력을 버킷을 지면에 대는 것으로 제동시키면 안 된다.

57 도로교통법상 모든 차의 운전자가 서행하여야 하는 장소에 해당하지 않는 것은?

① 도로가 구부러진 부근
② 비탈길의 고개 마루 부근
③ 편도 2차로 이상의 다리 위
④ 가파른 비탈길의 내리막

🔍 서행하여야 하는 장소
• 교통정리를 하고 있지 아니하는 교차로
• 도로가 구부러진 부근
• 비탈길의 고갯마루 부근
• 가파른 비탈길의 내리막
• 시 · 도경찰청장이 도로에서의 위험을 방지하고 교통의 안전과 원활한 소통을 확보하기 위하여 필요하다고 인정하여 안전표지로 지정한 곳

58 승차 또는 적재의 방법과 제한에서 운행상의 안전 기준을 넘어서 승차 및 적재가 가능한 경우는?

① 도착지를 관할하는 경찰서장의 허가를 받은 때
② 출발지를 관할하는 경찰서장의 허가를 받은 때
③ 관할 시 · 군수의 허가를 받은 때
④ 동 · 읍 · 면장의 허가를 받은 때

🔍 출발지를 관할하는 경찰서장의 허가를 받은 때에는 운행상의 안전 기준을 넘어서 승차 및 적개가 가능하며, 이 경우 특별표지판을 부착하고 운행하여야 한다.

59 도로교통법상에서 정의된 긴급자동차가 아닌 것은?

① 응급 전신 · 전화 수리공사에 사용되는 자동차
② 긴급한 경찰업무수행에 사용되는 자동차
③ 위독환자의 수혈을 위한 혈액 운송 차량
④ 학생운송 전용버스

🔍 도로교통법상 "긴급자동차"란 소방차, 구급차, 혈액 공급차량 및 응급 전신 · 전화 수리공사에 사용되는 자동차 등과 같은 자동차로서 그 본래의 긴급한 용도로 사용되고 있는 자동차를 말한다.

60 그림의 교통안전 표지는?

① 좌 · 우회전 표지
② 좌 · 우회전 금지표지
③ 양측방 일방 통행표지
④ 양측방 통행 금지표지

정답 **공단 기출문제 – 2016년 03회**

01 ①	02 ④	03 ②	04 ①	05 ③	06 ①	07 ③	08 ③	09 ②	10 ④
11 ②	12 ④	13 ②	14 ①	15 ③	16 ④	17 ④	18 ②	19 ①	20 ①
21 ③	22 ④	23 ④	24 ④	25 ③	26 ④	27 ②	28 ③	29 ①	30 ①
31 ①	32 ④	33 ②	34 ①	35 ④	36 ②	37 ②	38 ③	39 ①	40 ②
41 ④	42 ④	43 ①	44 ④	45 ①	46 ④	47 ④	48 ③	49 ②	50 ④
51 ①	52 ④	53 ③	54 ④	55 ②	56 ②	57 ③	58 ②	59 ④	60 ①

제01회 CBT 복원문제

01 건설기계관리법에서 정의한 건설기계 형식을 가장 잘 나타낸 것은?

① 엔진구조 및 성능을 말한다.
② 형식 및 규격을 말한다.
③ 성능 및 용량을 말한다.
④ 구조·규격 및 성능 등에 관하여 일정하게 정한 것을 말한다.

> 건설기계관리법에서 정의한 건설기계 형식이란 건설기계의 구조·규격 및 성능 등에 관하여 일정하게 정한 것을 말한다.

02 건설기계관리법상 경상이란?

① 5일 미만의 치료를 요하는 진단이 있을 때
② 3주 이상의 치료를 요하는 진단이 있을 때
③ 3주 미만의 치료를 요하는 진단이 있을 때
④ 7일 이상의 치료를 요하는 진단이 있을 때

> 건설기계관리법상 중상은 3주 이상의 치료를 요하는 진단이 있을 때를 말하며, 경상은 3주 미만의 치료를 요하는 진단이 있을 때를 말한다.

03 건설기계등록을 말소한 때에는 등록번호표를 며칠 이내 시·도지사에게 반납하여야 하는가?

① 10일 ② 15일
③ 20일 ④ 30일

> 건설기계의 등록이 말소된 경우 해당 건설기계의 소유자는 10일 이내에 등록번호표의 봉인을 떼어 낸 후 그 등록번호표를 국토교통부령으로 정하는 바에 따라 시·도지사에게 반납하여야 한다.

04 건설기계사업을 영위하고자 하는 자는 누구에게 등록하여야 하는가?

① 시·도지사
② 전문 건설기계정비업자
③ 국토교통부장관
④ 시장·군수 또는 구청장

> 건설기계사업을 하려는 자(지방자치단체는 제외)는 대통령령으로 정하는 바에 따라 사업의 종류별로 시장·군수 또는 구청장(자치구의 구청장)에게 등록하여야 한다.

05 건설기계 조종사의 면허취소 사유가 아닌 것은?

① 거짓 또는 부정한 방법으로 건설기계의 면허를 받은 때
② 면허정지처분을 받은 자가 그 정지기간 중 건설기계를 조종한 때
③ 건설기계의 조종 중 고의로 인명피해를 입힌 때
④ 정기검사를 받지 않은 건설기계를 조종한 때

> 건설기계조종사의 면허 취소 사유
> • 거짓이나 그 밖의 부정한 방법으로 건설기계조종사면허를 받은 경우
> • 건설기계조종사면허의 효력정지기간 중 건설기계를 조종한 경우
> • 건설기계조종사면허의 결격사유에 해당하게 된 경우
> • 건설기계 조종 중 고의로 사망, 중상, 경상을 입힌 경우
> • 건설기계 조종 중 과실로 산업안전보건법에 따른 다음의 중대재해가 발생한 경우
>   – 사망자가 1명 이상 발생한 재해
>   – 3개월 이상의 요양이 필요한 부상자가 동시에 2명 이상 발생한 재해
>   – 부상자 또는 직업성질병자가 동시에 10명 이상 발생한 재해

06 건설기계 임시운행 번호표의 도색은?

① 청색 페인트 판에 흰색 문자
② 흰색 페인트 판에 검은색 문자
③ 녹색 페인트 판에 검은색 문자
④ 검은색 페인트 판에 흰색 문자

> 건설기계의 임시번호표 및 등록번호표
> • 임시번호표(미등록 및 등록된 건설기계) : 흰색 페인트판에 검은색 문자
> • 등록번호표
>   – 비사업용(관용 또는 자가용) : 흰색 바탕에 검은색 문자
>   – 대여사업용 : 주황색 바탕에 검은색 문자

07 디젤기관의 연료계통에서 고압 부분은?

① 탱크와 공급 펌프 사이
② 인젝션 펌프와 탱크 사이
③ 연료필터와 탱크 사이
④ 인젝션 펌프와 노즐 사이

> 디젤기관의 고압부분은 인젝션 펌프(분사 펌프)와 분사노즐 사이이다.

08 디젤기관 연료의 구비 조건에 속하지 않는 것은?

① 발열량이 클 것
② 카본의 발생이 적을 것
③ 연소 속도가 느릴 것
④ 착화가 용이할 것

> 디젤 연료의 구비조건
> • 적당한 점도를 가지며 점도지수가 높을 것
> • 발열량이 크고 착화점이 낮을 것
> • 유황분 함량이 적을 것
> • 세탄가가 높고 카본의 생성이 적을 것

09 디젤기관에만 해당되는 회로는?

① 예열플러그 회로 ② 시동 회로
③ 충전 회로 ④ 등화 회로

> 가솔린기관에는 예열장치가 없다.

10 기관에서 피스톤 링의 작용으로 틀린 것은?

① 기밀 작용 ② 완전 연소 억제 작용
③ 오일제어 작용 ④ 열전도 작용

> 피스톤 링의 3대 작용
> • 기밀유지 작용 • 열전도 작용 • 오일제어 작용

11 냉각팬의 벨트 유격이 너무 클 때 일어나는 현상으로 옳은 것은?

① 베어링의 마모가 심하다.
② 강한 텐션으로 벨트가 절단된다.
③ 기관 과열의 원인이 된다.
④ 점화시기가 빨라진다.

> 팬벨트의 유격이 크다는 것은 벨트가 헐겁다는 것으로 냉각팬의 작동이 원활하지 않아 기관 과열의 원인이 된다.

12 다음 중 교류 발전기의 부품이 아닌 것은?

① 다이오드 ② 슬립링
③ 스테이터 코일 ④ 전류 조정기

> 직류(DC) 발전기는 조정기로 컷 아웃 릴레이, 전압 조정기, 전류 조정기만 필요하지만, 교류(AC) 발전기는 전압 조정기만 있으면 된다.

13 납산 축전지에서 극판의 수를 많게 하면 어떻게 되는가?

① 전압이 낮아진다.
② 전압이 높아진다.
③ 용량이 커진다.
④ 전해액의 비중이 올라간다.

극판의 수를 늘리면 극판이 전해액과 대항하는 면적이 증가하므로 축전지의 용량이 증가하여 이용 전류가 많아진다.

14 무한궤도식 건설기계에서 트랙이 자주 벗겨지는 원인으로 가장 거리가 먼 것은?

① 유격(긴도)이 규정보다 커 트랙이 늘어졌다.
② 트랙의 상·하부 롤러가 마모되었다.
③ 최종 구동기어가 마모되었다.
④ 트랙의 중심 정렬이 맞지 않았다.

트랙이 벗겨지는 원인
• 프론트 아이들러와 스프로킷 및 상부 롤러의 마모가 클 때
• 고속 주행시 급선회하였을 경우
• 프론트 아이들러와 스프로킷의 중심이 다를 때
• 트랙의 유격(긴도)가 너무 클 때(느슨할 때)
• 리코일 스프링의 장력이 약할 때
• 측면을 경사시켜 작업할 때

15 브레이크가 잘 작동되지 않을 때의 원인으로 가장 거리가 먼 것은?

① 라이닝에 오일이 묻었을 때
② 휠 실린더 오일이 누출되었을 때
③ 브레이크 페달 자유 간극이 적을 때
④ 브레이크 드럼 간극이 클 때

브레이크 페달의 자유 간극이 적으면 브레이크의 작동은 잘 되나 브레이크가 풀리지 않게 된다.

16 라디에이터의 구비 조건으로 틀린 것은?

① 냉각수 흐름에 대한 저항이 적을 것
② 공기 저항이 클 것
③ 강도가 크고, 가볍고 작을 것
④ 단위 면적당 방열량이 클 것

라디에이터의 구비 조건
• 냉각수 흐름에 대한 저항이 적을 것
• 공기 저항이 적을 것
• 가볍고 작을 것
• 강도가 클 것
• 단위 면적당 방열량이 클 것

17 유압장치에서 사용되는 오일의 점도가 너무 낮을 경우 나타날 수 있는 현상이 아닌 것은?

① 펌프 효율 저하
② 오일 누출 현상
③ 계통 내의 압력 저하
④ 시동 시 저항 증가

오일 점도가 낮을 경우 나타나는 현상
• 펌프 효율 저하
• 액추에이터의 효율 저하
• 회로 내의 누유
• 유압 저하
• 유압장치 각 부의 누유

18 유압기에서 회전 펌프가 아닌 것은?

① 기어 펌프
② 피스톤 펌프
③ 베인 펌프
④ 나사 펌프

피스톤 펌프는 플런저 펌프를 말하는 것으로 왕복운동에 의해 오일의 압송이 이루어진다.

19 유압 실린더의 종류가 아닌 것은?

① 단동형
② 복동형
③ 레이디얼형
④ 다단형

유압실린더의 종류
• 단동식(싱글액팅 형식)
• 복동식(더블액팅 형식)
• 특수 실린더
• 텔레스코핑형(단형, 다단형)
• 스프링 삽입 실린더
• 스윙 실린더

20 유압 실린더의 구성 부품이 아닌 것은?

① 피스톤 로드
② 피스톤
③ 실린더
④ 커넥팅 로드

커넥팅 로드는 엔진의 피스톤과 크랭크축을 연결하는 부품으로 피스톤의 상하운동을 회전운동으로 바꾸어주는 역할을 한다.

21 유압 모터의 장점이 될 수 없는 것은?

① 소형 경량으로서 큰 출력을 낼 수 있다.
② 공기와 먼지 등이 침투하여도 성능에는 영향이 없다.
③ 변속, 역전의 제어도 용이하다.
④ 속도나 방향의 제어가 용이하다.

유압 모터의 특징
• 무단 변속이 용이하다.
• 신호 시에 응답성이 빠르다.
• 관성력이 작으며, 소음이 적다.
• 출력 당 소형이고 가벼워 큰 출력을 낼 수 있다.
• 작동이 신속하고 정확하다.
• 속도나 방향제어가 용이하다.
• 변속, 역전의 제어가 용이하다.

22 필터의 여과 입도 수(mesh)가 너무 높을 때 발생할 수 있는 현상으로 가장 적절한 것은?

① 블로바이 현상
② 맥동 현상
③ 베이퍼록 현상
④ 캐비테이션 현상

캐비테이션 현상(공동현상) 방지 대책
• 한랭 시에는 작동유의 온도를 최소한 20℃ 이상이 되도록 난기 운전을 한다.
• 적당한 점도의 작동유를 선택한다.
• 작동유에 수분 등의 이물질이 혼입되는 것을 방지한다.
• 필터의 여과 입도수를 낮은 것으로 사용한다.

23 다음 중 유압 압력계의 기호는?

① 어큐뮬레이터(축압기), ② 전동기, ③ 유압 펌프, ④ 압력계

24 유압장치 내에 국부적인 높은 압력과 소음·진동이 발생하는 현상은?

① 필터링
② 오버 랩
③ 캐비테이션
④ 하이드로 록킹

캐비테이션(공동현상) : 유압장치에서 오일 속의 용해 공기가 기포로 되어 있는 현상으로 오일의 압력이 국부적으로 저하되어 포화 증기압에 이르면 증기를 발생하거나 용해 공기 등이 분리되어 기포가 발생되며, 이 상태로 오일이 흐르면 기포가 파괴되면서 국부적인 고압이나 소음이 발생하는 현상

25 방향제어 밸브의 종류가 아닌 것은?

① 셔틀 밸브(shuttle valve)
② 교축 밸브(throttle valve)
③ 체크 밸브(check valve)
④ 방향 변환 밸브(direction control valve)

> 교축 밸브(throttle valve)는 밸브 내 오일 통로의 단면적을 외부로부터 변환하여 점도가 달라져도 유량이 변화되지 않도록 설치한 밸브로 유량제어 밸브에 해당한다.

26 유압장치에서 고압 소용량, 저압 대용량 펌프를 조합 운전할 때 작동압이 규정 압력 이상으로 상승 시 동력 절감을 하기 위해 사용하는 밸브는?

① 감압 밸브
② 릴리프 밸브
③ 시퀀스 밸브
④ 무부하 밸브

> 언로더 밸브(무부하 밸브) : 유압 회로 내의 압력이 규정 압력에 도달하면 펌프에서 송출되는 모든 유량을 탱크로 리턴(return)시켜 유압 펌프를 무부하가 되도록 하는 역할을 한다.

27 전기 기기에 의한 감전 사고를 막기 위하여 필요한 설비로 가장 중요한 것은?

① 고압계 설비
② 접지 설비
③ 방폭등 설비
④ 대지 전위 상승장치 설비

> 감전사고를 방지하기 위한 가장 중요한 설비는 접지이다.

28 공구 사용 시 주의해야 할 사항으로 틀린 것은?

① 주위 환경에 주의해서 작업할 것
② 강한 충격을 가하지 않을 것
③ 해머 작업 시 보호안경을 쓸 것
④ 손이나 공구에 기름을 바른 다음에 작업할 것

> 작업자의 손이나 공구에 기름이 묻어 있으면 공구 사용 시 미끄러질 수 있으므로 깨끗이 닦아낸 다음 작업에 임하여야 한다.

29 수공구 취급 시 지켜야 될 안전수칙으로 옳은 것은?

① 줄질 후 쇳가루는 입으로 불어 낸다.
② 해머작업 시 손에 장갑을 끼고 한다.
③ 사용 전에 충분한 사용법을 숙지하고 익히도록 한다.
④ 큰 회전력이 필요한 경우 스패너에 파이프를 끼워서 사용한다.

> • 줄질 후 쇳가루의 제거는 붓이나 솔을 이용한다.
> • 해머 작업 시 에는 절대로 장갑을 착용하여서는 안 된다.
> • 공구를 사용함에 있어 연장대로 연결 사용해서는 안 된다.

30 볼트나 너트를 죄거나 푸는 데 사용하는 각종 렌치(wrench)에 대한 설명으로 틀린 것은?

① 조정 렌치 : 제한된 범위 내에서 어떠한 규격의 볼트나 너트에도 사용할 수 있다.
② 엘 렌치 : 6각형 봉을 "L"자 모양으로 구부려서 만든 렌치이다.
③ 복스 렌치 : 연료 파이프 피팅 작업에 사용한다.
④ 소켓 렌치 : 다양한 크기의 소켓을 바꿔가며 작업할 수 있도록 만든 렌치이다.

> 연료 파이프의 피팅을 풀고 조일 때에는 오픈엔드 렌치를 사용한다.

31 산업안전보건표지에서 그림이 표시하는 것으로 맞는 것은?

① 독극물 경고
② 폭발물 경고
③ 고압전기 경고
④ 낙하물 경고

> 안전·보건표지
> | 독극물 경고 | 폭발물 경고 | 낙하물 경고 |
> | --- | --- | --- |

32 보호구의 구비조건으로 틀린 것은?

① 착용이 간편해야 한다.
② 작업에 방해가 안 되어야 한다.
③ 구조와 끝마무리가 양호해야 한다.
④ 유해·위험 요소에 대한 방호성능이 경미해야 한다.

> 보호구의 구비조건
> • 착용이 간편할 것
> • 작업에 방해가 되지 않도록 할 것
> • 유해·위험요소에 대한 방호성능이 충분할 것
> • 재료의 품질이 양호할 것
> • 구조와 끝마무리가 양호할 것
> • 외양과 외관이 양호할 것

33 기계 운전 중 안전 측면에서 적합한 것은?

① 빠른 속도로 작업 시는 일시적으로 안전장치를 제거한다.
② 기계장비의 이상으로 정상가동이 어려운 상황에서는 중속 회전 상태로 작업한다.
③ 기계운전 중 이상한 냄새, 소음. 진동이 날 때는 정지하고, 전원을 OFF 한다.
④ 작업의 속도 및 효율을 높이기 위해 작업 범위 이외의 기계도 동시에 작동한다.

> 기계작업 중 안전장치를 절대로 제거하여서는 안 되며, 장비에 이상이 발생되면 즉시 작업을 중지하고 이상부위를 점검 수리한 후 작업에 임한다.

34 용접기에서 사용되는 아세틸렌 도관은 어떤 색으로 구별하는가?

① 흑색
② 청색
③ 녹색
④ 적색

> 도관의 색
> • 산소 : 흑색
> • 아세틸렌 : 적색

35 유류 화재 시 소화방법으로 가장 부적절한 것은?

① B급 화재 소화기를 사용한다.
② 다량의 물을 부어 끈다.
③ 모래를 뿌린다.
④ ABC소화기를 사용한다.

> 유류 화재의 소화재로 물의 사용은 금한다. 이는 물에 기름이 떠 화재를 더욱 키우기 때문이다.

36 작업장에서 일상적인 안전 점검의 가장 주된 목적은?

① 시설 및 장비의 설계 상태를 점검한다.
② 안전작업 표준의 적합 여부를 점검한다.
③ 위험을 사전에 발견하여 시정한다.
④ 관련법에 적합 여부를 점검하는데 있다.

🔍 안전 점검의 주된 목적은 사고를 미연에 방지하기 위하여 실시하는 것이다.

37 소형 굴착기의 버킷(bucket) 용량이 맞는 것은?

① 0.2m³ 미만
② 0.2 ~ 0.3m³ 미만
③ 0.3 ~ 0.7m³ 미만
④ 0.7 ~ 1.2m³ 미만

🔍 버킷 용량에 따른 굴착기의 분류
• 미니 굴착기 : 0.2m³ 미만
• 소형 굴착기 : 0.2 ~ 0.3m³ 미만
• 중형 굴착기 : 0.3 ~ 0.7m³ 미만
• 대형 굴착기 : 1.2m³ 미만

38 굴착기를 이용한 도랑 파기 및 자재 처리 작업과 관련하여 암석과 같은 작업물 굴착에 가장 적합한 버킷은?

① 범용 버킷
② 고강도 버킷
③ 초고강도 버킷
④ 록(rock) 버킷

🔍 도랑 파기 및 자재 처리 작업용 버킷 사용
• 범용 버킷 : 강도가 높지 않은 작업물 굴착
• 고강도 버킷 : 점토와 자갈과 같이 밀도가 높은 작업물 굴착
• 록(rock) 버킷 : 날카롭게 부서진 작업물 굴착
• 초고강도 버킷 : 암석과 같은 작업물 굴착
• 고랑 파기용 고정 버킷 : 진흙과 부드러운 작업물 굴착

39 타이어식 굴착기는 견고한 땅 위에서 자체 중량 상태로 좌우로 몇 도(°) 까지 기울여도 넘어지지 않는 구조여야 하는가?

① 45°   ② 35°
③ 25°   ④ 15°

🔍 타이어식 굴착기는 견고한 땅 위에서 자체중량 상태로 좌우로 25°까지 기울여도 넘어지지 않는 좌우의 안정도를 유지하는 구조여야 한다. 이 경우 굴착기의 자세는 주행자세로 한다.

40 굴착기의 조종 중 굴착 작업과 직접 관계가 없는 것은?

① 버킷 제어
② 붐 제어
③ 암(스틱) 제어
④ 스윙 제어

🔍 스윙 제어는 굴착기의 상부 회전체를 왼쪽 또는 오른쪽으로 회전시키는 것으로 굴착 작업과는 직접적인 관계가 없다.

41 굴착기의 3대 주요 구성품으로 가장 적당한 것은?

① 상부 회전체, 하부 추진체, 중간 선회체
② 작업 장치, 하부 추진체, 중간 선회체
③ 작업 장치, 상부 선회체, 하부 추진체
④ 상부 조정장치, 하부 추진체, 중간 동력장치

🔍 굴착기는 회전하는 상부 선회체, 주행하는 하부 주행체, 작업장치의 3개 부분으로 구성된다.

42 타이어식 굴착기에서 조향 핸들의 조작을 가볍고 원활하게 하는 방법과 가장 거리가 먼 것은?

① 동력 조향을 사용한다.
② 바퀴의 정렬을 정확히 한다.
③ 타이어의 공기압을 적정압으로 한다.
④ 종감속 장치를 사용한다.

🔍 종감속 장치는 최종 감속을 하는 곳으로 동력전달계통에 해당된다.

43 접지 면적이 크고 접지 압력이 작아 사지나 습지에서 작업이 가능하며 험한 지역 등 타이어가 피해를 입는 곳에서 작업이 가능한 굴착기는?

① 휠형 굴착기
② 트럭탑재형 굴착기
③ 무한궤도형 굴착기
④ 반정치형 굴착기

🔍 주행장치별 굴착기 분류
• 크롤러형(무한궤도형) : 접지 면적이 크고 접지 압력이 작아 사지나 습지에서 작업이 가능하며 험한 지역 등 타이어가 피해를 입는 곳에서 작업이 가능한 장점이 있다.
• 휠형 : 주행 장치가 고무 타이어로 된 형식으로, 이동성은 좋으나 연약 지반에서의 작업이 불가능하고 안전성을 도모하기 위해 아우트리거(out rigger)가 사용된다.
• 트럭탑재형 : 트럭이란 화물자동차의 적재함 부분에 전부 장치가 부착되어 있으며 50km/h 정도까지의 속도를 낼 수 있으나, 작업 장치를 조종하기 위한 조종석이 별도로 있으며 소형으로만 사용된다.
• 반정치형 : 타이어와 이동용 다리가 함께 있어, 크롤러형과 타이어형 굴착기가 할 수 없는 부정지, 측면이 고르지 못한 경사지나 일정치 못한 구렁텅이 같은 곳의 작업에 효과적이다.

44 장비의 위치보다 높은 곳을 굴착하는데 알맞은 것으로 토사 및 암석을 트럭에 적재하기 쉽게 디퍼 덮개를 개폐하도록 제작된 장비는?

① 기중기   ② 파워셔블
③ 스크레이퍼   ④ 굴착기

🔍 파워셔블(power shovel)은 장비의 위치보다 높은 곳을 굴착하는데 알맞은 것으로 토사 및 암석을 트럭에 적재하기 쉽게 디퍼(버킷) 덮개를 개폐하도록 제작된 장비이다.

45 굴착기의 선회 시스템의 구조에 대한 설명으로 틀린 것은?

① 하부중행체상에 설치된 선회가능한 상부선회체는 작업의 효율성 및 작업 범위 확대를 위한 설계이다.
② 유압식 굴착기의 선회 시스템은 선회 유압 모터 → 선회 감속기 → 선회 베어링으로 동력이 전달된다.
③ 선회 유압 모터의 샤프트는 선회 감속기의 선기어와 스플라인으로 연결되어 있다.
④ 선회 모터의 샤프트가 회전하지 않더라도 선회 시스템은 선회가 가능한 구조이다.

🔍 선회 모터의 샤프트가 회전하지 않으면 선회 감속기 및 선회 베어링도 회전하지 않으므로 선회 시스템은 정지하게 된다.

46 백호 버킷에 대한 설명 중 가장 옳은 것은?

① 경사지 조성, 도로, 하천 공사와 정지작업에 효과적이다.
② 가장 일반적으로 많이 사용되는 것으로 도랑파기, 지하철공사, 토사 작업 등에 효과적이다.
③ 전신주, 파일, 기중작업 등에 이용되며 목재 운반과 적재 하역에 효과적이다.
④ 자갈, 골재 선별 적재, 오물처리 등의 작업에 사용된다.

🔍 ① 슬로프 피니시드 버킷
② 우드 그랩
③ 폴립 클램프

47 무한궤도형 굴착기와 타이어식 굴착기의 운전 특성에 대해 설명한 것으로 가장 거리가 먼 것은?

① 무한궤도형은 습지, 사지에서의 작업이 가능하다.
② 타이어식은 변속 및 주행속도가 빠르다.
③ 무한궤도형은 기복이 심한 곳이나 좁은 장소에서는 작업이 불리하다.
④ 타이어식은 장거리 이동이 쉽고, 기동성이 양호하다.

🔍 무한궤도형은 험한 지역이나 기복이 심한지역, 좁은 장소에서도 작업이 가능하다.

48 굴착기 하부 구동체 기구의 구성요소와 관련된 사항이 아닌 것은?

① 붐 실린더
② 트랙 프레임
③ 주행용 유압 모터
④ 트랙 및 롤러

🔍 붐 실린더는 전부장치인 붐을 움직이는 실린더이다.

49 굴착기의 굴착력과 관계되는 요소로 가장 거리가 먼 것은?

① 암 견인력
② 버킷 굴착력
③ 붐 인양력
④ 궤도 주행력

🔍 굴착기의 굴착력
  • 암 견인력 : 암을 움직일 때 버킷 이빨 끝에서 낼 수 있는 최대의 힘
  • 버킷 굴착력 : 버킷을 움직일 때 버킷 이빨 끝에서 낼 수 있는 최대의 힘
  • 붐 인양력 : 붐을 움직일 때 후크에서 들어 올릴 수 있는 최대의 힘

50 무한궤도식 건설기계에서 트랙의 스프로킷이 이상 마모되는 원인으로 가장 적절한 것은?

① 트랙의 이완
② 릴리프 밸브 고장
③ 댐퍼 스프링의 장력 약화
④ 오일 펌프 고장

🔍 트랙이 이완되면 스프로킷의 마모가 빨라지고 벗겨지는 원인이 된다.

51 굴착기에서 어느 한쪽의 레버 또는 페달만 작동시켜 한쪽의 트랙만 구동시켜 방향을 전환하는 것은?

① 피벗 회전
② 스핀 회전
③ 정회전
④ 역회전

🔍 • 피벗 회전 : 한 쪽의 트랙만 구동시켜 방향 전환하는 것으로 어느 한쪽의 레버 또는 페달만 작동시킨다.
  • 스핀 회전 : 좌·우의 트랙을 서로 역으로 구동시켜 제자리에서 방향 전환하는 것으로 양쪽의 레버 또는 페달을 역으로 동시에 작동시킨다.

52 하부주행체에서 프론트 아이들러의 작동으로 맞는 것은?

① 트랙의 회전력을 증대시킨다.
② 트랙의 진행 방향을 유도한다.
③ 동력을 발생시켜 트랙으로 전달한다.
④ 차체의 파손을 방지하고 원활한 운전이 되도록 해준다.

🔍 프론트 아이들러(Front idler, 전부 유동륜)는 트랙 프레임의 앞쪽에 설치되며, 프레임 위에서 미끄럼 운동을 할 수 있는 요크(yoke)에 설치되어 있다. 주된 기능은 트랙의 장력을 조정하면서 트랙의 진행 방향을 유도한다.

53 굴착기의 구성 부분 중 작업 장치에 해당하는 붐과 암의 각도가 얼마일 때 굴착력이 가장 크게 되는가?

① 60 ~ 90°
② 70 ~ 100°
③ 80 ~ 110°
④ 90 ~ 120°

🔍 붐과 암의 각도가 80~110°일 때 굴착력이 크다.

54 버킷 계수와 굴착기의 시간당 작업량의 관계를 옳게 설명한 것은?

① 버킷 계수가 클수록 시간당 작업량은 많아진다.
② 버킷 계수가 작을수록 시간당 작업량은 많아진다.
③ 보통의 토질보다 발파 또는 리퍼 작업 등에 의해 얻어진 파쇄암의 버킷 계수가 크다.
④ 버킷 계수와 굴착기의 시간당 작업량은 아무런 관계가 없다.

🔍 버킷 계수와 시간당 작업량
  • 버킷 계수가 클수록 시간당 작업량은 많아지고, 작을수록 작업량은 적어진다.
  • 굴착이 어렵고, 버킷에 가득 채우기가 어려운 작업 대상일수록 버킷 계수는 작다.

55 경사지에서의 굴착기 작업에 대한 유의사항으로 옳은 것은?

① 경사지에서 버킷에 토사를 담은 상태에서 아래쪽으로 선회하는 것이 안전하다.
② 경사지에서의 작업은 위험하므로 경사각 10° 이상에서는 작업하지 않는다.
③ 엔진 허용 경사각인 45°를 초과한 상태로 운전하면 안 된다.
④ 경사지에서 내려올 때 주브레이크를 자주 사용하도록 한다.

🔍 경사지 작업
  • 경사지에서 버킷에 토사를 담은 상태에서 아래쪽으로 선회하는 것은 균형을 상실하여 전도의 위험이 있으므로 금해야 한다.
  • 굴착기의 엔진 허용 경사각은 35°로 이를 초과한 운전은 절대로 금지된다.
  • 경사지에서 내려올 때는 변속 레버를 저속 위치로 하고 엔진 브레이크를 충분히 활용하여 주행한다.

56 굴착기와 타 건설기계와의 연계 작업으로 가장 거리가 먼 것은?

① 덤프트럭 상차 작업
② 로더 조합 작업
③ 지게차 조합 작업
④ 항타 및 항발기 조합 작업

🔍 연계 작업
  • 덤프트럭 상차 작업
  • 로더 조합 작업
  • 불도저 조합 작업
  • 항타 및 항발기 조합 작업

57 신호등이 없는 철길건널목 통과방법 중 맞는 것은?

① 차단기가 올라가 있으면 그대로 통과해도 된다.
② 반드시 일시정지를 한 후 안전을 확인하고 통과한다.
③ 차단기가 올라가 있으면 일시정지 하지 않아도 된다.
④ 일시정지를 하지 않아도 좌우를 살피면서 서행으로 통과하면 된다.

🔍 모든 차는 신호등이 없는 철길 건널목을 통과하고자 하는 때에는 그 건널목 앞에서 반드시 일단정지를 하여 안전함을 확인한 후에 통과하여야 한다.

58 도로교통법상 가장 우선하는 신호는?

① 경찰공무원의 수신호
② 신호기의 신호
③ 운전자의 수신호
④ 안전표지의 지시

🔍 도로를 통행하는 보행자와 모든 차마의 운전자는 교통안전시설이 표시하는 신호 또는 지시와 교통정리를 하는 국가경찰공무원·자치경찰공무원 또는 경찰보조자(이하 "경찰공무원등"이라 한다)의 신호 또는 지시가 서로 다른 경우에는 경찰공무원등의 신호 또는 지시에 따라야 한다.

59 도로교통법상 정차 및 주차가 금지되어 있지 않은 장소는?

① 건널목
② 교차로
③ 횡단보도
④ 경사로의 정상부근

정차·주차 금지장소
- 교차로, 횡단보도, 보도와 차도가 구분된 도로의 보도 또는 건널목(단, 보도와 차도에 걸쳐서 설치된 노상 주차장의 주차는 제외)
- 5m 이내의 곳 : 교차로 가장자리, 도로 모퉁이
- 10m 이내의 곳 : 안전지대 사방, 버스정류장 표시 기둥·판·선, 건널목 가장자리

60 도로교통법상 앞지르기 금지 장소가 아닌 곳은?

① 교차로, 도로의 구부러진 곳
② 버스 정류장 부근에 있는 주차금지 구역
③ 비탈길의 고개마루 부근, 가파른 비탈길의 내리막
④ 터널 안

앞지르기 금지장소
- 교차로
- 도로의 구부러진 곳
- 비탈길의 고개마루 부근
- 가파른 비탈길의 내리막
- 터널 안

정답 CBT 복원문제 – 제01회

01 ④	02 ③	03 ①	04 ④	05 ④	06 ②	07 ④	08 ③	09 ①	10 ②
11 ③	12 ④	13 ③	14 ③	15 ③	16 ②	17 ④	18 ②	19 ③	20 ④
21 ②	22 ④	23 ④	24 ③	25 ②	26 ④	27 ②	28 ④	29 ③	30 ③
31 ③	32 ④	33 ③	34 ④	35 ②	36 ③	37 ②	38 ③	39 ③	40 ④
41 ③	42 ④	43 ③	44 ②	45 ④	46 ②	47 ③	48 ①	49 ④	50 ①
51 ①	52 ②	53 ③	54 ①	55 ②	56 ③	57 ②	58 ①	59 ④	60 ②

제02회 CBT 복원문제

01 다음 중 건설기계정비업의 등록구분이 맞는 것은?

① 종합건설기계정비업, 부분건설기계정비업, 전문건설기계정비업
② 종합건설기계정비업, 단종건설기계정비업, 전문건설기계정비업
③ 부분건설기계정비업, 전문건설기계정비업, 개별건설기계정비업
④ 종합건설기계정비업, 특수건설기계정비업, 전문건설기계정비업

🔍 건설기계정비업의 등록 및 구분
- 등록 : 건설기계정비업의 등록을 하려는 자는 건설기계정비업등록신청서에 국토교통부령이 정하는 서류를 첨부하여 시장·군수 또는 구청장에게 제출하여야 한다.
- 구분 : 종합건설기계정비업, 부분건설기계정비업, 전문건설기계정비업

02 건설기계의 임시운행 사유에 해당되는 것은?

① 작업을 위하여 건설현장에서 건설기계를 운행하는 경우
② 정기검사를 받기 위하여 건설기계를 검사장소로 운행하는 경우
③ 등록신청을 위하여 건설기계를 등록지로 운행하는 경우
④ 등록말소를 위하여 건설기계를 폐기장으로 운행하는 경우

🔍 임시운행 사유
- 등록신청을 하기 위하여 건설기계를 등록지로 운행하는 경우
- 신규등록검사 및 확인검사를 받기 위하여 건설기계를 검사장소로 운행하는 경우
- 수출을 하기 위하여 건설기계를 선적지로 운행하는 경우
- 수출을 하기 위하여 등록말소한 건설기계를 점검·정비의 목적으로 운행하는 경우
- 신개발 건설기계를 시험·연구의 목적으로 운행하는 경우
- 판매 또는 전시를 위하여 건설기계를 일시적으로 운행하는 경우

03 고의로 경상 1명의 인명피해를 입힌 건설기계조종사에 대한 면허의 취소, 정지처분 기준으로 맞는 것은?

① 효력정지 45일   ② 효력정지 30일
③ 효력정지 90일   ④ 취소

🔍 인명피해 관련 건설기계조종사 면허 취소 사유
- 건설기계 조종 중 고의로 사망, 중상, 경상 등을 입힌 경우
- 건설기계 조종 중 과실로 산업안전보건법에 따른 다음의 중대재해가 발생한 경우
  - 사망자가 1명 이상 발생한 재해
  - 3개월 이상의 요양이 필요한 부상자가 동시에 2명 이상 발생한 재해
  - 부상자 또는 직업성질병자가 동시에 10명 이상 발생한 재해

04 건설기계검사 중 성능이 불량하거나 사고가 빈발하는 건설기계의 안전성 등을 점검하기 위하여 수시로 실시하는 검사와 건설기계 소유자의 신청에 의하여 실시하는 검사는?

① 신규등록검사   ② 정기검사
③ 수시검사   ④ 구조변경검사

🔍 건설기계의 검사
- 신규등록검사 : 건설기계를 신규로 등록할 때 실시하는 검사
- 정기검사 : 건설공사용 건설기계로서 3년의 범위 내에서 국토교통부령이 정하는 검사유효기간이 끝난 후에 계속하여 운행하고자 할 때 실시하는 검사와 대기환경보전법에 따른 운행차의 정기검사
- 구조변경검사 : 등록된 건설기계의 주요 구조를 변경 또는 개조하였을 때 실시하는 검사(사유 발생일로부터 20일 이내에 검사를 받아야 한다)
- 수시검사 : 성능이 불량하거나 사고가 빈발하는 건설기계의 안전성 등을 점검하기 위하여 수시로 실시하는 검사와 건설기계 소유자의 신청에 의하여 실시하는 검사

05 건설기계의 구조 변경 및 범위에 해당되지 않는 것은?

① 원동기의 형식 변경
② 육상 작업용 건설기계의 규격 증가를 위한 구조 변경
③ 작업 장치의 형식 변경
④ 건설기계의 길이·너비·높이 등의 변경

🔍 구조 변경이 안 되는 사항
- 건설기계의 기종 변경
- 육상 작업용 건설기계의 규격 증가를 위한 구조 변경
- 적재함의 용량 증가를 위한 구조 변경

06 건설기계관리법상 등록되지 않는 건설기계를 사용하거나 운행한 자에 대한 벌칙은?

① 2년 이하의 징역 또는 2천만원 이하의 벌금
② 1년 이하의 징역 또는 1천만원 이하의 벌금
③ 100만원 이하의 벌금
④ 100만원 이하의 과태료

🔍 2년 이하의 징역 또는 2천만원 이하의 벌금
- 등록되지 아니한 건설기계를 사용하거나 운행한 자
- 등록이 말소된 건설기계를 사용하거나 운행한 자
- 시·도지사의 지정을 받지 않고 등록번호표를 제작하거나 등록번호를 새긴 자
- 법 규정을 위반하여 건설기계의 주요 구조나 원동기, 동력전달장치, 제동장치 등 주요 장치를 변경 또는 개조한 자
- 무단 해체된 건설기계를 사용·운행하거나 타인에게 유상·무상으로 양도한 자
- 제작결함에 따른 시정명령을 이행하지 아니한 자
- 등록을 하지 아니하고 건설기계사업을 하거나 거짓으로 등록을 한 자
- 등록이 취소되거나 사업의 전부 또는 일부가 정지된 건설기계사업자로서 계속하여 건설기계사업을 한 자

07 건설기계에서 사용하는 경유의 중요한 성질이 아닌 것은?

① 옥탄가   ② 비중
③ 착화성   ④ 세탄가

🔍 건설기계 기관은 대부분 디젤기관으로 경유를 사용하며 경유에서 가장 중요한 성질은 세탄가이다. 참고로 옥탄가는 가솔린의 폭발성을 나타낸 것이다.

08 기관 과열의 주요 원인이 아닌 것은?

① 라디에이터 코어의 막힘
② 냉각장치 내부의 물때 과다
③ 냉각수의 부족
④ 오일량 과다

🔍 기관 과열은 주로 냉각장치의 작동이 원활하지 않을 때 일어나는 것으로 오일량 과다는 기관 과열의 원인과 거리가 멀다.

09 과급기를 부착하였을 때의 장점이 아닌 것은?

① 고지대에서도 출력의 감소가 적다.
② 회전력이 증가한다.
③ 기관 출력이 향상된다.
④ 압축온도의 상승으로 착화지연 시간이 길어진다.

🔍 착화지연이란 연료를 분사하여 연소가 시작될 때까지를 말하며 과급기 부착여부에 따라 변화되는 것이 아니고 연소조건 및 상태에 따라 변한다.

10 건설기계에서 기동전동기가 회전이 안 될 경우 점검할 사항이 아닌 것은?

① 축전지의 방전 여부
② 배터리 단자의 접촉 여부
③ 팬벨트의 이완 여부
④ 배선의 단선 여부

🔍 전동기의 회전은 축전지 상태와 회로의 접촉 및 단선여부에 의해 영향을 받으며 팬벨트 이완은 냉각계통에 영향을 미친다.

11 같은 축전지 2개를 직렬로 접속하면 어떻게 되는가?

① 전압은 2배가 되고 용량은 같다.
② 전압은 같고 용량은 2배가 된다.
③ 전압과 용량은 변화 없다.
④ 전압과 용량 모두 2배가 된다.

🔍 축전지 연결을 직렬로 하면 전압이 상승하고 병렬 연결하면 전류가 상승한다.

12 배터리의 충 · 방전 작용은 다음 어떤 작용을 이용한 것인가?

① 발열 작용　　　　② 자기 작용
③ 화학 작용　　　　④ 발광 작용

🔍 축전지는 화학작용에 의해 전기적 에너지를 화학적으로 보관한다.

13 축전지 전해액이 자연 감소되었을 때 보충에 가장 적합한 것은?

① 증류수　　　　② 황산
③ 경수　　　　④ 수도물

🔍 증류수를 극판 위로부터 10~13mm 정도 보충하면 된다.

14 토크 컨버터의 동력전달 매체로 맞는 것은?

① 클러치 판　　　　② 유체
③ 벨트　　　　④ 기어

🔍 토크 컨버터는 유체 클러치와 같이 내부에 유체로 채우고 임펠러와 터빈 등의 회전시 압력에 의해 동력이 전달된다.

15 무한궤도식 건설기계에서 트랙에 있는 롤러에 대한 설명으로 틀린 것은?

① 상부 롤러는 보통 1~2개가 설치되어 있다.
② 하부 롤러는 트랙프레임의 한쪽 아래에 5~7개 설치되어 있다.
③ 상부 롤러는 스프로킷과 이이들러 사이에 트랙이 처지는 것을 방지한다.
④ 하부 롤러는 트랙의 마모를 방지해 준다.

🔍 하부 롤러(Track roller, 트랙 롤러)는 트랙 프레임에 5~7개 정도가 설치되며, 트랙터의 전체 중량을 지지하고, 전체 중량을 균일하게 트랙에 배분한다. 또한, 트랙의 회전 위치를 바르게 유지하게 함으로써 상부 롤러와 함께 트랙의 회전을 바르게 유지하는데 관여한다.

16 동력전달장치에서 추진축의 밸런스 웨이트에 대한 설명으로 맞는 것은?

① 추진축의 비틀림을 방지한다.
② 변속조작 시 변속을 용이하게 한다.
③ 추진축의 회전수를 높인다.
④ 추진축의 회전 시 진동을 방지한다.

🔍 추진축은 강한 비틀림을 받으면서 고속 회전하는 부분으로 이에 견딜 수 있도록 속이 빈 강관을 사용하며, 회전평형을 유지하고 회전 시 진동을 방지하기 위해 밸런스 웨이트(평형추)가 부착되어 있다.

17 실린더의 피스톤이 고속으로 왕복 운동할 때 행정의 끝에서 피스톤이 커버에 충돌하여 발생하는 충격을 흡수하고, 그 충격력에 의해서 발생하는 유압 회로의 악영향이나 유압기기의 손상을 방지하기 위해서 설치하는 것은?

① 쿠션기구　　　　② 밸브기구
③ 유량제어기구　　　　④ 셔틀기구

🔍 쿠션기구는 유압실린더 행정 끝 부분에서 충격을 흡수한다.

18 축압기(어큐뮬레이터)의 사용 목적이 아닌 것은?

① 유압회로 내의 압력 상승
② 충격압력 흡수
③ 유체의 맥동 감쇠
④ 압력 보상

🔍 어큐뮬레이터의 용도
• 대유량의 작동유를 순간적으로 공급한다.
• 유압 펌프의 맥동을 제거한다.
• 충격 압력을 흡수한다.
• 압력을 보상해 준다.

19 유압장치의 장점이 아닌 것은?

① 속도제어(speed control)가 용이하다.
② 힘의 연속적 제어가 용이하다.
③ 온도의 영향을 많이 받는다.
④ 윤활성, 내마멸성, 방청성이 좋다.

🔍 유압장치의 단점
• 오일 누설의 염려가 있다.
• 화재의 위험이 있다.
• 온도 변화에 의해 영향을 받기 쉽다.
• 배관작업이 복잡하다.
• 공기가 혼입되기 쉽다.

20 유압유 관내에 공기가 혼입되었을 때 일어날 수 있는 현상과 가장 거리가 먼 것은?

① 공동 현상　　　　② 기화 현상
③ 숨돌리기 현상　　　　④ 열화 현상

🔍 유압 회로 내의 공기 영향
• 실린더 숨돌리기 현상이 생긴다.
• 유압유의 열화촉진이 된다.
• 공동현상으로 소음발생, 온도상승, 포화상태가 된다.

21 유압 실린더를 행정 최종단에서 실린더의 속도를 감속하여 서서히 정지시키고자 할 때 사용되는 밸브는?

① 디셀러레이션 밸브
② 셔틀 밸브
③ 프레필 밸브
④ 디콤프레션 밸브

🔍 셔틀 밸브는 저압측 통로를 막고 고압측의 유압유만 통과시키는 전환 밸브이고, 디셀러레이션 밸브는(감속밸브) 유량을 서서히 제한하여 유압실린더의 속도를 감속 또는 정지시켜준다.

22 유압기기의 과부하 방지를 위한 밸브로 맞는 것은?

① 분류 밸브
② 방향제어 밸브
③ 릴리프 밸브
④ 스로틀 밸브

🔍 릴리프 밸브(relief valve)는 유압 펌프와 제어 밸브 사이에 설치되어 회로 내의 압력을 규정값으로 유지시키는 역할 즉, 유압장치 내의 압력을 일정하게 유지하고 최고 압력을 제어하여 회로를 보호한다.

23 유압모터를 선택할 때 고려 사항과 가장 거리가 먼 것은?

① 동력　　　　② 부하
③ 효율　　　　④ 점도

🔍 유압모터를 선택할 때는 부하, 동력, 효율 등을 고려하며, 점도는 유압유 선택 시의 해당 사항이다.

24 유압기기에서 캐비테이션(Cavitation)을 방지하기 위한 방법으로 적합하지 않은 것은?

① 적당한 점도의 작동유를 선택한다.
② 작동유 중에 공기와 수분 등의 이물질 유입을 방지한다.
③ 유압 펌프의 운전 속도를 규정 속도 이상으로 하지 않는다.
④ 하이드로릭 실린더에 부하가 걸리지 않도록 한다.

> 캐비테이션(공동현상) 방지방법
> • 적당한 점도의 작동유를 선택한다.
> • 작동유 중에 공기와 수분 등의 이물질 유입을 방지한다.
> • 유압 펌프의 운전 속도를 규정 속도 이상으로 하지 않는다.
> • 오일 필터를 정기적으로 점검 교환한다.

25 유압 오일 실의 종류 중 O-링이 갖추어야 할 조건은?

① 탄성이 양호하고 압축변형이 적을 것
② 작동 시 마모가 클 것
③ 체결력(죄는 힘)이 작을 것
④ 오일의 누설이 클 것

> 오일 실은 오일 회로에서 오일이 외부로 누출되는 것을 방지하기 위한 것으로 O-링은 내열성, 내구성, 내마모성 등이 좋아야 한다.

26 유압 회로 내에 잔압을 설정해 두는 이유로 가장 적절한 것은?

① 제동 해제 방지
② 유로 파손 방지
③ 오일 산화 방지
④ 작동 지연 방지

> 유압회로 내에 잔압을 두는 이유
> • 작동 지연을 방지한다.
> • 오일의 누출을 방지한다.
> • 회로 내 베이퍼 로크 발생을 방지한다.
> • 회로 내로 공기 유입을 방지한다.

27 동력 전달장치에서 가장 재해가 많이 발생하는 것은?

① 차축
② 기어
③ 피스톤
④ 벨트

> 동력 전달장치 중 재해가 가장 많이 발생되는 장치는 벨트, 체인, 기어 순이다.

28 안전작업은 복장의 착용상태에 따라 달라진다. 다음에서 권장사항이 아닌 것은?

① 땀을 닦기 위한 수건이나 손수건을 허리나 목에 걸고 작업해서는 안 된다.
② 옷소매 폭이 너무 넓지 않은 것이 좋고, 단추가 달린 것은 되도록 피한다.
③ 물체 추락의 우려가 있는 작업장에서는 안전모를 착용해야 한다.
④ 복장을 단정하게 하기 위해 넥타이를 꼭 매야 한다.

> 작업복은 작업자의 안전을 최우선으로 고려하여 선정되어야 하며, 넥타이 등의 착용은 작업 시 회전 부분에 끌려들어가는 등의 안전사고 위험이 있다.

29 화재예방 조치로서 적합하지 않은 것은?

① 가연성 물질을 인화장소에 두지 않는다.
② 유류취급 장소에는 방화수를 준비한다.
③ 흡연은 정해진 장소에서만 한다.
④ 화기는 정해진 장소에서만 취급한다.

> 유류 취급 장소는 유류화재의 진압에 적합한 B급 소화기나 방화사를 준비하여야 한다.

30 화재 발생 시 초기 진화를 위해 소화기를 사용하고자 할 때, 다음 보기에서 소화기 사용방법에 따른 순서로 맞는 것은?

> a. 안전핀을 뽑는다.
> b. 안전핀 걸림 장치를 제거한다.
> c. 손잡이를 움켜잡아 분사한다.
> d. 노즐을 불이 있는 곳으로 향하게 한다.

① a → b → c → d
② c → a → b → d
③ d → b → c → a
④ b → a → d → c

> 소화기 사용법
> • 안전핀 걸림 장치를 제거한다.
> • 안전핀을 뽑는다.
> • 노즐을 불이 있는 곳으로 향하게 한다.
> • 손잡을 움켜잡아 분사한다.

31 볼트 등을 조일 때 조이는 힘을 측정하기 위하여 쓰는 렌치는?

① 복스 렌치
② 오픈엔드 렌치
③ 소켓 렌치
④ 토크 렌치

> 토크 렌치는 볼트나 너트의 조임력을 규정값에 정확히 맞도록 하기 위해 사용하며, 오픈 엔드 렌치는 연료 파이프 피팅을 풀고 조일 때 사용한다. 또한, 복스 렌치는 볼트, 너트 주위를 완전히 감싸게 되어 사용 중에 미끄러지지 않는 장점이 있다.

32 수공구를 사용하여 일상정비를 할 경우의 필요 사항으로 가장 부적합한 것은?

① 수공구를 서랍 등에 정리할 때는 잘 정돈한다.
② 수공구는 작업 시 손에서 놓치지 않도록 주의한다.
③ 용도 외의 수공구는 사용하지 않는다.
④ 작업을 빠르게 하기 위해서 장비 위에 놓고 사용하는 것이 좋다.

> 공구는 지정된 장소에 보관 및 공구함에 넣어 놓고 작업을 하여야 한다.

33 안전사고의 원인 중 불안전한 행위에 해당되지 않는 것은?

① 안전수칙의 무시
② 부적당한 배치
③ 기량의 부족
④ 불안전한 작업행동

> 불안전한 행위
> • 안전수칙의 무시   • 불안전한 작업행동
> • 방심 (태만)   • 기량의 부족
> • 불안전한 위치   • 신체조건의 불량
> • 주의산만   • 업무량의 과다
> • 무관심

34 안전관리의 근본 목적으로 가장 적합한 것은?

① 생산의 경제적 운용
② 근로자의 생명 및 신체의 보호
③ 생산과정의 시스템화
④ 생산량 증대

> 안전관리의 근본적인 목적은 근로자 및 사용자의 생명과 신체보호, 안전사고를 미연에 방지하는데 그 목적이 있다.

35 작업자가 실시하는 안전점검과 가장 거리가 먼 것은?

① 안전에 대한 기본방침과 실시 상황 보고
② 장비 및 공구의 상태
③ 안전보호구의 적정성 여부
④ 작업장 정리 · 정돈

🔍 안전에 대한 기본방침과 실시 상황보고는 안전관리자의 담당 업무로 작업자가 직접 실시하는 안전점검과는 거리가 멀다.

🔍 지면이 고르지 못하거나 장애물을 통과할 때는 장비 본래의 큰 충격이 걸리므로 엔진 회전수를 낮추고 저속으로 주행한다.

36 안전 · 보건표지의 종류와 형태에서 그림의 표지로 맞는 것은?

① 산화성 물질 경고
② 폭발성 물질 경고
③ 급성 독성물질 경고
④ 인화성 물질 경고

🔍 안전 · 보건표지

인화성 물질경고	산화성 물질경고	폭발성 물질경고	급성독성 물질경고

37 굴착기의 작업장치 중 2개의 집게로 작업 대상물을 집고, 집게를 조여서 대상물을 부수는 장치는?

① 브레이커(breaker)
② 크러셔(crusher)
③ 리퍼(ripper)
④ 컴팩터(compactor)

🔍 • 브레이커(breaker) : 유압식 왕복 해머로 연속적으로 타격을 가해 암석, 콘크리트 등을 파쇄할 때 사용
• 리퍼(ripper) : 연암 구간 절삭 작업, 아스콘, 콘크리트 제거 등에 사용
• 컴팩터(compactor) : 지반 다짐이 필요할 때 사용

38 진흙 등의 굴착 작업을 할 때 용이한 버킷(bucket)은?

① 리퍼 버킷
② 스트랜저 버킷
③ 이젝터 버킷
④ V형 버킷

🔍 • 리퍼 버킷 : 암석, 콘크리트, 나무뿌리 뽑기, 파괴 등에 사용된다.
• 스트랜저 버킷 : 가옥 해체, 폐기물 처리, 임업 공사에 효과적이다.
• V형 버킷 : V배수로, 농수로 작업에 효과적이다.

39 작동장치가 별도로 필요치 않은 버킷 종류를 짧은 시간에 간단히 교체할 수 있도록 한 것은?

① 핀과 부싱
② 와이어
③ 피팅
④ 퀵 커플러

🔍 퀵 커플러(quick coupler)는 작동장치가 없는 버킷 종류를 짧은 시간에 간단히 교체 장착할 있도록 하는 기계식 연결이다.

40 굴착기 작업의 작업 물량 산출의 기본이 되는 것은?

① 굴착기의 주행 능력
② 버킷의 용량(m³)
③ 버킷의 종류
④ 굴착기의 주행 방식

🔍 굴착기 작업의 작업 물량 산출은 버킷 용량(m³)을 기본으로 한다.

41 굴착기의 주행 조작과 관련된 유의사항으로 틀린 것은?

① 수동 레버와 페달로 가능하고 어느 쪽을 사용해도 무방하다.
② 장시간 연속하여 주행하지 않는 것이 장비의 무리를 줄일 수 있다.
③ 지면이 고르지 못하거나 장애물을 통과할 때는 엔진 회전수를 높이고 고속으로 주행한다.
④ 속도는 레버 또는 페달의 조작량에 따라 조절할 수 있다.

42 무한궤도식 굴착기에서 주행 구동체인 장력 조정 방법은?

① 구동스프로킷을 전 · 후진 시켜 조정한다.
② 아이들러를 전 · 후진시켜 조정한다.
③ 슬라이드 슈의 위치를 변화시켜 조정한다.
④ 드레그 링크를 전 · 후진시켜 조정한다.

🔍 무한궤도 트랙의 유격 조정은 프론트 아이들러를 전진 및 후진시켜서 조정하며, 다음의 2가지 방법이 있다.
• 조정 너트를 렌치로 돌려서 조정하는 방법(구형)
• 프론트 아이들러 요크 축에 설치된 그리스 실린더에 그리스(GAA)를 주유하면 트랙 유격이 적어지고, 그리스를 배출시키면 유격이 커지는 방식

43 무한궤도식 굴착기에서 트랙을 분리하여야 할 경우가 아닌 것은?

① 트랙 교환시
② 트랙 롤러 교환시
③ 스프로킷 교환시
④ 프론트 아이들러 교환시

🔍 트랙을 분리하여야 하는 경우
• 트랙이 벗겨졌을 때
• 트랙을 교환하여야 할 때
• 핀, 부싱 등을 교환하고자 할 때
• 프론트 아이들러 및 스프로킷을 교환하고자 할 때

44 굴착기 작업장치의 유압 실린더에 충격을 방지하기 위한 실린더 쿠션 장치가 설치되지 않는 것은?

① 버킷 펼침(덤프)
② 암(스틱)오므링
③ 암(스틱) 펼침
④ 붐 상승

🔍 버킷 펼침(덤프)에는 쿠션 장치가 없다.

45 좌측과 우측의 조종 레버로 구성된 SAE 형식 조종 레버의 굴착기 조종 작업에 대한 내용으로 틀린 것은?

① 좌측 조종 레버는 암 및 선회 조작을 한다.
② 우측 조종 레버는 붐 및 버킷 조작을 한다.
③ 조종 레버를 놓으면 자동으로 중립으로 되돌아간다.
④ 선회는 신속한 작업을 위해 빠른 속도로 작동하도록 되어 있다.

🔍 SAE 형식 조종 레버
• 좌측 조종 레버(암 및 선회 조작) : 앞으로 밀면 암이 앞으로 펼쳐지고 뒤로 당기면 암이 오므려진다. 또한, 왼쪽으로 밀면 상부 선회체가 왼쪽으로 회전하고 오른쪽으로 밀면 오른쪽으로 회전한다.
• 우측 조종 레버(붐 및 버킷 조작) : 앞으로 밀면 붐이 하강하고 뒤로 당기면 붐이 상승한다. 왼쪽으로 밀면 버킷이 오므려지고 오른쪽으로 밀면 버킷이 펼쳐진다.
• 조종 레버를 비스듬하게 대각선 방향으로 움직이면 두 가지 기능을 동시에 수행할 수 있다.
• 선회 조작 시세는 관성에 의해 선회하는 거리를 고려해야 하며, 선회는 장비의 위험을 방지하기 위해 천천히 작동하도록 되어 있다.

46 유압식 굴착기는 주행 동력을 무엇으로 하는가?

① 변속기 동력
② 최종 감속 장치
③ 전기 모터
④ 유압 모터

🔍 유압식 굴착기는 유압 에너지를 회전운동으로 변환시키는 유압 모터를 동력원으로 사용한다.

47 무한궤도식 굴착기에서 트랙을 조정할 때 유의 할 사항으로 가장 적절하지 않은 것은?

① 2~3회 반복 조정한다.
② 트랙을 들고 늘어지는 것을 점검한다.
③ 브레이크가 있는 장비는 브레이크를 사용한다.
④ 장비를 평지에 정차시킨다.

> 트랙 유격 조정 시 유의 사항
> • 평탄한 지면에서 한다.
> • 브레이크가 있는 경우 브레이크를 사용해서는 안 된다.
> • 전진하다가 정지시켜야 한다.(후진하다 세우면 트랙이 팽팽 해진다.)
> • 2~3회 반복 조정하여 양쪽 트랙의 유격을 동일하게 조정하여야 한다.
> • 트랙을 들고 늘어지는 양을 점검한다.

48 최근에 개발된 형식으로 붐과 암 부분에 회전기를 두어 굴착기의 이동 없이도 암이 360° 회전되도록 되어 있는 것은?

① 원피스 붐(one piece boom)
② 투피스 붐(two piece boom)
③ 백호스틱 붐(back hoe sticks boom)
④ 로터리 붐(rotary boom)

> 붐과 암에 의한 굴착기의 분류
> • 원피스 붐(one piece boom) : 보통 작업에 가장 많이 사용되며, 174~177°의 굴착 작업이 가능하다.
> • 투피스 붐(two piece boom) : 굴착 깊이를 깊게 할 수 있고 다용도로 쓰인다.
> • 백호 스틱 붐(back hoe sticks boom) : 암의 길이가 길어 굴착 깊이를 깊게 할 수 있는 트렌치 작업 (trench work)에 적당하다.
> • 로터리 붐(rotary boom) : 최근에 개발된 형식으로 붐과 암 부분에 회전기를 두어 굴착기의 이동 없이도 암이 360° 회전된다.

49 경사지 조성, 도로, 하천공사와 정지작업에 효과적인 버킷은 다음 중 어느 것이 적당한가?

① 백호 버킷
② 슬로프 피니시드 버킷
③ 폴립 플램프
④ 셔블 버킷

> • 백호 버킷 : 가장 일반적으로 많이 사용되는 것으로 도랑파기, 지하철 공사, 토사 작업 등에 효과적이다.
> • 폴립 플램프 : 자갈, 골재 선별 적재, 오물처리 등의 작업에 사용된다.
> • 셔블 버킷 : 장비보다 위쪽의 굴토 작업에 적합하다. 백호 버킷을 뒤집어 설치하여 작업하기도 한다.

50 굴착기 하부구동체 기구의 구성요소와 관련된 사항이 아닌 것은?

① 트랙 프레임
② 주행용 유압모터
③ 트랙 및 롤러
④ 붐 실린더

> 붐 실린더는 작업장치에 해당된다.

51 굴착기의 선회주차브레이크에 대한 설명으로 틀린 것은?

① 선회 시 작업의 안전을 위해 설치한다.
② 선회주차브레이크는 선회조작이 중립에 위치할 때 자동으로 제동되어야 한다.
③ 엔진이 가동되는 상태에서 제동기능을 유지하여야 한다.
④ 엔진이 정지된 상태에서는 제동기능을 유지할 필요가 없다.

> 굴착기의 선회주차브레이크는 굴착기가 선회할 때 작업의 안전을 위해 설치하여야 하는 장치로 엔진이 가동되는 상태나 정지된 상태에서도 제동기능을 유지하여야 한다.

52 굴착기 트랙의 유격은 보통 작업장에서 얼마가 되도록 함이 적합한가?

① 약 10~20mm
② 약 25~40mm
③ 약 70~90mm
④ 약 100~120mm

> 일반적으로 유격은 25~40mm 정도로 규정값보다 크면 트랙이 벗겨지기 쉽고, 롤러 및 트랙 링크의 마멸이 촉진된다.

53 무한궤도식 굴착기에서 상부 롤러의 설치 목적은?

① 전부 유동륜을 고정한다.
② 기동륜을 지지한다.
③ 트랙을 지지한다.
④ 리코일 스프링을 지지한다.

> 상부 롤러(carrier roller)는 프론트 아이들러와 스프로킷 사이에 1~2개가 설치되어 트랙이 밑으로 처지지 않도록 지지하며, 트랙의 회전을 바르게 유지하는 일을 한다.

54 굴착기 엔진 시동 후 점검 사항과 가장 거리가 먼 것은?

① 각 체결부의 풀림, 작업 장치 및 유압 계통의 상태를 점검한다.
② 엔진의 배기음 및 배기색이 정상인지 확인한다.
③ 이상 음 및 이상 진동이 없는 지 점검한다.
④ 작동유 탱크의 레벨 게이지는 적정 유량인지 확인한다.

> 엔진을 시동하기 전에 계기판 점검 후 장비를 전체적으로 둘러보고 체결부의 풀림, 작업 장치 및 유압 계통의 상태를 점검한다.

55 굴착기의 붐은 무엇에 의해 상부 회전체에 연결되었는가?

① 볼 레이스
② 실린더
③ 푸트 핀
④ 코터 핀

> 붐은 상부 회전체에 푸트 핀에 의하여 상부 회전체 프레임에 1개 또는 2개의 유압 실린더와 함께 설치되어 있다.

56 다음은 굴착기 하부 주행체에 대한 설명이다. 틀린 것은?

① 하부 주행체는 선회베어링을 거쳐 상부 선회체와 작업장치를 지지하고 있다.
② 주행장치는 유압모터, 감속기, 스프로킷 등으로 구성되어 있다.
③ 펌프에서 토출된 작동유는 컨트롤 밸브를 거쳐 주행모터 → 스프로킷 → 감속기에 전달되어 트랙 링크를 회전시킨다.
④ 트랙은 슈, 링크 및 핀으로 결합되어 무한궤도를 이루어 주행 시 무리 없이 전·후진이 가능하다.

> 펌프에서 토출된 작동유는 컨트롤 밸브를 거쳐 주행모터 → 감속기 → 스프로킷에 전달되어 트랙 링크를 회전시킨다.

57 4차로 고속도로에서 건설기계의 법정 최고속도는 매시 몇 km인가?

① 100km
② 110km
③ 80km
④ 60km

> 4차로 고속도로에서 건설기계의 법정 최고속도는 매시 80km/h이다.

58 녹색신호에서 교차로 내를 직진 중에 황색신호로 바뀌었을 때, 안전운전 방법 중 가장 옳은 것은?

① 속도를 줄여 조금씩 움직이는 정도의 속도로 서행하면서 진행한다.
② 일시 정지하여 좌우를 살피고 진행한다.
③ 일시 정지하여 다음 신호를 기다린다.
④ 계속 진행하여 교차로를 통과한다.

🔍 녹색신호에서 교차로 내를 직진 중에 황색신호로 바뀌었을 때에는 신속하게 교차로를 벗어나야 한다.

59 도로교통법상 반드시 서행하여야 할 장소로 지정된 곳으로 가장 적절한 것은?

① 안전지대 우측
② 비탈길의 고개 마루 부근
③ 교통정리가 행하여지고 있는 교차로
④ 교통정리가 행하여지고 있는 횡단보도

🔍 서행하여야 할 곳
• 교통정리가 행하여지지 아니하고 좌 · 우를 확인할 수 없는 교차로
• 도로의 구부러진 곳
• 비탈길의 고개마루 부근
• 가파른 비탈길의 내리막

60 일시정지 안전 표지판이 설치된 횡단보도에서 위반되는 것은?

① 경찰공무원이 진행신호를 하여 일시정지 하지 않고 통과하였다.
② 횡단보도 직전에 일시정지하여 안전을 확인한 후 통과하였다.
③ 보행자가 보이지 않아 그대로 통과하였다.
④ 연속적으로 진행 중인 앞차의 뒤를 따라 진행할 때 일시정지 하였다.

🔍 일시정지 표지판이 설치된 장소에서는 반드시 일시정지 후 안전을 확인하고 통과하여야 한다.

정답 CBT 복원문제 – 제02회

01 ①	02 ③	03 ④	04 ③	05 ②	06 ①	07 ①	08 ④	09 ④	10 ③
11 ①	12 ③	13 ①	14 ②	15 ④	16 ④	17 ①	18 ①	19 ③	20 ②
21 ①	22 ③	23 ④	24 ④	25 ①	26 ④	27 ④	28 ④	29 ②	30 ④
31 ④	32 ④	33 ②	34 ②	35 ①	36 ④	37 ②	38 ③	39 ④	40 ②
41 ③	42 ②	43 ②	44 ①	45 ④	46 ④	47 ④	48 ④	49 ②	50 ④
51 ④	52 ②	53 ③	54 ①	55 ③	56 ③	57 ③	58 ④	59 ②	60 ③

제03회 CBT 복원문제

01 건설기계의 주요구조 변경 및 개조의 범위에 해당하지 않는 것은?

① 원동기의 형식 변경
② 동력전달장치의 형식 변경
③ 유압장치의 형식 변경
④ 건설기계의 기종 변경

> 구조 변경이 안 되는 사항
> • 건설기계의 기종 변경
> • 육상 작업용 건설기계의 규격 증가를 위한 구조 변경
> • 적재함의 용량 증가를 위한 구조 변경

02 건설기계조종사의 적성검사 기준으로 가장 거리가 먼 것은?

① 두 눈을 동시에 뜨고 잰 시력이 0.7 이상이고, 두 눈의 시력이 각각 0.3 이상일 것
② 시각은 150도 이상일 것
③ 언어분별력이 80% 이상일 것
④ 50데시벨(보청기를 사용하는 사람은 40데시벨)의 소리를 들을 수 있을 것

> 적성검사 기준
> • 두 눈을 동시에 뜨고 잰 시력(교정시력을 포함)이 0.7 이상이고 두 눈의 시력이 각각 0.3 이상일 것
> • 55데시벨(보청기를 사용하는 사람은 40데시벨)의 소리를 들을 수 있고, 언어분별력이 80퍼센트 이상일 것
> • 시각은 150도 이상일 것
> • 정신병자·지적장애인·뇌전증환자, 마약·대마·향정신성의약품, 알코올 중독자가 아닐 것

03 건설기계관리법상 중상이란?

① 5일 미만의 치료를 요하는 진단이 있을 때
② 3주 이상의 치료를 요하는 진단이 있을 때
③ 3주 미만의 치료를 요하는 진단이 있을 때
④ 7일 이상의 치료를 요하는 진단이 있을 때

> 건설기계관리법상 중상은 3주 이상의 치료를 요하는 진단이 있을 때를 말하며, 경상은 3주 미만의 치료를 요하는 진단이 있을 때를 말한다.

04 등록된 건설기계의 주요 구조를 변경 또는 개조하였을 때는 사유 발생일로부터 며칠 이내에 검사를 받아야 하는가?

① 10일 이내
② 20일 이내
③ 30일 이내
④ 2개월 이내

> 등록된 건설기계의 주요 구조를 변경 또는 개조하였을 때 실시하는 검사는 구조변경검사로 사유 발생일로부터 20일 이내에 검사를 받아야 한다.

05 건설기계관리법령상 건설기계조종사면허를 받지 않고 건설기계를 조종한 사람에 대한 벌칙은?

① 2년 이하의 징역 또는 2천만원 이하의 벌금
② 1년 이하의 징역 또는 1천만원 이하의 벌금
③ 300만원 이하의 벌금
④ 300만원 이하의 과태료

> 1년 이하의 징역 또는 1천만원 이하의 벌금(주요사항)
> • 거짓이나 그 밖의 부정한 방법으로 등록을 한 자
> • 건설기계의 구조변경검사 또는 수시검사를 받지 아니한 자
> • 건설기계의 정비명령을 이행하지 아니한 자
> • 매매용 건설기계를 운행하거나 사용한 자
> • 건설기계조종사면허를 받지 아니하고 건설기계를 조종한 자
> • 건설기계조종사면허를 거짓이나 그 밖의 부정한 방법으로 받은 자
> • 건설기계를 도로나 타인의 토지에 버려둔 자

06 건설기계의 임시운행 사유에 해당되지 않는 것은?

① 등록신청을 하기 위하여 건설기계를 등록지로 운행하는 경우
② 수출을 하기 위하여 건설기계를 선적지로 운행하는 경우
③ 판매 또는 전시를 위하여 건설기계를 일시적으로 운행하는 경우
④ 수리를 위해 정비업체로 이동하기 위해 운행하는 경우

> 임시운행 사유
> • 등록신청을 하기 위하여 건설기계를 등록지로 운행하는 경우
> • 신규등록검사 및 확인검사를 받기 위하여 건설기계를 검사장소로 운행하는 경우
> • 수출을 하기 위하여 건설기계를 선적지로 운행하는 경우
> • 수출을 하기 위하여 등록말소한 건설기계를 점검·정비의 목적으로 운행하는 경우
> • 신개발 건설기계를 시험·연구의 목적으로 운행하는 경우
> • 판매 또는 전시를 위하여 건설기계를 일시적으로 운행하는 경우

07 축전지 및 발전기에 대한 설명으로 틀린 것은?

① 시동 전 전원은 배터리이다.
② 시동 후 전원은 발전기이다.
③ 시동 전과 후 모든 전력은 배터리로부터 공급된다.
④ 발전하지 못해도 배터리로만 운행이 가능하다.

> 시동 전 전원은 배터리이며, 시동 후에는 발전기가 엔진의 회전에 의해 함께 회전하면서 각종 전기장치의 전원공급을 담당하고 배터리를 충전하는 역할을 한다.

08 전기장치의 퓨즈가 끊어졌을 때의 조치 사항으로 옳은 것은?

① 동일 용량의 것으로 갈아 끼운다.
② 용량이 큰 것으로 갈아 끼운다.
③ 구리선이나 납선으로 바꾼다.
④ 전기장치의 고장개소를 찾아 수리한다.

> 퓨즈는 전기 회로에서 단락에 의해 전선이 타거나 과대 전류가 부하에 흐르지 않도록 하는 구성품으로 사용 중인 퓨즈가 끊어져 교체할 때는 동일 용량의 것을 사용하여야 한다.

09 교류발전기의 특징으로 틀린 것은?

① 속도변화에 따른 적용 범위가 넓고 소형, 경량이다.
② 저속시에도 충전이 가능하다.
③ 정류자를 사용한다.
④ 다이오드를 사용하기 때문에 정류 특성이 좋다.

> 직류발전기와 교류발전기의 비교

구분	직류(DC)발전기	교류(AC)발전기
중량	무겁다.	가볍다.
브러시 수명	짧다.	길다.
정류	정류자와 브러시	실리콘 다이오드
공회전시	충전 불가능	충전 가능
구조	계자코일 고정, 아마추어 회전	스테이터 고정, 로터 회전
사용범위	고속회전용으로 부적합	고속회전에도 견딤
조정기	컷아웃릴레이, 전압조정기, 전류조정기	전압조정기만 필요

10 기관에서 실린더 마모가 가장 큰 부분은?

① 실린더 아랫부분
② 실린더 윗부분
③ 실린더 중간 부분
④ 실린더 연소실 부분

🔍 실린더의 마모는 피스톤링의 접촉과 이물질의 흡입 및 연소생성물에 그 원인이 있으며, 연소실에 가까운 실린더 윗부분이 마모가 가장 크다.

11 디젤기관에 과급기를 부착하는 주된 목적은?

① 출력의 증대
② 냉각효율의 증대
③ 배기효율의 증대
④ 윤활성의 증대

🔍 과급기(Supercharger)
• 기관의 작동 중 흡입에 의한 충전 효율을 높여서 회전력, 연료 소비율, 기관의 출력 등을 향상시키기 위하여 흡입되는 가스에 압력을 가하여 주는 일종의 공기 펌프이다.
• 기관 전체 중량은 10~15%가 무거워진다.
• 기관의 출력은 35~45% 증대된다.

12 워터 펌프를 구동하는 팬 벨트의 장력이 적을 때의 현상으로 가장 적당한 것은?

① 벨트가 이탈된다.
② 냉각수 온도가 높아진다.
③ 기관이 과열된다.
④ 발전기 충전이 과다해진다.

🔍 벨트 장력이 헐거울 때
• 물 펌프 회전속도가 느려져 기관 과열
• 발전기 출력 저하
• 소음 발생
• 팬 벨트 마모 촉진(손상)

13 액슬 축과 액슬 하우징의 조향방법에서 액슬 축의 지지 방식이 아닌 것은?

① 전부동식
② 반부동식
③ 3/4부동식
④ 전유동식

🔍 액슬 축과 하우징의 상태에 따라 수직·수평·하중이 달라지며, 지지방식으로는 반부동식, 3/4 부동식, 전부동식(대형 트럭)이 있다.

14 윤활장치에 사용되고 있는 오일펌프로 적합하지 않는 것은?

① 기어 펌프
② 로터리 펌프
③ 베인 펌프
④ 나사 펌프

🔍 윤활장치에 사용되고 있는 오일펌프는 기어 펌프, 로터리 펌프, 베인 펌프 등이 있으며, 4행정 사이클 기관에 주로 사용되는 오일펌프는 로터리식과 기어식이다.

15 오일의 여과 방식이 아닌 것은?

① 자력식   ② 분류식
③ 전류식   ④ 샨트식

🔍 오일의 여과방식에는 오일의 일부를 여과하는 분류식과 전부를 여과시키는 전류식, 그리고 분류식과 전류식을 합친 샨트식이 있다.

16 건설기계 작업 중 계기판의 정보가 다음과 같았다. 조치해야 할 사항은?

① 냉각수를 보충한다.
② 연료를 보충한다.
③ 시동을 끄고 냉각계통을 점검한다.
④ 작업을 멈추고 일일점검을 실시한다.

🔍 그림의 계기판 정보는 연료량을 표시하는 것으로 연료가 부족한 상태이므로 연료를 보충하여야 한다.

17 유압장치의 장점을 설명한 것이다. 틀린 것은?

① 소형장치로 큰 출력을 발생한다.
② 무단변속이 가능하고 정확한 위치 제어를 할 수 있다.
③ 유온의 영향이 있어도 정밀한 속도와 제어가 가능하다.
④ 과부하에 대한 안전장치가 간단하고 정확하다.

🔍 유압장치의 장점
• 과부하에 대한 안전장치가 간단하고 정확하다.
• 무단 변속이 가능하고 정확한 위치 제어가 가능하다.
• 부하의 변화에 대한 안정성이 크다.
• 동력 전달이 원활하고 저속에서 큰 회전력의 기동이 용이하다.
• 공기의 압력·유압 및 전기 신호 등으로 쉽게 원격조정이 가능하다.
• 진동이 적고 작동이 원활하다.
• 작동유에는 윤활성·방청성이 있어 마멸이 적고 내구성이 크다.
• 동력의 분배와 집중이 쉽다.
• 소형 장치로 큰 출력을 발생한다.
• 에너지의 저장이 가능하다.

18 유압회로에 사용되는 유압밸브의 역할이 아닌 것은?

① 일의 관성을 제어한다.
② 일의 방향을 변환시킨다.
③ 일의 속도를 제어한다.
④ 일의 크기를 조정한다.

🔍 유압밸브
• 압력제어 밸브 : 일의 크기를 조정한다. (릴리프 밸브, 리듀싱 밸브, 시퀀스 밸브, 언로더 밸브, 카운터 밸런스 밸브)
• 유량제어 밸브 : 일의 속도를 제어한다. (교축 밸브, 압력 보상 유량제어 밸브, 분류 밸브, 감속 밸브)
• 방향제어 밸브 : 일의 방향을 변환시킨다. (체크 밸브, 스풀 밸브, 셔틀 밸브)

19 자체중량에 의한 자유낙하 등을 방지하기 위하여 회로에 배압을 유지하는 밸브는?

① 감압 밸브
② 체크 밸브
③ 릴리프 밸브
④ 카운터 밸런스 밸브

🔍 카운터 밸런스 밸브(counter balance valve)는 유압 실린더 등이 자유 낙하되는 것을 방지하기 위하여 배압을 유지시키는 역할을 한다.

20 유압기기의 작동속도를 높이기 위하여 무엇을 변화시켜야 하는가?

① 유압 펌프의 토출유량을 증가시킨다.
② 유압 모터의 압력을 높인다.
③ 유압 모터의 토출압력을 높인다.
④ 유압 모터의 크기를 작게 한다.

🔍 유압의 제어방법 중 유압기기의 작동 속도는 유량의 제어를 통해 조절한다.

21 유압장치의 부품을 교환 후 다음 중 가장 우선 시행하여야 할 작업은?

① 최대부하 상태의 운전
② 유압을 점검
③ 유압장치의 공기빼기
④ 유압 오일쿨러 청소

> 유압장치의 부품 교환 후 가장 먼저 공기빼기를 해주어야 한다. 공기빼기 작업은 "엔진 기동 → 난기 운전 실시 → 각 유압 모터와 실린더를 5분 정도 천천히 반복 작동"시키는 순서로 한다.

22 유압 모터의 종류가 아닌 것은?

① 기어 모터
② 베인 모터
③ 플런저 모터
④ 터빈 모터

> 유압 모터는 기어형, 베인형, 액시얼 플런저형, 레이디얼 플런저형, 멀티 스트로크형이 있다.

23 어큐뮬레이터(축압기)의 사용 목적이 아닌 것은?

① 유압회로 내의 압력 상승
② 충격압력 흡수
③ 유체의 맥동 감쇠
④ 압력 보상

> 어큐뮬레이터의 용도
> • 대유량의 작동유를 순간적으로 공급한다.
> • 유압 펌프의 맥동을 제거한다.
> • 충격 압력을 흡수한다.
> • 압력을 보상해 준다.

24 그림의 유압 기호는 무엇을 표시하는가?

① 유압 실린더
② 어큐뮬레이터
③ 오일 탱크
④ 유압 린더 로드

> 기호는 어큐뮬레이터(축압기)이며 축압기는 유압 에너지의 저장, 충격흡수 등에 이용된다.

25 유압 모터와 유압 실린더의 설명으로 맞는 것은?

① 둘 다 회전운동을 한다.
② 모터는 직선운동, 실린더는 회전운동을 한다.
③ 둘 다 왕복운동을 한다.
④ 모터는 회전운동, 실린더는 직선운동을 한다.

> 유압 액추에이터는 유압펌프로부터 공급된 작동유의 유압에너지를 이용하여 기계적인 일, 즉 직선운동이나 회전운동으로 변환시키는 장치로 유압 모터는 회전운동, 유압 실린더는 직선운동을 한다.

26 피스톤의 지름이 20mm인 유압 실린더에서 유압이 50kgf/cm² 작용할 때 실린더에서 발생되는 힘은 약 얼마인가?

① 15.7kg
② 78.5kg
③ 100kg
④ 157kg

> • 압력 = $\frac{힘}{단면적}$
> • 단면적 = $\frac{\pi D^2}{4} = \frac{3.14 \times 2(cm)^2}{4} = 3.14 cm^2$
> • 힘 = $3.14 cm^2 \times 50 kgf/cm^2 = 157 kgf$

27 산업재해 발생원인 중 직접원인에 해당되는 것은?

① 유전적 요소
② 사회적 환경
③ 불안전한 행동
④ 인간의 결함

> 재해의 직접원인
> • 불안전한 행동 : 위험장소 접근, 안전장치의 기능 제거, 복장·보호구의 잘못 사용, 기계·기구 잘못 사용, 운전 중인 기계장치의 손질, 불안전한 속도 조작, 위험물 취급 부주의, 불안전한 상태 방치, 불안전한 자세 동작, 감독 및 연락 불충분
> • 불안전한 상태 : 물 자체 결함, 안전 방호장치 결함, 보호구의 결함, 물의 배치 및 작업장소 결함, 작업환경의 결함, 생산 공정의 결함, 경계표시·설비의 결함

28 먼지가 많이 발생하는 장소에서 착용해야 하는 마스크는?

① 방독마스크
② 산소마스크
③ 송기마스크
④ 방진마스크

> 호흡용 보호구
> • 방독마스크 : 유기용제, 유독가스, 미스트, 흄 발생작업
> • 송기마스크, 산소마스크 : 저장조, 하수구 청소 및 산소결핍 작업장
> • 방진마스크 : 분체작업, 연마작업, 광택작업, 배합작업 등 먼지가 많은 작업장

29 장갑을 끼고 작업을 할 때 위험한 작업은?

① 건설기계운전
② 타이어 교환 작업
③ 해머 작업
④ 오일 교환 작업

> 장갑을 착용하면 안 되는 작업
> • 해머 작업
> • 연삭 작업
> • 드릴 작업
> • 정밀기계 작업

30 복스 렌치가 오픈 렌치보다 많이 사용되는 이유로 가장 적합한 것은?

① 볼트, 너트 주위를 완전히 감싸게 되어 있어서 사용 중에 미끄러지지 않는다.
② 여러 가지 크기의 볼트, 너트에 사용할 수 있다.
③ 값이 싸며, 적은 힘으로 작업할 수 있다.
④ 가볍고, 사용하는데 양손으로도 사용할 수 있다.

> 렌치(Wrench)
> • 오픈 렌치 : 스패너라고 하며, 볼트 머리 6각 중 두 군데만 고정하여 돌리기 때문에 볼트 머리가 훼손될 가능성이 있다.
> • 조정 렌치 : 일명 몽키 스패너라고도 불리며 볼트 또는 너트를 조이거나 풀 때 고정 조에 힘이 가해지도록 해야 한다.
> • 복스 렌치 : 오픈 렌치와 달리 볼트, 너트 주위를 완전히 감싸게 되어 사용 중에 미끄러지지 않으며, 고른 힘이 분산되어 볼트, 너트를 손상시키지 않고 큰 힘을 전달할 수 있다.
> • 컴비네이션(조합) 렌치 : 오픈 렌치와 복스 렌치의 장점을 모아 하나로 만든 렌치이며, 한쪽은 오픈 렌치, 반대편은 복스 렌치로 되어 있다.

31 조정렌치 사용 및 관리요령으로 적합하지 않는 것은?

① 볼트를 풀 때는 렌치에 연결대 등을 이용한다.
② 적당한 힘을 가하여 볼트, 너트를 죄고 풀어야 한다.
③ 잡아당길 때 힘을 가하면서 작업한다.
④ 볼트, 너트를 풀거나 조일 때는 볼트머리나 너트에 꼭 끼워져야 한다.

> 조정 렌치는 조(jaw)의 폭을 자유롭게 조정하여 사용할 수 있는 공구로 볼트나 너트를 조이거나 풀 때는 고정 조에 힘이 가해지도록 하여야 하며, 연결대는 사용하지 않는다.

32 안전·보건표지의 색채와 관련하여 안내표지의 바탕색은?

① 노란색
② 흰색
③ 파란색
④ 검은색

🔍 안전·보건표지의 색채
• 금지표지 : 바탕은 흰색, 기본모형은 빨간색, 관련 부호 및 그림은 검은색
• 경고표지 : 바탕은 노란색, 기본모형, 관련 부호 및 그림은 검은색. 다만, 인화성물질 경고, 산화성 물질 경고, 폭발성물질 경고, 급성독성물질 경고, 부식성물질 경고 및 발암성·변이원성·생식독성·전신독성·호흡기과민성물질 경고의 경우 바탕은 무색, 기본모형은 빨간색(검은색도 가능)
• 지시표지 : 바탕은 파란색, 관련 그림은 흰색
• 안내표지 : 바탕은 흰색, 기본모형 및 관련 부호는 녹색 또는 바탕은 녹색, 관련 부호 및 그림은 흰색

33 안전·보건표지를 제작할 때의 규격과 가장 거리가 먼 것은?

① 재질
② 색깔
③ 모양
④ 내용

🔍 안전·보건표지는 그 종류별로 기본모형에 의하여 규정된 구분에 따라 제작하여야 하며, 관련 법령에 따라 색채와 색도기준, 내용이 정해져 있다.

34 유류화재 발생 시 화재진압을 위한 가장 효과적인 방법은?

① 물 호스의 사용
② 불의 확대를 막는 덮개의 사용
③ 소다 소화기의 사용
④ 탄산가스 소화기의 사용

🔍 유류 및 가스화재는 B급 화재로 탄산가스(CO_2) 소화기, 포말 소화기, 분말 소화기, 증발성 액체 소화기 등을 사용하여 화재를 진압한다.

35 공장에서 엔진 등과 같은 중량물을 이동하고자 한다. 가장 좋은 방법은?

① 여러 사람이 들고 조용히 움직인다.
② 체인 블록이나 호이스트를 사용한다.
③ 로프로 묶고 살며시 잡아 당긴다.
④ 지렛대를 이용하여 움직인다.

🔍 중량물은 인력운반이 금지되며, 체인 블록이나 호이스트를 사용해서 운반하여야 한다.

36 기계의 회전부분(기어, 벨트, 체인)에 덮개를 설치하는 이유는?

① 좋은 품질의 제품을 얻기 위하여
② 회전 부분의 속도를 높이기 위하여
③ 제품의 제작과정을 숨기기 위하여
④ 회전부분과 신체의 접촉을 방지하기 위하여

🔍 기계의 회전부분은 끼임, 절단, 물림 등에 의한 사고가 빈번한 곳으로 이곳에 덮개를 덮어 신체의 접촉을 방지하기 위한 안전장치이다.

37 굴착기 운행에 따른 안전 수칙 사항으로 틀린 것은?

① 장비에 오르내릴 때는 양손으로 손잡이를 이용하여야 한다.
② 운전 반경 내에 사람이 있을 때는 절대로 회전해서는 안 된다.
③ 장비의 주차 시 버킷은 지면으로부터 20~30cm 올려두어야 한다.
④ 버킷이나 다른 부수 장치 혹은 뒷부분에 사람을 태우지 말아야 한다.

🔍 장비의 주차 시는 경사지나 굴착 작업장으로부터 충분히 이격시켜 주차하고, 버킷은 반드시 지면에 내려놓아야 한다.

38 SAE 형식의 조종 레버가 장착된 굴착기에서 붐 및 버킷 조종 레버를 (A) 방향으로 움직였을 때 붐 또는 버킷의 작동은?

```
        C
        |
A ←── E ──→ B
        |
        D
```

① 붐 하강
② 버킷 펴짐
③ 붐 상승
④ 버킷 오므림

🔍 붐 및 버킷 조종 레버(SAE 형식)
• A 방향 : 버킷 오므림(bucket close)
• B 방향 : 버킷 펴짐(bucket open)
• C 방향 : 붐 하강(boom down)
• D 방향 : 붐 상승(boom up)
• E 위치 : 중립(어떤 위치에서나 조종 레버를 놓게 되면 조종 레버는 중립으로 되돌아간다.)

39 굴착기에서 밸런스 웨이트가 설치되는 곳은?

① 하부 추진체 중간
② 하부 추진체 후부
③ 상부 선회체 중간
④ 상부 선회체 후부

🔍 밸런스 웨이트(카운터 웨이트)는 상부 회전체의 제일 뒷부분에 주철제로 주조되어, 터닝 프레임에 볼트로 고정되어 있다.

40 타이어식 건설기계의 액슬 허브에 오일을 교환하고자 한다. 오일을 배출시킬 때와 주입할 때의 플러그 위치로 옳은 것은?

① 배출시킬 때 1시 방향, 주입할 때 : 9시 방향
② 배출시킬 때 6시 방향, 주입할 때 : 9시 방향
③ 배출시킬 때 3시 방향, 주입할 때 : 9시 방향
④ 배출시킬 때 2시 방향, 주입할 때 : 12시 방향

🔍 오일을 배출시킬 때는 플러그를 6시 방향에, 주입할 때는 플러그 방향을 9시에 위치시킨다.

41 굴착기의 작업장치 연결부(작동부) 니플에 주유하는 것은?

① G.A.A(그리스)
② SAE #30(엔진오일)
③ G.O(기어오일)
④ H.O(유압유)

🔍 유니버셜 조인트, 휠 베어링, 볼 조인트, 연결부위 등에서는 그리스가 사용된다.

42 크롤러식 굴착기에서 상부 선회체의 회전에는 영향을 주지 않고 주행모터에 작동유를 공급할 수 있는 부품은?

① 컨트롤 밸브
② 센터 조인트
③ 사축형 유압 모터
④ 언로더 밸브

🔍 센터 조인트는 상부 선회체의 유압유를 하부 추진체의 주행 모터에 보내주어 상부 선회체가 회전하더라도 호스, 파이프 등이 꼬이지 않고 원활히 오일을 송유하는 일을 하는 배관의 일부이다.

43 굴착기의 작업 동작을 한 번씩 연속으로 할 때 소요되는 시간을 의미하는 사이클 타임에 해당되지 않는 것은?

① 굴착　　② 회전
③ 주행　　④ 복귀

> 굴착기의 사이클 타임(cycle time)
> • 굴착 : 버킷을 오므리면서 암을 당기고, 붐을 들어 버킷에 흙을 파서 담는 동작
> • 회전 : 버킷에 담긴 흙을 원하는 위치로 이동하기 위해 상부를 회전시키는 동작
> • 덤핑 : 원하는 위치로 암을 뻗고 버킷을 펼쳐 담겨져 있는 흙을 쏟아내는 동작
> • 복귀 : 다음 굴착작업을 할 지점에 버킷을 펼쳐서 내려놓는 동작

44 무한궤도식 굴착기의 스프로킷에 가까운 쪽의 롤러는 어떤 형식을 사용하는가?

① 싱글 플랜지형
② 더블 플랜지형
③ 플랫형
④ 옵셋형

> 하부 롤러(트랙 롤러)는 싱글 플랜지형과 더블 플랜지형이 있으며, 프론트 아이들러와 스프로킷이 있는 쪽에는 반드시 싱글 플랜지형을 사용하여야 한다.

45 다음 중 굴착기 채굴 작업 방법이 아닌 것은?

① 직진 채굴
② 병진 채굴
③ 장애물 밑 부분의 굴착
④ 3각 굴착 작업

> 굴착기 채굴 작업 종류 : 직진 채굴, 병진 채굴, 4각 굴착 작업, 장애물 밑 부분의 굴착, 간척지 작업

46 크롤러식 굴착기의 트랙이 잘 벗겨지는 이유로 거리가 먼 것은?

① 고속 주행 시 급방향 전환하는 경우
② 경사면을 측면으로 주행하는 경우
③ 트랙의 장력이 큰 경우
④ 트랙과 롤러 사이에 돌이 낀 상태로 조향하는 경우

> 트랙이 잘 벗겨지는 경우
> • 고속 주행 시 급선회하였을 경우
> • 경사면을 측면으로 주행하는 경우
> • 트랙의 장력이 현저히 작을 경우
> • 트랙과 롤러 사이에 돌이 낀 상태로 조향하는 경우
> • 프론트 아이들러와 스프로킷의 중심이 틀릴 때
> • 리코일 스프링의 장력이 약할 때
> • 측면을 경사시켜 작업할 때

47 케이블, 파이프 매설 등에 적절하며, 앞부분에 삽을 설치하여 사용하는 굴착기 작업 장치는 다음 중 어느 것인가?

① 도저용 블레이드　　② 이젝터 버킷
③ 우드 그랩　　④ 폴립 클램프

> • 이젝터 버킷 : 점질토의 땅을 굴착할 때 사용(버킷 안에 토사를 밀어내는 이젝터가 있어 버킷 안에 흙이 부착될 염려가 없다.
> • 우드 그랩 : 전신주, 파일, 기중작업등에 이용되며 목재운반과 적재하역에 효과적이다.
> • 폴립 클램프 : 자갈, 골재 선별 적재, 오물처리 등의 작업에 사용된다.

48 무한궤도식 굴착기에서 트랙의 구성품으로 맞는 것은?

① 슈, 조인트, 실(seal), 핀, 슈볼트
② 스프로킷, 트랙롤러, 상부롤러, 아이들러
③ 슈, 스프로킷, 하부롤러, 상부롤러, 감속기
④ 슈, 링크, 부싱, 핀

> 무한궤도식 건설기계의 트랙은 링크, 핀, 부싱, 슈 등으로 구성되어 있으며 스프로킷에서 동력을 받아 구동된다.

49 무한궤도식 굴착기의 트랙 전면에서 오는 충격을 완화시키기 위해 설치한 것은?

① 프론트 아이들러
② 리코일 스프링
③ 상부 롤러
④ 하부 롤러

> • 프론트 아이들러(Front idler, 전부 유동륜) : 프론트 아이들러는 트랙 프레임의 앞쪽에 설치되며, 프레임 위에서 미끄럼 운동을 할 수 있는 요크(yoke)에 설치되어 있다. 주된 기능은 트랙의 장력을 조정하면서 트랙의 진행 방향을 유도한다.
> • 리코일 스프링(Recoil spring) : 안쪽의 이너 스프링과 바깥쪽의 아우터 스프링의 2중으로 된 구조로 주행 중 프론트 아이들러가 받은 충격을 완화시켜 트랙 장치의 파손을 방지하는 일을 한다.
> • 상부 롤러(Carrier roller, 캐리어 롤러) : 프론트 아이들러(전부 유동륜)와 스프로킷(구동륜) 사이에 1~2개가 설치되어 트랙이 밑으로 처지지 않도록 받쳐주며, 트랙의 회전을 바르게 유지하는 역할을 담당한다.
> • 하부 롤러(Track roller, 트랙 롤러) : 하부 롤러는 트랙 프레임에 5~7개 정도가 설치되며, 트랙터의 전체 중량을 지지하고, 전체 중량을 균일하게 트랙에 배분한다. 또한, 트랙의 회전 위치를 바르게 유지하게 함으로써 상부 롤러와 함께 트랙의 회전을 바르게 유지하는데 관여한다.

50 무한궤도식 굴착기 조향 작용은 무엇으로 하는가?

① 브레이크 페달
② 조향 클러치
③ 유압 모터
④ 유압 펌프

> 무한궤도식 굴착의 조향은 유압 모터를 이용한다.

51 무한궤도식 굴착기에서 트랙 장력의 조정은?

① 장력조정 실린더로 한다.
② 스프로킷의 조정 볼트로 한다.
③ 상부 롤러의 베어링으로 한다.
④ 하부 롤러의 심을 조정한다.

> 무한궤도식 굴착기의 트랙 장력 조정
> • 조정 너트를 렌치로 돌려서 조정하는 방법(구형)
> • 프론트 아이들러 요크 축에 설치된 그리스 실린더에 그리스(GAA)를 주유하면 트랙 유격이 적어지고, 그리스를 배출시키면 유격이 커지는 방식이다.

52 굴착기의 퀵 커플러의 설치기준에 대한 설명으로 틀린 것은?

① 작동스위치는 조종사의 조작에 의해서만 작동되는 구조여야 한다.
② 버킷 잠금장치는 단일 잠금으로 하여야 한다.
③ 유압잠금장치가 해제된 경우 조종사가 알 수 있을 정도로 충분한 크기의 경고음이 발생되는 장치를 설치하여야 한다.
④ 퀵 커플러에 과전류가 발생할 때 전원을 차단할 수 있어야 한다.

> 퀵 커플러는 굴착기 버킷의 결합 및 분리를 신속하게 할 수 있는 장치로 버킷 잠금장치는 이중 잠금으로 하여야 한다.

53 굴착기 붐의 작동이 느린 이유가 아닌 것은?

① 유압유에 이물질 혼입
② 유압유의 압력 저하
③ 유압유에 점도 불량
④ 유압유의 압력 과다

> 굴착기 붐 작동이 늦어지는 이유는 유압이 낮아지는 것이 주요 원인이다.

54 굴착기 작업을 위한 작업지시서의 내용으로 가장 거리가 먼 것은?

① 공사 종류 및 공종 종류
② 작업 장소
③ 작업량
④ 작업자 현황

🔍 작업지시서 내용
• 공사 종류 및 공종 종류
• 작업 장소 및 작업량
• 운행 경로, 작업 방법 및 순서
• 장비 위치 및 작업 진행 방향
• 운반 경로 및 운반로 주요 사항(노폭, 경사도 등)

55 굴착기 작업 시 유의 사항으로 틀린 것은?

① 도로에서 작업할 때에는 반드시 수신호 전달자를 세워야 한다.
② 장비 후진 시 후진 경고음이 작동하는지 확인하고 주변의 작업자를 사전에 파악한다.
③ 작업장에 흐트러진 흙이나 모래언덕이 있을 경우 작업이 종료된 후 정리 다짐한다.
④ 장마철이나 눈이 녹은 후에는 지반의 약화로 붕괴의 위험이 있으므로 사전에 지반을 확인한다.

🔍 작업장에 흐트러진 흙이나 모래언덕이 있을 경우 전복의 위험이 있으므로 작업 전에 정리 다짐하고 작업을 한다.

56 굴착기의 필터 및 엔진 오일 점검과 관련하여 10시간 간격으로 점검해야 하는 사항은?

① 라디에이터 냉각수 점검, 보충
② 배터리(전해액) 점검, 보충
③ 엔진오일 교환
④ 트랙 장력 점검, 조정

🔍 10시간 간격 점검 사항
• 작동유 탱크 점검 및 보충
• 엔진오일 점검 및 보충
• 라디에이터 냉각수 점검, 보충
• 프리필터(배수 및 엘리먼트) 점검, 배수
• 연료 탱크 점검, 보충
※ 보기 중 ④항은 50시간 간격, ②항과 ③항의 점검 주기는 250시간이다.

57 도로교통법상 폭우, 폭설, 안개 등으로 가시거리가 100m 이내일 때 최고속도의 감속기준으로 옳은 것은?

① 20%
② 50%
③ 60%
④ 80%

🔍 최고속도의 감속기준
• 20% 감속 : 비가 내려 노면이 젖어있는 경우, 눈이 20mm 미만 쌓인 경우
• 50% 감속 : 기상 조건 등으로 가시거리가 100m 이내인 경우, 노면이 얼어붙은 경우, 눈이 20mm 이상 쌓인 경우

58 교통사고가 발생하였을 때 운전자가 가장 먼저 취해야 할 조치는?

① 즉시 피해자 가족에게 알린다.
② 즉시 사상자를 구호하고 경찰공무원에게 신고한다.
③ 즉시 보험회사에 신고한다.
④ 모범운전자에게 신고한다.

🔍 차의 교통으로 인하여 사람을 사상하거나 물건을 손괴한 때에는 그 차의 운전자 그 밖의 승무원은 곧 정차하여 사상자를 구호하는 등 필요한 조치를 하여야 한다.

59 다음의 도로명판이 의미하는 바에 대한 설명으로 틀린 것은?

```
1←65   대정로23번길
        Daejeong-ro 23beon-gil
```

① 대정로23번길은 대정로 시작지점부터 약 230미터 지점에서 분기되는 길이다.
② 대정로23번길의 총 길이는 약 650미터 정도이다.
③ 대정로23번 길은 대정로 시작지점에서 출발하면 오른쪽으로 분기되는 길이다.
④ 도로명판이 세워진 현 위치는 대정로23번길의 끝지점이다.

🔍 도로명판
• 대정로23번길은 대정로 시작지점부터 약 230미터 지점에서 왼쪽으로 분기되는 길이다.(명판의 왼쪽 방향 돌출 참조, 대정로xx번길의 번호는 번호당 약 10미터 구간을 의미하므로 23 × 10m = 230m)
• 도로명판이 세워진 현 위치는 대정로23번길의 끝지점인 '65'이다.(1←65)
• 대정로23번길은 1부터 65까지의 기초 단위가 있으므로 65 × 10m = 650m 정도이다.

60 건설기계 조종 시 자동차 제1종 대형면허가 있어야 하는 기종은?

① 로더
② 지게차
③ 트럭적재식 천공기
④ 기중기

🔍 1종 대형면허 운전기종 : 덤프트럭, 아스팔트살포기, 노상안정기, 콘크리트믹서트럭, 콘크리트펌프, 천공기(트럭적재식)

정답 CBT 복원문제 - 제03회

01 ④	02 ④	03 ②	04 ②	05 ②	06 ④	07 ③	08 ①	09 ③	10 ②
11 ①	12 ③	13 ④	14 ④	15 ①	16 ②	17 ③	18 ①	19 ④	20 ①
21 ③	22 ④	23 ①	24 ②	25 ④	26 ②	27 ③	28 ④	29 ③	30 ①
31 ①	32 ②	33 ①	34 ④	35 ②	36 ④	37 ③	38 ④	39 ④	40 ②
41 ①	42 ④	43 ②	44 ①	45 ④	46 ③	47 ①	48 ④	49 ②	50 ③
51 ①	52 ②	53 ④	54 ④	55 ③	56 ①	57 ②	58 ②	59 ③	60 ③

제04회 CBT 복원문제

01 다음 중 건설기계의 범위에 해당되지 않는 것은?
① 자체중량 2톤 미만의 불도저
② 자체중량 1톤 이상의 굴착기
③ 자체중량 2톤 미만의 로더
④ 자체중량 2톤 미만의 엔진식 지게차

🔍 로더는 무한궤도 또는 타이어식으로 적재장치를 가진 자체중량 2톤 이상인 것을 말한다.

02 다음 중 특별 또는 경고표지 부착 대상 건설기계에 관한 설명이 아닌 것은?
① 대형건설기계에는 조종실 내부의 조종사가 보기 쉬운 곳에 경고 표지판을 부착하여야 한다.
② 길이가 16.7m를 초과하는 건설기계는 특별표지 부착 대상이다.
③ 특별표지판은 등록번호가 표시되어있는 면에 부착해야 한다.
④ 최소 회전반경 12m를 초과하는 건설기계는 특별표지 부착 대상이 아니다.

🔍 특별표지 부착 대상 대형건설기계
• 길이가 16.7m를 초과하는 건설기계
• 너비가 2.5m를 초과하는 건설기계
• 높이가 4.0m를 초과하는 건설기계
• 최소회전반경이 12m를 초과하는 건설기계
• 총중량이 40톤을 초과하는 건설기계
• 총중량 상태에서 축하중이 10톤을 초과하는 건설기계

03 건설기계관리법상 중상이란?
① 5일 미만의 치료를 요하는 진단이 있는 경우
② 3주 이상의 치료를 요하는 진단이 있는 경우
③ 3주 미만의 치료를 요하는 진단이 있는 경우
④ 7일 이상의 치료를 요하는 진단이 있는 경우

🔍 건설기계관리법상 중상은 3주 이상의 치료를 요하는 진단이 있을 때를 말하며, 경상은 3주 미만의 치료를 요하는 진단이 있는 경우를 말한다.

04 건설기계소유자에게 등록번호표 제작 명령을 할 수 있는 기관의 장은?
① 국토교통부장관 ② 행정안전부장관
③ 경찰청장   ④ 시·도지사

🔍 시·도지사는 등록번호표 봉인자를 지정한 때에는 등록번호표 봉인자 지정서를 교부하여야 한다.

05 제작자로부터 건설기계를 구입한 자가 무상으로 사후관리를 받을 수 있는 법정기간은?
① 3월   ② 6월
③ 12월 ④ 18월

🔍 건설기계의 제작자는 건설기계를 판매한 날부터 12개월(당사자 간에 12개월을 초과하여 별도 계약하는 경우에는 그 해당기간) 동안 무상으로 건설기계의 정비 및 정비에 필요한 부품을 공급 하여야 한다.

06 건설기계관리법상 등록번호표를 부착하지 아니하거나 봉인하지 아니한 건설기계를 운행한 자에 대한 처벌은?
① 100만원 이하의 과태료
② 300만원 이하의 과태료
③ 1년 이하의 징역 또는 1천만원 이하의 벌금
④ 2년 이하의 징역 또는 2천만원 이하의 벌금

🔍 300만원 이하의 과태료
• 등록번호표를 부착하지 아니하거나 봉인하지 아니한 건설기계를 운행한 자
• 건설기계의 정기검사를 받지 아니한 자
• 건설기계임대차 등에 관한 계약서를 작성하지 아니한 자
• 건설기계조종사의 정기적성검사 또는 수시적성검사를 받지 아니한 자
• 시설 또는 업무에 관한 보고를 하지 아니하거나 거짓으로 보고한 자
• 소속 공무원의 검사·질문을 거부·방해·기피한 자
• 중대한 사고 발생 시 제작결함 또는 안전기준 적합여부의 조사를 위해 사고 현장을 출입하는 직원의 출입을 거부하거나 방해한 자

07 교류발전기에서 스테이터 코일에 발생한 교류는?
① 실리콘에 의해 교류로 정류되어 내부로 나온다.
② 실리콘에 의해 교류로 정류되어 외부로 나온다.
③ 실리콘 다이오드에 의해 교류로 정류시킨 뒤에 내부로 들어간다.
④ 실리콘 다이오드에 의해 직류로 정류시킨 뒤에 외부로 끌어낸다.

🔍 스테이터 코일에 발생한 교류는 6개의 다이오드(+ 3개, − 3개)에 의해 교류가 직류로 바뀌게 된다.

08 일반적인 축전지 터미널의 식별법으로 적합하지 않은 것은?
① (+), (−)의 표시로 구분한다.
② 터미널의 요철로 구분한다.
③ 굵고 가는 것으로 구분한다.
④ 적색과 흑색 등 색으로 구분한다.

🔍 축전지 터미널의 식별
• 양극 : (+) 또는 (P), 적색, 직경이 굵음
• 음극 : (−) 또는 (N), 흑색, 직경이 얇음

09 건설기계의 전조등 성능을 유지하기 위하여 가장 좋은 방법은?
① 단선으로 한다.
② 복선식으로 한다.
③ 축전지와 직결시킨다.
④ 굵은선으로 갈아 끼운다.

🔍 전조등은 복선식으로 연결되어 있으며 병렬로 연결되어 있다.

10 디젤기관의 압축압력이 규정보다 저하되는 이유는?
① 실린더 벽이 규정보다 많이 마모되었다.
② 냉각수가 규정보다 작다.
③ 엔진 오일량이 규정보다 많다.
④ 점화시기가 규정보다 다소 느리다.

🔍 실린더 벽이 규정보다 많이 마모되면 압축압력의 저하되고, 블로바이 및 오일이 희석되고, 피스톤 슬랩 현상이 일어난다.

11 건식 공기청정기의 효율저하를 방지하기 위한 방법으로 가장 적합한 것은?
① 기름으로 닦는다.
② 마른걸레로 닦아야 한다.
③ 압축공기로 먼지 등을 털어낸다.
④ 물로 깨끗이 세척한다.

🔍 건식 공기청정기는 효율 저하를 방지하기 위해 1,500~30,000km 주행 후 압축공기를 이용하여 안쪽에서 바깥쪽으로 불어서 먼지를 털어낸다.

12 기관의 연료분사펌프에 연료를 보내거나 공기빼기 작업을 할 때 필요한 장치는?

① 체크 밸브(check valve)
② 프라이밍 펌프(priming pump)
③ 오버플로 펌프(overflow pump)
④ 드레인 펌프(drain pump)

기관 연료분사펌프의 프라이밍 펌프는 연료장치 공기빼기 작업 시 연료펌프를 수동으로 작동시키기 위해 둔다.

13 기관에서 크랭크축의 역할은?

① 원활한 직선운동을 하는 장치이다.
② 기관의 진동을 줄이는 장치이다.
③ 직선운동을 회전운동으로 변환시키는 장치이다.
④ 원운동을 직선운동으로 변환시키는 장치이다.

크랭크축은 피스톤의 상·하 왕복운동을 회전운동으로 바꾼다.

14 엔진의 회전수를 나타낼 때 RPM이란?

① 시간당 엔진회전수
② 분당 엔진회전수
③ 초당 엔진회전수
④ 10분간 엔진회전수

RPM이란 분당 회전속도를 나타내는 값으로 Revolution Per Minute의 약자이다.

15 연료의 세탄가와 가장 밀접한 관련이 있는 것은?

① 열효율
② 폭발압력
③ 착화성
④ 인화성

세탄가는 디젤기관에서 연료의 착화성을 나타내는 정량적인
수치로 세탄가 $= \dfrac{세탄}{세탄 + 메틸나프타렌} \times 100$이다.
세탄가가 큰 연료 일수록 압축비가 낮아도 노킹이 잘 일어나지 않는다.

16 실린더 마모와 가장 거리가 먼 것은?

① 출력의 감소
② 크랭크실의 윤활유 오손
③ 불완전 연소
④ 거버너의 작동 불량

거버너(조속기)는 연료분사 펌프 내의 조절 랙을 움직여 분사량을 조정하는 장치이다.

17 오일의 압력이 낮아지는 원인과 가장 거리가 먼 것은?

① 오일펌프 성능이 노후 되었을 때
② 오일의 점도가 높아졌을 때
③ 오일의 점도가 낮아졌을 때
④ 계통 내에서 누설이 있을 때

오일의 점도가 낮아질 경우 압력이 저하되고 펌프 효율이 저하 된다.

18 유압유의 흐름을 한쪽으로만 허용하고 반대방향의 흐름을 제어하는 밸브는?

① 릴리프 밸브
② 체크 밸브
③ 카운터 밸런스 밸브
④ 매뉴얼 밸브

· 릴리프 밸브 : 회로 내의 압력을 규정값으로 유지
· 체크 밸브 : 유압유의 흐름을 한쪽으로만 허용하고 반대방향의 흐름을 제어(역류를 방지하고 회로 내의 잔류 압력을 유지)
· 카운터 밸런스 밸브 : 실린더가 중력으로 인하여 제어속도 이상으로 낙하는 것을 방지

19 다음 [보기]에서 유압 작동유가 갖추어야 할 조건으로 모두 맞는 것은?

ㄱ. 장력에 대해 비압축성일 것   ㄴ. 밀도가 작을 것
ㄷ. 열팽창계수가 작을 것   ㄹ. 체적탄성계수가 작을 것
ㅁ. 점도지수가 낮을 것   ㅂ. 발화점이 높을 것

① ㄱ, ㄴ, ㄷ, ㄹ
② ㄴ, ㄷ, ㅁ, ㅂ
③ ㄴ, ㄹ, ㅁ, ㅂ
④ ㄱ, ㄴ, ㄷ, ㅂ

유압 작동유는 점도지수가 높고, 체적탄성계수는 커야 한다.

20 유압유의 점도에 대한 설명으로 틀린 것은?

① 온도가 상승하면 점도는 저하된다.
② 점성의 점도를 나타내는 척도이다.
③ 온도가 내려가면 점도는 높아진다.
④ 점성계수를 밀도로 나눈 값이다.

점도란 윤활유 유동에 대한 내부마찰 저항력을 말하며 오일의 끈끈한 정도를 표시한다.

21 유압모터의 회전속도가 규정 속도보다 느릴 경우의 원인에 해당하지 않는 것은?

① 유압펌프의 오일 토출량 과다
② 유압유의 유입량 부족
③ 각 작동부의 마모 또는 파손
④ 오일의 내부 누설

토출량은 이론적으로 회전속도에 비례하며, 유압펌프의 오일 토출량이 많아지면 회전속도는 빨라진다.

22 유압회로 내의 유압을 설정압력으로 일정하게 유지하기 위한 압력제어 밸브는?

① 릴리프 밸브
② 감압 밸브
③ 릴레이 밸브
④ 리턴 밸브

릴리프 밸브는 압력을 일정하게 유지하거나 조정할 수 있어 과부하를 방지한다.

23 유압유 작동부에서 오일이 누출되고 있을 때 가장 먼저 점검하여야 할 곳은?

① 실(seal)
② 피스톤
③ 기어
④ 펌프

오일 실(seal)은 각 오일 회로에서 오일이 외부로 누출되는 것을 방지하는 역할을 한다.

24 그림과 같은 유압기호는?

① 유압밸브
② 차단밸브
③ 오일탱크
④ 유압실린더

25 유압 실린더의 작동속도가 느릴 경우, 그 원인으로 옳은 것은?

① 엔진오일 교환 시기가 경과 되었을 때
② 유압회로 내에 유량이 부족할 때
③ 운전실에 있는 가속페달을 작동시켰을 때
④ 릴리프 밸브의 세팅 압력이 높을 때

🔍 유압의 제어방법 중 유압기기의 작동 속도는 유량의 제어를 통해 조절한다. 따라서, 유압회로 내에 유량이 부족하면 작동속도가 느려진다.

26 유압 모터와 유압 실린더의 설명으로 맞는 것은?

① 둘 다 회전운동을 한다.
② 모터는 직선운동, 실린더는 회전운동을 한다.
③ 둘 다 왕복운동을 한다.
④ 모터는 회전운동, 실린더는 직선운동을 한다.

🔍 유압 액추에이터는 유압펌프로부터 공급된 작동유의 유압에너지를 이용하여 기계적인 일, 즉 직선운동이나 회전운동으로 변환시키는 장치로 유압 모터는 회전운동, 유압 실린더는 직선운동을 한다.

27 산업안전·보건에서 안전표지의 종류가 아닌 것은?

① 위험표지
② 경고표지
③ 지시표지
④ 금지표지

🔍 산업안전·보건표지의 종류에는 금지표지, 경고표지, 지시표지, 안내표지가 있다.

28 배터리 전해액처럼 강산, 알칼리 등의 액체를 취급할 때 가장 적합한 복장은?

① 면장갑 착용
② 면직으로 만든 옷
③ 나일론으로 만든 옷
④ 고무로 만든 옷

🔍 피부로 침입하는 화학물질 또는 강산성 물질 취급 작업 시에는 보호복을 착용하여야 하며, 침투를 방지하기 위해 고무로 만든 옷이 적합하다.

29 다음 중 보호안경을 끼고 작업해야 하는 사항과 가장 거리가 먼 것은?

① 산소용접 작업 시
② 그라인더 작업 시
③ 건설기계 장비 일상점검 작업 시
④ 클러치 탈·부착 작업 시

🔍 보호안경의 사용
• 유해 광선으로부터 눈을 보호하기 위하여
• 비산되는 칩으로부터 눈을 보호하기 위하여
• 유해 약물로부터 눈을 보호하기 위하여

30 스패너 작업 시 유의할 사항으로 틀린 것은?

① 스패너의 입이 너트의 치수에 맞는 것을 사용해야 한다.
② 스패너의 자루에 파이프를 이어서 사용해서는 안 된다.
③ 스패너와 너트 사이에는 쐐기를 넣고 사용하는 것이 편리하다.
④ 너트에 스패너를 깊이 물리도록 하여 조금씩 앞으로 당기는 식으로 풀고 조인다.

🔍 스패너를 두 개로 연결하거나 자루에 파이프를 이어 사용해서는 안 되며, 스패너와 너트 사이에 쐐기를 넣고 사용하는 것도 안전사고의 우려가 있다.

31 물품을 운반할 때 주의할 사항으로 틀린 것은?

① 가벼운 화물은 규정보다 많이 적재하여도 된다.
② 안전사고 예방에 가장 유의한다.
③ 정밀한 물품을 쌓을 때는 상자에 넣도록 한다.
④ 약하고 가벼운 것을 위에, 무거운 것을 밑에 쌓는다.

🔍 가벼운 화물일지라도 규정에 맞게 적재하여야 한다.

32 전등 스위치가 옥내에 있으면 안 되는 경우는?

① 건설기계 장비 차고
② 절삭유 저장소
③ 카바이드 저장소
④ 기계류 저장소

🔍 카바이드 저장소에 전등을 설치할 경우에는 방폭구조로 하여야 하며, 전등 스위치는 옥외에 설치하여야 한다.

33 산업재해의 통상적인 분류 중 통계적 분류를 설명한 것 중 틀린 것은?

① 사망 : 업무로 인해서 목숨을 잃게 되는 경우
② 중경상 : 부상으로 인하여 30일 이상의 노동 상실을 가져온 상해 정도
③ 경상해 : 부상으로 1일 이상 7일 이하의 노동 상실을 가져온 상해 정도
④ 무상해 사고 : 응급처치 이하의 상처로 작업에 종사하면서 치료를 받는 상해 정도

🔍 산업재해의 통상적인 분류 중 중경상은 8일 이상의 노동 상실을 가져온 상해를 말한다.

34 해머 작업 시 안전수칙 설명으로 틀린 것은?

① 열처리된 재료는 해머로 때리지 않도록 주의한다.
② 녹이 있는 재료를 작업할 때는 보호안경을 착용하여야 한다.
③ 자루가 불안정한 것(쐐기가 없는 것 등)은 사용하지 않는다.
④ 장갑을 끼고 시작은 강하게, 점차 약하게 타격한다.

🔍 해머 작업 시 장갑을 착용해서는 안 되며, 시작은 약하게 하여야 한다.

35 가연성 액체, 유류 등 연소 후 재가 거의 없는 화재는 무슨 급별 화재인가?

① A급
② B급
③ C급
④ D급

🔍 화재의 분류
• A급 화재 : 일반화재
• B급 화재 : 유류화재
• C급 화재 : 전기화재
• D급 화재 : 금속화재
• K급 화재 : 주방화재

36 기계운전 및 작업 시 안전사항으로 맞는 것은?

① 작업의 속도를 높이기 위해 레버 조작을 빨리한다.
② 장비의 무게는 무시해도 된다.
③ 작업도구나 적재물이 장애물에 걸려도 동력에 무리가 없으므로 그냥 작업한다.
④ 장비 승·하차 시에는 장비에 장착된 손잡이 및 발판을 사용한다.

37 크롤러식 굴착기와 비교한 타이어식 굴착기에 대한 설명으로 틀린 것은?

① 휠 굴착기라고도 부르는 타이어 주행방식이다.
② 운반 트레일러 없이 이동이 가능하다.
③ 작업과 이동이 빈번하게 요구되는 작업 현장에 주로 사용된다.
④ 크롤러식 굴착기에 비해 안정성이 좋다.

🔍 크롤러식 굴착기는 타이어식 굴착기에 비해 작업이 안정적이며 작업 생산성이 높기 때문에 장비 중량 측면에서 볼 때 소형에서 초대형까지 각 작업 현장에 폭넓게 사용할 수 있다.

38 하부주행체 기구의 구성요소와 관련된 사항이 아닌 것은?

① 트랙 프레임
② 주행용 유압모터
③ 트랙 및 롤러
④ 붐 실린더

🔍 굴착기의 하부주행체(하부구동체)는 굴착기의 주행장치로 상부회전체와 작업장치를 지지하며, 주행용 유압모터와 트랙 프레임, 트랙 및 롤러 등으로 구성된다. 참고로 굴착기의 붐(boom), 암(arm), 버킷(bucket) 및 이를 작동하기 위한 실린더는 작업장치에 속한다.

39 굴착기의 센터 조인트(선회 이음)의 기능이 아닌 것은?

① 스위블 조인트라고도 한다.
② 압력 상태에서도 선회가 가능한 관이음이다.
③ 스윙 모터를 회전시킨다.
④ 상부 회전체의 오일을 주행모터에 전달한다.

🔍 센터 조인트는 스위블 조인트라고도 하며 상부와 하부의 유압라인을 연결하는 일종의 회전 이음 으로 상부선회체 중간에 설치되며, 배럴은 상부에 스핀들은 하부에 연결된다.

40 휠타입(wheel type) 굴착기의 동력전달장치에서 슬립이음(슬립조인트)의 변화를 가능하게 하는 것은?

① 축의 길이   ② 회전 속도
③ 드라이브 각   ④ 축의 진동

🔍 슬립이음은 변속기 주축 뒤끝에 스플라인을 통하여 설치되며, 추친축의 길이 변화를 가능하도록 하기 위해 둔다.

41 굴착기의 굴착 작업은 주로 어느 것을 사용하여야 좋은가?

① 버킷 실린더   ② 디퍼스틱 실린더
③ 붐 실린더   ④ 주행 모터

🔍 버킷과 붐 사이에 설치되어 버킷이 굴착 작업을 할 수 있도록 하는 암(arm)을 디퍼스틱(dipper stick)이라고도 한다.

42 굴착기 버킷의 굴착력을 증대시키기 위해 부착하는 것은?

① 투스   ② 노즈
③ 사이드 판   ④ 보강 판

🔍 투스(tooth)는 고강도 열처리된 것으로 버킷의 굴착력을 증가시키기 위해 부착한다.

43 굴착기 작업장치의 유압 실린더에 충격을 방지하기 위한 실린더 쿠션장치가 설치되지 않는 것은?

① 붐 상승
② 암(스틱) 오므림
③ 암(스틱) 펼침
④ 버킷 펼침(덤프)

🔍 쿠션장치는 유압 실린더에서 피스톤 행정이 끝날 때 발생하는 충격을 흡수하기 위해 설치하는 장치로 버킷 펼침(덤프)에는 설치되지 않는다.

44 굴착기의 한쪽 주행레버만 조작하여 회전하는 것을 무슨 회전이라고 하는가?

① 급회전   ② 원웨이 회전
③ 스핀 회전   ④ 피벗 회전

🔍 • 피벗 회전(완회전) : 한쪽의 트랙만 구동시켜 방향 전환하는 것으로 어느 한쪽의 레버 또는 페달만 작동시킨다.
• 스핀 회전(급회전) : 좌우의 트랙을 서로 역으로 구동시켜 제자리에서 방향 전환하는 것으로 양쪽의 주행레버 또는 페달을 반대로 동시에 작동시킨다.

45 터널 및 도로 제설 작업 등 협소한 장소에서의 적재 작업에 효과적인 버킷은?

① 칩 버킷
② 다목적 버킷
③ 사이드 스윙 버킷
④ 스켈레톤 버킷

🔍 • 칩 버킷 : 톱밥 상차용
• 다목적 버킷 : 굴착, 적재, 정지 등 다목적용
• 스켈레톤 버킷 : 굴착된 골재, 암석 중 큰 것만 선별하는 작업에 사용

46 굴착기 붐 권상 드럼의 하중으로 인해 와이어로프가 풀리는 것을 막기 위한 안전장치는?

① 권과방지장치   ② 경보장치
③ 전도방지장치   ④ 역회전방지장치

🔍 붐 권상 드럼의 역회전 방지 장치는 붐 권상 드럼의 하중으로 인해 와이어로프가 풀리는 것을 막기위한 안전장치로서, 붐을 하강시키는 동안 작동시키면 라쳇(Ratchet)에 깔쭉기구를 걸어 라쳇이나 깔쭉기구 등이 파손될 수 있기 때문에 붐을 하강시키는 동안에는 절대로 작동시켜서는 안 된다.

47 굴착기를 트레일러에 싣고 운반할 때 하부추진체와 상부회전체를 고정시켜 주는 것은?

① 밸런스 웨이트   ② 스윙록 장치
③ 센터조인트   ④ 주행록 장치

🔍 굴착기의 선회장치는 유압에 의해 360° 회전하며, 트레일러에 싣고 운반할 때는 스윙록(swing lock) 장치로 고정시키도록 한다.

48 굴착기에서 매 1,000시간마다 점검, 정비해야 할 항목으로 맞지 않는 것은?

① 트랜스퍼 케이스 오일 교환
② 어큐뮬레이터 압력 점검
③ 주행감속기 기어의 오일 교환
④ 발전기, 기동전동기 점검

🔍 트랜스퍼 케이스 오일은 매 2,000시간마다 교환한다.

49 굴착 작업시 작업능력이 떨어지는 원인으로 맞는 것은?

① 트랙 슈에 주유가 안 됨
② 릴리프 밸브 조정 불량
③ 조향핸들 유격과다
④ 아워미터 고장

🔍 릴리프 밸브는 회로의 압력이 밸브의 설정값에 달하였을 때 유체의 일부 또는 전량을 빼돌려서 회로 내의 압력을 설정값으로 유지시키는 압력 제어 밸브로 릴리프 밸브의 설정 압력이 낮거나 작동이 불량하면 펌프에서 압력이 상승하지 않아 굴착 작업 시 작업능력이 떨어지는 원인이 된다.

50 굴착기 작업 중 운전자가 하차시 주의 사항으로 틀린 것은?

① 버킷을 땅에 완전히 내린다.
② 엔진을 정지시킨다.
③ 타이어식인 경우 경사지에서 고임목을 설치한다.
④ 엔진 정지 후 가속 레버를 최대로 당겨 놓는다.

🔍 주차 및 정자 시에는 레버를 중립에 두도록 한다.

51 굴착기에 아워미터(시간계)를 설치한 목적이 아닌 것은?

① 가동시간에 맞추어 예방정비를 한다.
② 가동시간에 맞추어 오일을 교환한다.
③ 각 부위 주유를 정기적으로 하기 위해 설치되었다.
④ 하차 만료 시간을 체크하기 위하여 설치되었다.

🔍 아워미터는 회전시간을 표시한다. 그러므로 장비의 가동시간을 알 수 있다.

52 굴착기 작업 중 엔진이 과열되는 원인으로 거리가 먼 것은?

① 과부하로 작업할 때
② 냉각수 양이 많을 때
③ 라디에이터가 막혔을 때
④ 워터 펌프가 고장일 때

엔진 과열의 원인
- 냉각수 양이 부족할 때
- 워터 펌프(water pump)의 구동 벨트 단선 또는 냉각수가 누수될 때
- 온도 조절기 고장으로 순환이 안 될 때
- 과부하로 작업할 때
- 워터 펌프(water pump)가 고장일 때
- 라디에이터(radiator)가 막혔을 때

53 관련법상 도로 굴착자가 가스배관 매설 위치를 확인 시 인력굴착을 실시하여야 하는 범위로 맞는 것은?

① 가스배관의 보호판이 육안으로 확인되었을 때
② 가스배관의 주위 0.5m 이내
③ 가스배관의 주위 1m 이내
④ 가스배관이 육안으로 확인될 때

> 가스배관 주위를 굴착하고자 할 때는 가스배관 좌우 1m 이내의 부분은 반드시 인력으로 굴착하여야 한다.

54 크롤러형 굴착기가 진흙에 빠져서 자력으로는 탈출이 거의 불가능하게 된 상태의 경우 견인방법으로 가장 적당한 것은?

① 두 대의 굴착기 버킷을 서로 걸고 견인한다.
② 하부기구 본체에 와이어로프를 걸고 크레인으로 당길 때 굴착기는 주행 레버를 견인방향으로 밀면서 나온다.
③ 버킷으로 지면을 걸고 나온다.
④ 전부장치로 잭업 시킨 후, 후진으로 밀면서 나온다.

55 도로상의 한전 맨홀에 근접하여 굴착작업 시 가장 올바른 것은?

① 맨홀 뚜껑을 경계로 하여 뚜껑이 손상되지 않도록 하고 나머지는 임의로 작업한다.
② 교통에 지장이 되므로 주인 및 관련기관이 모르게 야간에 신속히 작업하고 되메운다.
③ 한전직원의 입회하에 안전하게 작업한다.
④ 접지선이 노출되면 제거한 후 계속 작업한다.

> 고압 전력선 부근에서의 작업과 관련하여 안전한 사고예방조치는 한국전력 등과 같은 관할 시설물 관리자의 입회하에 작업하는 것이다.

56 다음은 가스배관의 손상방지 굴착공사 작업방법 내용이다. ( ) 안에 알맞은 것은?

> 가스배관과 수평거리 ( )m 이내에서 파일박기를 하고자 할 때 도시가스 사업자의 입회하에 시험굴착을 통하여 가스배관과의 위치를 정확히 확인할 것

① 1
② 2
③ 3
④ 4

> 도시가스배관의 안전조치
> - 도시가스배관과 수평 최단거리 2m 이내에서 파일박기를 하는 경우에는 도시가스사업자의 입회 아래 시험굴착으로 도시가스배관의 위치를 정확히 확인할 것
> - 도시가스배관의 위치를 파악한 경우에는 도시가스배관의 위치를 알리는 표지판을 설치할 것
> - 도시가스배관과 수평거리 30㎝ 이내에서는 파일박기를 하지말 것
> - 항타기는 도시가스배관과 수평거리가 2m 이상 되는 곳에 설치할 것. 다만, 부득이하여 수평거리 2m 이내에 설치할 때에는 하중진동을 완화할 수 있는 조치를 할 것
> - 파일을 뺀 자리는 충분히 메울 것
> - 도시가스배관 주위를 굴착하는 경우 도시가스배관의 좌우 1m 이내 부분은 인력으로 굴착할 것
> - 도시가스배관이 노출될 경우 배관의 코팅부가 손상되지 아니하도록 하고, 코팅부가 손상될 때에는 도시가스사업자에게 통보하여 보수를 한 후 작업을 진행할 것
> - 도시가스배관 주위에서 발파작업을 하는 경우에는 도시가스사업자의 입회아래 충분한 대책을 강구한 후 실시할 것
> - 도시가스배관 주위에 다른 매설물을 설치할 때에는 30cm 이상 이격할 것
> - 도시가스배관 주위를 되메우기 하거나 포장할 경우 배관주위의 모래 채우기, 보호판·보호포 및 라인마크 설치 및 도시가스배관 부속시설물의 설치 등은 굴착 전과 같은 상태가 되도록 할 것
> - 되메우기를 할 때에는 나중에 도시가스배관의 지반이 침하되지 않도록 필요한 조치를 할 것

57 도로교통법상에서 교통안전표지의 구분이 맞는 것은?

① 주의표지, 통행표지, 규제표지, 지시표지, 차선표지
② 주의표지, 규제표지, 지시표지, 보조표지, 노면표시
③ 도로표지, 주의표지, 규제표지, 지시표지, 노면표시
④ 주의표지, 규제표지, 지시표지, 차선표지, 도로표지

> 교통안전표지의 종류 : 주의표지, 규제표지, 지시표지, 보조표지, 노면표시

58 도로교통법상 철길 건널목을 통과할 때 방법으로 가장 적합한 것은?

① 신호등이 없는 철길 건널목을 통과할 때에는 서행으로 통과하여야 한다.
② 신호등이 있는 철길 건널목을 통과할 때에는 건널목 앞에서 일시정지하여 안전한지의 여부를 확인한 후에 통과하여야 한다.
③ 신호가 없는 철길 건널목을 통과할 때에는 건널목 앞에서 일시정지하여 안전한지의 여부를 확인한 후에 통과하여야 한다.
④ 신호기와 관련 없이 철길 건널목을 통과할 때에는 건널목 앞에서 일시정지하여 안전한지의 여부를 확인한 후에 통과하여야 한다.

> 철길 건널목의 통과
> - 모든 차는 건널목 앞에서 일시 정지를 하여 안전함을 확인한 후에 통과하여야 한다.
> - 신호기 등이 표시하는 신호에 따르는 때에는 정지하지 않고 통과할 수 있다.
> - 건널목의 차단기가 내려져 있거나 내려지려고 하는 때 또는 건널목의 경보기가 울리고 있는 동안에는 그 건널목으로 들어가서는 안된다.

59 자동차가 주행 중 서행하여야 하는 곳을 설명한 사항으로 맞지 않는 것은?

① 4차로 주행차선에서 1차로 부근
② 도로가 구부러진 부근
③ 가파른 비탈길의 내리막
④ 비탈길의 고갯마루 부근

> 서행하여야 하는 장소
> - 교통정리를 하고 있지 아니하는 교차로
> - 도로가 구부러진 부근
> - 비탈길의 고갯마루 부근
> - 가파른 비탈길의 내리막
> - 시·도경찰청장이 도로에서의 위험을 방지하고 교통의 안전과 원활한 소통을 확보하기 위하여 필요하다고 인정하여 안전표지로 지정한 곳

60 다음 도로명판에 대한 설명으로 맞는 것은?

① 왼쪽과 오른쪽 양 방향용 도로명판이다.
② "1→" 이 위치는 도로가 끝나는 지점이다.
③ 강남대로는 총 699m 길이의 도로이다.
④ "강남대로"는 도로이름을 나타낸다.

> 도로명판의 의미
> - "강남대로"는 도로이름으로 넓은 길, 시작지점을 나타낸다.
> - "1→" 현 위치는 도로 시작점임을 의미한다. ('1')
> - 강남대로는 6.99km이다. (699 × 10m)
> - 문제의 도로명판은 오른쪽 한 방향용 도로명판이다.

정답 CBT 복원문제 - 제04회

01 ③	02 ④	03 ②	04 ④	05 ③	06 ②	07 ④	08 ②	09 ②	10 ①
11 ③	12 ②	13 ③	14 ②	15 ③	16 ④	17 ②	18 ②	19 ④	20 ④
21 ①	22 ①	23 ②	24 ③	25 ②	26 ②	27 ①	28 ②	29 ③	30 ③
31 ①	32 ③	33 ②	34 ④	35 ②	36 ④	37 ②	38 ④	39 ④	40 ②
41 ②	42 ④	43 ④	44 ④	45 ②	46 ④	47 ②	48 ①	49 ②	50 ④
51 ④	52 ④	53 ③	54 ②	55 ③	56 ②	57 ②	58 ③	59 ①	60 ④

08 제 05 회 CBT 복원문제

01 등록건설기계의 기종별 표시 방법으로 옳은 것은?

① 01 : 불도저
② 02 : 모터그레이더
③ 03 : 지게차
④ 04 : 덤프트럭

🔍 모터그레이더 : 08, 지게차 : 04, 덤프트럭 : 06

02 특별표지판을 부착하여야 할 건설기계의 범위에 해당하지 않는 것은?

① 높이가 5미터인 건설기계
② 총중량이 50톤인 건설기계
③ 길이가 16미터인 건설기계
④ 최소회전반경이 13미터인 건설기계

🔍 특별표지 부착대상 대형건설기계
  • 길이가 16.7m를 초과하는 건설기계
  • 너비가 2.5m를 초과하는 건설기계
  • 높이가 4.0m를 초과하는 건설기계
  • 최소회전반경이 12m를 초과하는 건설기계
  • 총중량이 40톤을 초과하는 건설기계
  • 총중량 상태에서 축중이 10톤을 초과하는 건설기계

03 건설기계를 산(매수한) 사람이 등록사항변경(소유권 이전) 신고를 하지 않아 등록사항 변경신고를 독촉하였으나 이를 이행하지 않을 경우 판(매도한) 사람이 할 수 있는 조치로서 가장 적합한 것은?

① 소유권 이전 신고를 조속히 하도록 매수한 사람에게 재차 독촉한다.
② 매도한 사람이 직접 소유권 이전 신고를 한다.
③ 소유권 이전 신고를 조속히 하도록 소송을 제기한다.
④ 아무런 조치도 할 수 없다.

04 3톤 미만 지게차의 소형건설기계 조종 교육시간은?

① 이론 6시간, 실습 6시간
② 이론 4시간, 실습 8시간
③ 이론 12시간, 실습 12시간
④ 이론 10시간, 실습 14시간

🔍 3톤 미만의 굴착기, 지게차의 경우 이론 6시간, 실습 6시간 총 12시간을 이수해야 한다.

05 다음 중 건설기계 임시운행 사유가 아닌 것은?

① 등록신청을 하기 위하여 건설기계를 등록지로 운행하는 경우
② 수출을 하기 위하여 건설기계를 선적지로 운행하는 경우
③ 판매 또는 전시를 위하여 건설기계를 일시적으로 운행하는 경우
④ 수리를 위해 정비업체로 운행하는 경우

🔍 미등록 건설기계의 임시운행 사유
  • 등록신청을 하기 위하여 건설기계를 등록지로 운행하는 경우
  • 신규등록검사 및 확인검사를 받기 위하여 건설기계를 검사장소로 운행하는 경우
  • 수출을 하기 위하여 건설기계를 선적지로 운행하는 경우
  • 수출을 하기 위하여 등록말소한 건설기계를 점검·정비의 목적으로 운행하는 경우
  • 신개발 건설기계를 시험·연구의 목적으로 운행하는 경우
  • 판매 또는 전시를 위하여 건설기계를 일시적으로 운행하는 경우

06 건설기계 조종사의 면허가 취소되는 사유에 해당하는 경우는?(단, 산업안전보건법상 중대재해가 아닌 경우이다.)

① 과실로 인하여 2명을 사망하게 하였을 때
② 면허정지 처분을 받은 자가 그 기간 중에 건설기계를 조종한 때
③ 과실로 인하여 15명에게 경상을 입힌 때
④ 건설기계로 2천만원 이상의 재산 피해를 냈을 때

🔍 건설기계조종사면허의 취소 사유
  • 거짓이나 그 밖의 부정한 방법으로 건설기계조종사면허를 받은 경우
  • 건설기계조종사면허의 효력정지기간 중 건설기계를 조종한 경우
  • 건설기계조종사면허 취득의 결격사유에 해당하게 된 경우
  • 건설기계 조종 중 고의로 사망, 중상, 경상 등을 입힌 경우
  • 건설기계 조종 중 과실로 산업안전보건법에 따른 다음의 중대재해가 발생한 경우
    – 사망자가 1명 이상 발생한 재해
    – 3개월 이상의 요양이 필요한 부상자가 동시에 2명 이상 발생한 재해
    – 부상자 또는 직업성질병자가 동시에 10명 이상 발생한 재해

07 건설기계에 사용하는 축전지 2개를 직렬로 연결하였을 때 변화되는 것은?

① 전압이 증가된다.
② 사용 전류가 증가된다.
③ 비중이 증가된다.
④ 전압 및 이용 전류가 증가된다.

🔍 축전지 2개를 직렬로 연결하였을 때 전압은 2배로 증가되고 용량은 그대로이다.

08 운전 중 갑자기 계기판에 충전 경고등이 점등되었다. 그 현상으로 맞는 것은?

① 정상적으로 충전이 되고 있음을 나타낸다.
② 충전이 되지 않고 있음을 나타낸다.
③ 충전계통에 이상이 없음을 나타낸다.
④ 주기적으로 점등되었다가 소등되는 것이다.

🔍 충전 경고등은 충전계통에 이상이 있음을 알려주는 경고등이다.

09 납산 축전지가 방전되어 급속충전을 할 때의 설명으로 틀린 것은?

① 충전 중 전해액의 온도가 45℃가 넘지 않도록 한다.
② 충전 중 가스가 많이 발생되면 충전을 중단한다.
③ 충전전류는 축전지 용량보다 크게 한다.
④ 충전시간은 가능한 짧게 한다.

🔍 급속충전은 보충전할 시간적 여유가 없을 때 하는 충전으로 ①, ②, ④ 이외에도 실용량의 1/2~1배의 전류로 충전한다.

10 기관의 냉각팬에 대한 설명 중 틀린 것은?

① 유체 커플링식은 냉각수의 온도에 따라서 작동된다.
② 전동팬은 냉각수의 온도에 따라 작동된다.
③ 전동팬이 작동되지 않을 때는 물펌프도 회전하지 않는다.
④ 전동팬의 작동과 관계없이 물펌프는 항상 회전한다.

🔍 전동팬은 냉각수 온도에 따라 작동되며 물펌프는 엔진이 회전하면 전동팬과 관계없이 작동된다.

11 기관 실린더(cylinder) 벽에서 마멸이 가장 크게 발생하는 부위는?

① 상사점 부근
② 하사점 부근
③ 중간 부분
④ 하사점 이하

🔍 실린더 상사점 부근이 연소실 쪽에 가까워서 오일공급이 가장 적으므로 마멸이 가장 많이 발생한다.

12 디젤기관에서 시동이 되지 않는 원인으로 맞는 것은?

① 연료공급 펌프의 연료공급 압력이 높다.
② 가속 페달을 밟고 시동하였다.
③ 배터리 방전으로 교체가 필요한 상태이다.
④ 크랭크축 회전속도가 빠르다.

🔍 배터리가 방전되면 기동전동기를 회전시킬 수 없으므로 시동이 되지 않는다.

13 일반적으로 기관에 많이 사용되는 윤활 방법은?

① 수 급유식 ② 적하 급유식
③ 압송 급유식 ④ 분무 급유식

🔍 기관에 많이 사용되는 윤활방법은 오일펌프로 급유하는 압송 급유식이다.

14 운전 중인 기관의 에어클리너가 막혔을 때 나타나는 현상으로 맞는 것은?

① 배출가스 색은 검고, 출력은 저하한다.
② 배출가스 색은 희고, 출력은 정상이다.
③ 배출가스 색은 청백색이고, 출력은 증가된다.
④ 배출가스 색은 무색이고, 출력과는 무관하다.

🔍 에어클리너가 막히게 되면 공기가 적게 들어가게 되어 출력이 떨어지고 배기색은 검은색이 된다.

15 엔진의 윤활유 소비량이 과다해지는 가장 큰 원인은?

① 기관의 과냉
② 피스톤 링 마멸
③ 오일 여과지 필터 불량
④ 냉각펌프 손상

🔍 피스톤 링이나 실린더 벽이 마모되어 윤활유를 완전히 긁어내리지 못하면 연소실에서 연소되므로 소비량이 많아지게 된다.

16 진공식 제동 배력 장치의 설명 중에서 옳은 것은?

① 진공 밸브가 새면 브레이크가 전혀 듣지 않는다.
② 릴레이 밸브의 다이어프램이 파손되면 브레이크가 듣지 않는다.
③ 릴레이 밸브 피스톤 컵이 파손되어도 브레이크는 듣는다.
④ 하이드로릭 피스톤의 체크 볼이 밀착 불량이면 브레이크가 듣지 않는다.

🔍 진공식 제동 배력장치는 고장으로 진공에 의한 브레이크가 듣지 않아도 유압에 의한 브레이크는 작동한다.

17 건설기계에 사용되는 유압 실린더 작용은 어떠한 것을 응용한 것인가?

① 베르누이의 정리 ② 파스칼의 원리
③ 지렛대의 원리 ④ 후크의 법칙

🔍 파스칼의 원리 : 밀폐된 용기 중에 정지하고 있는 액체에 전해지는 압력은 모든 방향에 동일하게 작용하고 그 압력용기의 각 면에 직각으로 작용한다.

18 유압에너지를 공급받아 회전운동을 하는 기기를 무엇이라 하는가?

① 펌프 ② 모터
③ 밸브 ④ 롤러 리미트

🔍 유압모터는 오일에 가해진 압력 즉 유압에 의해 축이 회전운동을 하는 것이며, 유압펌프는 기관에 의해 발생된 기계적 에너지를 유압에너지로 바꾸는 유압기기를 말한다.

19 유압실린더는 유체의 힘을 어떤 운동으로 바꾸는가?

① 회전운동 ② 직선운동
③ 곡선운동 ④ 비틀림운동

🔍 유압실린더는 직선운동으로 변화하며, 유압모터는 회전운동으로 변화시킨다.

20 공유압 기호 중 그림이 나타내는 것은?

① 유압 동력원 ② 공기압 동력원
③ 전동기 ④ 원동기

21 일반적으로 오일탱크의 구성품이 아닌 것은?

① 스트레이너 ② 배플
③ 드레인 플러그 ④ 압력조절기

🔍 오일탱크 구성품으로는 주입구 캡, 배플(칸막이), 드레인 플러그(오일배출마개), 유면계 등이 있다.

22 다음 그림과 같이 안쪽은 내·외측 로터로 바깥쪽은 하우징으로 구성되어있는 오일펌프는?

① 기어 펌프 ② 베인 펌프
③ 트로코이드 펌프 ④ 피스톤 펌프

🔍 로터리 펌프는 2개의 로더를 조립한 형식으로 트로코이드 펌프라고도 한다.

23 다음 중 액추에이터의 입구 쪽 관로에 설치한 유량제어밸브로 흐름을 제어하여 속도를 제어하는 회로는?

① 시스템 회로(system circuit)
② 블리드 오프 회로(bleed-off circuit)
③ 미터인 회로(meter-in circuit)
④ 미터 아웃 회로(meter-out circuit)

🔍 용어설명
• 미터인 방식 : 액추에이터 입구 쪽 관로에서 유량을 교축시켜 작동속도를 조절하는 방식
• 미터아웃 방식 : 액추에이터 출구 쪽 관로에서 유량을 교축시켜 작동속도를 조절하는 방식

24 직동형, 평형피스톤형 등의 종류가 있으며 회로의 압력을 일정하게 유지시키는 밸브는?

① 릴리프 밸브 ② 메이크업 밸브
③ 시퀀스 밸브 ④ 무부하 밸브

🔍 릴리프 밸브(유압조절 밸브)는 회로의 압력을 설정값으로 유지시키는 밸브이다.

25 유압 작동유의 점도가 너무 높을 때 발생되는 현상으로 맞는 것은?

① 동력 손실의 증가 ② 내부 누설의 증가
③ 펌프 효율의 증가 ④ 마찰 마모 감소

🔍 유압 작동유의 점도가 너무 높으면 작동유의 유동 저항이 증가하고, 관 내의 마찰 손실이 커지기 때문에 유압기기의 작동이 불량해지고 동력 손실이 증가한다.

26 유압장치의 구성 요소가 아닌 것은?

① 펌프 ② 오일탱크
③ 유니버설 조인트 ④ 제어밸브

유니버설 조인트(자재이음, universal joint)는 양 축이 동일평면 내에 있고, 그 축선이 30° 이하의 각도로 교차하는 경우에 사용되는 축 이음으로서 훅 조인트라고도 한다.

27 보호구의 구비조건으로 틀린 것은?

① 착용이 간편할 것
② 외양과 외관이 아름다울 것
③ 유해·위험요소에 대한 방호성능이 충분할 것
④ 작업에 방해가 되지 않도록 할 것

보호구의 구비조건
- 착용이 간편할 것
- 유해·위험요소에 대한 방호성능이 충분할 것
- 구조와 끝마무리가 양호할 것
- 작업에 방해가 되지 않도록 할 것
- 재료의 품질이 양호할 것
- 외양과 외관이 양호할 것

28 낙하, 추락 또는 감전에 의한 머리의 위험을 방지하는 보호구는?

① 안전대
② 안전모
③ 안전화
④ 안전장갑

안전모의 종류

종류	사용구분	비고
AB	물체의 낙하 또는 비래 및 추락에 의한 위험을 방지 또는 경감시키기 위한 것	
AE	물체의 낙하 또는 비래에 의한 위험을 방지 또는 경감하고, 머리부위 감전에 의한 위험을 방지하기 위한 것	내전압성
ABE	물체의 낙하 또는 비래 및 추락에 의한 위험을 방지 또는 경감하고, 머리부위 감전에 의한 위험을 방지하기 위한 것	내전압성

29 볼트 등을 조일 때 조이는 힘을 측정하기 위하여 쓰는 렌치는?

① 복스 렌치
② 오픈엔드 렌치
③ 소켓 렌치
④ 토크 렌치

토크 렌치는 볼트, 너트, 스크루 등을 규정된 값으로 조일 때 사용하는 정밀 측정 공구로 다수의 볼트에 토크를 주어 나사산의 파손이나 탈락을 방지하는 용도로 사용된다.

30 복스 렌치가 오픈 렌치보다 많이 사용되는 이유는?

① 값이 싸며 적은 힘으로 작업할 수 있다.
② 가볍고 사용하는데 양손으로도 사용할 수 있다.
③ 파이프 피팅 조임 등 작업용도가 다양하여 많이 사용된다.
④ 볼트, 너트 주위를 완전히 감싸게 되어 사용 중에 미끄러지지 않는다.

복스 렌치는 오픈 렌치와 규격이 동일하지만, 여러 방향에서 사용이 가능하며, 볼트나 너트 주위를 완전히 감싸게 되어 있어서 사용 중에 미끄러지지 않는 장점이 있다.

31 산업·안전보건표지에서 그림이 나타내는 것은?

① 출입금지 표지
② 비상구 없음 표지
③ 탑승금지 표지
④ 보행금지 표지

산업·안전보건표지

출입금지	탑승금지	보행금지

32 동력 전달장치에서 가장 재해가 많이 발생하는 것은?

① 차축
② 벨트
③ 피스톤
④ 기어

동력 전달장치에서 가장 빈번하게 재해가 발생하는 것은 벨트에 의한 것으로 벨트를 걸 때나 교체할 때는 엔진을 정지한 후에 작업하여야만 한다.

33 작업장에서 전기가 예고 없이 정전 되었을 경우 전기로 작동하던 기계·기구의 조치방법으로 틀린 것은?

① 전기가 들어오는 것을 알기 위해 스위치를 켜 둔다.
② 안전을 위해 작업장을 정리해 놓는다.
③ 퓨즈의 단선 유·무를 검사한다.
④ 즉시 스위치를 끈다.

정전 시에는 반드시 전기로 작동하던 기계·기구의 스위치를 꺼두어야 한다. 이는 정전 복구 시 가동되는 기계·기구에 의해 재해가 발생할 수 있기 때문이다.

34 전기장치의 퓨즈가 끊어져서 다시 새것으로 교체하였으나 또 끊어졌다면 어떤 조치가 가장 옳은가?

① 계속 교체한다.
② 용량이 큰 것으로 갈아 끼운다.
③ 구리선이나 납선으로 바꾼다.
④ 전기장치의 고장개소를 찾아 수리한다.

전기장치의 퓨즈가 계속 끊어진다면 이상 부위가 있는 것으로 고장 개소를 찾아 수리하여야 한다.

35 소화작업의 기본 요소가 아닌 것은?

① 가연물질을 제거하면 된다.
② 산소를 차단하면 된다.
③ 연료를 기화시키면 된다.
④ 점화원을 냉각시키면 된다.

소화의 원리
- 연소의 3요소인 가연물, 산소, 점화원을 분리한다.
- 연쇄반응 인자의 전달을 차단한다.(부촉매를 사용한다.)

36 화재의 등급과 분류가 올바르게 연결된 것은?

① A급 화재 - 전기화재
② B급 화재 - 유류화재
③ C급 화재 - 금속화재
④ D급 화재 - 주방화재

화재의 등급과 분류
- A급 화재 : 일반화재
- C급 화재 : 전기화재
- K급 화재 : 주방화재
- B급 화재 : 유류화재
- D급 화재 : 금속화재(Al, Mg)

37 유압 굴착기의 특징 중 틀린 것은?

① 분배 밸브와 각 유압 장치는 조정할 필요가 없다.
② 작업 장치의 구조가 비교적 복잡하다.
③ 동력 전달 기구가 간단하다.
④ 레버 조작이 경쾌하고 작동이 정확하다.

유압 굴착기는 유압펌프, 유압 실린더, 유압모터 등에 의해 각 작동부분들이 움직이는 형식으로 구조가 비교가 간단하다.

38 무한궤도식 굴착기의 부품이 아닌 것은?

① 유압펌프
② 오일쿨러
③ 자재이음
④ 주행모터

⊙ 자재이음(유니버설 조인트)은 타이어식 굴착기에서 슬립이음과 함께 기관의 동력을 뒷차축에 전달하는 드라이브 라인을 구성한다.

39 유압식 굴착기에서 센터 조인트의 기능은?

① 상·하부의 연결을 기계적으로 해준다.
② 상부 회전체의 오일을 하부 주행 모터에 공급한다.
③ 상부 회전체의 중심역할을 한다.
④ 엔진에 연결되어 상부 회전체에 동력을 공급한다.

⊙ 센터 조인트는 스위블 조인트라고도 하며 상부와 하부의 유압라인을 연결하는 일종의 회전 이음으로 상부선체 중간에 설치되며 배럴은 상부, 스핀들은 하부에 연결된다.

40 굴착기 유압장치의 원활한 작동을 위한 유압 작동유의 적정 온도는?

① 15℃ ② 25℃
③ 50℃ ④ 65℃

⊙ 장비의 적정 작동유 온도는 50℃ 정도이다. 오일 온도가 25℃ 이하일 때 급격한 조작을 하면 유압장치 기능에 중대한 고장이 발생할 수 있다. 따라서 동절기 및 혹한기에는 작업을 하기 전에 작동유를 25℃ 이상이 되게 난기 운전을 실시한다.

41 무한궤도식 굴착기의 하부추진체 동력전달 순서로 맞는 것은?

① 기관 → 컨트롤밸브 → 센터조인트 → 유압펌프 → 주행모터 → 트랙
② 기관 → 컨트롤밸브 → 센터조인트 → 주행모터 → 유압펌프 → 트랙
③ 기관 → 센터조인트 → 유압펌프 → 컨트롤밸브 → 주행모터 → 트랙
④ 기관 → 유압펌프 → 컨트롤밸브 → 센터조인트 → 주행모터 → 트랙

⊙ · 작업장치 동력전달 순서 : 엔진 → 유압펌프 → 컨트롤밸브 → 유압실린더 및 모터
· 하부추진체 동력전달 순서(무한궤도식) : 기관 → 유압펌프 → 컨트롤밸브 → 센터조인트 → 주행모터 → 트랙

42 일반적으로 굴착기가 할 수 없는 작업은?

① 땅고르기 작업
② 차량토사 적재
③ 경사면 굴토
④ 리핑 작업

⊙ 일반적으로 굴착기로 할 수 있는 작업은 땅고르기 작업, 차량 토사 적재, 경사면 굴토 등이다. 참고로 리핑 작업은 도저의 리퍼로 작업한다.

43 굴착기의 주행과 관련된 내용으로 틀린 것은?

① 지면이 고르지 못하거나 장애물 통과 시에는 고속으로 통과한다.
② 장시간 연속하여 주행하지 않는 것이 장비의 무리를 줄일 수 있다.
③ 주행 모터를 뒤쪽에 두고, 작업장치를 앞쪽으로 한 상태가 바른 주행자세이다.
④ 경사지에서는 버킷을 지면에서 20~30cm 정도로 하여 긴급 시에 브레이크 역할을 할 수 있도록 한다.

⊙ 지면이 고르지 못하거나 장애물을 통과할 때는 장비 본래의 큰 충격이 걸리므로 엔진 회전수를 낮추고 저속으로 주행한다.

44 굴착기에서 일반적인 굴착, 도랑 파기 등과 같은 작업에 가장 널리 사용되는 버킷(bucket)은?

① 암반용 버킷(rock bucket)
② 다목적용 버킷(general purpose bucket)
③ 조 버킷(jaw bucket)
④ V형 버킷(V-shaped bucket)

⊙ · 암반용 버킷 : 암반이나 기타 다른 단단한 물질의 굴착 작업에 이용되는 버킷으로서 연마성 마모에 강한 재질을 사용하여 암반 등과 같은 가혹한 작업 조건에서 작업이 가능
· 조 버킷 : 암반용 버킷과 같은 강도의 재질을 이용하여 제작함으로써 높은 파괴력을 갖고 있으며, 표준 버킷인 다목적용 버킷에 비해 대상물을 움켜잡을 수도 있도록 된 버킷
· V형 버킷 : 주로 도랑 파기 작업에 이용되는 버킷

45 진흙 등의 굴착작업을 할 때 용이한 버킷은?

① 플립 버킷 ② 포크 버킷
③ 리퍼 버킷 ④ 이젝터 버킷

⊙ 이젝터 버킷(ejector bucket)은 진흙 등의 굴착작업에 용이하며, 부착된 점토를 탈착시킬 수도 있는 버킷이다.

46 굴착기 작업시 작업 안전사항으로 틀린 것은?

① 경사지 작업시 측면 절삭을 행하는 것이 좋다.
② 한쪽 트랙을 들 때는 암과 붐사이의 각도는 90~110° 범위로 해서 들어 주는 것이 좋다.
③ 타이어식 굴착기로 작업시 안전을 위하여 아웃트리거를 받치고 작업한다.
④ 기중작업은 가능한 피하는 것이 좋다.

⊙ 경사지 작업 시 측면 절삭을 하면 경사면의 붕괴를 초래할 수 있다.

47 굴착기 동력전달 계통에서 최종적으로 구동력 증가를 하는 것은?

① 트랙 모터 ② 스프로켓
③ 종감속 기어 ④ 동력 인출 장치

⊙ 종감속기어는 추진축의 회전력을 직각으로 전달하며 엔진의 회전력을 최종적으로 감속시켜 구동력을 증가시킨다.

48 굴착기를 트레일러에 상차할 때의 사항 중 틀린 것은?

① 반드시 경사대를 사용해야 한다.
② 경사대는 충분한 강도가 있어야 한다.
③ 경사대가 있을 때는 버킷의 차체를 들어 올려 상차한다.
④ 경사대에 오르기 전에 방향 위치를 정확히 한다.

⊙ 작업장치를 이용하여 상차 또는 하차하는 것은 위험하므로 피하여야 하며, 상차 판에서는 주행 레버 이외는 조작하지 않는다.

49 굴착기의 일상점검 사항이 아닌 것은?

① 엔진 오일량 ② 냉각수 누출 여부
③ 오일쿨러 세척 ④ 유압 오일량

⊙ 라디에이터 핀, 오일 쿨러 핀 및 컨덴서 핀 청소는 매 500시간마다 점검, 정비한다.

50 굴착기의 작동 장치와 사용해야 하는 오일의 연결이 잘못된 것은?

① 엔진 - 엔진오일
② 선회 베어링 - 그리스
③ 선회 감속기 - 기어오일
④ 작업장치 연결부 - 기어오일

⊙ 작업장치의 연결부, 선회 베어링, 조인트 핀 등에는 그리스를 사용한다.

51 굴착 작업시 작업 능력이 떨어지는 원인으로 맞는 것은?

① 트랙 슈에 주유가 안됨 ② 릴리프 밸브 조정 불량
③ 조향핸들 유격 과다 ④ 아워미터 고장

🔍 유압계통의 릴리프 밸브로 압력조정이 되므로 조정이 불량해지면 작업능력이 떨어질 수밖에 없다.

52 굴착기 장기 격납시 주의사항이 아닌 것은?

① 하체부분을 완전히 세차 후 이상 유무를 점검하고 정비한다.
② 녹슬기 쉬운 장소에는 오일을 얇게 발라둔다.
③ 배터리는 제거할 필요없이 단자의 코드만 탈착시킨다.
④ 동결 염려가 있을 때는 부동액을 첨가한다.

🔍 1개월 이상 장기간 보관할 때 장비의 성능에 영향을 주는 체결 요소부는 급유와 윤활 방식 조치를 통해 성능이 저하되지 않도록 점검하여 조치하여야 하며, 배터리를 장비에서 떼어내어 보관하도록 한다.

53 굴착기 등 건설기계운전 작업장에서 이동 및 선회시 안전을 위해서 행하는 적절한 조치로 맞는 것은?

① 경적을 울려서 작업장 주변 사람에게 알린다.
② 버킷을 내려서 점검하고 작업한다.
③ 급방향 전환을 위하여 위험 시간을 최대한 줄인다.
④ 굴착작업으로 안전을 확보한다.

🔍 장비를 운전하기 전에 경적을 울려 주변의 사람에게 알리고, 사람이 없는지를 확인한 후 운전하여야 한다.

54 도시가스 배관의 안전조치 및 손상방지를 위해 다음과 같이 안전조치를 하여야하는데 굴착공사자는 굴착공사 예정지역의 위치에 어떤 조치를 하여야 하는가?

> 도시가스사업자는 굴착공사자에게 연락하여 굴착공사 현장 위치와 매설배관 위치를 굴착공사자와 공동으로 표시할 것인지 각각 단독으로 표시할 것인지를 결정하고, 굴착공사 담당자의 인적사항 및 연락처, 굴착공사 개시예정일시가 포함된 결정사항을 정보지원센터에 통지할 것

① 황색 페인트로 표시 ② 적색 페인트로 표시
③ 흰색 페인트로 표시 ④ 청색 페인트로 표시

🔍 굴착공사자와 도시가스사업자가 준수하여야 할 조치사항
• 굴착공사자는 굴착공사 예정지역의 위치를 흰색 페인트로 표시할 것
• 도시가스사업자는 굴착예정 지역의 매설배관 위치를 굴착공사자에게 알려주어야 하며, 굴착공사자는 매설배관 위치를 매설배관 직상부의 지면에 황색 페인트로 표시할 것
• 대규모굴착공사, 긴급굴착공사 등으로 인해 페인트로 매설배관 위치를 표시하는 것이 곤란한 경우에는 위의 경우에도 불구하고 표시 말뚝·표시 깃발·표지판 등을 사용하여 표시할 수 있다.
• 도시가스사업자는 위의 조치사항에 따른 표시 여부를 확인해야 하며, 표시가 완료된 것이 확인되면 즉시 그 사실을 정보지원센터에 통지할 것

55 22.9kV 배전 선로에 근접하여 굴착기 등 건설기계로 작업시 안전관리상 맞는 것은?

① 안전관리자의 지시 없이 운전자가 알아서 작업한다.
② 전력선에 접촉되더라도 끊어지지 않으면 사고는 발생하지 않는다.
③ 전력선이 활선인지 확인 후 안전 조치된 상태에서 작업한다.
④ 해당시설 관리자는 입회하지 않아도 무방하다.

56 도시가스 배관이 매설된 도로에서 굴착작업을 할 때 준수사항으로 틀린 것은?

① 가스배관이 매설된 지점에서 도시가스 회사의 입회하에 작업한다.
② 가스배관은 도로에 라인마크를 하기 때문에 라인마크가 없으면 직접 굴착해도 된다.
③ 어떤 지점을 굴착 하고자 할 때는 라인 마크, 표지판, 밸브박스 등으로 가스배관의 유무를 확인하는 방법도 있다.
④ 가스배관의 매설 유무는 반드시 도시가스 회사에 유무 조회를 하여야 한다.

🔍 라인마크는 도시가스 배관 매설시 설치되며 길이 50m 마다 1개 이상 설치된다. 또한, 가스배관의 표지판은 배관을 따라 500m 간격으로 시가지 이외의 도로, 산지, 농지, 철도 부지 등에 설치되어 있다.

57 다음 건물번호판에 대한 설명으로 맞는 것은?

① 세종대로는 도로명, 209는 건물번호이다.
② 세종대로는 주 출입구, 209는 기초번호이다.
③ 세종대로는 도로시작점, 209는 건물주소이다.
④ 세종대로는 도로별 구분기준, 209는 상세주소이다.

🔍 보기의 그림은 일반용 건물번호판으로 상단에는 도로명, 하단에는 건물번호가 표시되어 있다.

58 현장에 경찰 공무원이 없는 장소에서 인명사고와 물건의 손괴를 입힌 교통사고가 발생하였을 때 가장 먼저 취할 조치는?

① 손괴한 물건 및 손괴 정도를 파악한다.
② 즉시 피해자 가족에게 알리고 합의한다.
③ 즉시 사상자를 구호하고 경찰 공무원에게 신고한다.
④ 승무원에게 사상자를 알리게 하고 회사에 알린다.

🔍 인명 사고시 최우선 조치 사항은 사상자를 구호하는 것이다.

59 정차 및 주차금지 장소에 해당되는 것은?

① 건널목 가장 자리로부터 15m 지점
② 정류장 표시판으로부터 12m 지점
③ 도로의 모퉁이로부터 4m 지점
④ 교차로 가장자리로부터 10m 지점

🔍 주정차 금지 장소
• 교차로, 횡단보도, 건널목, 교차로의 가장자리
• 도로의 모퉁이로부터 5m 이내의 곳
• 안전지대가 설치된 도로로부터 각각 10m 이내의 곳
• 건널목의 가장자리로부터 10m 이내의 곳
• 정류장 표시판이 설치된 지점으로부터 10m 이내의 곳

60 노면이 얼어붙은 경우 또는 폭설로 가시거리가 100 미터 이내인 경우 최고속도의 얼마나 감속 운행하여야 하는가?

① 50/100 ② 30/100
③ 40/100 ④ 20/100

🔍 감속 운행
• 20/100를 줄인 속도 : 눈이 20mm 미만 쌓일 때, 비가 내려 습기가 있을 때
• 50/100를 줄인 속도 : 폭우·폭설·안개 등으로 가시거리가 100m 이내인 때, 노면이 얼어붙은 때, 눈이 20mm 이상 쌓인 때

정답 CBT 복원문제 – 제**05**회

01 ①	02 ③	03 ②	04 ①	05 ④	06 ②	07 ①	08 ②	09 ③	10 ③
11 ①	12 ③	13 ④	14 ①	15 ②	16 ③	17 ②	18 ②	19 ②	20 ①
21 ④	22 ③	23 ④	24 ①	25 ①	26 ③	27 ②	28 ②	29 ④	30 ④
31 ④	32 ②	33 ①	34 ④	35 ③	36 ②	37 ②	38 ③	39 ②	40 ③
41 ④	42 ④	43 ①	44 ②	45 ④	46 ①	47 ③	48 ③	49 ③	50 ④
51 ②	52 ③	53 ①	54 ③	55 ③	56 ②	57 ①	58 ③	59 ③	60 ①

제06회 CBT 복원문제

01 건설기계의 등록이 말소된 경우 등록번호표는 며칠 이내에 시·도지사에게 반납하여야 하는가?

① 10일 ② 30일
③ 3개월 ④ 6개월

🔍 건설기계 등록이 말소되거나 등록된 사항 중 대통령령이 정하는 사항이 변경된 때에는 등록번호표의 봉인을 뗀 후 그 번호표를 10일 이내에 시·도지사에게 반납하여야 한다.

02 건설기계 검사의 종류가 아닌 것은?

① 신규등록검사 ② 정기검사
③ 임시검사 ④ 수시검사

🔍 건설기계 검사
- 신규등록검사 : 건설기계를 신규로 등록할 때 실시하는 검사
- 정기검사 : 건설공사용 건설기계로서 3년의 범위 내에서 국토교통부령이 정하는 검사유효기간이 끝난 후에 계속하여 운행하고자 할 때 실시하는 검사와 대기환경보전법에 따른 운행차의 정기검사
- 구조변경검사 : 등록된 건설기계의 주요 구조를 변경 또는 개조하였을 때 실시하는 검사(사유발생일로부터 20일 이내에 검사)
- 수시검사 : 성능이 불량하거나 사고가 빈발하는 건설기계의 안전성 등을 점검하기 위하여 수시로 실시하는 검사와 건설기계 소유자의 신청에 의하여 실시하는 검사

03 건설기계등록번호표의 유형별 도색으로 틀린 것은?

① 자가용 : 흰색 바탕에 검은색 문자
② 대여사업용 : 주황색 바탕에 검은색 문자
③ 관용 : 흰색 바탕에 검은색 문자
④ 임시용 : 흰색 페인트판에 파란색 문자

🔍 건설기계의 임시번호표 및 등록번호표
- 임시번호표(미등록 및 등록된 건설기계) : 흰색 페인트판에 검은색 문자
- 등록번호표
 - 비사업용(관용 또는 자가용) : 흰색 바탕에 검은색 문자
 - 대여사업용 : 주황색 바탕에 검은색 문자

04 다음 중 건설기계조종사 면허가 취소되는 경우는?(단, 산업안전보건법상 중대재해가 아닌 경우이다.)

① 고의로 사람을 다치게 한 경우
② 과실로 1명을 사망하게 한 경우
③ 과실로 3명에게 중상을 입힌 경우
④ 과실로 10명에게 경상을 입힌 경우

🔍 건설기계조종사 면허의 취소 사유
- 거짓이나 그 밖의 부정한 방법으로 건설기계조종사면허를 받은 경우
- 건설기계조종사면허의 효력정지기간 중 건설기계를 조종한 경우
- 건설기계조종사면허의 결격사유에 해당하게 된 경우
- 건설기계 조종 중 고의로 사망, 중상, 경상을 입힌 경우
- 건설기계 조종 중 과실로 산업안전보건법에 따른 다음의 중대재해가 발생한 경우
 - 사망자가 1명 이상 발생한 재해
 - 3개월 이상의 요양이 필요한 부상자가 동시에 2명 이상 발생한 재해
 - 부상자 또는 직업성질병자가 동시에 10명 이상 발생한 재해

05 건설기계관리법령상 건설기계를 주택가 주변의 도로·공터 등에 세워 두어 교통소통을 방해하거나 소음 등으로 주민의 조용하고 평온한 생활환경을 침해한 자에 대한 벌칙은?

① 1년 이하의 징역 또는 1천만원 이하의 벌금
② 300만원 이하의 과태료
③ 100만원 이하의 과태료
④ 50만원 이하의 과태료

🔍 50만원 이하의 과태료
- 등록 전 일시적으로 운행하는 건설기계에 임시번호표를 붙이지 아니하고 운행한 자
- 등록사항의 변경신고를 하지 아니하거나 거짓으로 신고한 자
- 건설기계 등록의 말소를 신청하지 아니한 자
- 등록번호표 제작자가 지정받은 사항에 대한 변경 사유가 있음에도 변경신고를 하지 아니하거나 거짓으로 변경신고한 자
- 등록번호표의 반납 사유가 있음에도 등록번호표를 반납하지 아니한 자
- 건설기계의 정비 범위를 위반하여 건설기계를 정비한 자
- 건설기계사업자의 등록 사항 변경신고를 하지 아니하거나 거짓으로 신고한 자
- 건설기계사업자의 지위를 승계하고도 신고를 하지 아니하거나 거짓으로 신고한 자
- 건설기계를 주택가 주변의 도로·공터 등에 세워 두어 교통소통을 방해하거나 소음 등으로 주민의 조용하고 평온한 생활환경을 침해한 자

06 건설기계조종사면허의 적성검사 기준에 해당되지 않는 것은?

① 두 눈을 뜨고 잰 시력이 0.7 이상이고 두 눈의 시력이 각각 0.3 이상일 것
② 55데시벨(보청기를 사용하는 사람은 40데시벨)의 소리를 들을 수 있을 것
③ 시각은 150도 이상일 것
④ 언어분별력이 50% 이상일 것

🔍 적성검사 기준
- 두 눈을 동시에 뜨고 잰 시력(교정시력 포함)이 0.7 이상이고 두 눈의 시력이 각각 0.3 이상일 것
- 55데시벨(보청기를 사용하는 사람은 40데시벨)의 소리를 들을 수 있고, 언어분별력이 80퍼센트 이상일 것
- 시각은 150도 이상일 것
- 정신병자·지적장애인·뇌전증환자, 마약·대마·향정신성의약품, 알코올 중독자가 아닐 것

07 축전지의 용량에 대한 설명으로 옳은 것은?

① 전해액의 양과는 관계가 없다.
② 극판의 수와 관련이 있으며 극판의 크기와는 관계가 없다.
③ 방전 전류에 방전 시간을 곱한 것이다.
④ 격리판의 개수와 관계가 있다.

🔍 축전지의 용량은 극판의 크기, 극판의 갯수 및 황산(전해액)의 양에 의해 결정된다.

08 퓨즈에 대한 설명 중 틀린 것은?

① 퓨즈는 정격용량을 사용한다.
② 퓨즈 용량은 A로 표시한다.
③ 퓨즈는 가는 구리선으로 대용된다.
④ 퓨즈는 표면이 산화되면 끊어지기 쉽다.

🔍 퓨즈는 일정한 값 이상의 전류가 흐르면 용단되는 것으로 회로 및 기기를 보호하는 가장 간단한 전류자동차단기로 납과 주석의 합금으로 만든다.

09 직권식 기동 전동기의 전기자 코일과 계자 코일은 전원에 대해 어떻게 접속되어 있는가?

① 전기자 코일은 직렬, 계자 코일은 병렬로 접속되어 있다.
② 모두 직렬로 접속되어 있다.
③ 모두 병렬로 접속되어 있다.
④ 전기자 코일은 병렬, 계자 코일은 직렬로 접속되어 있다.

🔍 직권식 전기자 코일과 계자 코일이 직렬로 접속되어 있으며, 분권식은 병렬, 복권식은 직·병렬로 연결되어 있다.

10 디젤기관의 연소실 형태 중에서 직접 분사실식에 대한 설명으로 옳지 않은 것은?

① 열효율이 높고 시동이 쉽다.
② 분사 압력이 낮아 펌프와 노즐의 수명이 길다.
③ 분사 노즐의 상태와 연료의 질에 민감하다.
④ 노크가 일어나기 쉽다.

🔍 직접 분사실식의 단점
• 분사 압력이 높아 분사 펌프와 노즐 등의 수명이 짧다.
• 분사 노즐의 상태와 연료의 질에 민감하다.
• 노크가 일어나기 쉽다.

11 건설기계에서 사용되는 윤활유 여과방식에 해당되지 않는 것은?

① 분류식
② 전류식
③ 복합식
④ 합류식

🔍 엔진오일의 여과방식
• 분류식 : 오일 펌프에서 나온 오일의 일부를 여과하고 나머지는 윤활부로 그냥 보낸다.
• 전류식 : 오일 펌프에서 나온 오일 전부가 여과기를 거쳐 여과된 다음 윤활부로 가게 된다.
• 샨트식(조합식, 복합식) : 펌프에 보내지는 오일의 일부만을 여과하지만 여과된 오일이 오일 팬으로 돌아오지 않고 윤활부에 공급된다.

12 동력전달장치에서 추진축의 각도 변화를 가능하게 하는 기구는?

① 슬립 조인트
② 유니버설 조인트
③ 파워 시프트
④ 크로스 멤버

🔍 유니버설 조인트(자재이음, universal joint)
• 양 축이 동일평면 내에 있고, 그 축선이 30° 이하의 각도로 교차하는 경우에 사용되는 축 이음으로서 훅 조인트라고도 한다.
• 양 축단에 각각 요크(yoke)를 부착하고, 이것을 십자형의 핀으로 자유로이 회전할 수 있도록 연결한 축 이음이다.

13 과급기의 터보차저를 구동하는 것으로 가장 적합한 것은?

① 엔진의 열
② 엔진의 배기가스
③ 엔진의 흡입가스
④ 엔진의 여유동력

🔍 엔진 배기가스 잔류 압력을 이용하여 과급기를 구동한다.

14 크랭크축 베어링의 윤활유로 사용되는 것은?

① 엔진오일
② 그리스
③ 오일리스 베어링
④ 외부 윤활유

🔍 크랭크축 베어링은 윤활장치에서 공급되는 엔진오일에 의해 윤활되며, 엔진오일은 오일펌프에 의해 오일 통로를 거쳐 크랭크축 - 메인 - 베어링에 공급된다.

15 건설기계 기관에서 사용하는 윤활유의 구비 성질로 볼 수 없는 것은?

① 인화점 및 발화점이 높을 것
② 비중이 적당할 것
③ 열전도가 양호할 것
④ 산화에 대한 저항이 작을 것

🔍 윤활유의 구비 성질
• 인화점 및 발화점이 높을 것
• 비중이 적당할 것
• 열전도가 양호할 것
• 산화에 대한 저항이 클 것(내산성)
• 점도와 온도의 관계가 좋을 것
• 카본 생성이 적을 것
• 강인한 유막을 형성할 것

16 기관이 작동 중 라디에이터 캡 쪽으로 물이 상승하면서 연소가스가 누출될 때 원인으로 맞는 것은?

① 분사 노즐의 동와셔가 불량하다.
② 라디에이터 캡이 불량하다.
③ 물 펌프에 누설이 생겼다.
④ 실린더 헤드에 균열이 생겼다.

🔍 압력식 라디에이터 캡은 기관 냉각장치에서 냉각수 비등점을 올리기 위한 것으로 기관 작동 중에 라디에이터 캡으로 물이 상승하면서 연소가스가 누출되면 그 원인은 실린더 헤드에 균열이 생겼기 때문이다.

17 작동유(유압유) 속에 용해 공기가 기포로 되어 있는 상태를 무엇이라고 하는가?

① 인화 현상
② 노킹현상
③ 조기착화 현상
④ 공동현상

🔍 공동현상(캐비테이션)이란 유동하고 있는 액체의 압력이 국부적으로 저하되어 포화 증기 압력 또는 공기 분리 압력에 대하여 증기를 발생시키거나 용해 공기 등이 분리되어 기포를 일으키는 현상을 말한다.

18 유압모터의 단점에 해당되지 않는 것은?

① 작동유에 먼지나 공기가 침입하지 않도록 특히 보수에 주의해야 한다.
② 작동유가 누출되면 작업 성능에 지장이 있다.
③ 작동유의 점도변화에 의하여 유압모터의 사용에 제약이 있다.
④ 릴리프 밸브를 부착하여 속도나 방향제어하기가 곤란하다.

🔍 릴리프 밸브는 회로내의 압력이 과도하게 상승하는 것을 방지하고 항상 일정한 압력을 유지하는 밸브로 유압펌프와 제어 밸브 사이에 설치되어 있다.

19 유압제어 밸브 중 속도제어 밸브의 역할에 대한 설명으로 틀린 것은?

① 회로에 공급되는 유량을 조절한다.
② 작동유의 흐름을 한쪽 방향으로만 흐르도록 한다.
③ 액추에이터의 작동 속도를 제어한다.
④ 스로틀 밸브는 속도제어 밸브이다.

🔍 작동유의 흐름을 한쪽 방향으로만 흐르도록 하고 역류를 방지하는 역할을 하는 것은 체크밸브(check valve)로 방향제어에 해당된다.

20 2개 이상의 분기 회로에서 유압 회로의 압력에 의하여 작동순서를 제어하기 위해 사용되는 밸브는?

① 카운터 밸런스 밸브
② 언로더 밸브
③ 릴리프 밸브
④ 시퀀스 밸브

🔍 • 카운터 밸런스 밸브 : 실린더가 중력으로 인하여 제어속도 이상으로 낙하하는 것을 방지
• 언로더 밸브 : 유압회로의 압력이 설정압력에 이르면 펌프로부터 전체 유량을 직접 탱크로 복귀시켜 펌프를 무부하로 상태로 유지
• 릴리프 밸브 : 유압 회로의 최고 압력을 제한하고 회로 내의 과부하를 방지
• 시퀀스 밸브 : 2개 이상의 분기 회로가 있을 때 순차적인 작동을 하기 위한 압력제어 밸브

21 유압회로 내의 유압유 점도가 너무 낮을 때 생기는 현상이 아닌 것은?

① 오일이 누설될 수 있다.
② 유압펌프의 효율이 저하된다.
③ 시동 저항이 커진다.
④ 회로의 압력이 저하된다.

> 오일 점도가 낮을 경우 나타나는 현상
> • 펌프 효율 저하
> • 액추에이터의 효율 저하
> • 회로 내의 누유
> • 유압 저하
> • 유압장치 각 부의 누유

22 그림과 같은 실린더의 명칭은?

① 단동 실린더 편로드형
② 단동 실린더 양로드형
③ 복동 실린더 편로드형
④ 복동 실린더 양로드형

> 그림의 실린더는 복동 실린더 편로드형을 나타내고 있다. 참고로 위쪽의 연결부가 1개면 단동, 그림처럼 2개면 복동이며, 실린더의 좌·우로 로드가 모두 있으면 양로드형, 그림과 같이 1개만 있으면 편로드형이다.

23 유량이나 1차 측의 압력과 무관하게 분기회로에서 2차측 압력을 설정값까지 감압하여 사용하는 제어 밸브는?

① 시퀀스 밸브
② 감압 밸브
③ 언로더 밸브
④ 카운터 밸런스 밸브

> • 시퀀스 밸브 : 2개 이상의 분기 회로가 있을 때 순차적인 작동을 하기 위한 압력제어 밸브
> • 리듀싱 밸브(감압 밸브) : 유압 회로에서 분기 회로의 압력을 주회로의 압력보다 감압시켜 사용하는 제어 밸브
> • 언로더 밸브 : 유압회로의 압력이 설정압력에 이르면 펌프로부터 전체 유량을 직접 탱크로 복귀시켜 펌프를 무부하로 상태로 유지
> • 카운터 밸런스 밸브 : 실린더가 중력으로 인하여 제어속도 이상으로 낙하하는 것을 방지

24 다음 유압펌프 중 가장 높은 압력 조건에 사용할 수 있는 펌프는?

① 기어 펌프
② 로터리 펌프
③ 플런저 펌프
④ 베인 펌프

> 플런저 펌프(plunger pump)의 특성
> • 고압(150~350kgf/cm²)에 적합하며 펌프 효율이 가장 높다.
> • 가변 용량형에 적합하며, 각종 토출량 제어장치가 있어 목적 및 용도에 따라 조정할 수 있다.
> • 구조가 복잡하고 비싸다.
> • 오일의 오염에 극히 민감하다.
> • 흡입능력이 가장 낮다.

25 액추에이터의 운동속도를 조정하기 위하여 사용되는 밸브는?

① 압력제어 밸브
② 온도제어 밸브
③ 유량제어 밸브
④ 방향제어 밸브

> 밸브의 역할
> • 압력제어 밸브 : 일의 크기를 조절한다.
> • 방향제어 밸브 : 일의 방향을 조절한다.
> • 유량제어 밸브 : 일의 속도를 조절한다.

26 플런저가 구동축의 직각방향으로 설치되어 있는 유압 모터는?

① 캠형 플런저 모터
② 엑시얼형 플런저 모터
③ 블래더형 플런저 모터
④ 레이디얼형 플런저 모터

> • 엑시얼형 플런저 : 구동축의 원둘레 방향에 설치
> • 레이디얼형 플런저 : 구동축의 직각방향에 설치

27 안전·보건표지의 색채 기준 중 응급 구호 장비가 있는 장소를 알리는 색채는?

① 빨간색
② 노란색
③ 녹색
④ 흰색

> 안전보건표지의 색채 및 용도

색채	용도	사용례
빨간색	금지	정지신호, 소화설비 및 그 장소, 유해행위의 금지
	경고	화학물질 취급장소에서의 유해·위험 경고
노란색	경고	화학물질 취급장소에서의 유해·위험 경고 이외의 위험 경고, 주의 표지 또는 기계방호물
파란색	지시	특정 행위의 지시 및 사실의 고지
녹색	안내	비상구 및 피난소, 사람 또는 차량의 통행 표시
흰색	–	파란색 또는 녹색에 대한 보조색
검은색		문자 및 빨간색 또는 노란색에 대한 보조색

28 벨트 취급에 대한 안전사항 중 틀린 것은?

① 벨트 교환시 회전을 완전히 멈춘 상태에서 한다.
② 벨트의 회전을 정지할 때 손으로 잡고서 한다.
③ 벨트의 적당한 장력을 유지하도록 한다.
④ 벨트에 기름이 묻지 않도록 한다.

> 벨트의 회전을 멈출 때 손으로 잡고서 하면 사고 우려가 있다.

29 작업장에서 휘발유 화재가 일어났을 경우 가장 적합한 소화 방법은?

① 탄산가스 소화기의 사용
② 불의 확대를 막는 덮개의 사용
③ 소다 소화기의 사용
④ 물 호스의 사용

> 유류화재는 B급화재로 포말소화기, 이산화탄소(탄산가스) 소화기, 분말 소화기, 증발성 액체 소화기를 적용한다.

30 안전제일에서 가장 먼저 선행되어야 할 이념으로 맞는 것은?

① 재산 보호
② 생산성 향상
③ 신뢰성 향상
④ 인명 보호

> 안전의 제1목표는 인명을 보호하는 것이다.

31 산업체에서 안전을 지킴으로서 얻을 수 있는 이점과 가장 거리가 먼 것은?

① 직장의 신뢰도를 높여준다.
② 직장 상·하 동료 간 인간관계 개선 효과도 기대된다.
③ 기업의 투자 경비가 늘어난다.
④ 사내 안전수칙이 준수되어 질서유지가 실현된다.

🔍 안전관리란 재해로부터 인간의 생명과 재산을 보존하기 위한 계획적이고 체계적인 제반 활동을 의미한다.

32 재해의 원인 중 인적 원인에 해당되는 것은?

① 안전 방호장치 결함
② 위험물 취급 부주의
③ 작업환경의 결함
④ 보호구의 결함

🔍 재해의 직접원인
• 불안전한 행동(행위, 인적원인) : 위험장소 접근, 안전장치의 기능 제거, 복장·보호구의 잘못사용, 기계·기구 잘못사용, 운전 중인 기계장치의 손질, 불안전한 속도 조작, 위험물 취급 부주의, 불안전한 상태 방치, 불안전한 자세 동작, 감독 및 연락 불충분
• 불안전한 상태 : 물 자체 결함, 안전 방호장치 결함, 보호구의 결함, 물의 배치 및 작업장소 결함, 작업환경의 결함, 생산 공정의 결함, 경계표시·설비의 결함

33 수공구 사용시 안전수칙으로 바르지 못한 것은?

① 톱 작업은 밀 때 절삭되게 작업한다.
② 줄 작업으로 생긴 쇳가루는 브러시로 털어 낸다.
③ 해머작업은 미끄러짐을 방지하기 위해서 반드시 면장갑을 끼고 작업한다.
④ 조정 렌치는 조정조가 있는 부분에 힘을 받지 않게 하여 사용한다.

🔍 장갑을 착용하면 안 되는 작업 : 해머작업, 연삭작업, 드릴작업, 정밀기계작업

34 산소-아세틸렌 가스 용접 작업 시의 재해로 거리가 먼 것은?

① 고온과 불티에 의해 화재의 우려가 있다.
② 용접 시 발생하는 유해광선에 의해 눈질환의 우려가 있다.
③ 충전부 접촉에 의한 감전재해의 우려가 있다.
④ 용접 작업 중 화구에 불을 붙이는 순간 화염이 뻗치면서 화상을 입을 수 있다.

🔍 산소-아세틸렌 가스 용접은 아세틸렌과 산호의 혼합물을 토치 끝부분에서 연소시켜 접합하는 용접으로 감전재해와는 거리가 멀다.

35 반드시 건설기계정비업체에서 정비하여야 하는 것은?

① 오일의 보충
② 배터리의 교환
③ 창유리의 교환
④ 엔진 탈·부착 및 정비

🔍 엔진의 탈·부착 및 정비는 반드시 건설기계정비업체를 통해 정비하여야 한다.

36 연삭 작업 시 반드시 착용해야 하는 보호구는?

① 방독면
② 장갑
③ 보안경
④ 마스크

🔍 물체가 날아 흩어질 위험이 있는 작업을 하는 경우에는 보안경을 반드시 착용하여야 한다.

37 크롤러 타입 유압식 굴착기의 주행 동력으로 이용되는 것은?

① 전기 모터
② 유압 모터
③ 변속기 동력
④ 차동 장치

🔍 유압식 굴착기의 주행 동력은 오일에 가해진 압력에 의해 축이 회전운동을 하는 유압 모터이다.

38 굴착기의 3대 주요 구성품으로 가장 적당한 것은?

① 상부회전체, 하부추진체, 중간선회체
② 작업장치, 하부추진체, 중간선회체
③ 작업장치, 상부선회체, 하부추진체
④ 상부조정장치, 하부추진체, 중간동력장치

🔍 굴착기의 3대 주요 구성품
• 상부선회체 : 프레임, 엔진, 유압장치, 선회장치 등으로 구성되어 있으며 하부주행체와는 선회륜을 통해 조립되어 있다.
• 하부주행체 : 선회베어링을 거쳐 상부선회체와 작업장치를 지지한다.
• 작업장치 : 전부장치로 버킷을 주로 사용하며 전부장치를 교환하여 클램쉘, 브레이커, 셔블 등의 작업조건에 적합한 어태치먼트를 쉽게 장착 및 탈착할 수 있다.

39 굴착기 선회장치의 유압 모터(스윙 모터)의 부품과 그 기능에 대한 설명으로 틀린 것은?

① 브레이크 – 선회 동작을 멈출 때 충격을 흡수
② 역회전방지 밸브 – 선회 동작을 효율적으로 하기 위한 관성 유지
③ 릴리프 밸브 – 유압 모터의 과부하로 인해서 스윙 모터와 감속기가 파손되지 않도록 보호
④ 메이크업 밸브 – 선회 동작을 할 때 캐비테이션이 생기는 것을 방지

🔍 역회전방지 밸브(anti-rotation valve)는 선회 동작을 멈출 때 생기는 반작용(반대편으로 회전하려는 힘)을 없애주는 기능을 한다.

40 굴착기의 작업장치로 가장 적절하지 않은 것은?

① 브레이커   ② 파일 드라이브
③ 힌지 버킷   ④ 크러셔

🔍 힌지 버킷은 지게차의 작업장치이다.

41 굴착기의 작업장치를 신속하게 분리하거나 결합할 수 있는 장치는?

① 퀵 클램프(quick clamp)
② 크러셔(crusher)
③ 오프셋 암(off set arm)
④ 그랩(grap)

🔍 퀵 클램프는 굴착기의 작업장치를 신속하게 분리, 결합할 수 있는 장치로 수동식과 자동식이 있다.

42 타이어식 굴착기의 하부주행체를 구성하는 부분으로 작업 시 기체의 균형을 유지하는 기능을 갖는 것은?

① 전륜 타이어
② 아우트리거
③ 배토판
④ 후륜 타이어

🔍 타이어식 굴착기의 하부주행체
• 전륜 및 후륜 타이어 : 작업 이동용 주행
• 아우트리거(out rigger) : 작업 시 기체 균형 유지
• 배토판(blade) : 토사를 굴착하여 밀면서 운반

43 크롤러식 굴착기에서 상부회전체의 회전에는 영향을 주지 않고 주행모터에 작동유를 공급할 수 있는 부품은?

① 컨트롤 밸브
② 센터 조인트
③ 사축형 유압모터
④ 언로더 밸브

> 굴착기의 센터 조인트는 회전부 중심에 설치하며, 상부 및 하부의 유압기기가 선회 중에도 급유 가능한 구조로서, 굴착 작업을 할 때 발생하는 하중 및 유압의 변동에 대하여 견딜 수 있는 구조이어야 한다.

44 굴착기 작업 시 주의사항으로 틀린 것은?

① 땅을 깊이 팔 때는 붐의 호스나 버킷 실린더의 호스가 지면에 닿지 않도록 한다.
② 암석, 토사 등을 평탄하게 고를 때는 선회 관성을 이용하면 능률적이다.
③ 암 레버의 조작 시 잠깐 멈췄다 움직이는 것은 펌프의 토출량이 부족하기 때문이다.
④ 작업 시는 실린더의 행정 끝에서 약간 여유를 남기도록 운전한다.

> 암석이나 토사 등을 고를 때 선회 관성을 이용하면 선회 모터의 과부하 원인이 될 수 있다.

45 굴착기의 조종레버 중 굴착작업과 직접 관계가 없는 것은?

① 암(스틱) 제어레버
② 붐 제어레버
③ 스윙 제어레버
④ 버킷 제어레버

> 스윙 제어레버는 굴착기의 상부 회전체를 회전시킬 때 사용되는 레버이다.

46 굴착기의 트랙 전면에서 오는 충격을 완화시키기 위해 설치한 것은?

① 하부 롤러
② 프론트 롤러
③ 상부 롤러
④ 리코일 스프링

> 리코일 스프링(Recoil spring)은 안쪽의 이너 스프링과 바깥쪽의 아우터 스프링의 2중으로 된 구조로 주행 중 프론트 아이들러가 받은 충격을 완화시켜 트랙 장치의 파손을 방지하는 일을 한다.

47 굴착기의 주행 레버를 한쪽은 밀고 한쪽은 당기면?

① 피벗 회전이 된다.
② 스핀 회전이 된다.
③ 고장 나기 쉽다.
④ 어느 쪽으로도 움직이지 않는다.

> • 피벗 회전(완회전) : 한쪽의 트랙만 구동시켜 방향 전환하는 것으로 어느 한쪽의 레버 또는 페달만 작동시킨다.
> • 스핀 회전(급회전) : 좌우의 트랙을 서로 역으로 구동시켜 제자리에서 방향 전환하는 것으로 양쪽의 주행레버 또는 페달을 반대로 동시에 작동시킨다.

48 굴착기의 작업 중 운전자가 관심을 가져야 할 사항이 아닌 것은?

① 엔진속도 게이지
② 온도 게이지
③ 작업속도 게이지
④ 장비의 잡음 상태

> 작업 중 작동 화면에서는 엔진 냉각수 온도계, 작동유 온도계, 연료계, 엔진 회전수/트립미터가 표시되며, 이와 더불어 장비의 잡음 상태 등을 통해 기기의 상태를 체크하여야 한다.

49 굴착기의 작업장치 중 2개의 집게로 작업 대상물을 집고, 집게를 죄어서 물체를 부술 수 있는 장치는?

① 브레이커(breaker)
② 크러셔(crusher)
③ 그랩(grap)
④ 퀵 클램프(quick clamp)

> • 브레이커(breaker) : 유압식 왕복 해머로 연속적으로 타격을 가해 암석, 콘크리트 등을 파쇄하는 장치
> • 크러셔(crusher) : 2개의 집게로 작업 대상물을 집고, 집게를 죄어서 물체를 부수는 장치
> • 그랩(grap) : 유압 실린더를 이용해서 2~5개의 집게를 움직여 작업물질을 집는 장치
> • 퀵 클램프(quick clamp) : 굴착기의 작업장치를 신속하게 분리, 결합할 수 있는 장치

50 셔블 굴착기의 조정과정은 5가지 동작이 반복하면서 작업이 수행된다. 순서가 맞는 것은?

① 선회 → 적재 → 굴착 → 적재 → 선회
② 굴착 → 적재 → 선회 → 굴착 → 선회
③ 선회 → 굴착 → 적재 → 선회 → 굴착
④ 굴착 → 선회 → 적재 → 선회 → 굴착

> 굴착기의 조정과정은 굴착 → 선회 → 적재 → 선회 → 굴착이다.

51 굴착기 운전시 작업안전 사항으로 적합하지 않는 것은?

① 스윙하면서 버킷으로 암석을 부딪쳐 파쇄하는 작업을 하지 않는다.
② 안전한 작업 반경을 초과해서 하중을 이동시킨다.
③ 굴착하면서 주행하지 않는다.
④ 작업을 중지 할 때 파낸 모서리부터 장비를 이동시킨다.

> 모든 작업은 안전 범위 이내에서 진행하도록 한다.

52 굴착기에서 매 2000시간마다 점검, 정비해야 할 항목으로 맞지 않는 것은?

① 액슬 케이스 오일 교환
② 선회구동 케이스 오일 교환
③ 트랜스퍼 케이스 오일 교환
④ 작동유 탱크 오일 교환

> 선회구동 케이스 오일은 처음 500시간에 교환하고, 이후 매 1000시간마다 교환한다.

53 무한궤도식 굴착기 트랙을 조정할 때 유의할 사항으로 가장 적절하지 않는 것은?

① 장비를 평지에 정차시킨다.
② 트랙을 들고 늘어지는 것을 점검한다.
③ 브레이크가 있는 장비는 브레이크를 사용한다.
④ 2~3회 반복 조정한다.

> 트랙 유격 조정 시 유의 사항
> • 평탄한 지면에서 한다.
> • 브레이크가 있는 경우 브레이크를 사용해서는 안 된다.
> • 전진하다가 정지시켜야 한다.(후진하다가 세우면 트랙이 팽팽 해진다.)
> • 2~3회 반복 조정하여 양쪽 트랙의 유격을 동일하게 조정하여야 한다.
> • 트랙을 들고 늘어지는 양을 점검한다.

54 굴착기의 운행을 마친 후의 조치로 잘못된 것은?

① 작업장치를 지면에 내려놓는다.
② 안전 레버를 잠김 위치에 둔다.
③ 모든 스위치를 OFF 한다.
④ 키는 장비에 그대로 둔다.

> 모든 스위치를 OFF하고 키를 빼서 정해진 장소에 보관하도록 한다.

55 굴착기를 이용한 경사지에서의 작업에 대한 설명으로 틀린 것은?

① 경사지에서는 지면을 평탄하게 한 후 작업한다.
② 경사지에서 내려올 때는 변속 레버를 저속 위치로 하고 엔진 브레이크를 충분히 활용하여 주행해야 한다.
③ 경사지에서의 작업은 경사각 45°까지 허용된다.
④ 경사지에서 내려올 때 주브레이크를 지나치게 자주 사용하면 브레이크가 과열되어 손상될 우려가 있다.

🔍 경사지에서의 작업은 경사각 10° 이상에서는 작업하지 않는다. 또한, 엔진 허용 경사각은 35°이므로 어떠한 경우라도 엔진 허용 운전 경사각을 초과한 상태로 운전하면 안 된다.

56 굴착기 등 건설기계 운전자가 전선로 주변에서 작업을 할 때 주의할 사항으로 틀린 것은?

① 작업을 할 때 붐이 전선에 근접되지 않도록 주의한다.
② 버킷을 고압선으로부터 안전 이격거리 이상 떨어져서 작업한다.
③ 작업감시자를 배치한 후 전력선 인근에서는 작업감시자의 지시에 따른다.
④ 바람의 흔들리는 정도를 고려하여 전선 이격거리를 감소시켜 작업해야 한다.

🔍 건설기계를 이용하여 고압선 주변에서 작업하고자 하는 경우에는 전압의 종류를 확인한 후 안전이격거리를 확보하여 그 이내로 접근되지 않도록 작업한다.

57 자동차의 승차정원에 대한 내용 중 맞는 것은?

① 등록증에 기재된 인원
② 화물자동차 4명
③ 승용자동차 4명
④ 운전자를 제외한 나머지 인원

🔍 자동차의 승차정원은 자동차등록증에 기재된 인원이다.

58 앞지르기를 할 수 없는 경우는?

① 앞차의 좌측에 다른 차가 나란히 진행하고 있을 때
② 앞차가 우측으로 진로를 변경하고 있을 때
③ 앞차가 그 앞차와의 안전거리를 확보하고 있을 때
④ 앞차가 양보 신호를 할 때

🔍 앞지르기가 금지되는 경우
　• 앞차의 좌측에 다른 차가 나란히 진행하고 있을 때
　• 앞차가 다른 차를 앞지르려고 하거나, 앞지르고 있을 때
　• 앞차가 좌측으로 진로를 바꾸려고 할 때
　• 대향차의 진행을 방해하게 될 염려가 있을 때
　• 앞차가 법규, 경찰공무원의 지시에 따르거나 위험을 방지하기 위하여 정지 또는 서행하고 있을 때

59 도로교통법상 도로의 모퉁이로부터 몇 m 이내의 장소에 정차하여서는 안 되는가?

① 2m
② 3m
③ 5m
④ 10m

🔍 교차로의 가장자리나 도로의 모퉁이로부터 5m 이내는 정차하거나 주차해서는 안 된다.

60 도로명주소 안내시설 중 도로명판이 아닌 것은?

🔍 보기 중 ④항은 건물번호판 중 일반용 건물번호판에 해당된다.

정답 CBT 복원문제 - 제06회

01 ①	02 ③	03 ④	04 ①	05 ④	06 ④	07 ③	08 ③	09 ②	10 ②
11 ④	12 ②	13 ②	14 ①	15 ④	16 ④	17 ①	18 ④	19 ②	20 ④
21 ③	22 ③	23 ②	24 ③	25 ③	26 ④	27 ③	28 ②	29 ①	30 ④
31 ③	32 ③	33 ③	34 ③	35 ④	36 ③	37 ②	38 ③	39 ②	40 ③
41 ①	42 ②	43 ②	44 ②	45 ③	46 ④	47 ②	48 ③	49 ②	50 ④
51 ②	52 ②	53 ③	54 ④	55 ③	56 ④	57 ①	58 ①	59 ③	60 ④

제07회 CBT 복원문제

01 건설기계 형식신고 대상 기계가 아닌 것은?
① 불도저
② 굴착기
③ 리프트
④ 아스팔트피니셔

🔍 건설기계의 범위(총 27종) : 불도저, 굴착기, 로더, 지게차, 스크레이퍼, 덤프트럭, 기중기, 모터그레이더, 롤러, 노상안정기, 콘크리트뱃칭플랜트, 콘크리트피니셔, 콘크리트살포기, 콘크리트믹서트럭, 콘크리트펌프, 아스팔트믹싱플랜트, 아스팔트피니셔, 아스팔트살포기, 골재살포기, 쇄석기, 공기압축기, 천공기, 항타 및 항발기, 사리채취기, 준설선, 특수건설기계, 타워크레인

02 건설기계관리법상 건설기계 소유자는 건설기계를 도난당한 날로부터 얼마 이내에 등록말소를 신청해야 하는가?
① 30일 이내
② 2개월 이내
③ 3개월 이내
④ 6개월 이내

🔍 일반적인 등록말소 신청은 말소 사유가 발생한 날부터 30일 이내이지만, 도난당한 경우는 사유가 발생한 날부터 2개월 이내, 수출하는 경우에는 수출 전까지 신청하여야 한다.

03 정기검사 연기신청을 하였으나 불허통지를 받은 자는 언제까지 정기검사를 신청하여야 하는가?
① 불허통지를 받은 날부터 5일 이내
② 불허통지를 받은 날부터 10일 이내
③ 정기검사신청기간 만료일부터 5일 이내
④ 정기검사신청기간 만료일부터 10일 이내

🔍 정기검사 연기신청은 정기검사 신청기간 만료일까지 검사대행자에게 신청하면 5일 이내 연기 여부를 결정하여 통보하고, 이때 검사연기 불허통지를 받으면 정기검사 신청기간 만료일로부터 10일 이내 검사를 신청하여야 한다.

04 건설기계사업에 해당되지 않는 것은?
① 건설기계대여업
② 건설기계매매업
③ 건설기계재생업
④ 건설기계정비업

🔍 건설기계사업의 종류 : 건설기계대여업(일반건설기계대여업, 개별건설기계대여업), 건설기계정비업(종합건설기계정비업, 부분건설기계정비업, 전문건설기계정비업), 건설기계매매업, 건설기계해체활용업

05 건설기계관리법상 건설기계의 정기검사를 받지 아니한 사람에 대한 벌칙은?
① 300만원 이하의 과태료
② 100만원 이하의 과태료
③ 300만원 이하의 벌금
④ 100만원 이하의 벌금

🔍 300만원 이하의 과태료(주요 사항)
• 등록번호표를 부착하지 아니하거나 봉인하지 아니한 건설기계를 운행한 자
• 건설기계의 정기검사를 받지 아니한 자
• 건설기계임대차 등에 관한 계약서를 작성하지 아니한 자
• 건설기계조종사의 정기적성검사 또는 수시적성검사를 받지 아니한 자

06 오토기관에 비해 디젤기관의 장점이 아닌 것은?
① 가속성이 좋고 운전이 정숙하다.
② 열효율이 높다.
③ 화재의 위험이 적다.
④ 연료소비율이 낮다.

🔍 가솔린기관을 오토기관이라고도 부르며, 가속성이 좋고 운전이 정숙한 것은 가솔린기관의 장점이다.

07 디젤기관에서 타이머의 역할로 가장 적합한 것은?
① 분사량 조절
② 자동 변속 단 조절
③ 연료 분사시기 조절
④ 기관속도 조절

🔍 디젤기관에서 타이머(분사시기 조정기)는 엔진 회전속도 및 부하에 따라 분사시기를 변화시켜 운전을 안정되게 하는 장치를 말한다.

08 디젤기관의 출력을 저하시키는 직접적인 원인이 아닌 것은?
① 실린더 내 압력이 낮을 때
② 연료 분사량이 적을 때
③ 노킹이 일어날 때
④ 점화플러그 간극이 틀릴 때

🔍 점화플러그는 가솔린기관의 연소실에 장착되어 혼합기의 점화를 위해 전기방전 스파크를 발생시키는 부품이다.

09 디젤기관의 시동을 용이하게 하기 위한 방법이 아닌 것은?
① 압축비를 높인다.
② 흡기온도를 상승시킨다.
③ 겨울철에 예열장치를 사용한다.
④ 시동 시 회전속도를 낮춘다.

🔍 시동을 용이하게 하기 위해서는 회전속도를 높여야 한다.

10 라디에이터 캡을 열었을 때 냉각수에 오일이 섞여있는 경우의 원인은?
① 실린더 블록이 과열되었다.
② 수냉식 오일 쿨러가 파손되었다.
③ 기관의 윤활유가 너무 많이 주입되었다.
④ 라디에이터가 불량하다.

🔍 오일냉각기(쿨러)가 파손되면 윤활유가 누출되어 냉각수에 섞인다. 이는 라디에이터 캡을 열어보았을 때 확인할 수 있다.

11 엔진의 온도를 항상 일정하게 유지하기 위하여 냉각계통에 설치되는 것은?
① 수온 조절기
② 물 펌프 풀리
③ 크랭크축 풀리
④ 벨트 조절기

🔍 수온 조절기(서모스탯) : 냉각수 온도에 의해 자동 개폐되며 65℃에서 열리기 시작하여 85℃에서 완전히 개방된다.

12 기관의 윤활장치에서 오일의 역할에 해당되지 않는 것은?

① 방청작용
② 냉각작용
③ 응력분산작용
④ 오일제어작용

🔍 윤활장치에서 오일의 역할 : 감마작용, 밀봉작용, 냉각작용, 세척작용, 응력분산작용, 방청작용

13 엔진오일의 점도지수가 작은 경우 온도 변화에 따른 점도변화는?

① 온도에 따른 점도 변화가 작다.
② 온도에 따른 점도 변화가 크다.
③ 점도가 수시로 변화한다.
④ 온도와 점도는 무관하다.

14 다음 중 교류발전기(AC)를 설명한 내용으로 맞지 않는 것은?

① 정류기로 실리콘 다이오드를 사용한다.
② 스테이터 코일은 주로 3상 결선으로 되어 있다.
③ 발전 조정은 전류조정기를 이용한다.
④ 로터 전류를 변화시켜 출력이 조정된다.

🔍 교류발전기에서 축전지 상태에 따라 로터 코일의 전류를 제어하는 부품은 전압조정기(레귤레이터)이다.

15 축전지가 방전될 때 일어나는 현상이 아닌 것은?

① 양극판은 황산납이 해면상납으로 변함
② 전해액은 황산이 물로 변함
③ 음극판은 과산화납이 황산납으로 변함
④ 전압과 비중은 점점 낮아짐

🔍 납산축전지가 방전되면 양극판·음극판 모두 황산납으로 변화된다.

16 축전지 전해액의 온도가 상승하면 비중은?

① 일정하다.
② 올라간다.
③ 내려간다.
④ 무관하다.

🔍 축전지 전해액의 비중은 온도와 반비례한다.

17 유압장치의 특징 중 거리가 가장 먼 것은?

① 진동이 적고 작동이 원활하다.
② 고장 원인의 발견이 어렵고 구조가 복잡하다.
③ 에너지의 저장이 불가능하다.
④ 동력의 분배와 집중이 쉽다.

🔍 유압장치는 에너지의 저장이 가능하며, 이를 담당하는 것은 축압기(어큐뮬레이터)이다.

18 유압 실린더 중 피스톤의 양쪽에 유압유를 교대로 공급하여 양방향의 운동을 유압으로 작동시키는 형식은?

① 단동식
② 복동식
③ 다동식
④ 편동식

🔍 유압 실린더의 한쪽에 압력이 가해지는 것은 단동식이며, 양쪽으로 가해지는 것은 복동식이다.

19 유압회로 내의 압력이 설정압력에 도달하면 펌프에서 토출된 오일의 일부 또는 전량을 직접 탱크로 돌려보내 회로의 압력을 설정값으로 유지하는 밸브는?

① 시퀀스 밸브
② 릴리프 밸브
③ 언로더 밸브
④ 체크 밸브

🔍 밸브의 기능
• 시퀀스 밸브 : 2개 이상의 분기 회로에서 유압회로의 압력에 의해 작동 순서 제어
• 릴리프 밸브 : 압력을 일정하게 유지하거나 조정함으로써 과부하 방지
• 언로더 밸브 : 유압회로의 압력이 설정압력에 이르면 모든 유량을 직접 탱크로 복귀시켜 펌프를 무부하상태로 유지
• 체크 밸브 : 작동유의 흐름을 한쪽방향으로만 흐르도록 하고 역류를 방지

20 유압유의 점도가 지나치게 높았을 때 나타나는 현상이 아닌 것은?

① 오일 누설이 증가한다.
② 유동저항이 커져 압력손실이 증가한다.
③ 동력손실이 증가하여 기계효율이 감소한다.
④ 내부마찰이 증가하고 압력이 상승한다.

🔍 오일 누설의 증가는 유압유의 점도가 낮았을 때 나타날 수 있다.

21 유압유의 열화를 촉진시키는 가장 직접적인 요인은?

① 유압유의 온도 상승
② 배관에 사용되는 금속의 강도 약화
③ 공기 중의 습도 저하
④ 유압 펌프의 고속회전

🔍 유압유 열화의 가장 직접적인 원인은 유압유의 온도 상승이다.

22 유압장치에 사용되는 펌프가 아닌 것은?

① 기어 펌프
② 원심 펌프
③ 베인 펌프
④ 플런저 펌프

🔍 유압 펌프의 종류 : 기어 펌프, 베인 펌프, 피스톤(플런저) 펌프, 나사 펌프

23 유압장치에 사용되는 것으로 회전운동을 하는 것은?

① 유압 실린더
② 셔틀 밸브
③ 유압 모터
④ 컨트롤 밸브

🔍 액추에이터(actuator)는 유압의 에너지를 기계적 에너지로 변환시키는 장치로 유압의 에너지에 의해서 직선왕복운동을 하는 유압 실린더와 유압의 에너지에 의해서 회전운동을 하는 유압모터가 있다.

24 유압회로에서 유량제어를 통하여 작업속도를 조절하는 방식에 속하지 않는 것은?

① 미터 인(meter-in) 방식
② 미터 아웃(meter-out) 방식
③ 블리드 오프(bleed-off) 방식
④ 블리드 온(bleed-on) 방식

🔍 속도제어회로 : 미터 인 회로, 미터 아웃 회로, 블리드 오프 회로

25 유체의 압력, 유량 또는 방향을 제어하는 밸브의 총칭은?

① 안전밸브
② 제어밸브
③ 감압밸브
④ 축압기

> 제어밸브의 종류와 역할
> • 압력제어밸브 : 일의 크기 조절
> • 유량제어밸브 : 속도 조절
> • 방향제어밸브 : 방향 조절

26 산업안전의 중요성에 대한 설명으로 틀린 것은?

① 직장의 신뢰도를 높여준다.
② 기업의 투자경비가 많이 소요된다.
③ 이직률이 감소된다.
④ 근로자의 생명과 건강을 지킬 수 있다.

> 산업안전이란 작업현장 및 작업공간에서 산업재해가 일어날 가능성이 있는 건설물, 장치, 기계, 재료 등의 손상, 파괴에 기인하는 잠재적 위험성(hazard)을 배제해서 안전성을 확보하는 것을 목적으로 한다.

27 사고 원인으로서 작업자의 불안전한 행위는?

① 안전 조치의 불이행
② 고용자의 능력한계
③ 물적 위험상태
④ 기계의 결함상태

> 재해의 직접 원인
> • 불안전한 행동 : 위험장소 접근, 안전장치의 기능 제거, 복장·보호구의 잘못 사용, 기계·기구 잘못 사용, 운전중인 기계장치의 손질, 불안전한 속도 조작, 위험물 취급 부주의, 불안전한 상태 방치, 불안전한 자세 동작, 감독 및 연락 불충분
> • 불안전한 상태 : 물 자체 결함, 안전 방호장치 결함, 보호구의 결함, 물의 배치 및 작업장소 결함, 작업환경의 결함, 생산 공정의 결함, 경계표시·설비의 결함

28 재해예방의 4원칙에 해당되지 않는 것은?

① 손실발생의 원칙
② 원인계기의 원칙
③ 예방가능의 원칙
④ 대책선정의 원칙

> 재해예방의 4원칙 : 손실우연의 원칙, 원인계기의 원칙, 예방가능의 원칙, 대책선정의 원칙

29 무재해운동의 이념 3원칙 중 잠재적인 위험 요인을 발견·해결하기 위하여 전원이 협력하여 각자의 위치에서 의욕적으로 문제해결을 실천하는 원칙은?

① 무의 원칙
② 선취의 원칙
③ 관리의 원칙
④ 참가의 원칙

> 무재해운동의 3원칙
> • 무(Zero)의 원칙 : 산재 위험의 잠재요인을 근원적으로 해결하기 위한 원칙
> • 선취의 원칙 : 위험요인 행동 전에 예지, 발견
> • 참가의 원칙 : 전원(근로자, 회사내 전종업원, 근로자 가족) 참가

30 먼지가 많은 장소에서 착용하여야 하는 마스크는?

① 방독 마스크
② 산소 마스크
③ 방진 마스크
④ 일반 마스크

> 방진 마스크는 분체작업, 연마작업, 광택작업, 배합작업 등이 이루어지는 작업 및 작업장에서 사용하는 호흡용 보호구이다.

31 연소의 3요소가 아닌 것은?

① 가연성 물질
② 산소(공기)
③ 점화원
④ 이산화탄소

> 연소는 3요소인 가연물, 산소공급원, 점화원이 반드시 구비되어야 일어나며, 이 중 하나라도 만족하지 않으면 연소는 일어나지 않는다.

32 목재, 종이, 석탄 등 일반 가연물의 화재는 어떤 화재로 분류하는가?

① A급 화재
② B급 화재
③ C급 화재
④ D급 화재

> 화재의 분류
> • A급 화재 : 일반화재
> • B급 화재 : 유류화재
> • C급 화재 : 전기화재
> • D급 화재 : 금속화재
> • K급 화재 : 주방화재

33 건설기계에 비치할 가장 적합한 종류의 소화기는?

① A급 화재 소화기
② 포말B 소화기
③ ABC 소화기
④ 포말 소화기

> 건설기계와 차량 등에는 일반화재, 유류화재, 전기화재 모두에 적응성이 있는 ABC 소화기를 비치하여야 한다.

34 가스장치의 누출 여부 및 위치를 가장 쉽고, 정확하게 확인하는 방법은?

① 비눗물을 사용
② 소리를 감지
③ 분말 소화기 사용
④ 냄새로 감지

> 가스장치의 누출 여부와 위치를 소리나 냄새로 찾을 수 있지만 매우 숙련을 요하는 사항이며 일반적으로 비눗물을 사용하여 확인한다.

35 수공구 사용방법으로 옳지 않은 것은?

① 좋은 공구를 사용할 것
② 해머의 쐐기 유무를 확인할 것
③ 스패너는 너트에 잘 맞는 것을 사용할 것
④ 해머의 사용면이 넓고 얇아진 것을 사용할 것

> 해머의 사용면이 넓어졌다는 것은 타격면을 오래 사용하여 변형이 초래되었다는 것을 의미한다.

36 타이어식 굴착기의 장점이 아닌 것은?

① 주행저항이 적다.
② 견인력이 약하다.
③ 자력으로 이동한다.
④ 기동성이 좋다.

> 타이어식 굴착기는 주행저항이 적으며 변속 및 주행속도가 빨라 기동성이 좋고 자력으로 이동이 가능하지만 견인력은 무한궤도형에 비하여 떨어지는 단점이 있다.

37 무한궤도식 굴착기에서 트랙의 진로를 조정하면서 진행방향을 유도하는 기능을 담당하는 것은?

① 상부롤러
② 하부롤러
③ 프론트 아이들러
④ 평형 스프링

🔍 프론트 아이들러는 트랙 프레임의 앞쪽에 설치되며 프레임 위에서 미끄럼 운동할 수 있는 요크(yoke)에 의해서 장착되어 있다. 기능은 트랙의 진로를 조정하면서 트랙을 유도하며 진행 방향을 유도한다.

38 굴착기의 프론트 아이들러와 스프로킷이 일치되게 하기 위해서는 브라킷 옆에 무엇을 조정하는가?

① 심(shim)
② 시어핀
③ 편심볼트
④ 쐐기

🔍 프론트 아이들러와 스프로킷이 일치되게 하기 위해서는 브라킷 옆의 심(shim)을 조정한다.

39 크롤러형의 굴착기를 주행 운전할 때 적합하지 않은 것은?

① 주행 시 버킷의 높이는 30~50cm가 좋다.
② 가능하면 평탄한 지면을 택하고, 엔진은 중속이 적합하다.
③ 암반 통과 시 엔진속도는 고속이어야 한다.
④ 주행 시 전부장치는 전방을 향해야 좋다.

🔍 암반이나 부정지 등은 트랙을 팽팽하게 조정 후 저속으로 주행한다.

40 굴착기에서 작업시 안정 및 균형을 잡아주기 위해 설치하는 것은?

① 버킷(bucket)
② 카운터 웨이트(counter weight)
③ 암(atm)
④ 붐(boom)

🔍 카운터 웨이트(밸런스 웨이트)는 굴착기 상부회전체의 제일 뒷부분에 설치되어 버킷 등의 중량물이 실릴 때 장비의 뒷부분이 들리는 것을 방지하고 장비의 균형을 잡아준다.

41 굴착기의 한쪽 주행 레버만 조작하여 회전하는 것을 무엇이라 하는가?

① 피벗회전
② 급회전
③ 스핀회전
④ 원웨이회전

🔍 • 피벗회전 : 한쪽의 트랙만 구동시켜 방향 전환하는 것으로 어느 한쪽의 레버 또는 페달만 작동시킨다.
• 스핀회전 : 좌·우의 트랙을 서로 역으로 구동시켜 제자리에서 방향 전환하는 것으로 양쪽의 레버 또는 페달을 역으로 동시에 작동시킨다.

42 타이어식 굴착기의 휠얼라인먼트에서 토인의 필요성이 아닌 것은?

① 조향바퀴의 방향성을 준다.
② 타이어의 이상마멸을 방지한다.
③ 조향바퀴를 평행하게 회전시킨다.
④ 바퀴가 옆방향으로 미끄러지는 것을 방지한다.

🔍 조향바퀴에 방향성을 주는 것은 캐스터이다.

43 타이어의 구조에서 직접 노면과 접촉되어 마모에 견디고 적은 슬립으로 견인력을 증대시키는 곳의 명칭은?

① 트레드(thread)
② 브레이커(breaker)
③ 카커스(carcass)
④ 비드(bead)

🔍 트레드는 타이어가 노면과 접촉하는 부분의 두꺼운 고무층을 말하며 노면과 미끄러짐을 방지하고 방열을 위한 홈(트레드 패턴)이 파여 있다.

44 다음 중 굴착기의 작업 장치에 해당되지 않는 것은?

① 브레이커
② 파일드라이브
③ 힌지버킷
④ 크러셔

🔍 힌지 버킷은 지게차의 작업장치이다.

45 굴착기의 스윙(선회) 동작이 원활하게 안 되는 원인으로 틀린 것은?

① 컨트롤 밸브 스풀 불량
② 릴리프 밸브 설정 압력 부족
③ 스윙(선회) 모터 내부 손상
④ 터닝 조인트(Turnning joint) 불량

🔍 굴착기의 스윙은 유압으로 구동되는 모터로 작동되므로 유압밸브나 스윙모터 등에 영향을 받는다.

46 무한궤도식 굴착기가 주행 중 트랙이 벗겨지는 원인이 아닌 것은?

① 고속주행 중 급커브를 돌았을 때
② 전부 유동륜과 스프로킷의 마모
③ 전부 유동륜과 스프로킷의 중심이 맞지 않았을 때
④ 트랙의 장력이 너무 팽팽할 때

🔍 무한궤도식 굴착기의 트랙 장력이 느슨해지면 트랙이 벗겨진다.

47 굴착기 동력전달 계통에서 최종적으로 구동력을 증가시키는 것은?

① 트랙 모터
② 종감속 기어
③ 스프로킷
④ 변속기

🔍 종감속 기어는 추진축의 회전력을 구동 피니언이 받아 직각에 가까운 각도로 변화시키면서 동시에 최종 감속을 하고 구동력을 증가시키는 장치로 웜과 웜 기어, 베벨 기어, 하이포이드 기어 등이 있다.

48 굴착기 운전석 내에서 간단한 조작으로 버킷과 각종 작업장치의 교환을 빠르게 수행하기 위해 사용되는 굴착기 부품은?

① 자재이음
② 컴팩터
③ 그래플
④ 커플러

🔍 커플러는 굴착기의 암 끝부분에 부착되어 버킷과 각종 작업장치의 교환을 빠르고 편리하게 수행하기 위해 사용되는 굴착기 부품이다.

49 굴착기의 엔진 예열을 위한 일반적인 공회전 시간은 어느 정도인가?

① 1~3분
② 3~5분
③ 5~10분
④ 10~20분

🔍 굴착기 엔진의 경우 기온에 따라 다르지만 보통 10~20분 정도의 공회전을 통해 엔진을 예열하는 것이 적당하다.

50 무한궤도식 굴착기에서 프론트 아이들러에 미치는 충격을 완화시켜주는 완충장치로 틀린 것은?

① 코일 스프링식
② 압축 피스톤식
③ 접지 스프링식
④ 질소 가스식

완충방식은 코일 스프링식, 접지 스프링식, 질소 가스식 등이 있으며 그 중 코일 스프링이 가장 많이 사용된다. 특히 리코일 스프링은 차체의 전면에서 오는 충격을 흡수하여 진동을 방지하며, 안전작업을 도와준다.

51 타이어식 굴착기에 사용되는 고압 타이어의 호칭 치수 표시는?

① 타이어의 외경 – 타이어의 폭 – 플라이수
② 타이어의 폭 – 타이어의 내경 – 플라이수
③ 타이어의 폭 – 림의 지름
④ 타이어의 내경 – 타이어의 폭 – 플라이수

타이어 호칭 치수
• 저압 타이어 : 폭 – 내경 – 플라이수
• 고압 타이어 : 외경 – 폭 – 플라이수

52 굴착기로 견고한 땅을 굴착할 때 가장 적절한 방법은?

① 버킷투스로 표면을 얇게 여러 번 굴착 작업을 한다.
② 버킷으로 찍고 선회 등을 하며 굴착 작업을 한다.
③ 버킷투스로 찍어 단번에 강하게 굴착 작업을 한다.
④ 버킷을 최대한 높이 들어 하강하는 자중을 이용하여 굴착 작업을 한다.

견고한 땅을 작업할 때는 표면을 얇게 하여 여러 번 작업하는 것이 좋다.

53 굴착기의 트랙이 구덩이에 대하여 직각으로 서고 옆으로 이동하면서 채굴하는 것은?

① 직각 채굴법
② 좌우 채굴법
③ 횡진 채굴법
④ 병진 채굴법

54 지반 등의 굴착작업 시 연암의 굴착면 기울기로 옳은 것은?

① 1 : 0.3
② 1 : 0.5
③ 1 : 0.8
④ 1 : 1.0

지반 종류에 따른 굴착면의 기울기 기준

지반의 종류	굴착면의 기울기	지반의 종류	굴착면의 기울기
모래	1 : 1.8	경암	1 : 0.5
연암 및 풍화암	1 : 1.0	그 밖의 흙	1 : 1.2

※ 비고
1. 굴착면의 기울기는 굴착면의 높이에 대한 수평거리의 비율을 말한다.
2. 굴착면의 경사가 달라서 기울기를 계산하기가 곤란한 경우에는 해당 굴착면에 대하여 지반의 종류별 굴착면의 기울기에 따라 붕괴의 위험이 증가하지 않도록 위 표의 지반의 종류별 굴착면의 기울기에 맞게 해당 각 부분의 경사를 유지해야 한다.

55 굴착기를 이용한 깎기 작업 시 안전 준수 사항으로 틀린 것은?

① 붕괴 낙하 위험이 있는 장소에서의 작업은 금한다.
② 상·하부 동시 작업으로 작업 능률을 높인다.
③ 굴착면이 높은 경우에는 계단식으로 굴착한다.
④ 붕괴 위험이 있는 지반은 적절한 보강 후 작업한다.

상·하부 동시 작업 시 붕괴 및 안전사고의 우려가 있으므로 절대 금한다.

56 편도 4차로의 일반도로에서 건설기계는 어느 차로로 통행해야 하는가?

① 1차로
② 2차로
③ 1차로와 2차로
④ 3차로와 4차로

편도 4차로의 일반도로에서 건설기계는 오른쪽 차로인 3차로와 4차로를 이용하여 통행하여야 한다.

57 교차로에서 적색 등화 시 진행할 수 있는 경우는?

① 경찰공무원의 진행 신호에 따를 때
② 교통이 한산한 야간 운행시
③ 보행자가 없을 때
④ 앞차를 따라 진행할 때

경찰공무원 등의 신호는 도로교통표지 및 신호등의 신호보다 우선한다.

58 횡단보도로부터 몇 m 이내에 정차 및 주차를 해서는 안 되는가?

① 3m
② 5m
③ 8m
④ 10m

안전지대가 설치된 도로인 경우 안전지대 사방으로부터 각각 10m 이내인 곳, 건널목의 가장자리 또는 횡단보도로부터 10m 이내인 곳에서는 정차 및 주차가 금지된다.

59 다음 중 관공서용 건물번호판은?

①
②
③
④

①번과 ③번은 일반용 건물번호판이고, ④번은 문화재 및 관광용 건물번호판이다.

60 다음 중 최고속도의 100분의 50을 줄인 속도로 운행해야 하는 경우가 아닌 것은?

① 폭우, 폭설, 안개 등으로 가시거리가 100m 이내인 경우
② 비가 내려 노면이 젖어 있는 경우
③ 노면이 얼어붙은 경우
④ 눈이 20mm 이상 쌓인 경우

비가 내려 노면이 젖어 있는 경우, 눈이 20mm 미만 쌓인 경우는 최고속도의 20/100을 줄인 속도로 운행하여야 한다.

정답 CBT 복원문제 – 제07회

01 ③	02 ②	03 ④	04 ③	05 ①	06 ①	07 ③	08 ④	09 ①	10 ②
11 ①	12 ④	13 ②	14 ①	15 ①	16 ③	17 ③	18 ②	19 ②	20 ①
21 ①	22 ②	23 ③	24 ②	25 ②	26 ②	27 ①	28 ②	29 ④	30 ③
31 ④	32 ①	33 ③	34 ①	35 ④	36 ③	37 ②	38 ①	39 ③	40 ②
41 ①	42 ①	43 ①	44 ③	45 ④	46 ①	47 ②	48 ④	49 ④	50 ②
51 ①	52 ①	53 ④	54 ④	55 ②	56 ④	57 ①	58 ④	59 ②	60 ②

굴착기운전기능사 필기 총정리문제

2026년 01월 05일 인쇄
2026년 01월 20일 발행

저자	건설기계교육아카데미
발행처	(주)도서출판 책과상상
등록번호	제2020-000205호
발행인	이강복
주소	경기도 고양시 일산동구 장항로 203-191
대표전화	(02)3272-1703~4
팩스	(02)3272-1705
홈페이지	www.sangsangbooks.co.kr
ISBN	979-11-6967-304-4

정가 15,000원

Copyright© 2026
Book & SangSang Publishing Co.

• 저자와의 협의하에 인지를 생략합니다.